U0263670

国家科学技术学术著作出版基金资助出版

共融机器人基础理论与关键技术研究著作丛书

机器人加工视觉测量与力控技术

李文龙　朱大虎　丁　汉　著

科 学 出 版 社

北　京

内 容 简 介

机器人加工是智能制造领域的前沿技术之一，本书系统介绍了机器人加工的发展趋势与研究现状，构建了机器人加工视觉测量与力控技术的理论体系，以推动其在大型复杂构件大范围、小余量、高效加工（磨抛、铣削、制孔等）中的应用。全书共 9 章，第 1 章介绍机器人加工的发展趋势与技术难题，第 2 章介绍机器人加工运动链、加工误差定量传递模型与常用三维视觉测量技术，第 3～5 章介绍空间运动链中手眼位姿参数辨识、工件位姿参数辨识、工具位姿参数辨识的数学建模与计算方法，第 6 章介绍考虑关节运动学误差与弱刚度变形的加工误差补偿与位姿优化方法，第 7、8 章介绍机器人加工自适应轨迹规划、基于力传感器的机器人力位混合控制技术与基于力控装置的机器人接触力控制技术，第9章介绍机器人加工典型案例。

本书可供从事机器人加工技术研发与工程应用的科技工作者使用，也可作为研究型大学本科生和研究生的教材。

图书在版编目（CIP）数据

机器人加工视觉测量与力控技术 / 李文龙，朱大虎，丁汉著. —北京：科学出版社，2024.11

（共融机器人基础理论与关键技术研究著作丛书）

ISBN 978-7-03-074472-2

Ⅰ. ①机… Ⅱ. ①李… ②朱… ③丁… Ⅲ. ①机器人技术-计算机视觉-测量 Ⅳ. ①TP24 ②TP302.7

中国版本图书馆CIP数据核字（2022）第252625号

责任编辑：裴 育 朱英彪 / 责任校对：任苗苗

责任印制：肖 兴 / 封面设计：陈 敬

科学出版社 出版

北京东黄城根北街 16 号

邮政编码：100717

http://www.sciencep.com

北京市金木堂数码科技有限公司印刷

科学出版社发行 各地新华书店经销

*

2024 年 11 月第 一 版 开本：720 × 1000 1/16

2025 年 4 月第二次印刷 印张：18 1/4

字数：368 000

定价：168.00 元

（如有印装质量问题，我社负责调换）

“共融机器人基础理论与关键技术研究著作丛书”序

纵观科技发展史，机械放大了人的四肢能力，计算机拓展了人的大脑功能，机器人则模仿了人的综合能力，将人类智慧物化于机器中并形成一种智能系统，极大地扩大、延伸人类的生产力。在过去 70 年的发展历程中，机器人已在解决经济与社会发展面临的产业升级、社会老龄化、医疗/健康服务、国防安全、科学探测与资源开发等众多挑战性问题中发挥了重要作用。

在当今世界由“工业经济”向“知识经济”转变的重要历史时期，布局下一代机器人研究正成为世界各国在高科技竞争中的焦点、热点和战略制高点。考虑到未来机器人将是能够实现与作业环境、人和其他机器人之间自然交互，自主适应动态环境和协同作业的“共融机器人”，2016 年，国家自然科学基金委员会适时启动了为期 8 年的重大研究计划“共融机器人基础理论与关键技术研究”，系统研究共融机器人结构、感知与控制等基础理论与关键技术。这对于我国机器人技术和产业取得源头创新成果、实现跨越式发展具有重大的理论和工程意义。随着重大研究计划的逐步推进，在基础理论和关键技术上取得了一系列突破，成果斐然。

“共融机器人基础理论与关键技术研究著作丛书”正是依托此计划，充分展示我国学者在共融机器人基础难题和关键技术研究中所取得的主要创新成果，内容包括：刚-柔-软体机器人的运动特性与可控性，如构型设计及力学行为解析、人-机-环境交互动力学与刚度调控机制等；人-机-环境多模态感知与自然交互，如非结构化环境中的多模态感知与情景理解、基于生物信号的行为意图理解与人机自然交互等；机器人群体智能与操作系统架构，如机器人个体自主与机器人群体智能涌现机理、群体机器人操作系统的多态分布架构等。

该丛书力争起点高、内容新、导向强。丛书作者都主持过“共融机器人基础理论与关键技术研究”重大研究计划项目或国家自然科学基金其他相关研究项目。该丛书反映了共融机器人研究领域的创新思想和前沿技术，形成了独特的研究思路和方法体系，为我国共融机器人持续深入研究积累了丰富的经验，具有创新性、实用性和针对性。

作为国家自然科学基金委员会重大研究计划“共融机器人基础理论与关键技术研究”项目指导专家组组长，我深信“共融机器人基础理论与关键技术研究著作丛书”的及时出版，必将推动我国机器人基础研究的深入发展，在理论突破、难题攻克、人才培养、技术推动等方面发挥显著作用。同时，希望广大读者提出建议和指导，以促进丛书的出版工作。

中国科学院院士

2022 年 11 月 18 日

前　言

机器人加工是指以机器人或机器人化装备作为制造执行体，利用机器人灵活、开放、易重构、可并行协同作业等优势，将人类智慧和知识经验融入感知、决策、执行等制造活动，在超大工作空间或者狭小封闭空间高效执行制造任务，有效解决现有制造系统“达不到”、“够不着”、“做不了”的三大难题，在航空、航天、航海等国家战略领域大型复杂构件高性能制造中具有广泛的应用前景。相对于传统的“手工操作”或“数控机床”制造模式，机器人加工具有作业空间大、操作柔顺性和灵巧性高、系统自律性好等技术优势。机器人化加工兼具“机器人灵活性”与“制造过程数字化控制”双重优势，是智能感知、决策优化、自律控制等先进技术的最优载体，拓展了传统数控机床的制造范围，已成为智能制造的重要研究方向。

以工业机器人或机器人化装备作为制造执行体，集成智能的视/力觉传感器，为解决大型复杂构件大范围、小余量、高效加工提供了新思路。近十年，欧盟连续资助了 LOCOMACHS、MEGAROB、COMET 等多项机器人加工重大研究计划，联合萨博/空客/达索/庞巴迪等航空制造企业、弗劳恩霍夫研究所、COMAU 公司、马德里理工大学/摩德纳大学，围绕超大构件（10m 以上）机器人装配与机器人加工、高精度（小于 50μm）机器人加工、硬质材料（钢、铬镍铁合金）机器人加工等开展了深入研究。美国于 2017 年成立了先进机器人制造研究院，投入 2.5 亿美元致力于航空航天等先进制造领域机器人技术的创新应用，2019 年公布设立的 11 项重大项目中有 4 项是关于大型复杂构件的机器人加工。面对历史机遇与挑战，我国加速制造业布局优化，加快建设制造强国。同时，机器人、航空航天装备已列入我国实现制造大国向制造强国跨越亟须突破的战略性任务。为此，国家自然科学基金委员会将大型复杂构件视觉测量与多机器人加工定位为“共融机器人基础理论与关键技术研究”重大研究计划的重要组成部分。研究机器人加工视觉测量与力控技术，研制“能工巧匠”型机器人智能加工装备，实现制造母机与制造模式的根本性变革，是突破我国航空、航天、核电、航海等战略性领域大型复杂构件高性能制造“卡脖子”难题，完成从制造大国到制造强国跨越式发展的关键之一。

目前，加工误差难以降低是制约工业机器人加工技术应用的主要难题。现场测量通常存在测点数据规模大、测点有噪声与层叠、测点密度不均等固有缺陷，这些缺陷处理不当会引起手眼位姿与工件位姿参数辨识误差，并通过空间运动链定量传递至加工机器人末端使其产生微分运动，最终引起机器人加工误差；工业机器人是一种多连杆刚柔耦合开链结构，本体部件和装配过程的微小误差都会引起末端位姿的较大偏差，这一偏差极大地影响了机器人加工系统手眼/工件/工具位姿参数辨识精度，最终导致机器人加工误差；工业机器人为弱刚性悬臂结构，重载状态下末端会产生较大的定位误差，而加工过程刀轴轨迹误差与切削力动态变化进一步加剧了机器人末端定位误差与轨迹运动误差。

解决上述问题的有效手段是采用三维测量技术提升位姿参数辨识精度、毛坯匹配定位精度与加工误差补偿效果，采用力控技术最终保证机器人加工精度和表面质量。本书作者团队在国家自然科学基金项目（52188102、52075203、51975443）和湖北省重点研发计划项目（2020BAA025）支持下，围绕机器人加工视觉测量与力控技术开展了深入研究，相关研究成果形成了本书主要章节。全书共 9 章：第 1 章为绪论，主要介绍机器人加工的发展趋势、技术难题与研究现状；第 2 章主要介绍机器人加工运动链、加工误差定量传递模型与视觉测量数据处理方法；第 3～6 章主要介绍机械手-视觉传感器位姿参数辨识、测量工件-设计模型位姿参数辨识、加工工具-机器人位姿参数辨识、加工误差补偿与整体位姿优化的建模方法；第 7、8 章主要介绍机器人加工的自适应轨迹规划、基于力传感器的机器人力位混合控制技术和基于力控装置的机器人接触力控制技术；第 9 章以机器人磨抛和铣削切边为例，验证所提位姿参数精确辨识、误差补偿与位姿优化方法的有效性。本书第 1 章和第 9 章由李文龙、朱大虎、丁汉共同撰写，第 2～6 章由李文龙撰写，第 7、8 章由朱大虎撰写，陈凡博士参与了第 8 章力控技术部分内容的撰写。

本书从构思到成稿历时三年，包含了作者指导的研究生谢核、蒋诚、王刚、田亚明等多年的研究成果，对他们的辛苦付出表示衷心的感谢。同时，深深感谢导师熊有伦院士长期以来对本书内容撰写的指导，以及尹周平教授、陶波教授、黄永安教授、李中伟教授、赵欢教授、杨吉祥教授、张刚博士等多位专家和同事在技术交流和实验验证上给予的无私帮助。

视/力觉引导的机器人加工是智能制造领域的前沿技术，涉及内容很多，作者仅仅在三维视觉测量、位姿参数精确标定与磨抛接触力控制等方面开展了一点工作。限于作者研究水平，书中难免存在疏漏之处，恳请各位读者批评指正，共同为机器人加工这一前沿领域添砖加瓦。

目　录

第1章 绪　　论

1.1　机器人加工的发展趋势

以航空/核电叶轮叶片、飞行器蒙皮、螺旋桨桨叶为代表的大型复杂构件，是航空发动机/核电汽轮机、空天飞行器、大型舰船的核心部件，其制造装备与工艺技术代表着我国战略性领域的核心竞争力，事关国防安全与经济发展。上述零件尺寸跨度大、型面极复杂、材料难加工，目前企业主要采用“手工操作”或“数控加工”的生产制造模式。随着制造对象尺寸越来越大、产品结构越来越复杂、产品服役性能越来越高，“手工操作”或“数控加工”的生产制造模式面临重大挑战。手工操作模式下肉眼空间定位精度和手工控制精度相对较低，批量化制造时人因误差大，导致产品一致性和制造品质难以保证；数控加工受限于机床庞大的刚性本体与较小的主轴行程，难以实现超大空间的连续作业与狭小空间的灵巧作业。

以机器人作为制造装备执行体，集成视/力觉传感器，为解决大型复杂构件大范围、小余量、高效加工(磨抛、铣削、制孔等)提供了新思路。机器人加工具有多传感器在位在线感知与大范围高柔性运动的技术优势，可构建多机器人协同作业的“能工巧匠”型智能装备，从而实现制造母机与制造模式的变革性突破。我国已将机器人、航空航天装备列入实现制造大国向制造强国跨越亟须突破的战略性任务。为此，国家自然科学基金委员会将大型复杂构件视觉测量与多机器人加工定位为“共融机器人基础理论与关键技术研究”重大研究计划的重要组成部分，《机械工程学报》开设了以“大型构件视觉测量与机器人加工”为主题的特邀专栏。相对手工操作与数控加工方式，机器人加工具有运动灵活度高、工作空间大、多机并行作业能力强等优势，近十年国外科研机构围绕这一前沿领域开展了深入研究。欧盟第七框架计划投入数亿欧元启动了 LOCOMACHS 研究项目，萨博、空客、庞巴迪、达索等航空制造业巨头围绕机器人铣削/装配系统设计、激光跟踪测量与三维建模、多自由度力反馈控制等关键技术开展研究[1]，重点开发下一代航空机翼(上下蒙皮、前后翼梁、中间翼肋)精密制造生产线；德国弗劳恩霍夫研究所研制了可大范围移动的机器人智能铣削系统 ProsihP II(图 1-1)，集成了激光雷达扫描定位与关节转角控制技术，已成功应用于空客 A320 垂尾整体壁板型腔铣削和 A350(双发宽体大客机)机身及翼面部件修配[2,3]；美国 Electroimpact 公司为波音公司研制了用于 F/A-18E 系列战斗机襟翼装配的机器人自动制孔系统 ONCE (图 1-2)，该系统由移动导轨上的 KUKA 机器人搭载多功能末端执行器组成，用

图 1-1　德国弗劳恩霍夫研究所研制的机器人智能铣削系统 ProsihP II

图 1-2　波音公司使用的机器人自动制孔系统 ONCE

于副翼蒙皮制孔与锪窝加工，孔位精度可达 1.5mm，锪窝精度可达 0.06mm[4,5]；德国弗劳恩霍夫研究所、意大利 COMAU 公司、西班牙马德里理工大学等联合发起了 HEPHESTOS 研究计划[6,7]，重点研究难加工材料机器人磨削、抛光与铣削技术；欧盟启动了 COMET 研究计划[8]，以实现 50μm 铣削加工精度为目标，研究机器人加工参数标定、轨迹实时跟踪、基于视/力觉感知的加工误差补偿等，应用于航空等大型复杂构件机器人加工。此外，德国宇航中心与 KUKA 公司联合设计了一套多机器人多功能柔性制造单元 MFZ，用于机身、翼片等大型飞机构件小批量生产与检测，系统定位精度可达±0.2mm；西班牙 ARITEX 公司采用发那科重型机器人研制了ADH智能钻孔机器人，在空客A380腹板整流罩、A350龙骨梁、A350机身19段、A320总装线成功应用；美国航空制造商ATK公司和美国国家国防制造与加工中心、美国英格索尔机床公司合作开发出复合材料结构自动化检测系统，将KUKA机器人与自动铺带设备集成起来，对丝束褶皱、缝隙、重叠、杂质等进行在线视觉检测。

近年来，我国在机器人加工方面的研究极为活跃。浙江大学柯映林团队自主研制了机器人制孔系统[9,10]，采用二维视觉传感器和激光跟踪仪进行工件定位和参数标定，在中航工业西安飞机工业(集团)有限责任公司某型号机身壁板装配中实现了钻、铰、锪窝等自动化制孔操作，在此基础上该团队进一步搭建了大型薄壁零件的机器人铣削加工系统[11,12]，研究工业机器人螺旋铣削与振动抑制方法。Bu等[13]研究了压紧状态下机器人制孔质量的定量评价方法，为弱刚度零件机器人加工的压紧力优选和性能评估提供了理论依据。刘双龙等[14]通过在机器人关节处安装绝对式光栅尺实现了机器人关节运动学误差的闭环控制，将制孔机器人绝对定位误差从1.125mm降低到0.167mm。田威等[15]综述了机器人加工的刚度强化策略与定位误差补偿方法，并分析了工业机器人高精度作业的技术难点。华中科技大学李文龙等[16-19]系统研究了关节运动学参数标定、双机器人位姿标定、曲面加工匹配定位、加工误差整体补偿，并应用于航空/核电叶片类大型复杂构件机器人磨抛加工。赵欢等研究了机器人刚度优化与机器人磨抛力位控制方法[20-22]。陶波等[23-25]研究了多机器人协同加工自主寻位方法与加工精度保障方法，实现了大型风电叶片的机器人磨抛。武汉理工大学朱大虎等[26-28]系统研究了机器人加工中的微观材料去除、系统精确标定以及自适应轨迹规划等，并应用于压气机叶片机器人磨抛加工。此外，上海交通大学[29]、清华大学[30]、北京航空航天大学[31]、重庆大学[32]、中航工业沈阳飞机工业(集团)有限公司[33]等科研单位围绕机器人加工系统参数辨识与加工误差控制开展了深入研究。

1.2 机器人加工的技术难题

加工误差难以降低是制约机器人加工技术应用的主要难题，主要表现如下：

(1)机器人加工系统位姿误差包括机器人位姿、手眼位姿、工件位姿、工具位姿等误差，加工现场诸多不确定因素都会导致位姿误差。例如，关节运动学误差易造成机器人自身位姿误差与手眼位姿参数辨识误差；视觉测量过程测点不完整、密度不均等固有缺陷极易导致匹配时设计模型倾向于高密度测点，引起工件位姿参数辨识误差；靶标难以直接精确获取工具坐标系特征点，会造成工具位姿参数辨识误差。上述位姿误差本质上是空间的微分运动，它们通过空间运动链定量传递至加工机器人末端使其产生微分运动，最终引起机器人加工误差。

(2)工件在现场布置的位姿是未知的，为实现工件的精确加工通常采用三维视觉传感器对毛坯进行快速测量、空间定位与余量优化。三维视觉测量具有非接触、适合现场快速定位等优势，但受大尺寸多视角多次测量、表面非朗伯曲面、测量景深与角度非最佳等因素影响，实际操作时通常存在测点数据规模大、测点有噪声与层叠、测点不完整与密度不均、测点-设计模型初始位姿任意等固有测量缺陷，这些缺陷处理不当均会引起手眼位姿与工件位姿参数辨识误差。

(3)工业机器人是一种多连杆刚柔耦合开链结构，本体部件和装配过程微小误差都会引起机器人末端位姿的较大偏差，因此其绝对定位精度相对较低，通常只有数控机床的1/30[34]。空载状态下没有标定过的机器人定位精度仅为毫米/亚毫米级[35]，即使机器人标定过，其标定精度仍然受限于关节运动学误差，这将降低手眼位姿与工件位姿参数辨识精度，加大机器人加工误差。

(4)工业机器人弱刚度特性(悬臂结构)也会导致重载加工状态下末端定位精度明显降低，如施加500N末端负载会产生超过0.5mm的定位误差[36]。此外，难加工材料、复杂型面结构、大范围操作等进一步加大了工业机器人连续加工过程中工件-工具交互作用与轮廓误差控制的复杂性。

视觉引导的机器人加工系统主要包括工业机器人、视觉测量传感器、工件、工具等硬件单元。一方面，机器人加工误差与视觉测量数据处理误差、手眼位姿参数辨识误差、工件位姿参数辨识误差、工具位姿参数辨识误差有关；另一方面，机器人固有的关节运动学误差、弱刚度变形误差也会影响机器人加工误差，这些误差形式主要通过机器人加工运动链影响机器人加工误差。解决这一问题的关键是构建机器人加工运动链与加工误差定量传递模型，以此为基础建立视觉测量数据处理误差、手眼/工件/工具位姿参数辨识误差、关节运动学误差/弱刚度变形误差等控制的数学模型与计算方法，同时从工艺技术优化的角度实现自适应轨迹规划与接触力控制。

1.3 视觉测量与位姿辨识方法

1.3.1 加工误差定量传递

机器人加工误差定量传递模型是机器人加工系统位姿参数精确辨识与加工误差补偿控制的基础，主要包含两个层面：第一是构建机器人加工运动链并定义加工误差度量指标，建立实际加工点与理论加工点空间距离的数学表达式；第二是通过空间运动链建立系统位姿误差与加工误差的定量传递模型，为手眼/工件/工具位姿参数精确辨识和加工误差整体补偿奠定理论基础。

空间运动链用来定性地描述工业机器人、视觉测量传感器、工件、工具的空间布局，可用于分析各单元之间位姿矩阵和加工误差的几何传递关系。加工误差度量可定义为实际加工点到理论加工点所在设计曲面的最近距离，故加工误差度量可以归结为点-曲面距离的计算问题。如果用空间微分运动描述实际加工点与理论加工点的位姿关系，则点-曲面距离可表示成微分运动的函数，即点-曲面距离函数。许多学者深入研究了距离函数的精确描述，常见的方式是将理论加工点作为最近点，从而衍生出点-点距离函数[37]与点-切面距离函数[38,39]。朱利民等[40]在点-切面距离函数基础上推导了点-曲面距离函数的一阶/二阶微分增量，并将其用于曲面轮廓定位误差度量指标；He 等[41]考虑微分运动后加工点的法矢变化，推导了距离函数与二阶微分运动的线性表达式，仿真实验表明该方法在曲面误差评估时相比一阶距离函数的拟合精度更高；李文龙等[42]考虑曲面曲率特征，通过引入权重系数将点-点距离与点-切面距离进行线性组合，提出适应性距离函数，其中在高/低曲率区域需采用较小/大的权重系数，以此获得点-曲面最近距离的近似表达式；Pottmann 等[43,44]将最近点所在邻域假定为曲率球推导了发生微分运动时的点-曲面距离，主要包括点-切面距离函数和考虑曲面最大最小曲率半径的距离函数两类，并将其应用于三维测点匹配定位与曲线曲面拟合计算。

加工误差传递模型需构建系统位姿误差与加工误差的定量映射关系。系统位姿误差包括机器人、手眼、工件、工具等位姿误差，其中机器人位姿误差主要受关节运动学误差与关节刚度的影响。运动学模型是误差传递建模的基础，Denavit-Hartenberg (D-H) 变换[45]是目前使用最多的运动学模型，它通过雅可比矩阵建立机器人关节运动学误差与末端定位误差的传递关系。运动学模型也可用指数积(product of exponential, POE)公式[46]表示，POE 公式用运动旋量表示相邻关节位姿，其优点是在相邻关节平行时不会产生参数的不连续性，但是要建立关节运动学参数与矩阵指数的映射关系。Wu 等[47]在仅已知机器人位置的条件下建立了初始变换误差/关节零位误差与末端定位误差的映射模型。He 等[48]进一步考虑初始变换、关节零位与关节旋量等运动学误差的相关性，建立了三种机器人运动学误差模型。关节弱刚度引起的变形误差传递模型的研究重点是构建关节刚度与末端变形量之间的函数关系，刚度椭球[13,22]是常见的关节刚度模型，它描述了不同方向上的机器人末端刚度，如椭球长轴上的刚度最大而变形最小，刚度椭球对应 3×3 的力-线位移(位置误差)刚度矩阵，但这些方法忽略了力矩与姿态误差。

综上可见，传统点-点距离与点-切面距离形式未考虑曲面曲率特征，难以准确描述实际加工点到理论加工点的空间距离(即加工误差)；现有加工误差传递模型集中于研究关节运动学误差/弱刚度变形与末端定位误差的传递关系，对于机器人加工系统，需系统构建关节运动学误差/弱刚度变形误差、手眼/工件/工具位姿误差等与加工误差的定量传递模型，从而为整体加工误差控制提供理论基础。

1.3.2 视觉测量数据处理

三维视觉测量是实现手眼位姿参数辨识与工件位姿参数辨识的关键，故视觉测量数据处理效果对机器人加工精度有着至关重要的影响。大型构件多次测量后数据规模动辄百万/千万级，必须采用精简算法将测点控制在一定规模以减少后续曲面匹配计算耗时，但如何保持高曲率曲面特征(如叶片前后缘薄壁区域)同时控制低曲率曲面测点规模(如叶盆叶背平坦区域)是点云精简需重点解决的问题；测量时很难保证以垂直投射方向和最佳测量景深对工件进行测量，同时受工件表面光洁度、现场光照条件、环境轻微振动等因素影响，测点本身存在高斯噪声，而同一位置多次测量或局部区域补测，又会引入点云层叠和密度不均等问题；三维测量数据是曲面模型的离散化表示，两者具有空间位姿的差异性，工件初始位姿的任意性、曲面结构的复杂性、曲面存在相似或对称特征可能导致三维匹配失真，最终影响加工余量分配精度与轮廓检测评价精度。

针对上述问题，国内外学者围绕视觉测量数据处理与曲面误差计算开展了深入研究。周煜等[49]采用局部法矢变化量和曲率值实现了大规模点云精简，该方法有利于在曲面高曲率区域保留更多测点。Shi 等[50]采用 k 均值聚类的方法将三维点云分块，并采用最大法矢偏差对同一块点云进行细分和不断精简。Ye 等[51]提出了一种基于插值运算的点云精简方法，可用于不规则曲面、任意数据规模、不同密度点云的精简操作。张学昌等[52]采用非均匀热传导理论建立了点云光顺的数学模型，在点云光顺效果与曲面特征保持方面取得权衡。Kalogerakis 等[53]通过最小化一个与法矢有关的全局能量函数来光顺点云和计算曲率，该方法对含高斯噪声和粗大噪声的点云均有效。Sun 等[54]采用 L_0 范数光顺非均匀点云数据，相比 L_1 范数和 L_2 范数，在降噪的基础上可以更好地保留曲面尖锐特征。Huang 等[55]提出一种平坦区域法矢准确计算和边缘区域重采样的方法，通过递推方式实现了点云去噪、法矢计算和特征保持，但光顺的同时可能导致点云数据整体缩小。陈满意等[56]假定测点误差满足独立同正态分布，提出了一种基于计算统计学 Bootstrap 模型的曲面匹配不确定性误差评估方法，其核心是计算估计参数矢量及其协方差矩阵。Silva 等[57]采用 k 邻域测点及匹配点对应法矢，定义了一种曲面浸润性度量指标，该指标描述了两目标测点的交错程度，可用于评估无确定性误差(即加工余量为零且测点误差高斯分布均值为零的情况)的曲面匹配效果。Makem 等[58]介绍了一种用于评估航空叶片铸造尺寸精度和形状变形的虚拟检测系统，该系统可计算铸造叶片最大厚度误差、弯曲角度误差、轮廓弓形误差等。

综上可见，围绕视觉测量数据处理误差对机器人加工误差影响的研究较少，仍需系统研究大规模测量点云精简、光顺、匹配与误差评价的鲁棒计算方法，实现曲率适应性精简、特征保持性光顺与匹配准确性评价，并开发专用的曲面测点处理软件，满足机器人加工视觉定位与轮廓误差检测应用的要求。

1.3.3　手眼位姿参数辨识

手眼关系根据机器人与视觉传感器的相对位置可分为眼在手型和眼在外型。眼在手型是视觉传感器安装在机器人末端，可随机器人一起运动。眼在外型是视觉传感器固定在机器人本体以外，不跟随机器人运动，如图 1-3 所示。在手眼位姿参数辨识时，常引入标准靶标作为测量对象，以眼在外型为例，定义$\{B\}$、$\{E\}$、$\{P\}$和$\{S\}$分别为机器人基坐标系、末端坐标系、靶标坐标系和视觉传感器坐标系，定义 4×4 齐次变换矩阵 ${}_N^M\boldsymbol{T}=\begin{bmatrix} {}_N^M\boldsymbol{R} & {}^M\boldsymbol{t}_{NO} \\ \boldsymbol{0}_{1\times3} & 1 \end{bmatrix}\in \mathrm{SE}(3)$ 为坐标系$\{N\}$相对坐标系$\{M\}$的空间位姿，其中 ${}_N^M\boldsymbol{R}\in \mathrm{SO}(3)$ 和 ${}^M\boldsymbol{t}_{NO}\in\Re^3$ 分别表示旋转矩阵和平移矢量，SE(3) 和 SO(3) 分别表示刚体变换群和旋转变换群，$\Re$表示空间。靶标坐标系$\{P\}$相对基坐标系$\{B\}$位姿可表示为变换矩阵乘积的形式：

$$ {}_E^B\boldsymbol{T}\,{}_P^E\boldsymbol{T} = {}_S^B\boldsymbol{T}\,{}_P^S\boldsymbol{T} \tag{1-1}$$

式中，${}_E^B\boldsymbol{T}$ 为机器人位姿，可通过控制器获得；${}_P^S\boldsymbol{T}$ 为靶标在$\{S\}$中的位姿，可通过视觉传感器获得；${}_P^E\boldsymbol{T}$ 为靶标位姿，是不变的未知量；${}_S^B\boldsymbol{T}$ 为待求的手眼位姿参数。

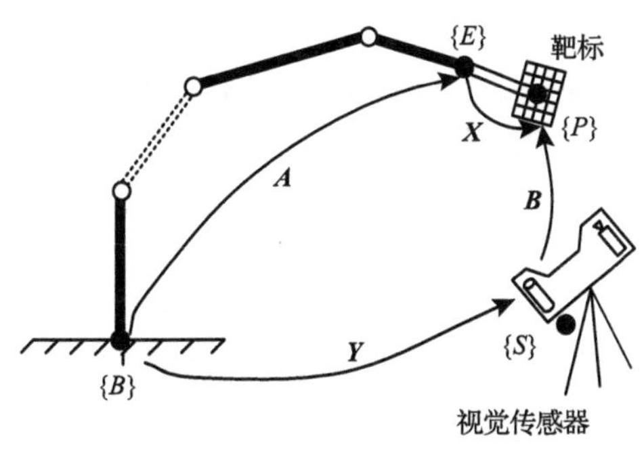

(a) 眼在外型手眼关系与$\boldsymbol{AX}=\boldsymbol{YB}$示意图

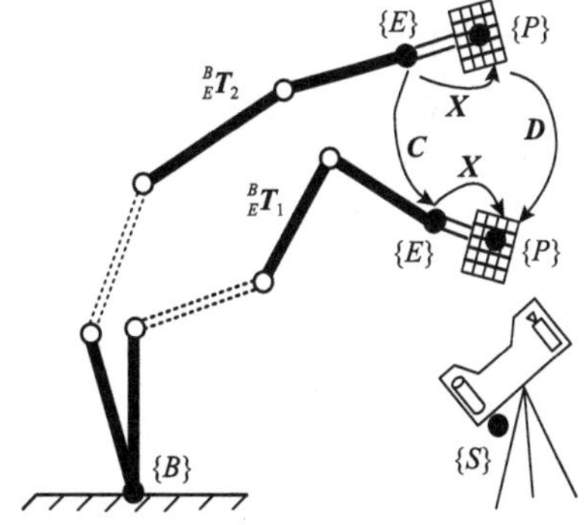

(b) 手眼位姿参数辨识中的$\boldsymbol{CX}=\boldsymbol{XD}$示意图

图 1-3　机器人加工系统示意图

目前手眼位姿参数辨识研究主要包括面向基本问题和面向特定场景应用两类。求解方程 (1-1) 是手眼位姿参数辨识中的第一种基本问题[59-61]，可简写为 $\boldsymbol{AX}=\boldsymbol{YB}$，其中符号 $\boldsymbol{A}$ 表示机器人位姿变换矩阵，$\boldsymbol{B}$ 表示靶标位姿矩阵，$\boldsymbol{X}$ 表示靶标相对机器人末端的位姿变换矩阵，$\boldsymbol{Y}$ 表示视觉传感器相对机器人基坐标系的位姿变换矩阵。如图 1-3 (b) 所示，两次变换位姿可得方程组 ${}_E^B\boldsymbol{T}_1\,{}_P^E\boldsymbol{T} = {}_S^B\boldsymbol{T}\,{}_P^S\boldsymbol{T}_1$ 和

${}_{E}^{B}\boldsymbol{T}_2\,{}_{P}^{E}\boldsymbol{T} = {}_{S}^{B}\boldsymbol{T}\,{}_{P}^{S}\boldsymbol{T}_2$，消去位姿 ${}_{P}^{E}\boldsymbol{T}$ 后可得 ${}_{E}^{B}\boldsymbol{T}_2\,{}_{E}^{B}\boldsymbol{T}_1^{-1}\,{}_{S}^{B}\boldsymbol{T} = {}_{S}^{B}\boldsymbol{T}\,{}_{P}^{S}\boldsymbol{T}_2\,{}_{P}^{S}\boldsymbol{T}_1^{-1}$，该式简写为 $\boldsymbol{CX} = \boldsymbol{XD}$，其中符号 $\boldsymbol{C} = {}_{E}^{B}\boldsymbol{T}_2\,{}_{E}^{B}\boldsymbol{T}_1^{-1}$ 和 $\boldsymbol{D} = {}_{P}^{S}\boldsymbol{T}_2\,{}_{P}^{S}\boldsymbol{T}_1^{-1}$ 分别表示坐标系$\{E\}$和$\{P\}$在两种机器人位姿（${}_{E}^{B}\boldsymbol{T}_1, {}_{E}^{B}\boldsymbol{T}_2$）下的相对位姿，求解该方程是手眼位姿参数辨识中的第二种基本问题[62-64]。许多学者[65-68]深入研究了这两种问题：①根据求解是否迭代可分为封闭解法与迭代解法。封闭解法速度快但缺乏稳定性，迭代解法精度高但严重依赖初值。②根据位置 $\boldsymbol{t}$ 与姿态 $\boldsymbol{R}$ 求解的先后顺序可分为分步求解法与同步求解法。分布求解法简单高效，但求解姿态 $\boldsymbol{R}$ 的误差会影响位置 $\boldsymbol{t}$ 的计算精度；同步求解法可有效避免该问题，但易受测量噪声干扰，姿态 $\boldsymbol{R}$ 也难以保证正交性。③根据求解方程阶次可分为线性解与非线性解。线性解采用拟合算法计算手眼位姿参数，非线性解采用高斯-牛顿等非线性优化算法计算手眼位姿参数，通常通过做差（$\boldsymbol{AX} - \boldsymbol{YB}$）构建误差平方和目标函数，将手眼位姿参数辨识转换为非线性优化问题。④根据位姿的数学表达式可采用纯四元数、对偶四元数、齐次矩阵、李群等方法，如 Li 等[60]通过对偶四元数表示旋转矩阵与平移矢量，避免纯四元数法的误差传递，Shah[66]通过奇异值分解分步求解 $\boldsymbol{R}$ 和 $\boldsymbol{t}$，改善了四元数法的不稳定性，并建立了手眼位姿参数辨识误差矩阵，将不同机器人位姿下所测特征点位置差的 Frobenius 范数作为手眼位姿参数求解的评判指标。

面向特定场景应用的优化主要通过优选视觉传感器与靶标改进手眼位姿参数辨识精度。常用视觉传感器有面阵扫描仪、线激光扫描仪、激光跟踪系统、立体相机等，常用的靶标有棋盘格、标准球、平面、圆盘等。目前很多视觉传感器都只能获取靶标位置，无法获取靶标姿态，此时方程 $\boldsymbol{AX} = \boldsymbol{YB}$ 中位姿 $\boldsymbol{A}$ 和 $\boldsymbol{B}$ 无法直接使用。Wu 等[69]避开测量靶标姿态，通过测量靶心位置识别手眼位姿参数；Ren 等[70]在无法获取靶标位置的情况下，用四元数求解跟踪系统中设备之间的相对姿态 $\boldsymbol{A}$；Hu 等[71]将平面作为靶标，利用不同机器人位姿下激光条纹的共面约束实现相机内部参数与空间位姿(人-相机-工作平面)同步辨识。综合考虑测量效率、精度与稳定性等因素，大型复杂构件机器人加工系统常选择激光扫描仪作为视觉传感器，以标准球作为靶标，如扫描仪投射线激光到球上生成圆弧状线型测点，圆弧拟合测点即可计算球心位置。由于无法获取球心姿态，此时手眼辨识方程变成位置变换方程 ${}_{E}^{B}\boldsymbol{T}\,{}^{E}\boldsymbol{p} = {}_{S}^{B}\boldsymbol{T}\,{}^{S}\boldsymbol{p}$，其中 ${}^{S}\boldsymbol{p}$ 和 ${}^{E}\boldsymbol{p}$ 分别表示靶标在坐标系$\{S\}$和$\{E\}$中的位置。为此，Xu 等[67]利用三维旋转矩阵与欧拉角之间的转换关系计算正交矩阵，并通过提高球心拟合精度提升了手眼辨识精度和航空叶片机器人磨抛质量；Chen 等[72]将圆盘作为靶标，通过线激光的投射位置与投射宽度计算圆盘中心位置。

综上可见，机器人运动的手眼位姿参数辨识会产生毫米级误差，参数辨识精度受限于机器人定位精度，空载状态机器人定位精度主要取决于关节运动学误差，尽管可用激光跟踪仪进行校正，但校正设备昂贵、现场操作复杂。另外，上述方法通过最小二乘拟合得到的手眼旋转矩阵通常不满足正交性条件，常用的 Schmidt 法[73]与欧拉角法[67]忽略了正交解的不唯一带来的不确定性误差。

1.3.4 工件位姿参数辨识

点云匹配是曲面工件位姿参数辨识的通用方法，它通过形状对比将工件测量点云与设计模型统一到一个坐标系。点云匹配属于自动定位方法，适合没有典型几何定位特征的工件，可有效提高大型复杂构件机器人加工系统的灵活性。

最近点迭代(iterative closest point, ICP)算法[37]是应用最广泛的迭代匹配算法之一，它将测点到设计模型中的最近距离表示为点-点距离，然后通过最小化距离平方和目标函数求解刚体变换参数，其中搜索最近点与计算变换参数迭代进行。ICP 算法是线性收敛计算方法，收敛速度慢、易陷入错误的局部最优值。改进 ICP 算法的第一种策略是定义新的距离函数，如常见的切线距离最小化(tangent distance minimization, TDM)算法采用点-切面(切线)距离[43,44]构造目标函数，从而实现二次收敛。第二种策略是根据特定要求改进匹配算法，Li 等[74]对比 ICP 等六种匹配算法对初始姿态的稳定性，提出了针对局部加工工件和对称特征的匹配算法；Wang 等[75]将匹配目标函数定义为参考点云中任意两点间距离与另一点云中对应的两个最近点之间的距离差的最大值，该方法可用于不同测量点云的数据融合；其他改进方法包括加速最近点搜索[76]、增加几何约束[77]、对测点分配不同权重[78]、按比例缩放匹配[79]、细分匹配[80]等。第三种策略是通过全局搜索算法提升 ICP 算法的匹配精度，如用遗传算法寻找目标函数全局最小值、用粒子群优化算法优化三维特征描述其参数[81]、用分支界定法约束目标函数值的上下限[82]，这些匹配方法可用于获得全局最优解。

上述方法提升了 ICP 算法的匹配精度、速度与稳定性，但在机器人加工中，测量点云通常存在形状不封闭、密度不均匀、高斯噪声等现场固有缺陷，如何在存在测量缺陷的情况下保证匹配精度是控制加工误差的关键之一。Huang 等[83]考虑不同扫描仪的测量点云差异，在保留整体几何特征的情况下，将三维测点转换为由超像素构成的三维图像，由于测量缺陷集中在局部区域，所以通过三维图像去除局部特征可降低对测量缺陷的敏感性；Quan 等[84]提出了一种用于低质量测点匹配的局部特征描述器，该方法通过改进随机采样一致性等算法[85]去除体外孤点并保留内部点集，然后在精匹配阶段用 ICP 算法迭代计算最终的刚体变换参数；Jian 等[86]提出采用高斯混合模型进行点云匹配，该方法将参考点云表示为该模型质心，然后通过最大似然函数将质心拟合到目标点云，将点云匹配问题转换为概率密度估计问题，这一方法对高斯噪声与孤立点有较好的稳定性。

综上可见，上述方法都是基于测点到设计模型对应点距离平方和最小化原理进行匹配，当出现测点密度不均、测点不完整现象或存在高斯/粗大噪声时，设计模型会倾向于高密度测点区域，匹配陷入局部最优，可能导致工件位姿参数辨识失真。

1.3.5　工具位姿参数辨识

工具位姿参数辨识通常采用靶标在工具上的触碰与坐标轴方向上的运动构造工具坐标系，根据使用的靶标类型可分为顶针[87,88]、线性可变差动变压器(linear variable differential transformer, LVDT)[89]、测头[67]、反射靶球[45]等辨识方法。

1. 顶针辨识

将顶针 A 固定在机器人末端，取其顶点作为工具中心点(tool center point, TCP)。TCP 位姿可结合多点构造法[90,91]与固定在机器人以外的顶针 B 确定，然后采用构造法确定工具位姿。第一步，控制机器人运动，通过顶针 A 触碰工具确定工具原点 $\boldsymbol{p}_1$，工具原点可作为线段中点或圆弧中心进行识别；第二步，顶针 A 从原点开始沿着工具坐标系的 x 轴运动，确定点 $\boldsymbol{p}_2$；第三步，从原点开始沿着 z 轴运动，确定点 $\boldsymbol{p}_3$。通过点 $\boldsymbol{p}_1 \sim \boldsymbol{p}_3$ 即可构造工具坐标系。

2. LVDT 辨识

该方法将顶针替换成 LVDT。LVDT 是一种接触式直线位移传感器，在触碰物体时会产生回弹，可避免传统的顶针辨识由于刚性过接触和非接触导致的工具位姿参数辨识精度降低的问题。

3. 测头辨识

该方法将顶针替换成可回弹的接触式测头，测头位姿可通过靶球确定。测点顶端是蓝宝石球。这种基于球-球接触计算工件坐标系的方法，可改善顶针辨识法存在的点-点接触不准的问题。

4. 反射靶球辨识

该方法先识别机器人在激光跟踪仪坐标系下的位姿，然后将靶球粘到工具表面，通过精确测量靶球位置特征点提升辨识精度。

综上可见，上述方法均可认为是静态构造法，即在工具静止状态时构造工具坐标系，但工具加工时因抖动、受力变形、回转轴误差等都会产生位姿变化，工具在加工状态与静止状态的工具位姿并不相同；上述方法均先通过机器人的运动识别靶标位姿，然后采用多点法构造工具坐标系，靶标位姿累积误差、特征点定位误差、数据量少等因素极大地限制了工具位姿参数辨识精度。

1.3.6 位姿优化与误差补偿

大型复杂构件机器人加工系统主要有机器人位姿、工件位姿、工具位姿等三种基本位姿(手眼位姿通过工件位姿影响机器人加工系统，这部分内容将在2.2节详细介绍)，位姿之间通过空间运动链的实时约束保证加工过程的顺利进行，位姿误差会通过空间运动链的传递造成加工误差。位姿的优化选取在几何与受力两方面同时影响加工精度、加工稳定性与加工效率，其中加工精度是制约机器人加工技术应用的核心因素[13,92]，为此许多科研工作者从关节运动学误差与弱刚度变形两方面研究工件/工具/机器人位姿优化与加工误差补偿。

基于关节运动学误差的位姿优化主要分为误差补偿与指标优化两类。误差补偿通常先识别运动学误差，然后根据运动学模型补偿关节变量实现位姿优化，例如，Nubiola 等[45]采用最小二乘法拟合激光跟踪仪的测量数据，识别出机器人 29 个运动学误差，通过运动学误差补偿优化后的机器人定位误差从 0.968mm 降低到 0.364mm；Zhao 等[93]通过迭代学习与控制算法识别机器人运动学参数，然后补偿机器人轨迹实现路径的精确跟踪；另一种误差补偿方法只需给定机器人名义/真实位姿，就能通过遗传规划计算出最优运动学模型。基于运动学误差指标的位姿优化属于开环控制，机器人位姿调整较大，例如，Dolinsky 等[94]提出了一种用于优化机器人基坐标位置与末端位姿的目标函数，该函数定义为预设与实际的末端位姿矩阵中各元素之差的距离平方和；Zhang 等[95]提出基于递归神经网络的评价指标，通过关节角度约束、速度约束与周期性干扰约束，实现了机器人位姿控制。

基于关节刚度的位姿优化主要分为变形补偿与指标优化两种。变形补偿先由关节刚度与受力预测变形量，再通过位姿微调实现变形量的闭环控制。Wang 等[96]将柔性臂测量机的测头固定在机器人末端，用于跟踪机器人的变形量，变形补偿后定位误差下降 60%；de Backer 等[97]建立了工具变形模型，由力传感器测得工具所受外力，然后通过变形模型补偿机器人位姿，实验表明在 2000N 受力下加工路径最大偏差从补偿前的 1.62mm 下降到 0.55mm；Schneider 等[98]采用光学测量仪辨识 KUKA 机器人关节刚度，然后结合受力预测位姿误差，提出基于定位误差预测的离线补偿与基于实时测量 TCP 位姿的在线补偿方法[99]。基于变形指标的位姿优化主要通过刚度椭球与关节力矩建立评价指标。Bu 等[13]以刚度椭球在钻孔深度方向上的投影为评价指标优化机器人钻孔位姿，减小了沉头孔在深度上的加工误差；刘睿智[100]通过刚度椭球计算机器人在钻孔时的切向刚度，并以切向刚度之和为评价指标优化机器人在导轨上的位置与加工轴的角度，减小了工具沿工件表面的滑移；Lin 等[22]综合刚度椭球与外部受力，提出了描述机器人的末端变形指标，并生成与关节角和外力相关的运动性能映射图，通过对六个关节映射图的综合分析优化了机器人整体位姿、工作空间与工件位姿。

综上可见，上述方法普遍单独考虑关节运动学误差或弱刚度变形误差，而机器人加工时，运动学误差和弱刚度变形都是不可忽略的因素。基于实测变形的补偿方法虽然不需要考虑具体误差源，但系统配置相对较高、现场操作较为复杂。上述刚度椭球等间接评价方法主要针对加工深度(切深)误差，忽略了姿态误差与力矩，难以直接应用于倾斜度等方向类加工误差的控制。

1.4 机器人加工恒力控制技术

1.4.1 加工自适应轨迹规划

大型复杂构件机器人自适应加工主要以进给速度或加工对象的几何形状为调整目标[101]，其研究重点集中于加工轨迹的智能规划。以机器人为执行装备的加工轨迹规划类似于移动机器人在复杂环境中寻找一条从起始状态到目标状态的无碰撞路径，规划方法需适应复杂零件特征区域形状与尺寸不确定情形。早在 2002 年机器人砂带磨抛技术兴起时，Huang 等[102]开发出一种结合自适应路径生成的被动柔顺工具，用于解决传统计算机刀路生成方法在叶片加工表面质量和尺寸精度方面的不足；为了实现所需的叶片轮廓平滑度，对自适应规划的刀路角度进行了微调，以去除叶片钎焊区和非钎焊区之间的过渡线，最终实现了平滑的翼型轮廓。实际上，利用机器人实现复杂零件高效精密加工的另一个难题在于如何通过刀路规划来尽可能覆盖整个加工表面。为解决此问题，Chaves-Jacob 等[103]利用摆线、黑桃和三角等三种基本的图形模式对刀具路径进行优化，显著改善了刀具的磨损，提高了表面覆盖率，并有效提高了复杂零件的抛光表面质量，然而由于抛光轨迹复杂且需要重复多次，加工效率无法得到保证。

考虑砂带磨抛时柔性接触和宽行加工两大优点，并结合经典截面法和优化后步长计算，Wang 等[104]提出了一种新的机器人砂带磨抛路径规划算法，该算法对于曲率较小的局部表面，相邻刀位点之间的曲线长度变长以保证加工效率，而对于曲率较大的局部区域，曲线长度变短以确保加工精度。通过组合笛卡儿空间样条曲线和关节空间 B 样条曲线，Liu 等[105]提出了一种时间最优、Jerk 连续的机器人轨迹规划方法，获得了高平滑的跟踪性能。Zhou 等[106]将一种时变等压面方法用于虚拟机器人磨抛时产生的恒力，通过构造时变等压面网格来替换弱刚性工件的原始几何形状，可以智能规划磨抛路径。基于细化算法，Ma 等[107]提出了一种针对复杂表面机器人砂带磨抛的路径规划方法，该方法通过三个步骤分别求解机器人的磨抛位置和方向，并以水龙头为研究对象开展仿真和实验验证，表面粗糙度值达到 0.086μm，能有效避免“过切”风险。王伟等[108]提出一种针对复杂曲面工件机器人砂带磨抛的弧长优化算法，在曲率变化较大处自适应插补磨抛点，减小两磨抛点之间弧长的跨度，避免了弦高误差出现超差的情形。

综上可见，现有机器人加工轨迹规划方法主要是基于现有模型的刀位点数据或商业计算机辅助设计/计算机辅助制造(computer aided design/computer aided manufacturing, CAD/CAM)软件包，其研究普遍将轨迹规划视为一个简单的几何问题，缺少对机器人加工中动力学的考量，从而影响了机器人加工精度；与刚性机床加工不同，具有柔性接触的机器人砂带磨抛加工可能会导致加工精度产生偏差，同时影响机器人加工效率，特别是在对薄壁叶片进行磨抛加工时这一问题尤为显著。关于法曲率对叶片进排气边缘磨抛路径的工艺要求尚未开展系统深入的研究。

1.4.2　加工接触力精密控制

虽然通过考虑接触动力学影响的轨迹规划算法能较好地适应复杂曲面零件机器人加工轨迹的智能规划，但由于材料去除量普遍较小或分布不均，一方面需要建立微观材料去除率模型对接触力进行预测，另一方面通常还需要借助外部机构或传感器来对实际接触力进行感知与控制。

精确控制机器人加工过程中的材料去除量是柔性加工中的一项公开难题，其核心是材料去除率建模，涉及加工过程接触力预测与计算。这方面的研究成果较多。Wu 等[109]通过考虑机器人速度和接触力两个参数，提出了用于估算材料去除量的创新模型；Zhu 等[110,111]构建了一种基于三分力的磨抛力模型，分别从比磨削能和磨粒磨损的角度揭示了机器人砂带磨抛加工中的材料微观去除机理；Yan 等[27]通过考虑机器人砂带磨抛加工中切入和切出的影响，提出了一种改进的磨抛力微观模型，通过分析加工弹性变形对材料去除率的影响，获得了兼顾加工稳定性和能量效率的最优加工参数组合。

此外，恒力控制被认为是目前提升机器人加工表面质量的重要手段之一。以叶片机器人砂带磨抛为例，刘树生[112]认为对于粗糙度 0.1mm 级的叶片进排气边磨抛，接触力可能会小于 2N，考虑到磨抛质量，接触力的分辨率不会高于 0.5N，最好能控制在 0.1N 级别，这将对砂带机构导向装置提出挑战；Roswell 等[113]指出磨抛应力而非压力是影响磨削量的因素，并应用赫兹接触模型，在等应力接触约束下，得到工具作用力和速度，最终进行在线控制；Xiao 等[114]提出了一种针对弱刚性叶盘叶片的恒压力自适应砂带抛光方法，并建立了恒压力自适应控制微位移方程；Zhao 等[115]开发设计了一套基于扩张状态观测器的柔性磨头用于控制磨抛力，有效降低了叶片磨抛波纹度和表面粗糙度；Chen 等[20]设计了一种基于主动恒力控制的智能执行末端，实现了弱刚性叶盘机器人磨抛加工中的振动抑制，实验中工件表面质量得到显著提升。

综上可见，虽然已有研究将力控制策略应用于机器人加工，但在实际工程应用中仍较少，其主要原因在于：现有的机器人加工力位控制均以降低零件表面粗糙度为主要目标，较少关注形位精度(如叶片边缘轮廓精度)。因此，如何建立材料去除量和加工接触力之间的映射关系，从而在力控法向上保证接触力，在位控切向上保证轨迹跟踪精度，进而开发具有接触力实时调节功能的主动式力控装置是亟须解决的技术难题之一。

1.5　本书章节结构

本书章节结构如下：

第 1 章介绍机器人加工的发展趋势，指出加工误差(源于关节运动学误差、弱刚度特性、工艺选择不当等)难以降低是制约机器人加工技术应用的主要难题，并从视觉测量数据处理、手眼/工件/工具位姿参数辨识、位姿优化与误差补偿、加工自适应轨迹规划、加工接触力精密控制等方面介绍了国内外研究现状。

第 2 章介绍机器人加工系统组成与空间运动链，推导加工误差度量指标、静态位姿误差定量传递模型与动态位姿误差定量传递模型，论述常见的三维视觉测量技术与测点微分信息估计、测点数据处理与轮廓误差匹配计算方法，最后介绍自主开发的 iPoint3D 曲面测点处理软件与核心功能模块。

第 3 章分析常见的手眼位姿参数辨识方法，介绍考虑机器人关节运动学参数补偿的手眼位姿参数辨识和非标准旋转矩阵的最佳正交化计算方法，并讨论双机器人测量系统的手眼位姿参数辨识模型，最后介绍手眼位姿参数辨识的实验结果。

第 4 章介绍方差最小化匹配建模与位姿参数求解方法，讨论方差最小化匹配方法的二阶收敛性，以及存在切向滑移、高斯噪声、测量缺陷等常见问题时的匹配稳定性，最后介绍工件位姿参数辨识的实验结果。

第 5 章分析常见的接触式工具位姿参数辨识方法(四点标定、六点标定等)，推导一般曲面加工误差定量表示与工具位姿参数辨识模型，并以柱面、球面为例介绍特殊曲面工具位姿参数辨识模型，最后介绍工具位姿参数辨识的实验结果。

第 6 章分析常见的机器人关节运动学误差补偿方法，推导针对关节运动学误差/弱刚度变形误差的加工误差整体补偿模型，讨论工具位姿补偿与工件位姿补偿的适用范围，并给出机器人加工(磨抛、铣削、切边、制孔等)误差补偿的通用优化模型，最后介绍机器人加工误差整体补偿的实验结果。

第 7 章讨论接触动力学影响下的机器人加工轨迹生成原理(轨迹步长控制、轨迹行距计算等)、基于 Preston 方程的材料去除廓形模型与视觉引导的自适应轨迹规划算法，最后介绍机器人加工轨迹规划仿真与实验结果。

第 8 章介绍机器人接触力主动控制、基于六维力传感器的机器人力位混合控制、基于力控装置的机器人接触力控制等，并开展相应的机器人磨抛实验。

第 9 章在前面各章内容的基础上，介绍参数辨识与位姿优化的应用实例，并详细讨论机器人加工在叶片磨削、航空蒙皮切边中的应用情况。

参 考 文 献

[1] Al-Lami A, Hilmer P, Sinapius M. Eco-efficiency assessment of manufacturing carbon fiber reinforced polymers (CFRP) in aerospace industry. Aerospace Science and Technology, 2018, 79: 669-678.

[2] Moeller C, Schmidt H C, Koch P, et al. Real time pose control of an industrial robotic system for machining of large scale components in aerospace industry using laser tracker system. SAE International Journal of Aerospace, 2017, 10 (2): 100-108.

[3] Brillinger C, Susemihl H, Ehmke F, et al. Mobile laser trackers for aircraft manufacturing: Increasing accuracy and productivity of robotic applications for large parts. Warrendale: SAE Technical Paper Series, 2019.

[4] Devlieg R, Sitton K, Feikert E, et al. ONCE (one-sided cell end effector) robotic drilling system. Warrendale: SAE Technical Paper Series, 2002.

[5] Devlieg R. High-accuracy robotic drilling/milling of 737 inboard flaps. SAE International Journal of Aerospace, 2011, 4 (2): 1373-1379.

[6] Schreck G, Surdilovic D, Krüger J. HEPHESTOS: Hard material small-batch industrial machining robot. Proceedings of the International Symposium on Robotics and Robotik, Munich, 2014: 239-244.

[7] Brunete A, Gambao E, Koskinen J, et al. Hard material small-batch industrial machining robot. Robotics and Computer-Integrated Manufacturing, 2018, 54: 185-199.

[8] Lehmann C, Pellicciari M, Drust M, et al. Machining with industrial robots: The COMET project approach. Communications in Computer and Information Science, 2013, 371: 27-36.

[9] 曲巍崴, 董辉跃, 柯映林. 机器人辅助飞机装配制孔中位姿精度补偿技术. 航空学报, 2011, 32 (10): 1951-1960.

[10] Zhu W D, Mei B, Yan G R, et al. Measurement error analysis and accuracy enhancement of 2D vision system for robotic drilling. Robotics and Computer-Integrated Manufacturing, 2014, 30 (2): 160-171.

[11] 董辉跃, 朱灵盛, 章明, 等. 飞机蒙皮切边的螺旋铣削方法. 浙江大学学报(工学版), 2015, 49 (11): 2033-2039, 2102.

[12] Guo Y J, Dong H Y, Wang G F, et al. Vibration analysis and suppression in robotic boring process. International Journal of Machine Tools and Manufacture, 2016, 101: 102-110.

[13] Bu Y, Liao W H, Tian W, et al. Stiffness analysis and optimization in robotic drilling application. Precision Engineering, 2017, 49: 388-400.

[14] 刘双龙，田威，何晓煦，等. 基于机械关节反馈的机器人精度补偿技术. 航空制造技术, 2018, 61(4): 60-64.

[15] 田威, 焦嘉琛, 李波, 等. 航空航天制造机器人高精度作业装备与技术综述. 南京航空航天大学学报, 2020, 52(3): 341-352.

[16] Li W L, Xie H, Zhang G, et al. Hand-eye calibration in visually-guided robot grinding. IEEE Transactions on Cybernetics, 2016, 46(11): 2634-2642.

[17] Wang G, Li W L, Jiang C, et al. Simultaneous calibration of multicoordinates for a dual-robot system by solving the *AXB*=*YCZ* problem. IEEE Transactions on Robotics, 2021, 37(4): 1172-1185.

[18] Li W L, Xie H, Zhang G, et al. 3-D shape matching of a blade surface in robotic grinding applications. IEEE/ASME Transactions on Mechatronics, 2016, 21(5): 2294-2306.

[19] Xie H, Li W L, Zhu D H, et al. A systematic model of machining error reduction in robotic grinding. IEEE/ASME Transactions on Mechatronics, 2020, 25(6): 2961-2972.

[20] Chen F, Zhao H, Li D W, et al. Contact force control and vibration suppression in robotic polishing with a smart end effector. Robotics and Computer-Integrated Manufacturing, 2019, 57(C): 391-403.

[21] Lin Y, Zhao H, Ding H. Spindle configuration analysis and optimization considering the deformation in robotic machining applications. Robotics and Computer-Integrated Manufacturing, 2018, 54: 83-95.

[22] Lin Y, Zhao H, Ding H. Posture optimization methodology of 6R industrial robots for machining using performance evaluation indexes. Robotics and Computer-Integrated Manufacturing, 2017, 48: 59-72.

[23] Zhao X W, Tao B, Han S B, et al. Accuracy analysis in mobile robot machining of large-scale workpiece. Robotics and Computer-Integrated Manufacturing, 2021, 71: 102153-102157.

[24] Zhao X W, Tao B, Qian L, et al. Asymmetrical nonlinear impedance control for dual robotic machining of thin-walled workpieces. Robotics and Computer-Integrated Manufacturing, 2020, 63: 101889.

[25] Lu H, Zhao X W, Tao B, et al. Online process monitoring based on vibration-surface quality map for robotic grinding. IEEE/ASME Transactions on Mechatronics, 2020, 25(6): 2882-2892.

[26] Zhu D H, Xu X H, Yang Z Y, et al. Analysis and assessment of robotic belt grinding mechanisms by force modeling and force control experiments. Tribology International, 2018, 120: 93-98.

[27] Yan S J, Xu X H, Yang Z Y, et al. An improved robotic abrasive belt grinding force model considering the effects of cut-in and cut-off. Journal of Manufacturing Processes, 2019, 37: 496-508.

[28] Lv Y J, Peng Z, Qu C, et al. An adaptive trajectory planning algorithm for robotic belt grinding

of blade leading and trailing edges based on material removal profile model. Robotics and Computer Integrated Manufacturing, 2020, 66: 101987.

[29] Peng J, Ding Y, Zhang G, et al. An enhanced kinematic model for calibration of robotic machining systems with parallelogram mechanisms. Robotics and Computer-Integrated Manufacturing, 2019, 59 (C): 92-103.

[30] Song Y X, Lv H B, Yang Z H. An adaptive modeling method for a robot belt grinding process. IEEE/ASME Transactions on Mechatronics, 2012, 17 (2): 309-317.

[31] 公茂震, 袁培江, 王田苗, 等. 航空制孔机器人末端垂直度智能调节方法. 北京航空航天大学学报, 2012, 38 (10): 1400-1404.

[32] 肖贵坚, 张友栋, 黄云, 等. 基于灰色关联法的航发叶片机器人砂带磨削精度控制技术. 航空制造技术, 2020, 63 (9): 63-70.

[33] 杜宝瑞, 冯子明, 姚艳彬, 等. 用于飞机部件自动制孔的机器人制孔系统. 航空制造技术, 2010, (2): 47-50.

[34] Schneider U, Ansaloni M, Drust M, et al. Experimental investigation of sources of error in robot machining. Robotics in Smart Manufacturing, 2013, 371: 14-26.

[35] 杨桂林. 工业机器人运用技术. 中国科学院院刊, 2015, 30 (6): 785-792.

[36] Cen L J, Melkote S N, Castle J, et al. A wireless force-sensing and model-based approach for enhancement of machining accuracy in robotic milling. IEEE/ASME Transactions on Mechatronics, 2016, 21 (5): 2227-2235.

[37] Besl P J, McKay N. A method for registration of 3-D shapes. IEEE Transactions on Pattern Analysis and Machine Intelligence, 1992, 14 (2): 239-256.

[38] Chen Y, Medioni G. Object modelling by registration of multiple range images. Image and Vision Computing, 1992, 10 (3): 145-155.

[39] Matabosch C, Fofi D, Salvi J, et al. Registration of surfaces minimizing error propagation for a one-shot multi-slit hand-held scanner. Pattern Recognition, 2008, 41 (6): 2055-2067.

[40] Zhu L M, Zhang X M, Ding H, et al. Geometry of signed point-to-surface distance function and its application to surface approximation. ASME Journal of Computing and Information Science in Engineering, 2010, 10 (4): 041003.

[41] He G Y, Zhang M, Song Z J. Error evaluation of free-form surface based on distance function of measured point to surface. Computer-Aided Design, 2015, 65 (C): 11-17.

[42] Li W L, Yin Z P, Huang Y A, et al. Three-dimensional point-based shape registration algorithm based on adaptive distance function. IET Computer Vision, 2011, 5 (1): 68-76.

[43] Pottmann H, Huang Q X, Yang Y L, et al. Geometry and convergence analysis of algorithms for registration of 3D shapes. International Journal of Computer Vision, 2006, 67 (3): 277-296.

[44] Wang W P, Pottmann H, Liu Y. Fitting B-spline curves to point clouds by curvature-based

squared distance minimization. ACM Transactions on Graphics, 2006, 25 (2): 214-238.

[45] Nubiola A, Bonev I A. Absolute calibration of an ABB IRB 1600 robot using a laser tracker. Robotics and Computer-Integrated Manufacturing, 2013, 29 (1): 236-245.

[46] Chen G L, Wang H, Lin Z Q. Determination of the identifiable parameters in robot calibration based on the POE formula. IEEE Transactions on Robotics, 2014, 30 (5): 1066-1077.

[47] Wu L, Yang X D, Chen K, et al. A minimal POE-based model for robotic kinematic calibration with only position measurements. IEEE Transactions on Automation Science and Engineering, 2015, 12 (2): 758-763.

[48] He R B, Zhao Y J, Yang S N, et al. Kinematic-parameter identification for serial-robot calibration based on POE formula. IEEE Transactions on Robotics, 2010, 26 (3): 411-423.

[49] 周煜，张万兵，杜发荣，等. 散乱点云数据的曲率精简算法. 北京理工大学学报，2010, 30 (7): 785-789.

[50] Shi B Q, Liang J, Liu Q. Adaptive simplification of point cloud using *k*-means clustering. Computer-Aided Design, 2011, 43 (8): 910-922.

[51] Ye Y, Li Y, Wang Y Q, et al. On-line point cloud data extraction algorithm for spatial scanning measurement of irregular surface in copying manufacture. The International Journal of Advanced Manufacturing Technology, 2016, 87 (5-8): 1891-1905.

[52] 张学昌，习俊通，严隽琪. 基于非均匀热传导理论的点云数据平滑处理. 机械工程学报，2006, 42 (2): 115-118, 124.

[53] Kalogerakis E, Nowrouzezahrai D, Simari P, et al. Extracting lines of curvature from noisy point clouds. Computer-Aided Design, 2009, 41 (4): 282-292.

[54] Sun Y J, Schaefer S, Wang W P. Denoising point sets via L_0 minimization. Computer Aided Geometric Design, 2015, 35-36: 2-15.

[55] Huang H, Wu S H, Gong M L, et al. Edge-aware point set resampling. ACM Transactions on Graphics, 2013, 32 (1): 9.

[56] 陈满意，王建军. 基于 Bootstrap 的曲面最佳适配不确定度评定[J]. 中国机械工程，2010, 21 (24): 2918-2920, 2951.

[57] Silva L, Bellon O R P, Boyer K L. Precision range image registration using a robust surface interpenetration measure and enhanced genetic algorithms. IEEE Transactions on Pattern Analysis and Machine Intelligence, 2005, 27 (5): 762-776.

[58] Makem J E, Ou H G, Armstrong C G. A virtual inspection framework for precision manufacturing of aerofoil components. Computer-Aided Design, 2012, 44 (9): 858-874.

[59] Wang C C. Extrinsic calibration of a vision sensor mounted on a robot[J]. IEEE Transactions on Robotics and Automation, 1992, 8 (2): 161-175.

[60] Li A G, Wang L, Wu D F. Simultaneous robot-world and hand-eye calibration using

dual-quaternions and Kronecker product. International Journal of Physical Sciences, 2010, 5(10): 1530-1536.

[61] Wu L, Wang J L, Qi L, et al. Simultaneous hand-eye, tool-flange, and robot-robot calibration for comanipulation by solving the *AXB=YCZ* problem. IEEE Transactions on Robotics, 2016, 32(2): 413-428.

[62] Fassi I, Legnani G. Hand to sensor calibration: A geometrical interpretation of the matrix equation *AX=XB*. Journal of Robotic Systems, 2010, 22(9): 497-506.

[63] Andreff N, Horaud R, Espiau B. Robot hand-eye calibration using structure-from-motion. The International Journal of Robotics Research, 2001, 20(3): 228-248.

[64] Horaud R, Dornaika F. Hand-eye calibration. The International Journal of Robotics Research, 2011, 14(3): 195-210.

[65] Ernst F, Richter L, Matthäus L, et al. Non-orthogonal tool/flange and robot/world calibration. The International Journal of Medical Robotics and Computer Assisted Surgery, 2012, 8(4): 407-420.

[66] Shah M. Solving the robot-world/hand-eye calibration problem using the Kronecker product. Journal of Mechanisms and Robotics, 2013, 5(3): 031007.

[67] Xu X H, Zhu D H, Zhang H Y, et al. TCP-based calibration in robot-assisted belt grinding of aero-engine blades using scanner measurements. The International Journal of Advanced Manufacturing Technology, 2017, 90(1): 635-647.

[68] Ha J, Kang D, Park F C. A stochastic global optimization algorithm for the two-frame sensor calibration problem. IEEE Transactions on Industrial Electronics, 2016, 63(4): 2434-2446.

[69] Wu L, Ren H L. Finding the kinematic base frame of a robot by hand-eye calibration using 3D position data. IEEE Transactions on Automation Science and Engineering, 2017, 14(1): 314-324.

[70] Ren H, Kazanzides P. A paired-orientation alignment problem in a hybrid tracking system for computer assisted surgery. Journal of Intelligent & Robotic Systems, 2011, 63(2): 151-161.

[71] Hu J S, Chang Y J. Automatic calibration of hand-eye-workspace and camera using hand-mounted line laser. IEEE/ASME Transactions on Mechatronics, 2013, 18(6): 1778-1786.

[72] Chen W Y, Du J, Xiong W, et al. A noise-tolerant algorithm for robot-sensor calibration using a planar disk of arbitrary 3-D orientation. IEEE Transactions on Automation Science and Engineering, 2018, 15(1): 251-263.

[73] Liska J, Vanicek O, Chalus M. Hand-eye calibration of a laser profile scanner in robotic welding. Proceedings of IEEE/ASME International Conference on Advanced Intelligent Mechatronics, Auckland, 2018: 316-321.

[74] Li Z X, Gou J B, Chu Y X. Geometric algorithms for workpiece localization. IEEE Transactions

on Robotics and Automation, 1998, 14 (6) : 864-878.

[75] Wang Y P, Moreno-Centeno E, Ding Y. Matching misaligned two-resolution metrology data. IEEE Transactions on Automation Science and Engineering, 2017, 14 (1) : 222-237.

[76] Xu Y, Jiang J, Li Z X. Cyclic optimisation for localisation in freeform surface inspection. International Journal of Production Research, 2011, 49 (2) : 361-374.

[77] Liu Y. Eliminating false matches for the projective registration of free-form surfaces with small translational motions. IEEE Transactions on Systems Man and Cybernetics—Part B, 2005, 35 (3) : 607-624.

[78] Liu Y H. Free form shape registration using the barrier method. Computer Vision and Image Understanding, 2010, 114 (9) : 1004-1016.

[79] Ying S H, Peng J G, Du S Y, et al. A scale stretch method based on ICP for 3D data registration. IEEE Transactions on Automation Science and Engineering, 2009, 6 (3) : 559-565.

[80] Béarée R, Dieulot J Y, Rabaté P. An innovative subdivision-ICP registration method for tool-path correction applied to deformed aircraft parts machining. The International Journal of Advanced Manufacturing Technology, 2011, 53 (5) : 463-471.

[81] Wachowiak M P, Smolikova R, Zheng Y, et al. An approach to multimodal biomedical image registration utilizing particle swarm optimization. IEEE Transactions on Evolutionary Computation, 2004, 8 (3) : 289-301.

[82] Yang J L, Li H D, Jia Y D. Go-ICP: Solving 3D registration efficiently and globally optimally. Proceeding of the IEEE International Conference on Computer Vision, Sydney, 2013: 1457-1464.

[83] Huang X S, Zhang J, Fan L X, et al. A systematic approach for cross-source point cloud registration by preserving macro and micro structures. IEEE Transactions on Image Processing, 2017, 26 (7) : 3261-3276.

[84] Quan S W, Ma J, Hu F Y, et al. Local voxelized structure for 3D binary feature representation and robust registration of point clouds from low-cost sensors. Information Sciences, 2018, 444: 153-171.

[85] Guo Y L, Sohel F, Bennamoun M, et al. Rotational projection statistics for 3D local surface description and object recognition. International Journal of Computer Vision, 2013, 105 (1) : 63-86.

[86] Jian B, Vemuri B C. Robust point set registration using Gaussian mixture models. IEEE Transactions on Pattern Analysis and Machine Intelligence, 2011, 33 (8) : 1633-1645.

[87] Cai Y Y, Gu H, Li C, et al. Easy industrial robot cell coordinates calibration with touch panel. Robotics and Computer-Integrated Manufacturing, 2018, 50: 276-285.

[88] Guo C Z, Xu C G, Xiao D G, et al. A tool centre point calibration method of a dual-robot NDT

system for semi-enclosed workpiece testing. Industrial Robot: The International Journal of Robotics Research and Application, 2019, 46(2): 202-210.

[89] Sun Y Q, Giblin D J, Kazerounian K. Accurate robotic belt grinding of workpieces with complex geometries using relative calibration techniques. Robotics and Computer-Integrated Manufacturing, 2009, 25(1): 204-210.

[90] Wang W, Yun C, Sun K. An experimental method to calibrate the robotic grinding tool. Proceedings of IEEE International Conference on Automation and Logistics, Qingdao, 2008: 2460-2465.

[91] 周星, 黄石峰, 朱志红. 六关节工业机器人 TCP 标定模型研究与算法改进. 机械工程学报, 2019, 55(11): 186-196.

[92] Schneider U, Diaz Posada J R, Verl A. Automatic pose optimization for robotic processes. Proceedings of IEEE International Conference on Robotics and Automation, Piscataway, 2015: 2054-2059.

[93] Zhao Y M, Lin Y, Xi F F, et al. Calibration-based iterative learning control for path tracking of industrial robots. IEEE Transactions on Industrial Electronics, 2015, 62(5): 2921-2929.

[94] Dolinsky J, Jenkinson I, Colquhoun G. Application of genetic programming to the calibration of industrial robots. Computers in Industry, 2007, 58(3): 255-264.

[95] Zhang Y Y, Li S, Kadry S, et al. Recurrent neural network for kinematic control of redundant manipulators with periodic input disturbance and physical constraints. IEEE Transactions on Cybernetics, 2019, 49(12): 4194-4205.

[96] Wang J J, Zhang H, Fuhlbrigge T. Improving machining accuracy with robot deformation compensation. Proceedings of IEEE/RSJ International Conference on Intelligent Robots and Systems, Windsor, 2009: 3826-3831.

[97] de Backer J, Bolmsjö G. Deflection model for robotic friction stir welding. Industrial Robot, 2014, 41(4): 365-372.

[98] Schneider U, Momeni K M, Ansaloni M, et al. Stiffness modeling of industrial robots for deformation compensation in machining. Proceedings of IEEE/RSJ International Conference on Intelligent Robots and Systems, Piscataway, 2014: 4464-4469.

[99] Schneider U, Drust M, Ansaloni M, et al. Improving robotic machining accuracy through experimental error investigation and modular compensation. The International Journal of Advanced Manufacturing Technology, 2016, 85(1): 3-15.

[100] 刘睿智. 面向切向性能增强的机器人制孔加工姿态优化与平滑算法研究. 杭州: 浙江大学硕士学位论文, 2017.

[101] Chen Y H, Dong F H. Robot machining: Recent development and future research issues. International Journal of Advanced Manufacturing Technology, 2013, 66(9): 1489-1497.

[102] Huang H, Gong Z M, Chen X Q, et al. Robotic grinding and polishing for turbine-vane overhaul. Journal of Materials Processing Technology, 2002, 127(2): 140-145.

[103] Chaves-Jacob J, Linares J M, Sprauel J M. Improving tool wear and surface covering in polishing via toolpath optimization. Journal of Materials Processing Technology, 2013, 213(10): 1661-1668.

[104] Wang W, Yun C. A path planning method for robotic belt surface grinding. Chinese Journal of Aeronautics, 2011, 24(4): 520-526.

[105] Liu H S, Lai X B, Wu W X. Time-optimal and jerk-continuous trajectory planning for robot manipulators with kinematic constraints. Robotics and Computer-Integrated Manufacturing, 2013, 29(2): 309-317.

[106] Zhou P, Zhao X W, Tao B, et al. Time-varying isobaric surface reconstruction and path planning for robotic grinding of weak-stiffness workpieces. Robotics and Computer-Integrated Manufacturing, 2020, 64: 101945.

[107] Ma K W, Han L, Sun X X, et al. A path planning method of robotic belt grinding for workpieces with complex surfaces. IEEE/ASME Transactions on Mechatronics, 2020, 25(2): 728-738.

[108] 王伟, 贠超, 张令. 机器人砂带磨削的曲面路径优化算法. 机械工程学报, 2011, 47(7): 8-15.

[109] Wu S H, Kazerounian K, Gan Z X, et al. A material removal model for robotic belt grinding process. Machining Science and Technology, 2014, 18(1): 15-30.

[110] Zhu D H, Luo S Y, Yang L, et al. On energetic assessment of cutting mechanisms in robot-assisted belt grinding of titanium alloys. Tribology International, 2015, 90: 55-59.

[111] Zhu D H, Xu X H, Yang Z Y, et al. Analysis and assessment of robotic belt grinding mechanisms by force modeling and force control experiments. Tribology International, 2018, 120: 93-98.

[112] 刘树生. 航空钛合金叶片数控砂带磨削关键技术. 航空制造技术, 2011, 4: 34-38.

[113] Roswell A, Xi F J, Liu G J. Modelling and analysis of contact stress for automated polishing. International Journal of Machine Tools and Manufacture, 2006, 46(3-4): 424-435.

[114] Xiao G J, Huang Y. Constant-load adaptive belt polishing of the weak-rigidity blisk blade. The International Journal of Advanced Manufacturing Technology, 2015, 78(9): 1473-1484.

[115] Zhao P B, Shi Y Y. Posture adaptive control of the flexible grinding head for blisk manufacturing. The International Journal of Advanced Manufacturing Technology, 2014, 70(9): 1989-2001.

第2章　加工运动链与视觉测量数据处理

2.1　引　　言

相比于数控机床加工，机器人加工精度相对较低，主要受到关节运动学误差、关节弱刚度、手眼位姿误差、工件位姿误差与工具位姿误差等几何因素影响，上述因素通过空间运动链的传递，使加工点的实际位置发生偏离，从而造成加工误差。若理论点 $\boldsymbol{p}_i$ 的实际加工位置为 $\boldsymbol{q}_i$，则加工误差常见的定义方法可表示为点-点距离 $\|\boldsymbol{q}_i - \boldsymbol{p}_i\|$ 或点-切面距离 $(\boldsymbol{q}_i - \boldsymbol{p}_i)^{\mathrm{T}}\boldsymbol{n}_i$ 的形式，其中 $\boldsymbol{n}_i$ 为点 $\boldsymbol{p}_i$ 在设计曲面上的单位法矢。上述两种定义方法并未考虑点 $\boldsymbol{q}_i$ 对应的理论点位置变化，因此存在理论计算误差。三维视觉测量以其非接触、快速高效、适合现场操作等优势在大型复杂曲面零件机器人加工系统的工件视觉定位与轮廓误差检测中广泛应用，但实际操作时通常面临现场测点数据规模大、测点有噪声与层叠、测点分布与密度不均、测点-设计模型初始位姿任意、曲面轮廓误差计算困难等诸多难题。

针对上述问题，本章在构建机器人加工系统空间运动链的基础上，考虑工件曲面特征与理论点的位置变化，提出曲率适应性的加工误差定义方法，推导加工误差与工件位姿误差、工具位姿误差、关节运动学误差、弱刚度变形误差的定量传递模型，为后续章节参数辨识、位姿优化、加工误差控制提供理论基础；介绍线激光测量原理、激光条纹精确提取、相位移面阵测量原理、对极约束与图像匹配，研究测点邻域搜索与微分信息计算、测点精简/光顺/匹配与数据处理误差评估方法，介绍自主开发的 iPoint3D 曲面测点处理软件的层次架构、主要功能、操作界面等，为机器人加工现场数据采集与曲面视觉定位提供操作平台。

2.2　机器人加工运动链

机器人加工系统包括静态单元(工件、工具及辅助定位单元)与运动单元(机器人及附加运动模块)两大部分，按工件安装位置可分为工件型(机器人夹持工件)与工具型(机器人夹持工具)两类，其运动链具有相似性，本节以工件型为例进行介绍[1]。如图 2-1 所示，$\{B\}$、$\{E\}$、$\{W\}$、$\{S\}$、$\{T\}$ 分别表示机器人基坐标系、末端坐标系、工件坐标系、视觉传感器坐标系、工具坐标系。

在坐标系 $\{W\}$ 中，按设计模型生成的加工路径被离散成 s 个目标点 $\{\boldsymbol{p}_1,\cdots,$

$\boldsymbol{p}_i,\cdots,\boldsymbol{p}_s\}$，以点 $\boldsymbol{p}_i$ 为原点，以点 $\boldsymbol{p}_i$ 法矢(切深方向) $\boldsymbol{n}_i$ 为 z 轴，以任意两个相互垂直的切矢 $\boldsymbol{\tau}_1$、$\boldsymbol{\tau}_2$ 为 x、y 轴，构造坐标系 $\{P_i\}$，此时每一个目标点对应一个加工位姿。理想情况加工目标点 $\boldsymbol{p}_i$ 时，目标点坐标系 $\{P_i\}$ 与工具坐标系 $\{T\}$ 重合，对应刚体变换方程：

$$\begin{aligned} {}^{B}_{P_i}\boldsymbol{T} &= {}^{B}_{E}\boldsymbol{T}\,{}^{E}_{W}\boldsymbol{T}\,{}^{W}_{P_i}\boldsymbol{T} \\ {}^{B}_{P_i}\boldsymbol{T} &= {}^{B}_{T}\boldsymbol{T} \end{aligned} \tag{2-1}$$

式中，${}^{M}_{N}\boldsymbol{T}=\begin{bmatrix} {}^{M}_{N}\boldsymbol{R} & {}^{M}\boldsymbol{t}_{NO} \\ \boldsymbol{0}_{1\times3} & 1 \end{bmatrix}\in \mathrm{SE}(3)$ 为刚体变换矩阵，表示坐标系 $\{N\}$ 相对坐标系 $\{M\}$ 的空间位姿，这里 M 和 N 指各坐标系名称，NO 表示坐标系 $\{N\}$ 的原点，${}^{M}_{N}\boldsymbol{R}\in \mathrm{SO}(3)$、${}^{M}\boldsymbol{t}_{NO}\in\Re^3$ 分别表示旋转矩阵、平移矢量。

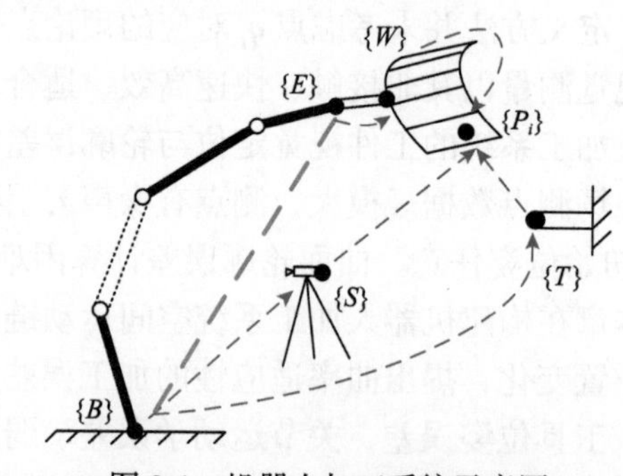

图 2-1　机器人加工系统示意图

式(2-1)中各刚体变换矩阵的具体含义如下：

(1) ${}^{B}_{E}\boldsymbol{T}$ 表示运动单元位姿，当无附加运动模块时，${}^{B}_{E}\boldsymbol{T}$ 表示机器人位姿。运动单元可以看成由旋转关节和移动关节串联而成的操作臂，根据各关节坐标系的位姿传递关系，存在

$${}^{B}_{E}\boldsymbol{T} = {}^{0}_{m}\boldsymbol{T} = {}^{0}_{1}\boldsymbol{T}\cdots{}^{j-1}_{j}\boldsymbol{T}\cdots{}^{m-1}_{m}\boldsymbol{T} \tag{2-2}$$

式中，${}^{j-1}_{j}\boldsymbol{T}(j\geqslant1)$ 表示连杆坐标系 $\{j\}$ 相对坐标系 $\{j-1\}$ 的位姿；m 为关节数量。

(2) ${}^{E}_{W}\boldsymbol{T}$ 表示工件位姿，由于工件存在装夹误差，每次装夹时需辨识工件位姿 ${}^{E}_{W}\boldsymbol{T}$。工件位姿参数辨识分为有特征和无特征两种，有特征辨识通过工件表面的特定基准(点、线、面等)定位工件，常针对具备规则几何特征的零件；无特征辨识通过点云匹配定位工件，常针对没有典型几何特征的复杂曲面零件，点云匹配是一种通用的工件位姿参数辨识方法，它通过三维形状比对将工件测量点云与设计

模型统一到设计模型坐标系中，从而辨识工件实际位姿。为获取工件测量点云，通常引入视觉传感器作为定位单元，定义单个测点在视觉传感器坐标系 $\{S\}$ 下的位置 ${}^{S}\boldsymbol{p}_i \in \Re^3$ ，通过空间运动链传递可得测点在坐标系 $\{E\}$ 下的三维坐标：

$$ {}^{E}\boldsymbol{p}_i = \left({}_{E}^{B}\boldsymbol{T} \right)^{-1} {}_{S}^{B}\boldsymbol{T} \, {}^{S}\boldsymbol{p}_i \tag{2-3} $$

式中，${}_{S}^{B}\boldsymbol{T}$ 为手眼位姿参数，表示视觉传感器坐标系 $\{S\}$ 相对于基坐标系 $\{B\}$ 的位姿。

通过测点集 ${}^{E}P = \left\{ {}^{E}\boldsymbol{p}_1, \cdots, {}^{E}\boldsymbol{p}_i, \cdots, {}^{E}\boldsymbol{p}_n \right\}$ 与设计模型点云 Q 的三维匹配计算工件位姿 ${}_{W}^{E}\boldsymbol{T}$ ，定义 ${}^{E}P$ 在 Q 中的对应点集为 ${}^{W}P$ ，则匹配变换方程为

$$ {}^{E}P = {}_{W}^{E}\boldsymbol{T} \, {}^{W}P \tag{2-4} $$

(3) ${}_{P_i}^{W}\boldsymbol{T}$ 表示在设计模型坐标系下按设计模型加工路径生成的目标点位姿，与运动单元位姿 ${}_{E}^{B}\boldsymbol{T}$ 和工件位姿 ${}_{W}^{E}\boldsymbol{T}$ 无关。

(4) ${}_{T}^{B}\boldsymbol{T}$ 表示工具位姿，对于工件型机器人加工系统， ${}_{T}^{B}\boldsymbol{T}$ 为常值。

图 2-2 为工件型机器人加工系统的封闭运动链，该链由三条从运动单元出发的开环运动子链组成：运动单元位姿 ${}_{E}^{B}\boldsymbol{T}$ → 视觉传感器位姿 ${}_{S}^{B}\boldsymbol{T}$ → 目标点位姿 ${}^{S}\boldsymbol{p}_i$; 运动单元位姿 ${}_{E}^{B}\boldsymbol{T}$ → 工件位姿 ${}_{W}^{E}\boldsymbol{T}$ → 目标点位姿 ${}_{P_i}^{W}\boldsymbol{T}$; 运动单元位姿 ${}_{E}^{B}\boldsymbol{T}$ → 工具位姿 ${}_{T}^{B}\boldsymbol{T}$ 。第一条运动链是手眼运动链，从机器人到视觉传感器，再到工件上的测点，这条运动链其实就是将视觉传感器上获得的工件测点转移到机器人末端坐标系表示。工件是固定在机器人末端的，加工轨迹在工件坐标系 $\{W\}$ 下，这时需要通过末端坐标系下的测点与设计模型匹配来生成工件位姿，因此手眼位姿误差实际上是通过影响工件位姿误差来影响加工点 P_i 的位姿误差的。第二条运动链是工件运动链，从机器人到工件，再到工件上的加工点 P_i，它描述的是工件上的加

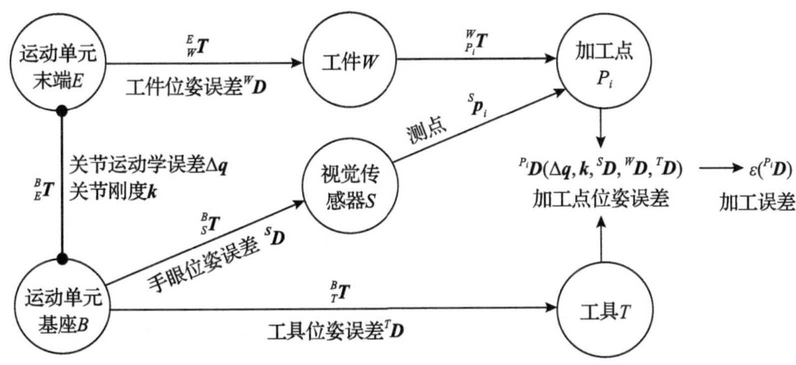

图 2-2　工件型机器人加工系统的封闭运动链

工点 P_i 在基坐标系下的位姿。如果机器人存在关节运动学误差和关节刚度变形，那么会通过这条运动链影响加工点 P_i 位姿，从而引起加工误差。第三条运动链是工具运动链，从机器人到工具，如果工具存在位姿误差，那么就会影响加工点 P_i 与工具之间的位姿，从而引起加工误差。

根据上述运动链可得影响加工误差的几何因素包括关节运动学误差 $\Delta\boldsymbol{q}$、关节刚度 $\boldsymbol{k}$、手眼位姿误差 ${}^{S}\boldsymbol{D}$、工件位姿误差 ${}^{W}\boldsymbol{D}$ 与工具位姿误差 ${}^{T}\boldsymbol{D}$。在几何上，目标点 $\boldsymbol{p}_i$ 的加工误差取决于坐标系 $\{P_i\}$ 与 $\{T\}$ 的重合程度，对应的位姿误差矩阵为

$$\Delta{}_{P_i}^{B}\boldsymbol{T}={}_{P_i}^{B}\boldsymbol{T}-{}_{T}^{B}\boldsymbol{T} \tag{2-5}$$

任意刚体变换矩阵 ${}_{N}^{M}\boldsymbol{T}$ 的微分变化量 $\Delta{}_{N}^{M}\boldsymbol{T}$ 在坐标系 $\{M\}$ 和 $\{N\}$ 下的微分算子满足[2]：

$${}^{M}\boldsymbol{\Delta}=\left(\Delta{}_{N}^{M}\boldsymbol{T}\right){}_{M}^{N}\boldsymbol{T},\quad {}^{N}\boldsymbol{\Delta}={}_{M}^{N}\boldsymbol{T}\left(\Delta{}_{N}^{M}\boldsymbol{T}\right) \tag{2-6}$$

式中，微分算子 $\boldsymbol{\Delta}$ 的通用表达式为

$$\boldsymbol{\Delta}=\begin{bmatrix}[\boldsymbol{\delta}] & \boldsymbol{d}\\ \boldsymbol{0} & 0\end{bmatrix}=\begin{bmatrix}0 & -\delta_z & \delta_y & d_x\\ \delta_z & 0 & -\delta_x & d_y\\ -\delta_y & \delta_x & 0 & d_z\\ 0 & 0 & 0 & 0\end{bmatrix} \tag{2-7}$$

其中，$[\boldsymbol{\delta}]$ 表示向量 $\boldsymbol{\delta}$ 的反对称矩阵。

微分算子 $\boldsymbol{\Delta}$ 对应位姿误差矢量 $\boldsymbol{D}=[\boldsymbol{d},\boldsymbol{\delta}]^{\mathrm{T}}\in\Re^6$（用微分运动矢量表示），其中 $\boldsymbol{d}=\begin{bmatrix}d_x & d_y & d_z\end{bmatrix}^{\mathrm{T}}$ 表示位置误差，$\boldsymbol{\delta}=\begin{bmatrix}\delta_x & \delta_y & \delta_z\end{bmatrix}^{\mathrm{T}}$ 表示姿态误差。微分算子与位姿误差矢量存在正运算（$\boldsymbol{\Delta}=[\boldsymbol{D}]$ 或 $\boldsymbol{\Delta}=\boldsymbol{D}^{\wedge}$）与逆运算（$\boldsymbol{D}=\boldsymbol{\Delta}^{\vee}$）的关系。

因此，位姿误差矩阵也可表示为

$$\Delta{}_{N}^{M}\boldsymbol{T}=\left({}^{M}\boldsymbol{\Delta}\right){}_{N}^{M}\boldsymbol{T}={}_{N}^{M}\boldsymbol{T}\left({}^{N}\boldsymbol{\Delta}\right)=\left[{}^{M}\boldsymbol{D}\right]{}_{N}^{M}\boldsymbol{T}={}_{N}^{M}\boldsymbol{T}\left[{}^{N}\boldsymbol{D}\right] \tag{2-8}$$

将位姿误差矩阵 $\Delta{}_{P_i}^{B}\boldsymbol{T}$ 转换到坐标系 $\{P_i\}$ 下的微分算子为

$${}^{P_i}\boldsymbol{\Delta}={}_{B}^{P_i}\boldsymbol{T}\left(\Delta{}_{P_i}^{B}\boldsymbol{T}\right)={}_{B}^{P_i}\boldsymbol{T}\left({}_{E}^{B}\boldsymbol{T}\,{}_{W}^{E}\boldsymbol{T}\,{}_{P_i}^{W}\boldsymbol{T}-{}_{T}^{B}\boldsymbol{T}\right)=\begin{bmatrix}0 & -{}^{P_i}\delta_z & {}^{P_i}\delta_y & {}^{P_i}d_x\\ {}^{P_i}\delta_z & 0 & -{}^{P_i}\delta_x & {}^{P_i}d_y\\ -{}^{P_i}\delta_y & {}^{P_i}\delta_x & 0 & {}^{P_i}d_z\\ 0 & 0 & 0 & 0\end{bmatrix} \tag{2-9}$$

对应的位姿误差矢量为

$$ {}^{P_i}\boldsymbol{D}=\left({}^{P_i}\boldsymbol{\Delta}\right)^{\vee}=\left({}^{P_i}_{B}\boldsymbol{T}\left({}^{B}_{E}\boldsymbol{T}\,{}^{E}_{W}\boldsymbol{T}\,{}^{W}_{P_i}\boldsymbol{T}-{}^{B}_{T}\boldsymbol{T}\right)\right)^{\vee}=\begin{bmatrix}{}^{P_i}d_x & {}^{P_i}d_y & {}^{P_i}d_z & {}^{P_i}\delta_x & {}^{P_i}\delta_y & {}^{P_i}\delta_z\end{bmatrix}^{\mathrm{T}} \tag{2-10} $$

式中，${}^{P_i}\boldsymbol{D}\in\Re^6$ 表示坐标系 $\{P_i\}$ 相对自身的位姿误差矢量，包括位置误差 ${}^{P_i}\boldsymbol{d}=\begin{bmatrix}{}^{P_i}d_x & {}^{P_i}d_y & {}^{P_i}d_z\end{bmatrix}^{\mathrm{T}}$ 和姿态误差 ${}^{P_i}\boldsymbol{\delta}=\begin{bmatrix}{}^{P_i}\delta_x & {}^{P_i}\delta_y & {}^{P_i}\delta_z\end{bmatrix}^{\mathrm{T}}$。

式(2-10)中，矩阵 ${}^{W}_{P_i}\boldsymbol{T}$ 与模型中加工路径点的分布有关，不存在位姿误差，因此 ${}^{P_i}\boldsymbol{D}$ 主要受工件位姿 ${}^{E}_{W}\boldsymbol{T}$、工具位姿 ${}^{B}_{T}\boldsymbol{T}$ 与运动单元位姿 ${}^{B}_{E}\boldsymbol{T}$ 的影响。工件/工具位姿误差对机器人加工误差的传递模型将在 2.3.2 节介绍，运动单元位姿误差对机器人加工误差的传递模型将在 2.3.3 节介绍。

图 2-2 中运动单元位姿误差 $\Delta{}^{B}_{E}\boldsymbol{T}(\Delta\boldsymbol{q},\boldsymbol{k})$ 反映了机器人的定位精度主要受运动学误差 $\Delta\boldsymbol{q}$ 与关节刚度 $\boldsymbol{k}$ 影响，这也是机器人加工精度低于机床的重要原因。一方面，手眼位姿 ${}^{B}_{S}\boldsymbol{T}$、工件位姿 ${}^{E}_{W}\boldsymbol{T}$ 等参数辨识需要通过机器人的多次运动来实现，此时机器人处于轻负载，运动学误差 $\Delta\boldsymbol{q}$ 是主要误差源。另一方面，金属类大型复杂构件加工过程切削力比较大，工业机器人的弱刚性不能忽略，此时关节运动学误差 $\Delta\boldsymbol{q}$ 与关节刚度 $\boldsymbol{k}$ 是主要误差源。

2.3　加工误差定量传递模型

2.3.1　加工误差几何度量指标

根据式(2-9)，当 $\{\boldsymbol{P}_i\}$ 存在位姿误差 ${}^{P_i}\boldsymbol{D}$ 时，目标点 $\boldsymbol{p}_i$ 的实际位置为

$$ \boldsymbol{q}_i=\boldsymbol{p}_i+{}^{P_i}\boldsymbol{d}=\boldsymbol{p}_i+{}^{P_i}d_x\boldsymbol{\tau}_1+{}^{P_i}d_y\boldsymbol{\tau}_2+{}^{P_i}d_z\boldsymbol{n}_i \tag{2-11} $$

通过点-切面距离表示点 $\boldsymbol{p}_i$ 的法向加工误差：

$$ \varepsilon_T(\boldsymbol{p}_i)=(\boldsymbol{q}_i-\boldsymbol{p}_i)^{\mathrm{T}}\boldsymbol{n}_i={}^{P_i}d_z \tag{2-12} $$

通过点-点距离表示点 $\boldsymbol{p}_i$ 的加工误差：

$$ \varepsilon_I(\boldsymbol{p}_i)=\|\boldsymbol{q}_i-\boldsymbol{p}_i\|=\sqrt{{}^{P_i}d_x^2+{}^{P_i}d_y^2+{}^{P_i}d_z^2} \tag{2-13} $$

上述两种表达式并未考虑由切向位置误差 $\left({}^{P_i}d_x,{}^{P_i}d_y\right)$ 引起理论点的变化，点 $\boldsymbol{q}_i$ 对应的理论加工点并非还是点 $\boldsymbol{p}_i$。如图 2-3(a)所示，假定点 $\boldsymbol{p}_i$ 位于凸形曲面上，曲率半径为 ρ_i，曲率中心为 O，则点 $\boldsymbol{p}_i$ 的邻域可近似为由中心 O 与半径 ρ_i 构

成的球面。由于点 $\boldsymbol{q}_i$ 应位于对应点的法矢方向，过点 $\boldsymbol{q}_i$ 作球面的垂线，则垂足 $\boldsymbol{p}_{i+}$ 为 $\boldsymbol{q}_i$ 对应的理论点。很明显点 $\boldsymbol{q}_i$ 、点 $\boldsymbol{p}_{i+}$ 与中心 O 共线，则点 $\boldsymbol{p}_{i+}$ 的加工误差为

$$\varepsilon_\rho\left(\boldsymbol{p}_{i+}\right)=\left|\boldsymbol{q}_i O\right|-\left|\boldsymbol{p}_{i+} O\right|=\sqrt{\left(\rho_i+{}^{P_i}d_z\right)^2+{}^{P_i}d_x^2+{}^{P_i}d_y^2}-\rho_i \tag{2-14}$$

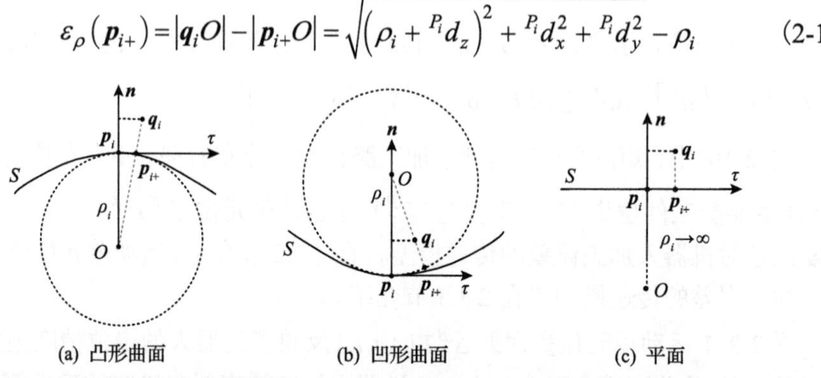

图 2-3 不同曲面的加工误差计算示意图(其中 S 为设计曲面)

式(2-14)表示点 $\boldsymbol{p}_{i+}$的加工误差，由于点 $\boldsymbol{p}_i$ 与 $\boldsymbol{p}_{i+}$ 处于同一邻域，它们的位置误差存在关系 ${}^{P_{i+}}\boldsymbol{d}\approx{}^{P_i}\boldsymbol{d}+o\left({}^{P_i}\boldsymbol{d}\right)$，且它们具有相同的曲率半径（$\rho_{i+}=\rho_i$）与中心（$O_{i+}=O_i$），则式(2-14)可写为

$$\begin{aligned}\varepsilon_\rho\left(\boldsymbol{p}_{i+},\rho_{i+},{}^{P_{i+}}\boldsymbol{d}\right)&=\sqrt{\left(\rho_{i+}+{}^{P_{i+}}d_z-o\left({}^{P_i}d_z\right)\right)^2+\left({}^{P_{i+}}d_x-o\left({}^{P_i}d_x\right)\right)^2+\left({}^{P_{i+}}d_y-o\left({}^{P_i}d_y\right)\right)^2}-\rho_{i+}\\&=\sqrt{\left(\rho_{i+}+{}^{P_{i+}}d_z\right)^2+{}^{P_{i+}}d_x^2+{}^{P_{i+}}d_y^2}-\rho_{i+}\end{aligned} \tag{2-15}$$

因此，点 $\boldsymbol{p}_{i+}$ 的加工误差由自身曲率半径 ρ_{i+} 与位置误差 ${}^{P_{i+}}\boldsymbol{d}$ 共同决定。由于点 $\boldsymbol{p}_i$ 与 $\boldsymbol{p}_{i+}$ 位于曲面 S 的共同邻域，其加工误差也满足式(2-15)，将该式中点 $\boldsymbol{p}_{i+}$ 的参数信息$\left(\boldsymbol{p}_{i+},\rho_{i+},{}^{P_{i+}}\boldsymbol{d}\right)$替换为参数$\left(\boldsymbol{p}_i,\rho_i,{}^{P_i}\boldsymbol{d}\right)$，可得到点 $\boldsymbol{p}_i$ 的加工误差：

$$\varepsilon_\rho\left(\boldsymbol{p}_i,\rho_i,{}^{P_i}\boldsymbol{d}\right)=\sqrt{\left(\rho_i+{}^{P_i}d_z\right)^2+{}^{P_i}d_x^2+{}^{P_i}d_y^2}-\rho_i \tag{2-16}$$

式(2-16)是考虑了位置误差$\left({}^{P_i}d_x,{}^{P_i}d_y\right)$的加工误差计算公式，也可以表示为

$$\begin{aligned}\varepsilon_\rho\left(\boldsymbol{p}_i\right)&=\sqrt{\left(\rho_i+\left(\boldsymbol{q}_i-\boldsymbol{p}_i\right)^{\mathrm{T}}\boldsymbol{n}_i\right)^2+\left(\left(\boldsymbol{q}_i-\boldsymbol{p}_i\right)^{\mathrm{T}}\boldsymbol{\tau}_1\right)^2+\left(\left(\boldsymbol{q}_i-\boldsymbol{p}_i\right)^{\mathrm{T}}\boldsymbol{\tau}_2\right)^2}-\rho_i\\&=\sqrt{\rho_i^2+2\rho_i\left(\boldsymbol{q}_i-\boldsymbol{p}_i\right)^{\mathrm{T}}\boldsymbol{n}_i+\left\|\boldsymbol{q}_i-\boldsymbol{p}_i\right\|^2}-\rho_i\\&=\sqrt{\rho_i^2+2\rho_i\varepsilon_T+\varepsilon_I^2}-\rho_i\end{aligned} \tag{2-17}$$

式中，ε_T 表示点-切面距离误差；ε_I 表示点-点距离误差。

式(2-17)针对的是凸形曲面(图 2-3(a))，同理可得凹形曲面(图 2-3(b))的加工误差。故曲面加工误差可统一表示为

$$\varepsilon_\rho = \begin{cases} \sqrt{\rho_i^2 + 2\rho_i\varepsilon_T + \varepsilon_I^2} - \rho_i, & \text{凸面} \\ \rho_i - \sqrt{\rho_i^2 + 2\rho_i\varepsilon_T + \varepsilon_I^2}, & \text{凹面} \end{cases} \tag{2-18}$$

可见当点 $\boldsymbol{p}_i$ 位于高曲率区域时，半径 ρ 很小($\rho \to 0$)，加工误差 ε_ρ 等价于点-点距离误差 $\varepsilon_I\left(\varepsilon_\rho = \varepsilon_I\right)$；如图 2-3(c)所示，当点 $\boldsymbol{p}_i$ 位于平坦区域时，半径 ρ 很大($\rho \to \infty$)，$\rho_i^2 + 2\rho_i\varepsilon_T + \varepsilon_I^2 \approx \rho_i^2 + 2\rho_i\varepsilon_T + \varepsilon_T^2$，加工误差 ε_ρ 等价于点-切面距离误差 $\left(\varepsilon_\rho = \varepsilon_T\right)$，即

$$\varepsilon_\rho = \begin{cases} \varepsilon_I = \left\|\boldsymbol{q}_i - \boldsymbol{p}_i\right\|, & \rho_i \to 0 \\ \varepsilon_T = \left(\boldsymbol{q}_i - \boldsymbol{p}_i\right)^{\mathrm{T}} \boldsymbol{n}_i, & \rho_i \to \infty \end{cases} \tag{2-19}$$

式(2-16)～式(2-19)所示的加工误差计算模型假设工件与工具之间为点接触，计算的是目标点 $\boldsymbol{p}_i$ 在切削深度上的误差，可作为型面加工误差的度量指标。

2.3.2　静态位姿误差定量传递模型

图 2-2 中第一条运动链将视觉传感器上获得的工件测点转移到机器人末端坐标系表示，并通过测点与工件设计模型匹配完成工件定位，手眼位姿误差实质上是通过影响工件位姿误差而影响加工误差的，故下面重点分析由工件/工具位姿误差导致的加工误差传递问题。设工件坐标系 $\{W\}$ 相对自身的位姿误差矢量为 ${}^{W}\boldsymbol{D} \in \Re^6$，对应微分运动矢量 ${}^{W}\boldsymbol{D}$ 与运动算子 ${}^{W}\boldsymbol{\Delta}$，与所引起目标点坐标系 $\{P_i\}$ 的位姿误差矢量满足速度伴随变换[2]：

$${}^{P_i}\boldsymbol{D} = \mathrm{Ad}_V\left({}_{P_i}^{W}\boldsymbol{T}^{-1}\right){}^{W}\boldsymbol{D} = \begin{bmatrix} {}_{P_i}^{W}\boldsymbol{R}^{\mathrm{T}} & -{}_{P_i}^{W}\boldsymbol{R}^{\mathrm{T}}\left[{}^{W}\boldsymbol{t}_{P_iO}\right] \\ \boldsymbol{0}_{3\times 3} & {}_{P_i}^{W}\boldsymbol{R}^{\mathrm{T}} \end{bmatrix} \begin{bmatrix} {}^{W}\boldsymbol{d} \\ {}^{W}\boldsymbol{\delta} \end{bmatrix} \tag{2-20}$$

展开可得位置误差为

$${}^{P_i}\boldsymbol{d} = {}_{P_i}^{W}\boldsymbol{R}^{\mathrm{T}}\,{}^{W}\boldsymbol{d} - {}_{P_i}^{W}\boldsymbol{R}^{\mathrm{T}}\left[{}^{W}\boldsymbol{t}_{P_iO}\right]{}^{W}\boldsymbol{\delta} \tag{2-21}$$

将曲率半径 ρ_i 与位置误差 ${}^{P_i}\boldsymbol{d}$ 代入式(2-16)，可得点 $\boldsymbol{p}_i$ 的加工误差为

$$\varepsilon_\rho=\sqrt{\rho_i^2+2\rho_i\,{}^{P_i}\boldsymbol{d}_i^{\mathrm{T}}\boldsymbol{n}_i+{}^{P_i}\boldsymbol{d}_i^{\mathrm{T}}\,{}^{P_i}\boldsymbol{d}_i}-\rho_i \tag{2-22}$$

若通过式(2-12)中点-切面距离简化加工误差，则加工误差为法向误差 ${}^{P_i}d_z$ ，由式(2-21)可得

$${}^{P_i}d_z=\boldsymbol{n}_i\cdot{}^{W}\boldsymbol{d}-\boldsymbol{n}_i\cdot\left({}^{W}\boldsymbol{t}_{P_iO}\times{}^{W}\boldsymbol{\delta}\right) \tag{2-23}$$

式中，$\boldsymbol{n}_i$ 为矩阵 ${}_{P_i}^{W}\boldsymbol{R}$ 的第三列，表示 $\{P_i\}$ 的 z 轴在工件坐标系 $\{W\}$ 的方向矢量。误差 ${}^{P_i}d_z$ 包括两部分：工件位置偏差 ${}^{W}\boldsymbol{d}$ 在加工深度方向 $\boldsymbol{n}_i$ 上的投影、工件姿态偏差 ${}^{W}\boldsymbol{\delta}$ 引起点 $\boldsymbol{p}_i$ 的位置变化量在加工深度方向 $\boldsymbol{n}_i$ 上的投影。式(2-23)定量描述了工件存在位姿偏差矢量 ${}^{W}\boldsymbol{D}$ 时，机器人点接触加工产生的法向加工误差 ${}^{P_i}d_z$。

设工具坐标系 $\{T\}$ 相对自身的位姿误差矢量为 ${}^{T}\boldsymbol{D}\in\Re^6$ ，对应微分运动矢量 ${}^{T}\boldsymbol{D}$ 与运动算子 ${}^{T}\boldsymbol{\Delta}$ ，根据式(2-6)计算目标点坐标系 $\{P_i\}$ 与工具坐标系 $\{T\}$ 之间的位姿误差：

$$\Delta\,{}_{P_i}^{T}\boldsymbol{T}=\left({}^{T}\boldsymbol{\Delta}\right){}_{P_i}^{T}\boldsymbol{T}={}^{T}\boldsymbol{\Delta} \tag{2-24}$$

式中，理论位姿 ${}_{P_i}^{T}\boldsymbol{T}=\boldsymbol{I}_{4\times4}$ 。将位姿误差 $\Delta\,{}_{P_i}^{T}\boldsymbol{T}$ 转换到坐标系 $\{P_i\}$ 下表示：

$${}^{P_i}\boldsymbol{\Delta}={}_{P_i}^{T}\boldsymbol{T}^{-1}\left(\Delta\,{}_{P_i}^{T}\boldsymbol{T}\right)={}^{T}\boldsymbol{\Delta} \tag{2-25}$$

故对应坐标系 $\{P_i\}$ 下表示的微分运动矢量为

$${}^{P_i}\boldsymbol{D}=\left({}^{P_i}\boldsymbol{\Delta}\right)^{\vee}={}^{T}\boldsymbol{D} \tag{2-26}$$

将式(2-26)中的位置误差代入式(2-21)，并采用点-切面距离表示为法向加工误差，可得

$${}^{P_i}d_z=\left({}^{P_i}\boldsymbol{D}\right)^{\mathrm{T}}\boldsymbol{D}_z={}^{T}d_z \tag{2-27}$$

式中，系数 $\boldsymbol{D}_z=\begin{bmatrix}0 & 0 & 1 & 0 & 0 & 0\end{bmatrix}^{\mathrm{T}}$ 。式(2-27)定量描述了工具存在位姿误差矢量 ${}^{T}\boldsymbol{D}$ 时，机器人点接触加工产生的法向加工误差 ${}^{P_i}d_z$ 。

对比式(2-20)和式(2-27)可知，计算工件/工具位姿误差矢量 $\left({}^{W}\boldsymbol{D},{}^{T}\boldsymbol{D}\right)$ 引起目标点 $\boldsymbol{p}_i$ 的加工误差时，需要将其转换为坐标系 $\{P_i\}$ 下表示的位置误差 ${}^{P_i}\boldsymbol{d}$ 。上述

公式未考虑姿态误差 ${}^{P_i}\boldsymbol{\delta}$ 对加工误差的影响，这是因为假定工具与工件表面为点接触状态，若考虑工具轴线的接触长度，则工具与工件表面为线接触。如图 2-4 所示，对于不同切削方式下的机器人加工，统一定义点 $\boldsymbol{p}_i$ 法向(加工深度方向)作为坐标系 $\{P_i\}$ 的 z 轴，任一切向作为坐标系 $\{P_i\}$ 的 y 轴(通常可选择进给方向作为 y 轴)，则由工件/工具位姿误差引起的法向加工误差可统一表示为

$$
{}^{P_i}d_{\gamma} = \left({}^{P_i}\boldsymbol{D}\right)^{\mathrm{T}} \boldsymbol{D}_{\gamma} \tag{2-28}
$$

式中，系数 $\boldsymbol{D}_{\gamma}$ 的选取如表 2-1 所示。磨抛/侧铣型面误差、端铣型面误差、制孔孔深误差描述的是在加工深度方向的加工误差，磨抛/侧铣方向误差描述的是在进给方向的加工误差，制孔位置误差描述的是刀具中心偏置引起的加工误差，制孔方向误差描述的是刀具轴线偏转引起的加工误差。

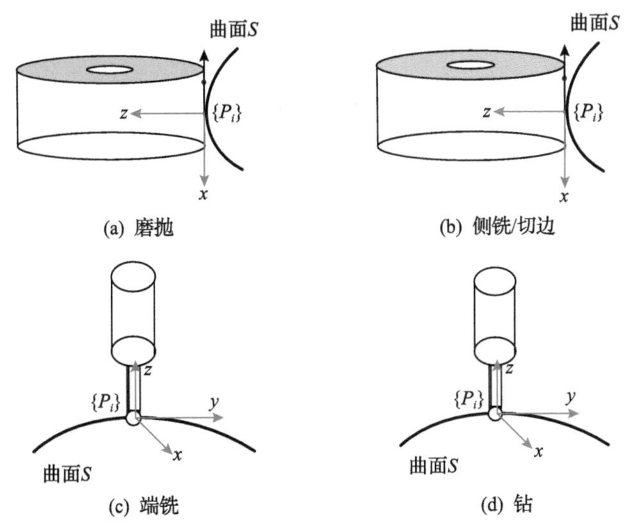

(a) 磨抛　(b) 侧铣/切边　(c) 端铣　(d) 钻

图 2-4　不同切削方式下坐标系 $\{P_i\}$ 的定义

表 2-1　不同加工方向上的 $\boldsymbol{D}_{\gamma}$ 值

磨抛/侧铣		端铣型面误差
型面误差	方向误差	
z	z	z
$\boldsymbol{D}_{\gamma}=[0\quad 0\quad 1\quad 0\quad 0\quad 0]^{\mathrm{T}}$	$\boldsymbol{D}_{\gamma}=[0\quad 0\quad 0\quad 0\quad 1\quad 0]^{\mathrm{T}}$	$\boldsymbol{D}_{\gamma}=[0\quad 0\quad 1\quad 0\quad 0\quad 0]^{\mathrm{T}}$

续表

制孔		
孔深误差	位置误差	方向误差
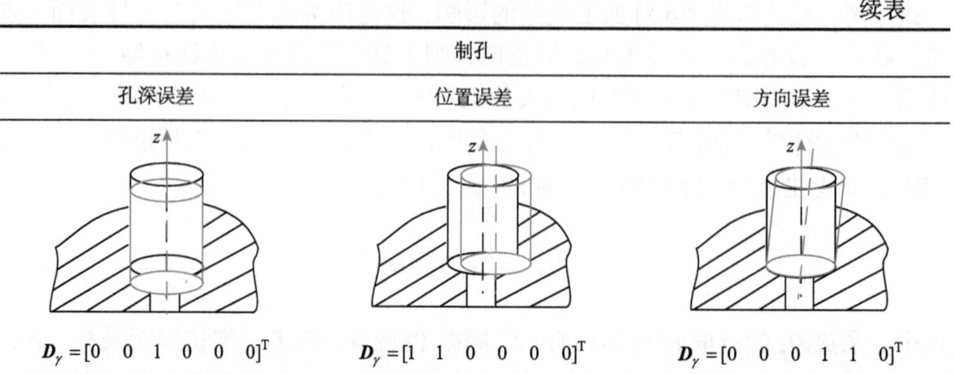		
$\boldsymbol{D}_\gamma=[0\ \ 0\ \ 1\ \ 0\ \ 0\ \ 0]^{\mathrm{T}}$	$\boldsymbol{D}_\gamma=[1\ \ 1\ \ 0\ \ 0\ \ 0\ \ 0]^{\mathrm{T}}$	$\boldsymbol{D}_\gamma=[0\ \ 0\ \ 0\ \ 1\ \ 1\ \ 0]^{\mathrm{T}}$

2.3.3　动态位姿误差定量传递模型

下面分析由关节运动学误差和关节弱刚度导致的加工误差问题。定义关节向量参数 $\boldsymbol{q}$，由运动学误差 $\Delta\boldsymbol{q}$ 导致的机器人位姿误差为

$$\Delta{}_E^B\boldsymbol{T}_q={}_E^B\boldsymbol{T}(\boldsymbol{q}+\Delta\boldsymbol{q})-{}_E^B\boldsymbol{T}(\boldsymbol{q}) \tag{2-29}$$

根据式(2-6)，将位姿误差 $\Delta{}_E^B\boldsymbol{T}_q$ 转换到坐标系 $\{E\}$ 下，可表示为微分算子：

$${}^E\boldsymbol{\Delta}_q={}_E^B\boldsymbol{T}^{-1}(\boldsymbol{q})\Delta{}_E^B\boldsymbol{T}_q \tag{2-30}$$

当位姿误差很小时，${}^E\boldsymbol{\Delta}_q$ 对应微分运动矢量：

$${}^E\boldsymbol{D}_q=\left({}^E\boldsymbol{\Delta}_q\right)^{\vee}=\left({}_E^B\boldsymbol{T}^{-1}(\boldsymbol{q})\Delta{}_E^B\boldsymbol{T}_q\right)^{\vee} \tag{2-31}$$

式中，${}^E\boldsymbol{D}_q\in\Re^6$ 表示由运动学误差 $\Delta\boldsymbol{q}$ 引起末端坐标系 $\{E\}$ 的位姿误差矢量。末端坐标系 $\{E\}$ 与目标点坐标系 $\{P_i\}$ 的位姿误差矢量满足速度伴随变换：

$$\begin{aligned}{}^{P_i}\boldsymbol{D}_q&=\begin{bmatrix}{}^{P_i}\boldsymbol{d}_q\\{}^{P_i}\boldsymbol{\delta}_q\end{bmatrix}^{\mathrm{T}}=\begin{bmatrix}{}_E^{P_i}\boldsymbol{R} & \left[{}^{P_i}\boldsymbol{t}_{Eo}\right]{}_E^{P_i}\boldsymbol{R}\\ \boldsymbol{0}_{3\times3} & {}_E^{P_i}\boldsymbol{R}\end{bmatrix}{}^E\boldsymbol{D}_q=\mathrm{Ad}_V\left({}_E^{P_i}\boldsymbol{T}\right){}^E\boldsymbol{D}_q\\&=\mathrm{Ad}_V\left({}_E^{P_i}\boldsymbol{T}\right)\left({}_E^B\boldsymbol{T}^{-1}(\boldsymbol{q})\left({}_E^B\boldsymbol{T}(\boldsymbol{q}+\Delta\boldsymbol{q})-{}_E^B\boldsymbol{T}(\boldsymbol{q})\right)\right)^{\vee}\end{aligned} \tag{2-32}$$

式中，${}^{P_i}\boldsymbol{d}_q$ 和 ${}^{P_i}\boldsymbol{\delta}_q$ 分别表示由运动学误差导致的坐标系 $\{P_i\}$ 的位置误差矢量和姿态误差矢量。将位置误差矢量 ${}^{P_i}\boldsymbol{d}_q$ 和曲率半径 ρ_i 代入式(2-16)，得加工误差为

$$\varepsilon_q\left(\boldsymbol{p}_i\right)=\sqrt{\rho_i^2+2\rho_i\,{}^{P_i}\boldsymbol{d}_q^{\mathrm{T}}\boldsymbol{n}_i+\left\|{}^{P_i}\boldsymbol{d}_q\right\|^2}-\rho_i \tag{2-33}$$

采用点-切面距离表示的法向加工误差为

$$\varepsilon_q\left(\boldsymbol{p}_i\right)={}^{P_i}d_z=\left({}^{P_i}\boldsymbol{D}_q\right)^{\mathrm{T}}\boldsymbol{D}_z \tag{2-34}$$

加工误差 ε_q 的计算步骤如下：①对于给定的目标点 $\boldsymbol{p}_i$ ，由空间运动链方程(2-2)计算机器人名义位姿 ${}_E^B\boldsymbol{T}(\boldsymbol{q})$；②根据逆运动学求解关节变量 $\boldsymbol{\theta}$, 并通过参数辨识的方法(将在第 3 章介绍)计算 $\Delta\boldsymbol{q}$；③计算真实位姿 ${}_E^B\boldsymbol{T}(\boldsymbol{q}+\Delta\boldsymbol{q})$，根据式(2-29)计算机器人位姿误差 $\Delta_E^B\boldsymbol{T}_q$；④根据式(2-32)计算位姿误差矢量 ${}^{P_i}\boldsymbol{D}_q$，最后根据式(2-33)或式(2-34)计算加工误差 ε_q 。

点 $\boldsymbol{p}_i$ 所受的广义力旋量 ${}^{P_i}\boldsymbol{F}=\left[{}^{P_i}\boldsymbol{f},{}^{P_i}\boldsymbol{m}\right]^{\mathrm{T}}$，式中 ${}^{P_i}\boldsymbol{f}\in\Re^3$ 和 ${}^{P_i}\boldsymbol{m}\in\Re^3$ 分别表示纯力和力矩。机器人末端受力 ${}^E\boldsymbol{F}$ 与 ${}^{P_i}\boldsymbol{F}$ 满足力伴随变换：

$${}^E\boldsymbol{F}=\begin{bmatrix}{}_{P_i}^E\boldsymbol{R} & \boldsymbol{0}_{3\times3}\\ \left[{}^E\boldsymbol{t}_{P_iO}\right]{}_{P_i}^E\boldsymbol{R} & {}_{P_i}^E\boldsymbol{R}\end{bmatrix}{}^{P_i}\boldsymbol{F}=\mathrm{Ad}_F\left({}_{P_i}^E\boldsymbol{T}\right){}^{P_i}\boldsymbol{F} \tag{2-35}$$

式中，Ad_F 为力伴随变换符号，与速度伴随变换满足对偶关系，即 $\mathrm{Ad}_V^{\mathrm{T}}\left({}_N^M\boldsymbol{T}\right)=\mathrm{Ad}_F^{-1}\left({}_N^M\boldsymbol{T}\right)$。

在基坐标系 $\{B\}$ 下的末端受力 ${}^E\boldsymbol{F}$ 可表示为

$${}^B\boldsymbol{F}_E=\begin{bmatrix}{}_E^B\boldsymbol{R}\,{}^E\boldsymbol{f}_E\\ {}_E^B\boldsymbol{R}\,{}^E\boldsymbol{m}_E\end{bmatrix}=\begin{bmatrix}{}_E^B\boldsymbol{R} & \boldsymbol{0}_{3\times3}\\ \boldsymbol{0}_{3\times3} & {}_E^B\boldsymbol{R}\end{bmatrix}{}^E\boldsymbol{F}=\mathrm{Sr}\left({}_E^B\boldsymbol{R}\right){}^E\boldsymbol{F} \tag{2-36}$$

式中，Sr 为自定义的空间旋转变换符号。

根据机器人刚度模型[2]，由关节弱刚度引起的机器人末端相对机器人基坐标系的位姿误差矢量为

$${}^B\boldsymbol{D}_{Ek}=\left(\boldsymbol{J}\boldsymbol{K}_\theta^{-1}\boldsymbol{J}^{\mathrm{T}}\right){}^B\boldsymbol{F}_E \tag{2-37}$$

式中，$\boldsymbol{J}$ 为空间雅可比矩阵，与机器人位姿有关；$\boldsymbol{K}_\theta=\mathrm{diag}\left(k_1,k_2,\cdots,k_6\right)$ 为关节刚度矩阵，k_j 是第 j(j=1,2,⋯,6)个关节的刚度值。位姿误差矢量 ${}^B\boldsymbol{D}_{Ek}$ 在末端坐标系 $\{E\}$ 下可表示为

$${}^E\boldsymbol{D}_k=\mathrm{Sr}\left({}_B^E\boldsymbol{R}\right){}^B\boldsymbol{D}_{Ek} \tag{2-38}$$

位姿误差 ${}^{E}\boldsymbol{D}_k$ 引起的目标点 $\boldsymbol{p}_i$ 的位姿误差矢量为

$$
\begin{aligned}
{}^{P_i}\boldsymbol{D}_k &= \mathrm{Ad}_V\left({}^{P_i}_{E}\boldsymbol{T}\right){}^{E}\boldsymbol{D}_k \\
&= \mathrm{Ad}_V\left({}^{P_i}_{E}\boldsymbol{T}\right)\mathrm{Sr}\left({}^{E}_{B}\boldsymbol{R}\right)\boldsymbol{J}\boldsymbol{K}_{\theta}^{-1}\boldsymbol{J}^{\mathrm{T}}\mathrm{Sr}\left({}^{B}_{E}\boldsymbol{R}\right)\mathrm{Ad}_F\left({}^{E}_{P_i}\boldsymbol{T}\right){}^{P_i}\boldsymbol{F} \\
&= \boldsymbol{X}_F\,{}^{P_i}\boldsymbol{F}
\end{aligned}
\tag{2-39}
$$

式中，$\boldsymbol{X}_F=\mathrm{Ad}_V\left({}^{P_i}_{E}\boldsymbol{T}\right)\mathrm{Sr}\left({}^{E}_{B}\boldsymbol{R}\right)\boldsymbol{J}\boldsymbol{K}_{\theta}^{-1}\boldsymbol{J}^{\mathrm{T}}\mathrm{Sr}\left({}^{B}_{E}\boldsymbol{R}\right)\mathrm{Ad}_F\left({}^{E}_{P_i}\boldsymbol{T}\right)$ 为 6×6 的系数矩阵。因此，由关节弱刚度引起目标点 $\boldsymbol{p}_i$ 的法向加工误差可表示为

$$
\varepsilon_k = {}^{P_i}d_z = \left({}^{P_i}\boldsymbol{D}_k\right)^{\mathrm{T}}\boldsymbol{D}_z = \left(\boldsymbol{X}_F\,{}^{P_i}\boldsymbol{F}\right)^{\mathrm{T}}\boldsymbol{D}_z \tag{2-40}
$$

误差 ε_k 的计算步骤如下：对于给定的目标点 $\boldsymbol{p}_i$，根据运动链方程(2-2)计算机器人位姿 ${}^{B}_{E}\boldsymbol{T}(\boldsymbol{q})$；采用矢量积方法[2]计算空间雅可比矩阵 $\boldsymbol{J}$；根据式(2-39)计算位姿误差矢量 ${}^{P_i}\boldsymbol{D}_k$，并根据式(2-40)计算加工误差 ε_k。上述计算过程基于以下假设：忽略工件重量对机器人受力的影响；工件和工具均为刚体；加工时外力恒定并不受加工余量的影响。若考虑加工余量对外力的影响，定义设计余量 a_d、加工误差 ε_k，则实际加工余量为 $a_d-\varepsilon_k$，此时外力 ${}^{P_i}\boldsymbol{F}$ 与实际加工余量 $a_d-\varepsilon_k$ 正相关，法向加工误差可重新表示为

$$
\varepsilon_k = \left(\boldsymbol{X}_F\,{}^{P_i}\boldsymbol{F}\left(a_d-\varepsilon_k\right)\right)^{\mathrm{T}}\boldsymbol{D}_z = \boldsymbol{D}_z^{\mathrm{T}}\boldsymbol{X}_F\,{}^{P_i}\boldsymbol{F}\left(a_d-\varepsilon_k\right) \tag{2-41}
$$

对 ${}^{P_i}\boldsymbol{F}\left(a_d-\varepsilon_k\right)$ 在余量 a_d 处进行一阶泰勒级数展开，有

$$
\varepsilon_k = \boldsymbol{D}_z^{\mathrm{T}}\boldsymbol{X}_F\,{}^{P_i}\boldsymbol{F}\left(a_d-\varepsilon_k\right) \approx \boldsymbol{D}_z^{\mathrm{T}}\boldsymbol{X}_F\left({}^{P_i}\boldsymbol{F}\left(a_d\right)-\varepsilon_k\,{}^{P_i}\boldsymbol{F}'\left(a_d\right)\right) \tag{2-42}
$$

式中，${}^{P_i}\boldsymbol{F}'\left(a_d\right)$ 表示 ${}^{P_i}\boldsymbol{F}$ 对余量 a_d 的导数。

根据式(2-42)可进一步计算加工误差：

$$
\varepsilon_k = \frac{\boldsymbol{D}_z^{\mathrm{T}}\boldsymbol{X}_F\,{}^{P_i}\boldsymbol{F}\left(a_d\right)}{1+\boldsymbol{D}_z^{\mathrm{T}}\boldsymbol{X}_F\,{}^{P_i}\boldsymbol{F}'\left(a_d\right)} \tag{2-43}
$$

式中，导数 ${}^{P_i}\boldsymbol{F}'\left(a_d\right)$ 反映了切削力旋量 ${}^{P_i}\boldsymbol{F}$ 对工件余量的灵敏程度。当工件为高硬度难切削材料时，微小的余量会产生很大的切削力，此时导数 ${}^{P_i}\boldsymbol{F}'\left(a_d\right)$ 较大。极端情况下，式(2-43)分母中 1 忽略不计，则有

$$\varepsilon_k \approx \frac{\boldsymbol{D}_z^{\mathrm{T}} \boldsymbol{X}_F {}^{P_i}\boldsymbol{F}(a_d)}{\boldsymbol{D}_z^{\mathrm{T}} \boldsymbol{X}_F {}^{P_i}\boldsymbol{F}'(a_d)} = a_d \tag{2-44}$$

这说明当材料硬度远超于机器人关节刚度可承受的范围时，加工误差等于设计余量，即不产生实际切削，可见关节刚度对加工误差影响很大。

2.4　常用三维视觉测量技术

2.4.1　线激光投影测量技术

图 2-5 为线激光投影测量示意图。线激光投影测量技术采用线激光器向被测物体投射线激光，由工业相机采集激光条纹在被测物体表面的照片，并通过激光条纹中心线提取算法，求解激光条纹中心线二维像素点坐标所对应的三维空间点坐标。

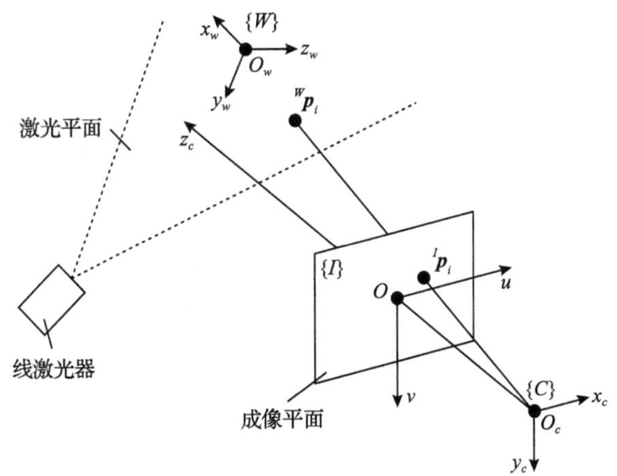

图 2-5　线激光投影测量示意图

激光条纹提取时使用的几何成像模型和激光平面方程如下：

$$ {}^I\boldsymbol{p}_i = \frac{1}{{}^C z_i}\begin{bmatrix} \alpha_x & \gamma & u_0 & 0 \\ 0 & \alpha_y & v_0 & 0 \\ 0 & 0 & 1 & 0 \end{bmatrix}\begin{bmatrix} \boldsymbol{R} & \boldsymbol{t} \\ \boldsymbol{0}^{\mathrm{T}} & 1 \end{bmatrix}\begin{bmatrix} {}^W x_i \\ {}^W y_i \\ {}^W z_i \\ 1 \end{bmatrix} = \boldsymbol{M}_1 \boldsymbol{M}_2 {}^W\boldsymbol{p}_i = \boldsymbol{M}_1 {}^C\boldsymbol{p}_i \tag{2-45}$$

$$Ax_i + By_i + Cz_i + D = 0 \tag{2-46}$$

式中，${}^W\boldsymbol{p}_i = \begin{bmatrix} {}^W x_i & {}^W y_i & {}^W z_i & 1 \end{bmatrix}^{\mathrm{T}}$ 表示激光条纹中心线在世界坐标系 $\{W\}$ 下的三维

点；${}^{C}\boldsymbol{p}_i = \begin{bmatrix} {}^{C}x_i & {}^{C}y_i & {}^{C}z_i & 1 \end{bmatrix}^{\mathrm{T}}$ 表示激光条纹中心线在相机坐标系 $\{C\}$ 下的三维点；${}^{I}\boldsymbol{p}_i = \begin{bmatrix} u_i & v_i & 1 \end{bmatrix}^{\mathrm{T}}$ 表示激光条纹中心线在像素坐标系 $\{I\}$ 下的二维像素点；$\boldsymbol{M}_1$ 表示相机的内参矩阵；$\boldsymbol{M}_2$ 表示相机的外参矩阵；α_x、α_y、γ 表示尺度因子；$\begin{bmatrix} u_0 & v_0 \end{bmatrix}^{\mathrm{T}}$ 表示像素平面主点；A、B、C、D 表示平面方程参数。

线激光投影测量主要涉及相机标定、激光平面标定与激光条纹中心线提取三个关键步骤。相机标定主要是对工业相机与镜头所构成成像系统的内参矩阵(从相机坐标系到图像坐标系的转换关系)、外参矩阵(从世界坐标系到相机坐标系的转换关系)和畸变系数进行标定。工业相机标定最常用的方法是张正友标定法[3]，主要原理是用待标定相机从不同角度拍摄棋盘格标定板，根据像素信息计算内参矩阵 $\boldsymbol{M}_1$。将世界坐标系 $\{W\}$ 建立在棋盘格标定板上，令棋盘格平面 ${}^{W}z_i = 0$，记 $s = {}^{C}z_i$，式(2-45)可改写为

$$s\begin{bmatrix} u_i \\ v_i \\ 1 \end{bmatrix} = \begin{bmatrix} \alpha_x & \gamma & u_0 \\ 0 & \alpha_y & v_0 \\ 0 & 0 & 1 \end{bmatrix} \begin{bmatrix} {}^{C}_{W}\boldsymbol{R} & {}^{C}_{W}\boldsymbol{t} \\ \boldsymbol{0}^{\mathrm{T}} & 1 \end{bmatrix} \begin{bmatrix} {}^{W}x_i \\ {}^{W}y_i \\ 0 \\ 1 \end{bmatrix} \tag{2-47}$$

令 ${}^{C}_{W}\boldsymbol{R} = \begin{bmatrix} {}^{C}_{W}\boldsymbol{r}_1 & {}^{C}_{W}\boldsymbol{r}_2 & {}^{C}_{W}\boldsymbol{r}_3 \end{bmatrix}$，式(2-47)可进一步改写为

$$\begin{bmatrix} u_i \\ v_i \\ 1 \end{bmatrix} = \frac{1}{s}\begin{bmatrix} \alpha_x & \gamma & u_0 \\ 0 & \alpha_y & v_0 \\ 0 & 0 & 1 \end{bmatrix} \begin{bmatrix} {}^{C}_{W}\boldsymbol{r}_1 & {}^{C}_{W}\boldsymbol{r}_2 & {}^{C}_{W}\boldsymbol{t} \end{bmatrix} \begin{bmatrix} {}^{W}x_i \\ {}^{W}y_i \\ 1 \end{bmatrix} \tag{2-48}$$

记 $\lambda = 1/s$，$\boldsymbol{K} = \begin{bmatrix} \alpha_x & \gamma & u_0 \\ 0 & \alpha_y & v_0 \\ 0 & 0 & 1 \end{bmatrix}$，$\boldsymbol{H} = \lambda\boldsymbol{K}\begin{bmatrix} {}^{C}_{W}\boldsymbol{r}_1 & {}^{C}_{W}\boldsymbol{r}_2 & {}^{C}_{W}\boldsymbol{t} \end{bmatrix} = \begin{bmatrix} \boldsymbol{h}_1 & \boldsymbol{h}_2 & \boldsymbol{h}_3 \end{bmatrix}$，${}^{W}\boldsymbol{p}_i' = \begin{bmatrix} {}^{W}x_i & {}^{W}y_i & 1 \end{bmatrix}^{\mathrm{T}}$，则有

$${}^{I}\boldsymbol{p}_i = \boldsymbol{H}\,{}^{W}\boldsymbol{p}_i' \tag{2-49}$$

式中，$\boldsymbol{H}$ 称为单应性矩阵，是一个 3×3 的齐次矩阵，共有 8 个未知数。在标定过程中，每一个标定特征点可以提供两个方程，因此求解单应性矩阵至少需要四个标定特征点。由于旋转矩阵是正交矩阵，存在

$$
\begin{aligned}
&{}_{W}^{C}\boldsymbol{r}_1^{\mathrm{T}}\,{}_{W}^{C}\boldsymbol{r}_2=0\\
&\left\|{}_{W}^{C}\boldsymbol{r}_1\right\|=\left\|{}_{W}^{C}\boldsymbol{r}_2\right\|=1
\end{aligned}
\tag{2-50}
$$

将 ${}_{W}^{C}\boldsymbol{r}_1=\dfrac{1}{\lambda}\boldsymbol{K}^{-1}\boldsymbol{h}_1$、${}_{W}^{C}\boldsymbol{r}_2=\dfrac{1}{\lambda}\boldsymbol{K}^{-1}\boldsymbol{h}_2$ 代入，则有

$$
\begin{aligned}
&\boldsymbol{h}_1^{\mathrm{T}}\boldsymbol{K}^{-\mathrm{T}}\boldsymbol{K}^{-1}\boldsymbol{h}_2=0\\
&\boldsymbol{h}_1^{\mathrm{T}}\boldsymbol{K}^{-\mathrm{T}}\boldsymbol{K}^{-1}\boldsymbol{h}_1=\boldsymbol{h}_2^{\mathrm{T}}\boldsymbol{K}^{-\mathrm{T}}\boldsymbol{K}^{-1}\boldsymbol{h}_2
\end{aligned}
\tag{2-51}
$$

令 $\boldsymbol{B}=\boldsymbol{K}^{-\mathrm{T}}\boldsymbol{K}^{-1}$，由于矩阵 $\boldsymbol{B}$ 是一个对称矩阵，所以 $\boldsymbol{B}$ 的有效元素为 6 个，记为向量 $\boldsymbol{b}=\begin{bmatrix}B_{11} & B_{12} & B_{22} & B_{13} & B_{23} & B_{33}\end{bmatrix}^{\mathrm{T}}$。令 h_{ij} 表示单应性矩阵 $\boldsymbol{H}$ 中对应的元素，则单应性矩阵 $\boldsymbol{H}$ 的第 i 列 $\boldsymbol{h}_i=\begin{bmatrix}h_{i1} & h_{i2} & h_{i3}\end{bmatrix}^{\mathrm{T}}$，可以推导得到

$$
\boldsymbol{h}_i^{\mathrm{T}}\boldsymbol{B}\boldsymbol{h}_j=\boldsymbol{v}_{ij}^{\mathrm{T}}\boldsymbol{b}
\tag{2-52}
$$

式中，$\boldsymbol{v}_{ij}=\begin{bmatrix}h_{i1}h_{j1} & h_{i1}h_{j2}+h_{i2}h_{j1} & h_{i2}h_{j2} & h_{i3}h_{j1}+h_{i1}h_{j3} & h_{i3}h_{j2}+h_{i2}h_{j3} & h_{i3}h_{j3}\end{bmatrix}^{\mathrm{T}}$。利用约束条件(2-51)可得

$$
\begin{bmatrix}\boldsymbol{v}_{12}^{\mathrm{T}}\\ (\boldsymbol{v}_{11}-\boldsymbol{v}_{12})^{\mathrm{T}}\end{bmatrix}\boldsymbol{b}=0
\tag{2-53}
$$

根据式(2-53)，通过至少三幅棋盘格标定板图像可计算得到 $\boldsymbol{B}$，进而通过 Cholesky 分解计算得到相机的内参数(对应内参矩阵)。

相机标定除了对相机的内参矩阵进行标定，还需要对镜头畸变进行校正。镜头畸变是光学透镜固有的透视失真，主要分为径向畸变和切向畸变。张正友标定法主要关注影响最大的径向畸变：

$$
\begin{aligned}
x_d&=x_u\left[1+k_1\left(x_u^2+y_u^2\right)+k_2\left(x_u^2+y_u^2\right)^2\right]\\
y_d&=y_u\left[1+k_1\left(x_u^2+y_u^2\right)+k_2\left(x_u^2+y_u^2\right)^2\right]
\end{aligned}
\tag{2-54}
$$

式中，$\begin{bmatrix}x_d & y_d\end{bmatrix}^{\mathrm{T}}$ 表示成像平面上点归一化后的实际坐标；$\begin{bmatrix}x_u & y_u\end{bmatrix}^{\mathrm{T}}$ 表示像素平面上点归一化后的理想坐标；k_1、k_2 表示径向畸变系数。

张正友标定法忽略了四阶以上的畸变量,将畸变模型转换到像素坐标系 $\{I\}$ 进行求解：

$$\begin{aligned}\hat{u} &= u_0 + \alpha x_d + \gamma y_d \\ \hat{v} &= v_0 + \beta y_d\end{aligned} \tag{2-55}$$

式中，$\begin{bmatrix}\hat{u} & \hat{v}\end{bmatrix}^{\mathrm{T}}$ 表示实际的像素坐标。

激光平面方程的标定方法相关研究较多，考虑现场操作的方便性，基于自由移动平面靶标的现场标定方法[4]是常用方法之一，其中计算激光线与棋盘格相交特征点时采用了交比不变性原理。激光平面标定装置与相机标定装置均采用棋盘格标定板，在相机视野范围内自由移动棋盘格标定板，获得一定数量的激光平面相交特征点，从而计算式(2-46)中激光平面方程参数 A、B、C、D。

完成相机标定与激光平面标定外，还需进行激光条纹中心线提取，条纹中心线提取精度对三维坐标点计算精度(测量精度)影响很大，其核心是根据图像中激光条纹灰度分布精确提取中心线，这里重点介绍一种改进的两步灰度重心法[5]。如图 2-6 所示，记包含光条的像素坐标为 $\left\{\boldsymbol{I}\left(u_i, v_j\right) \middle| 1 \leqslant i \leqslant n, 1 \leqslant j \leqslant m\right\}$，$n$、$m$ 为图像的分辨率，像素坐标系 $\{I\}$ 的原点为 O_0，图像坐标系 $\{I'\}$ 的原点为 O_1。

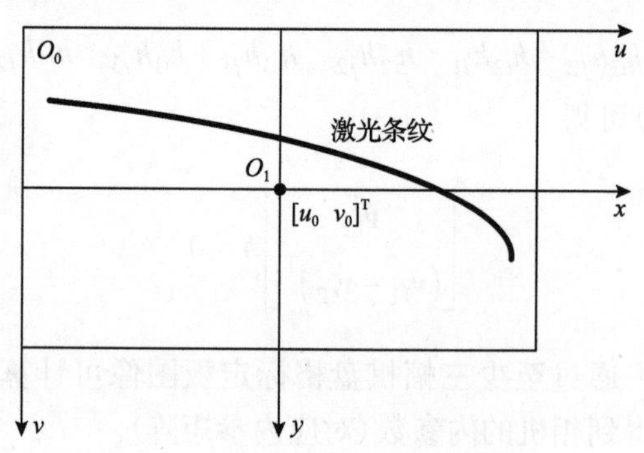

图 2-6　激光条纹中心线提取示意图

沿图像 y 轴方向，按照灰度加权提取激光条纹中心线点坐标 $\begin{bmatrix}u_i' & v_i'\end{bmatrix}^{\mathrm{T}}$：

$$u_i' = u_i, \quad v_i' = \frac{\sum_{j=1}^{m} \boldsymbol{I}\left(u_i, v_j\right) \cdot v_j}{\sum_{j=1}^{m} \boldsymbol{I}\left(u_i, v_j\right)} \tag{2-56}$$

式(2-56)提取的中心线点集 P_r 为图像每一列像素灰度重心的像素坐标，仅在图像的 y 方向上具有亚像素提取精度。计算激光条纹中心线点集中每一点的单位法矢 $\boldsymbol{n}_i = \begin{bmatrix}\tau_{ui} & \tau_{vi}\end{bmatrix}^{\mathrm{T}}$，并沿每一点法矢取点 $\begin{bmatrix}u_i' + l \cdot \tau_{ui} & v_i' + l \cdot \tau_{vi}\end{bmatrix}^{\mathrm{T}}$，构成下一步待提取像素点坐标(其中 l 为步长)，并进行坐标取整运算，得到点集 P_r 中每一个点

对应的待提取像素坐标$\begin{bmatrix} u_{ni} & v_{ni} \end{bmatrix}^{\mathrm{T}}$。再次采用灰度加权准则精确提取激光条纹中心线的像素坐标$\begin{bmatrix} u_{Ci} & v_{Ci} \end{bmatrix}^{\mathrm{T}}$：

$$u_{Ci}=\frac{\sum_{i=1}^{l}\boldsymbol{I}(u_{ni},v_{ni})\cdot u_{ni}}{\sum_{i=1}^{l}\boldsymbol{I}(u_{ni},v_{ni})},\quad v_{Ci}=\frac{\sum_{i=1}^{l}\boldsymbol{I}(u_{ni},v_{ni})\cdot v_{ni}}{\sum_{i=1}^{l}\boldsymbol{I}(u_{ni},v_{ni})} \tag{2-57}$$

式中，l为待提取像素坐标个数。

激光条纹中心线提取结果如图 2-7 所示。

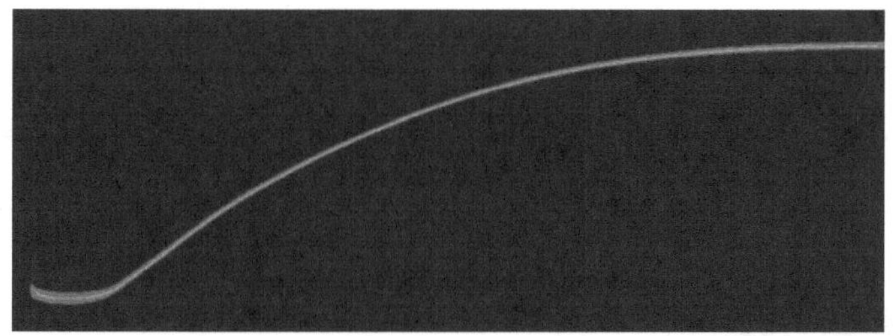

图 2-7　激光条纹中心线提取结果

除上述介绍的两步灰度重心法，激光条纹中心线提取方法还有 Hessian 矩阵法[6]、边缘提取法[7]等。Hessian 矩阵法采用 Hessian 矩阵计算光条的法线方向，然后在法线方向利用灰度分布泰勒级数展开计算得到亚像素位置；边缘提取法采用边缘梯度算子对条纹边缘进行提取，基于泰勒级数展开对条纹边缘的灰度梯度分布进行插值，并采用中轴线变换法精确提取激光条纹中心线。

目前商用线激光测量传感器厂商有 Keyence、Cognex、LMI 等，根据应用需求不同，可选择不同规格的传感器，如图 2-8 所示。Keyence LJ-V/LJ-G 系列是由日本 Keyence 公司开发的高精度线激光测量传感器，其中 LJ-V 系列采用蓝紫色线激光作为光源，LJ-G 系列采用红色线激光作为光源，可用于漫反射工件表面测量，部分型号可用于镜面反射工件表面测量。以 Keyence LJ-V7300 线激光测量传感器为例，其 z 向工作距离为 300mm，z 向测量景深为 155～445mm，x 向测量范围为 110～240mm，采样频率高达 64kHz，z 向重复精度为 0.005mm，x 向分辨率为 0.3mm。

Cognex DS 系列是由美国 Cognex 公司开发的工业线激光测量传感器，主要型号有 DS1011/1050/1101/1300，均采用红色线激光光源，主要用于漫反射工件表面测量。以 DS1011 为例，其 z 向测量景深为 135～355mm，x 向测量范围为 64～162mm，z 向分辨率为 0.010～0.052mm，x 向分辨率为 0.079～0.181mm。LMI Gocator

(a) Keyence LJ-V7300

(b) Cognex DS1011

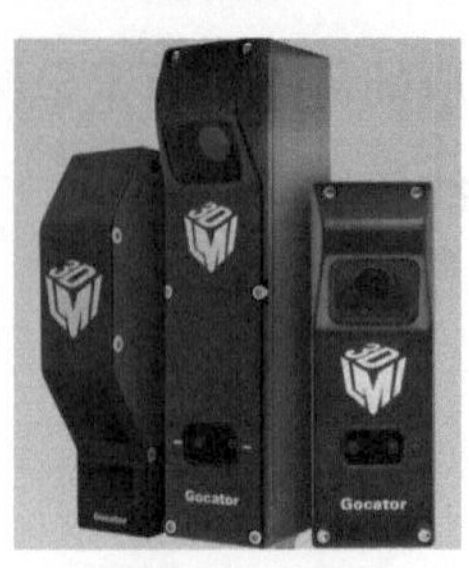

(c) LMI Gocator 23xx

图 2-8　常见的线激光测量传感器

系列是由加拿大 LMI 公司开发的线激光测量传感器，常用型号有 Gocator 21xx/23xx/24xx/25xx/ 28xx 等，主要用于漫反射工件表面的测量，部分型号可用于镜面反射表面或透明材质测量，采用蓝紫色或红色线激光光源。以 LMI Gocator 2340 测量传感器为例，其 z 向测量景深为 190～400mm，x 向测量范围为 96～194mm，采样频率为 170～5000Hz，z 向分辨率为 0.013～0.037mm，x 向分辨率为 0.095～0.170mm。

2.4.2　相位移面阵测量技术

相位移法采用光栅投射装置向被测物体投射多幅相移光栅图像，同时由工业相机同步拍摄经被测物体表面调制而变形的光栅图像，然后通过相位计算、对应点匹配、三维重建等过程从光栅图像中计算出被测物体的三维测点数据。相位移法通过采集多帧有一定相移的光栅条纹来计算包含被测物体表面三维信息的相位初值。假设条纹图像光强是标准正弦分布，则光强分布函数为

$$I(x,y)=I'(x,y)+I''(x,y)\cos(\phi(x,y)+\delta) \tag{2-58}$$

式中，$I'(x,y)$ 为图像平均灰度；$I''(x,y)$ 为图像灰度调制；δ 为图像相位移；$\phi(x,y)$ 为待计算的相位主值。$I'(x,y)$、$I''(x,y)$、$\cos(\phi(x,y))$ 为三个未知量，则计算 $\cos(\phi(x,y))$ 至少需要三幅图像。

标准 N 帧相移法对系统随机噪声具有最佳的抑制作用，且对 N–1 次以下谐波误差不敏感，已成为面阵结构光测量技术广泛使用的方法。如图 2-9 所示，采用标准的四步相移法计算光栅图像的相位主值，四幅光栅图像的相位移分别为 0、$\pi/2$、π 和 $3\pi/2$，对应光强表达式分别为

$$\begin{aligned}
I_1(x,y)&=I'(x,y)+I''(x,y)\cos(\phi(x,y))\\
I_2(x,y)&=I'(x,y)+I''(x,y)\cos(\phi(x,y)+\pi/2)\\
I_3(x,y)&=I'(x,y)+I''(x,y)\cos(\phi(x,y)+\pi)\\
I_4(x,y)&=I'(x,y)+I''(x,y)\cos(\phi(x,y)+3\pi/2)
\end{aligned} \tag{2-59}$$

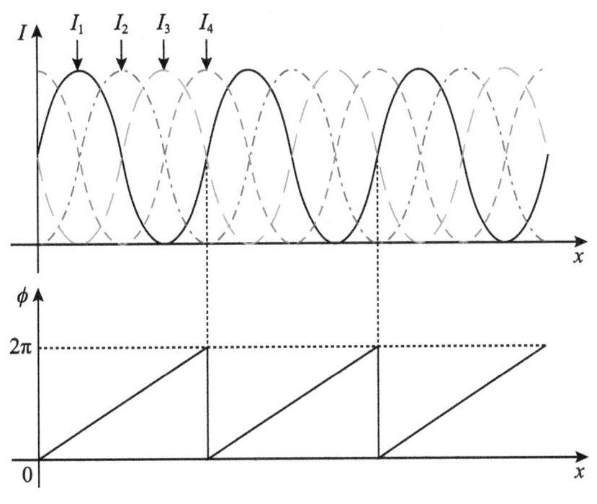

图 2-9　四步相移法基本原理

根据式(2-64)，可以计算出光栅图像的相位主值：

$$\phi(x,y)=\arctan\left(\frac{I_4-I_2}{I_1-I_3}\right) \tag{2-60}$$

相位主值在一个相位周期内唯一，由于在整个测量空间有多个光栅条纹，呈锯齿状分布，为此采用多频外差原理[8]对相位展开得到连续的绝对相位值。计算出每个像素绝对相位值后，再根据极线几何约束，建立图像间匹配关系。

假设左相机坐标系为$\{C_L\}$，右相机坐标系为$\{C_R\}$，从左相机坐标系到右相机坐标系之间的空间变换关系为${}^{C_R}_{C_L}\boldsymbol{R}$和${}^{C_R}_{C_L}\boldsymbol{t}$，所采集的图像分别为$\boldsymbol{I}_L$和$\boldsymbol{I}_R$，在图像$\boldsymbol{I}_L$中有一个特征点${}^{I_L}\boldsymbol{p}_i=\begin{bmatrix}{}^{I_L}u_i & {}^{I_L}v_i & 1\end{bmatrix}^{\mathrm{T}}$，它在图像$\boldsymbol{I}_R$中对应的特征点为${}^{I_R}\boldsymbol{p}_i=\begin{bmatrix}{}^{I_R}u_i & {}^{I_R}v_i & 1\end{bmatrix}^{\mathrm{T}}$，在左相机坐标系下的空间三维点为${}^{C_L}\boldsymbol{p}_i=\begin{bmatrix}{}^{C_L}x_i & {}^{C_L}y_i & {}^{C_L}z_i\end{bmatrix}^{\mathrm{T}}$，在右相机坐标系下的空间三维点为${}^{C_R}\boldsymbol{p}_i=\begin{bmatrix}{}^{C_R}x_i & {}^{C_R}y_i & {}^{C_R}z_i\end{bmatrix}$，根据相机的几何成像模型有

$$\begin{aligned}&{}^{C_L}z_i\,{}^{I_L}\boldsymbol{p}_i=\boldsymbol{M}_L\,{}^{C_L}\boldsymbol{p}_i\\&{}^{C_R}z_i\,{}^{I_R}\boldsymbol{p}_i=\boldsymbol{M}_R\,{}^{C_R}\boldsymbol{p}_i=\boldsymbol{M}_R\left({}^{C_R}_{C_L}\boldsymbol{R}\,{}^{C_L}\boldsymbol{p}_i+{}^{C_R}_{C_L}\boldsymbol{t}\right)\end{aligned} \tag{2-61}$$

式中，$\boldsymbol{M}_L$、$\boldsymbol{M}_R$分别为左右相机的内参矩阵。

由于${}^{C_L}z_i\,{}^{I_L}\boldsymbol{p}_i$与${}^{I_L}\boldsymbol{p}_i$呈投影关系，齐次坐标${}^{C_L}z_i\,{}^{I_L}\boldsymbol{p}_i$与${}^{I_L}\boldsymbol{p}_i$本质上是相等的，记作${}^{C_L}z_i\,{}^{I_L}\boldsymbol{p}_i\simeq{}^{I_L}\boldsymbol{p}_i$，则有

$$
\begin{aligned}
{}^{I_L}\boldsymbol{p}_i &\simeq \boldsymbol{M}_L\, {}^{C_L}\boldsymbol{p}_i \\
{}^{I_R}\boldsymbol{p}_i &\simeq \boldsymbol{M}_R\left({}^{C_R}_{C_L}\boldsymbol{R}\, {}^{C_L}\boldsymbol{p}_i + {}^{C_R}_{C_L}\boldsymbol{t} \right)
\end{aligned} \tag{2-62}
$$

记图像中特征点 ${}^{I_L}\boldsymbol{p}_i$ 和 ${}^{I_R}\boldsymbol{p}_i$ 在归一化平面的坐标分别为 ${}^{I_L}\boldsymbol{p}_i' = \boldsymbol{M}_L^{-1}\, {}^{I_L}\boldsymbol{p}_i$ 和 ${}^{I_R}\boldsymbol{p}_i' = \boldsymbol{M}_R^{-1}\, {}^{I_R}\boldsymbol{p}_i$，代入式(2-62)，则有

$$
{}^{I_R}\boldsymbol{p}_i' \simeq {}^{C_R}_{C_L}\boldsymbol{R}\, {}^{I_L}\boldsymbol{p}_i' + {}^{C_R}_{C_L}\boldsymbol{t} \tag{2-63}
$$

公式两边同时左乘 ${}^{C_R}_{C_L}\hat{\boldsymbol{t}}$，再左乘 ${}^{I_R}\boldsymbol{p}'^{\mathrm{T}}$，则有

$$
{}^{I_R}\boldsymbol{p}'^{\mathrm{T}}\, {}^{C_R}_{C_L}\hat{\boldsymbol{t}}\, {}^{C_R}_{C_L}\boldsymbol{R}\, {}^{I_L}\boldsymbol{p}' = 0 \tag{2-64}
$$

重新代入 ${}^{I_L}\boldsymbol{p}_i$ 和 ${}^{I_R}\boldsymbol{p}_i$，则有

$$
{}^{I_R}\boldsymbol{p}_i^{\mathrm{T}} \boldsymbol{M}_R^{-\mathrm{T}}\, {}^{C_R}_{C_L}\hat{\boldsymbol{t}}\, {}^{C_R}_{C_L}\boldsymbol{R} \boldsymbol{M}_L^{-1}\, {}^{I_L}\boldsymbol{p}_i = 0 \tag{2-65}
$$

式(2-64)和式(2-65)均为对极约束的数学表达，记 $\boldsymbol{E} = {}^{C_R}_{C_L}\hat{\boldsymbol{t}}\, {}^{C_R}_{C_L}\boldsymbol{R}$ 为本质矩阵，$\boldsymbol{F} = \boldsymbol{M}_R^{-\mathrm{T}} \boldsymbol{E} \boldsymbol{M}_L^{-1}$ 为基础矩阵，可进一步简化对极约束：

$$
{}^{I_R}\boldsymbol{p}'^{\mathrm{T}} \boldsymbol{E}\, {}^{I_L}\boldsymbol{p}' = {}^{I_R}\boldsymbol{p}_i^{\mathrm{T}} \boldsymbol{F}\, {}^{I_L}\boldsymbol{p}_i = 0 \tag{2-66}
$$

对极约束给出了两图像之间匹配点的空间位姿关系。如图 2-10 所示，$\boldsymbol{e}_{Li}$、$\boldsymbol{e}_{Ri}$ 称为极点，l_{Li}、l_{Ri} 称为极线，$\overline{{}^{O}L\,{}^{O}R}$ 称为基线。

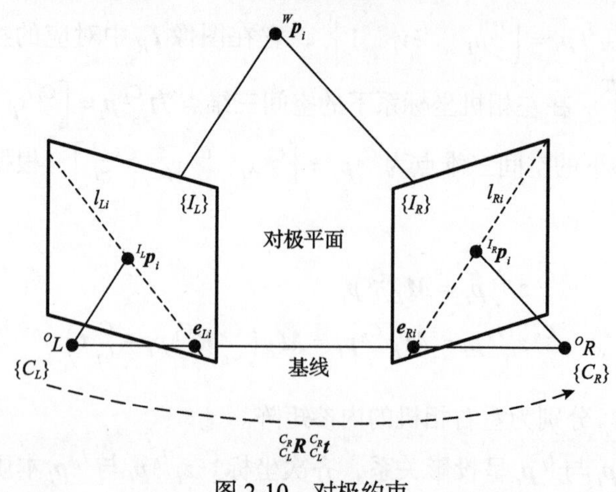

图 2-10　对极约束

获得双目相机采集图像信息的匹配关系后，利用三角测量原理即可计算被测

点的三维坐标。如图 2-10 所示，根据对极约束定义，${}^{I_L}\boldsymbol{p}'$、${}^{I_R}\boldsymbol{p}'$ 为左右相机中同一特征点在归一化平面上的坐标，将 ${}^{I_L}\boldsymbol{p}_i' = \boldsymbol{M}_L^{-1}\,{}^{I_L}\boldsymbol{p}_i$ 和 ${}^{I_R}\boldsymbol{p}_i' = \boldsymbol{M}_R^{-1}\,{}^{I_R}\boldsymbol{p}_i$ 代入式(2-61)，得到

$$ {}^{C_R}z_i\,{}^{I_R}\boldsymbol{p}_i' = {}^{C_L}z_i\,{}^{C_R}_{C_L}\boldsymbol{R}\,{}^{I_L}\boldsymbol{p}_i' + {}^{C_R}_{C_L}\boldsymbol{t} \tag{2-67} $$

式中，左右相机的内参矩阵 $\boldsymbol{M}_L$、$\boldsymbol{M}_R$ 由相机标定获得；左右相机空间位姿关系 ${}^{C_R}_{C_L}\boldsymbol{R}^{I_L}$、${}^{C_R}_{C_L}\boldsymbol{t}$ 由对极约束原理计算获得；匹配特征点 ${}^{I_L}\boldsymbol{p}_i'$、${}^{I_R}\boldsymbol{p}_i'$ 通过前面介绍的相位移法和对极约束计算获得。

由于测量噪声存在，匹配特征点不能完全满足对极约束，深度信息 ${}^{C_L}z_i$、${}^{C_R}z_i$ 可通过最小二乘法计算。对式(2-67)左乘 ${}^{I_R}\hat{\boldsymbol{p}}_i'$，得到

$$ {}^{C_L}z_i\,{}^{I_R}\hat{\boldsymbol{p}}_i'\,{}^{C_R}_{C_L}\boldsymbol{R}\,{}^{I_L}\boldsymbol{p}_i' + {}^{I_R}\hat{\boldsymbol{p}}_i'\,{}^{C_R}_{C_L}\boldsymbol{t} = 0 \tag{2-68} $$

该式仅与 ${}^{C_L}z_i$ 有关，可以直接求解 ${}^{C_L}z_i$，再将 ${}^{C_L}z_i$ 代入式(2-67)，即可求解 ${}^{C_R}z_i$，最后结合相机成像模型(2-61)即可计算三维坐标点 ${}^{C_L}\boldsymbol{p}_i$ 或 ${}^{C_R}\boldsymbol{p}_i$。

基于上述原理，华中科技大学李中伟团队[9]相继开发出 PowerScan 系列化扫描仪产品，主要包括 Std 标准型、Pro 精密型等，如图 2-11 所示。PowerScan-Std 标准型扫描仪单幅测量范围为 200mm×160mm～400mm×320mm，采集图像为 130 万像素，测点间距为 0.156～0.313mm，测量精度为±0.030mm，单幅测量时间≤0.6s；机身小巧，适用于测量精度要求不高、需经常拆卸的工件。PowerScan-Pro 精密型扫描仪单幅测量范围为 800mm×640mm，采集图像为 130 万～1500 万像素，测点间距为 0.051～0.154mm，测量精度最高为±0.008mm，单幅测量时间≤4s；三维测量方法适用范围广，对扫描工件尺寸大小、表面材质和颜色无特殊要求，可广泛应用于航空航天大型复杂构件、汽车零部件等精密光学测量。

(a) Std标准型

(b) Pro精密型

图 2-11　光学面阵测量扫描仪

德国 GOM 公司开发的 ATOS 系列三维扫描仪是目前工业测量领域常用的相

位移面阵测量设备之一，包括 ATOS 5、ATOS Triple Scan、ATOS Capsule 等，现场测量时可根据高分辨率应用需求或高测量速度应用需求选择合适的型号。以 ATOS Capsule 面阵扫描仪为例，相机分辨率有 800 万像素和 1200 万像素两种，形状测量精度控制在±10μm 范围内，可与机器人集成实现自动化测量，特别适用于中小型零部件的生产质量控制。

2.5　邻域搜索与微分信息估计

对于任意测点 $\boldsymbol{p}$，与其距离最近的 k 个点称为点 $\boldsymbol{p}$ 的 k 邻域，利用点云的 k 邻域数据结构可以加快数据处理过程的测点搜索效率，在微分信息估计、点云精简/光顺/匹配/误差计算中均有应用。k-d 树（k-dimensional tree）是一种分割 k 维数据空间建立 k 邻域的数学方法，最早由 Bentley 提出[10]。k-d 树是一种平衡二叉树，可把三维点云空间划分为几个特定部分，然后在特定部分内进行添加、删除与搜索等操作，图 2-12 为二维 k-d 树示意图。关键数据的搜索是 k-d 树的主要应用，包含两种基本搜索方式：一种是范围查询（range search）或半径查询（radius search），另一种是 k 邻域查询（k-neighbor search）。范围查询或半径查询就是给定查询点和查询距离阈值，从数据集中找出所有与查询点距离小于阈值的数据。k 邻域查询是给定查询点和查询数据量 k，从数据集中找到距离查询点最近的 k 个数据，当 k=1 时，就是最近邻查询（nearest neighbor search）。

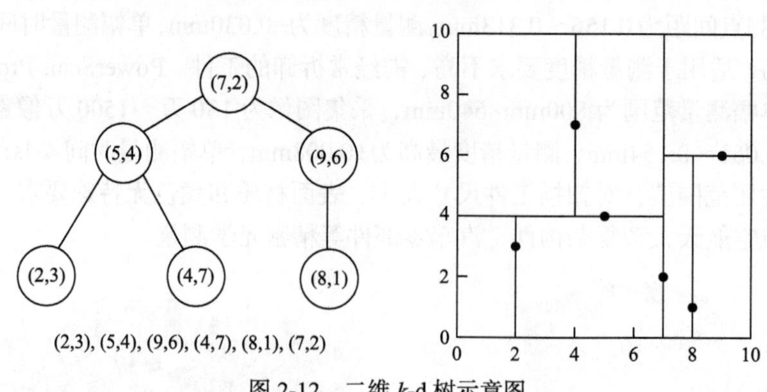

图 2-12　二维 k-d 树示意图

k-d 树的构建是一个逐级展开的递归过程，在每一级展开时都使用垂直于相应轴的超平面沿特定维度分割所有剩下数据集。在 k-d 树根节点上，所有数据根据第一个维度进行拆分，若第一个维度坐标小于根节点数据，则子数据将位于左子树；若子数据大于根节点数据，则子数据位于右子树。k-d 树中的下一层在下一个维度上进行划分，当所有其他维度都用尽后，将返回第一个维度。一个平衡的 k-d 树，其所有子节点到根节点的距离近似相等。建立平衡 k-d 树最有效的方法是使用一种类似于快速排序的分区方法，首先将中间点放在根节点上，然后将比中间点小的数值放在左子树上，比中间点大的数值放在右子树上，最后在左右子树上重复此过程，直到分割至最后一个元素。

光学测量点云是以散乱无序形式存在的，没有明确的几何拓扑关系，需要根据空间邻域关系计算曲面测点法矢、曲率等一阶和二阶微分信息，用于后续点云的精简、光顺、匹配等操作。已知点 $\boldsymbol{p}=[x \quad y \quad z]^{\mathrm{T}}$ 为点云中任一点，其 k 邻域点集表示为 $\mathrm{Nb}(\boldsymbol{p})$，则点集重心可定义为 $\overline{\boldsymbol{p}}_j=\dfrac{1}{k}\sum\limits_{j=1}^{k}\boldsymbol{p}_j, \boldsymbol{p}_j \in \mathrm{Nb}(\boldsymbol{p})$，构造协方差矩阵：

$$\boldsymbol{C}=\begin{bmatrix}(\boldsymbol{p}_1-\overline{\boldsymbol{p}})^{\mathrm{T}} \\ \vdots \\ (\boldsymbol{p}_k-\overline{\boldsymbol{p}})^{\mathrm{T}}\end{bmatrix}^{\mathrm{T}}\begin{bmatrix}(\boldsymbol{p}_1-\overline{\boldsymbol{p}})^{\mathrm{T}} \\ \vdots \\ (\boldsymbol{p}_k-\overline{\boldsymbol{p}})^{\mathrm{T}}\end{bmatrix} \tag{2-69}$$

式中，$\boldsymbol{C}$ 为对称的半正定矩阵。

协方差矩阵 $\boldsymbol{C}$ 的三个特征值 λ_0、λ_1、λ_2 为实数，满足 $\lambda_0 \leqslant \lambda_1 \leqslant \lambda_2$，且对应特征向量 $\boldsymbol{\gamma}_0$、$\boldsymbol{\gamma}_1$、$\boldsymbol{\gamma}_2$ 相互正交。如图 2-13 所示，邻域点集 $\mathrm{Nb}(\boldsymbol{p})$ 的最小拟合平面(或称局部切平面)为特征向量 $\boldsymbol{\gamma}_1$ 和 $\boldsymbol{\gamma}_2$ 所定义的平面 $\varGamma$，对应的法向量为 $\boldsymbol{n}$（即 $\boldsymbol{\gamma}_0$）。一般情况下，邻域点数需保证点集 $\mathrm{Nb}(\boldsymbol{p})$ 单凸或单凹，通常可在 8～20 内选取。

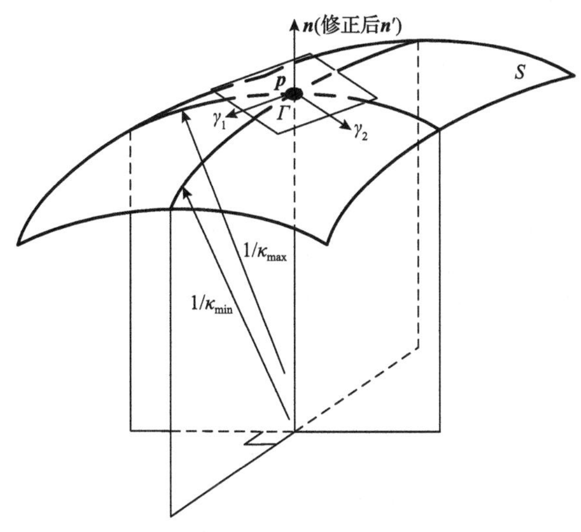

图 2-13　曲面法矢 $\boldsymbol{n}$ 及最小曲率半径 $1/\kappa_{\min}$、最大曲率半径 $1/\kappa_{\max}$

在局部切平面任意定义两单位正交向量 $\boldsymbol{u}$、$\boldsymbol{v}$ 作为参数坐标轴，则 $\boldsymbol{u}$、$\boldsymbol{v}$、$\boldsymbol{n}$

构成以 $\boldsymbol{p}$ 为原点的笛卡儿坐标系，且点集 Nb($\boldsymbol{p}$) 中任意点全局坐标可映射到该局部笛卡儿坐标系表示。下面采用坐标变换法[11]构造二次抛物面，并计算 $\boldsymbol{p}$ 点处的曲率。假设二次抛物面的参数表达式为

$$S(u,v)=(u,v,h(u,v))=au^2+buv+cv^2+du+ev \tag{2-70}$$

其最小二乘拟合计算可表示为矩阵形式：

$$\boldsymbol{AX}=\boldsymbol{b} \tag{2-71}$$

式中，$\boldsymbol{A}=\begin{bmatrix} u_1^2 & u_1v_1 & v_1^2 & u_1 & v_1 \\ u_2^2 & u_2v_2 & v_2^2 & u_2 & v_2 \\ \vdots & \vdots & \vdots & \vdots & \vdots \\ u_k^2 & u_kv_k & v_k^2 & u_k & v_k \end{bmatrix}$，$\boldsymbol{X}=\begin{bmatrix} a \\ b \\ c \\ d \\ e \end{bmatrix}$，$\boldsymbol{b}=\begin{bmatrix} h_1 \\ h_2 \\ \vdots \\ h_l \end{bmatrix}$。

根据矩阵论相关知识，式(2-71)的最小二乘解为 $\boldsymbol{X}=\left(\boldsymbol{A}^{\mathrm{T}}\boldsymbol{A}\right)^{-1}\boldsymbol{A}^{\mathrm{T}}\boldsymbol{b}$，则曲面法矢为

$$\boldsymbol{n}_{uv}=\frac{\boldsymbol{s}_u\times\boldsymbol{s}_v}{\left\|\boldsymbol{s}_u\times\boldsymbol{s}_v\right\|} \tag{2-72}$$

式中，$\boldsymbol{s}_u=[1\quad 0\quad 2au+bv+d]^{\mathrm{T}}$，$\boldsymbol{s}_v=[0\quad 1\quad bu+2cv+e]^{\mathrm{T}}$。

当取 $u=v=0$ 时，可得 $\boldsymbol{p}$ 点处修正的法矢为

$$\begin{aligned}\boldsymbol{n}'&=\frac{[1\quad 0\quad d]^{\mathrm{T}}\times[0\quad 1\quad e]^{\mathrm{T}}}{\left\|[1\quad 0\quad d]^{\mathrm{T}}\times[0\quad 1\quad e]^{\mathrm{T}}\right\|}\\&=\left[\frac{-d}{\sqrt{d^2+e^2+1}}\quad\frac{-e}{\sqrt{d^2+e^2+1}}\quad\frac{1}{\sqrt{d^2+e^2+1}}\right]^{\mathrm{T}}\end{aligned} \tag{2-73}$$

将法矢 $\boldsymbol{n}'$ 代入式(2-69)～式(2-73)可进一步拟合抛物面，更好地逼近邻域点集，并得到 $\boldsymbol{p}$ 点更为准确的法矢，在此不再详述。根据曲线曲面论知识[12]，抛物面在 $\boldsymbol{p}$ 点处的第一基本量为

$$\begin{aligned}E&=\boldsymbol{s}_u\cdot\boldsymbol{s}_u=1+d^2\\F&=\boldsymbol{s}_u\cdot\boldsymbol{s}_v=de\\G&=\boldsymbol{s}_v\cdot\boldsymbol{s}_v=1+e^2\end{aligned} \tag{2-74}$$

第二基本量为

$$
\begin{aligned}
L &= \boldsymbol{s}_{uu} \cdot \frac{\boldsymbol{s}_u \times \boldsymbol{s}_v}{\left\|\boldsymbol{s}_u \times \boldsymbol{s}_v\right\|} = \frac{2a}{\sqrt{d^2 + e^2 + 1}} \\
M &= \boldsymbol{s}_{uv} \cdot \frac{\boldsymbol{s}_u \times \boldsymbol{s}_v}{\left\|\boldsymbol{s}_u \times \boldsymbol{s}_v\right\|} = \frac{b}{\sqrt{d^2 + e^2 + 1}} \\
N &= \boldsymbol{s}_{vv} \cdot \frac{\boldsymbol{s}_u \times \boldsymbol{s}_v}{\left\|\boldsymbol{s}_u \times \boldsymbol{s}_v\right\|} = \frac{2c}{\sqrt{d^2 + e^2 + 1}}
\end{aligned} \tag{2-75}
$$

则 $\boldsymbol{p}$ 点处的高斯曲率 K 和平均曲率 H 分别为

$$
\begin{aligned}
K &= \frac{LN - M^2}{EG - F^2} = \frac{4ac - b^2}{\left(d^2 + e^2 + 1\right)^2} \\
H &= \frac{EN - 2FM + GL}{2\left(EG - F^2\right)} = \frac{a + c + ae^2 + cd^2 - bde}{\left(d^2 + e^2 + 1\right)^{3/2}}
\end{aligned} \tag{2-76}
$$

且 $\boldsymbol{p}$ 点处的最小主曲率和最大主曲率分别为

$$
\begin{aligned}
\kappa_{\min} &= H - \sqrt{H^2 - K} \\
\kappa_{\max} &= H + \sqrt{H^2 - K}
\end{aligned} \tag{2-77}
$$

2.6　测点数据处理与误差计算

2.6.1　点云精简与光顺

1. 点云精简

点云精简的方法较多，本节主要介绍常用的均匀精简方法和曲率适应性精简方法。均匀精简方法主要用于相对简单的曲面，也叫均匀栅格精简方法；曲率适应性精简方法主要用于具有高低曲率特征、薄壁特征的曲面。均匀栅格精简的主要思想是构建一个覆盖所有测点的包围盒，按照设定栅格大小或精简比例，在分割后的栅格中选取采样点。已知点集 $P = \{\boldsymbol{p}_1, \boldsymbol{p}_2, \cdots, \boldsymbol{p}_m\}$，计算该点集最大坐标值 $x_{\max}$、$y_{\max}$、$z_{\max}$ 和最小坐标值 $x_{\min}$、$y_{\min}$、$z_{\min}$，建立边长为 l_x、l_y、l_z 的包围盒：

$$
\begin{aligned}
l_x &= x_{\max} - x_{\min} \\
l_y &= y_{\max} - y_{\min} \\
l_z &= z_{\max} - z_{\min}
\end{aligned} \tag{2-78}
$$

如图 2-14 所示，考虑到测点中有部分点可能位于包围盒边界，可适当增大包围盒的三条边(三条边等比例增大或偏置同一距离)，以保证所有测点均位于包围盒内。根据点云规模和精简比例要求，将包围盒划分为 s 个边长为 a 的栅格：

$$s=\left\lceil\frac{l_x}{a}\right\rceil\times\left\lceil\frac{l_y}{a}\right\rceil\times\left\lceil\frac{l_z}{a}\right\rceil \tag{2-79}$$

式中，$\lceil\cdot\rceil$ 表示向上取整运算。

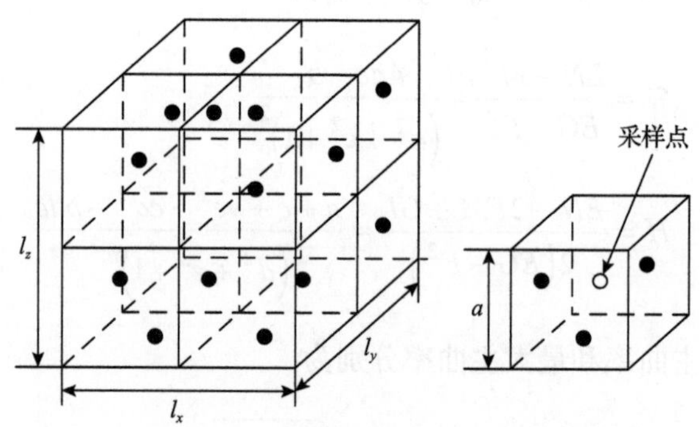

图 2-14　建立长方体包围盒并选取采样点

假设每个栅格中包含测点数的平均值为 $\bar{m}_{\mathrm{grid}}$，则存在 $\bar{m}_{\mathrm{grid}}=m/s$，且每个栅格边长的估计值为

$$a=\left(\bar{m}_{\mathrm{grid}}l_xl_yl_z/m\right)^{1/3} \tag{2-80}$$

将所有 $\boldsymbol{p}_i\in P$ 投射到对应的栅格中，其在包围盒所属栅格位置 $\begin{bmatrix}g_{ix} & g_{iy} & g_{iz}\end{bmatrix}^{\mathrm{T}}$ 表示为

$$\begin{aligned}g_{ix}&=\left\lceil\left(x_i-x_{\min}\right)/a\right\rceil\\g_{iy}&=\left\lceil\left(y_i-y_{\min}\right)/a\right\rceil\\g_{iz}&=\left\lceil\left(z_i-z_{\min}\right)/a\right\rceil\end{aligned} \tag{2-81}$$

如图 2-14 所示，对点集进行栅格划分后，在同一栅格中采用重心法计算唯一的采样点。在使用曲面测点处理软件进行实际操作时，可以通过设定式(2-79)中栅格边长 a，保证采样点间距基本均匀；也可以设定精简后保留比例 $1/\bar{m}_{\mathrm{grid}}\times 100\%$，根据式(2-80)计算栅格边长 a，从而控制精简后的点云规模。

下面介绍一种基于局部法矢变化和平均曲率的适应性精简方法[13]，在曲面平坦区域保留均匀测点，在曲面高曲率区域保留相对密集测点。假设某栅格内测点

为 $\boldsymbol{p}_i\left(i=1,2,\cdots,m_{\text{grid}}\right)$，各点对应的平均曲率为 $H_i\left(i=1,2,\cdots,m_{\text{grid}}\right)$，则当前栅格的平均曲率为 $\bar{H}=\dfrac{1}{m_{\text{grid}}}\sum\limits_{i=1}^{m_{\text{grid}}}H_i$。对于给定的曲率适应性精简阈值 δ_H，若 $\bar{H}\leqslant\delta_H$，则保留栅格内曲率最接近 $\bar{H}$ 的测点，并删除其他测点；若 $\bar{H}>\delta_H$，则需要对该栅格进一步细分，细分栅格边长 a' 为

$$a'=a\bigg/\left\lceil\frac{1-\cos\left(\theta_{\max}/2\right)}{1-\cos\left(\delta_\theta/2\right)}\right\rceil \tag{2-82}$$

式中，a 为原始栅格边长；$\theta_{\max}$ 为原始栅格内任意两测点法矢的最大夹角；δ_θ 为给定的法矢变化阈值。

由于各栅格法矢最大夹角 $\theta_{\max}$ 可能不同，细分栅格边长和平均曲率 $\bar{H}$ 也可能不同，若存在 $\bar{H}>\delta_H$，则需要在对应栅格内进一步细分，直到满足 $\bar{H}\leqslant\delta_H$ 并保留一个与 $\bar{H}$ 最接近的测点，计算流程如图 2-15 所示。

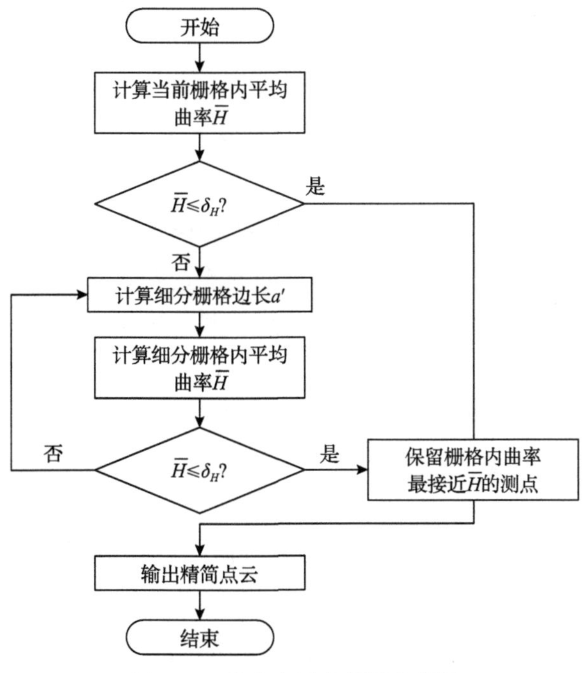

图 2-15　曲率自适应精简流程图

2. 光顺

高斯滤波、拉普拉斯滤波、双边滤波等是数字图像处理中常用的滤波方法，

下面简要介绍其在三维测点光顺中的应用。高斯光顺基于当前测点邻域的测点，以高斯分布作为权重系数，通过加权平均计算光顺后的测点位置。对于测点 $\boldsymbol{p}_i$ 及 k 邻域点集 $\mathrm{Nb}(\boldsymbol{p}_i)$，高斯光顺后 $\boldsymbol{p}_i$ 点位置矢量 $\boldsymbol{p}_i'$ 如下：

$$\boldsymbol{p}_i' = \sum_{g=1}^{k} w_g \boldsymbol{p}_g \Big/ \sum_{g=1}^{k} w_g \tag{2-83}$$

式中，$\boldsymbol{p}_g \in \mathrm{Nb}(\boldsymbol{p}_i)$；$w_g$ 为高斯权重系数，定义为

$$w_g = \exp\left(-\left\|\boldsymbol{p}_g - \overline{\boldsymbol{p}}\right\|^2 \Big/ \left(2\sigma^2\right)\right) \tag{2-84}$$

$\overline{\boldsymbol{p}}$ 为 k 邻域点集 $\mathrm{Nb}(\boldsymbol{p}_i)$ 的重心，标准差 $\sigma = \max\left\{\left\|\boldsymbol{p}_g - \overline{\boldsymbol{p}}\right\|, \boldsymbol{p}_g \in \mathrm{Nb}(\boldsymbol{p}_i)\right\}$。

高斯光顺可以有效抑制服从高斯分布的噪声点，但可能破坏曲面测点的高曲率特征或薄壁区域特征。

拉普拉斯光顺的核心思想是将 $\boldsymbol{p}_i$ 向 k 邻域点集 $\mathrm{Nb}(\boldsymbol{p}_i)$ 重心位置移动，故位置矢量 $\boldsymbol{p}_i'$ 如下：

$$\boldsymbol{p}_i' = \boldsymbol{p}_i + \lambda\left(\sum_{j=1}^{k} w_j \boldsymbol{p}_j \Big/ \sum_{j=1}^{k} w_j - \boldsymbol{p}_i\right) \tag{2-85}$$

式中，拉普拉斯权重系数 $w_j = \left\|\boldsymbol{p}_i - \boldsymbol{p}_j\right\|^{-1}$；系数 $\lambda(0 < \lambda \leqslant 1)$ 用于调整测点光顺程度。

拉普拉斯光顺计算简单，适应低曲率曲面测点光顺(如叶片、叶盆、叶背)，但不保留尖锐特征，不适应高曲率曲面测点光顺(如叶片前后缘可能过光顺)。

双边滤波由 Smith 等[14]提出并应用于数字图像滤波，可有效保留图像边缘特征。在图像 I 中，$E(\boldsymbol{p}_i)$ 表示 $\boldsymbol{p}_i$ 邻域像素的加权平均值，邻域点 $\boldsymbol{p}_j \in \Omega_i$ 的权重与空间距离 $\left\|\boldsymbol{p}_i - \boldsymbol{p}_j\right\|$ 和像素差 $\left\|I(\boldsymbol{p}_i) - I(\boldsymbol{p}_j)\right\|$ 有关，$E(\boldsymbol{p}_i)$ 数学表达式如下：

$$E(\boldsymbol{p}_i) = \frac{\sum_{j=1}^{k} I(\boldsymbol{p}_j) W_{aj}\left(\left\|\boldsymbol{p}_i - \boldsymbol{p}_j\right\|\right) W_{bj}\left(\left\|I(\boldsymbol{p}_i) - I(\boldsymbol{p}_j)\right\|\right)}{\sum_{j=1}^{k} W_{aj}\left(\left\|\boldsymbol{p}_i - \boldsymbol{p}_j\right\|\right) W_{bj}\left(\left\|I(\boldsymbol{p}_i) - I(\boldsymbol{p}_j)\right\|\right)} \tag{2-86}$$

式中，W_{aj} 为空间域权重；W_{bj} 为像素值域权重。

鉴于双边滤波算法在图像边缘特征保持方面的优点，Fleishman 等[15]将其推广应用于三维测点光顺。双边光顺后位置矢量 $\boldsymbol{p}_i'$ 如下：

$$\boldsymbol{p}_i' = \boldsymbol{p}_i + \alpha \boldsymbol{n}_i \tag{2-87}$$

式中，$\boldsymbol{n}_i$ 为测点 $\boldsymbol{p}_i$ 的法矢；α 为双边光顺器，有

$$\alpha = \frac{\sum_{j=1}^{k}\left(\left(\boldsymbol{p}_i - \boldsymbol{p}_j\right)^{\mathrm{T}} \boldsymbol{n}_i\right) W_{aj} W_{bj}}{\sum_{j=1}^{k} W_{aj} W_{bj}} \tag{2-88}$$

$W_{aj} = \exp\left(-\dfrac{\left\|\boldsymbol{p}_i - \boldsymbol{p}_j\right\|^2}{2\sigma_a^2}\right)$，$W_{bj} = \exp\left(-\dfrac{\left\|\left(\boldsymbol{p}_i - \boldsymbol{p}_j\right)^{\mathrm{T}} \boldsymbol{n}_i\right\|^2}{2\sigma_b^2}\right)$，$\sigma_a$ 为光顺因子，σ_b 为特征保持因子。

(1) 当光顺因子 $\sigma_a \to 0$ 时，存在 $\lim\limits_{\sigma_a \to 0} W_{aj} = 0$，此时有 $\alpha \to \sum_{j=1}^{k}\left(W_{bj}\left(\boldsymbol{p}_i - \boldsymbol{p}_j\right)^{\mathrm{T}} \boldsymbol{n}_i\right) \Big/ \sum_{j=1}^{k} W_{bj}$；当 $\sigma_a \to \infty$ 时，存在 $\lim\limits_{\sigma_a \to \infty} W_{aj} = 1$，此时有 $\alpha \to \sum_{j=1}^{k}\left(W_{bj}\left(\boldsymbol{p}_i - \boldsymbol{p}_j\right)^{\mathrm{T}} \boldsymbol{n}_i\right) \Big/ \sum_{j=1}^{k} W_{bj}$。这两种情况下双边光顺器 α 的光顺效果会降低。

(2) 在低曲率区域，存在 $W_{bj} \approx 1$，此时 $\alpha \approx \sum_{j=1}^{k}\left(W_{aj}\left(\boldsymbol{p}_i - \boldsymbol{p}_j\right)^{\mathrm{T}} \boldsymbol{n}_i\right) \Big/ \sum_{j=1}^{k} W_{aj}$，特征保持因子 σ_b 对光顺效果没有明显影响；在高曲率区域，当 $W_{bj} \to 0$ 或者 $W_{bj} \to \infty$ 时，存在 $\alpha \to \sum_{j=1}^{k}\left(W_{aj}\left(\boldsymbol{p}_i - \boldsymbol{p}_j\right)^{\mathrm{T}} \boldsymbol{n}_i\right) \Big/ \sum_{j=1}^{k} W_{aj}$，此时双边光顺器 α 的特征保持效果会降低。

由上述讨论可见，双边光顺具有点云光顺和特征保持效果，但 σ_a、σ_b 必须在 $(0,+\infty)$ 内选择合适的数值，具体参见文献[16]，σ_a、σ_b 选择不当可能导致高曲率特征丢失或整体点云萎缩(过光顺)。

2.6.2　点云-曲面匹配

点云-曲面匹配即点云匹配，又称配准、拼合或定位，其本质是计算三维空间刚体变换参数，建立测点-设计模型的空间位姿关系，用于曲面视觉定位、加工余量分配、轮廓误差计算等。点云匹配方法较多，不同的方法在匹配速度、匹配稳定性方面各有优劣，下面重点介绍最近点迭代(ICP)算法[17]、平方距离最小化(squared distance minimization, SDM)/切线距离最小化(TDM)算法[18]、自适应距离函数

(adaptive distance function, ADF)算法[19]等。

1. ICP 匹配

如图 2-16 所示，点 $\boldsymbol{q}_i$ 为点 $\boldsymbol{p}_i$ 在曲面模型中的距离最近点，Γ_i 为点 $\boldsymbol{q}_i$ 处所在的切平面，点 $\boldsymbol{a}$ 为点 $\boldsymbol{p}_{i+}$ 在切平面 Γ_i 上的投影点。点 $\boldsymbol{p}_i$ 在待求刚体变换参数 $g(\boldsymbol{R},\boldsymbol{t})$ 作用下移动到点 $\boldsymbol{p}_{i+}$。那么，ICP 匹配的目标函数为

$$\min F(\boldsymbol{R},\boldsymbol{t})=\sum_{i=1}^{m}\left\|\boldsymbol{R}\boldsymbol{p}_i+\boldsymbol{t}-\boldsymbol{q}_i\right\|^2 \tag{2-89}$$

式中，$\boldsymbol{R}$ 为旋转矩阵；$\boldsymbol{t}$ 为平移矢量。

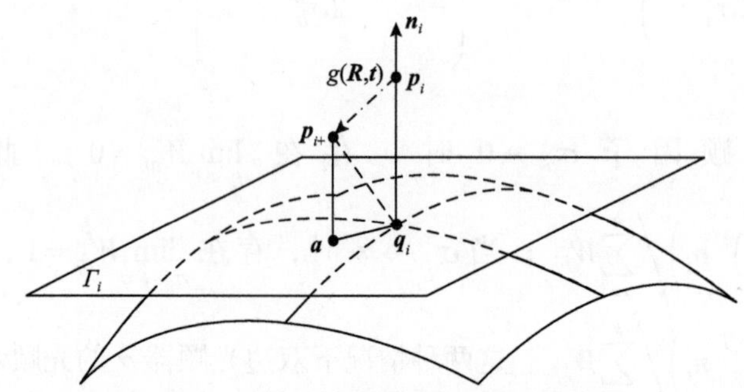

图 2-16 ICP 匹配算法原理示意图

假设移动点集为 $P=\left\{\boldsymbol{p}_1,\boldsymbol{p}_2,\cdots,\boldsymbol{p}_{n_P}\right\}$，对于 $\forall \boldsymbol{p}_i \in P$，在不动点集(匹配目标)中搜索其欧氏距离最近的点 $\boldsymbol{q}_i$，所有 $\boldsymbol{q}_i$ 构成当前最近点集 $Q=\left\{\boldsymbol{q}_1,\boldsymbol{q}_2,\cdots,\boldsymbol{q}_{n_P}\right\}$，为加速最近点搜索效率，可采用 k-d 树搜索模型。计算两点集质心 $\overline{\boldsymbol{p}}$、$\overline{\boldsymbol{q}}$：

$$\overline{\boldsymbol{p}}=\frac{1}{n_P}\sum_{i=1}^{n_P}\boldsymbol{p}_i,\quad \overline{\boldsymbol{q}}=\frac{1}{n_P}\sum_{i=1}^{n_P}\boldsymbol{q}_i \tag{2-90}$$

计算两点集坐标差 $\tilde{\boldsymbol{p}}_i$、$\tilde{\boldsymbol{q}}_i$：

$$\tilde{\boldsymbol{p}}_i=\boldsymbol{p}_i-\overline{\boldsymbol{p}},\quad \tilde{\boldsymbol{q}}_i=\boldsymbol{q}_i-\overline{\boldsymbol{q}} \tag{2-91}$$

由 P、Q 计算 3×3 协方差矩阵 $\boldsymbol{H}$：

$$\boldsymbol{H}=\frac{1}{n_P}\sum_{i=1}^{n_P}\tilde{\boldsymbol{p}}_i\tilde{\boldsymbol{q}}_i^{\mathrm{T}}=\begin{bmatrix} H_{11} & H_{12} & H_{13}\\ H_{21} & H_{22} & H_{23}\\ H_{31} & H_{32} & H_{33}\end{bmatrix} \tag{2-92}$$

由 $\boldsymbol{H}$ 构造 4×4 对称矩阵 $\boldsymbol{W}$:

$$\boldsymbol{W}=\begin{bmatrix} H_{11}+H_{22}+H_{33} & H_{23}-H_{32} & H_{31}-H_{13} & H_{12}-H_{21} \\ H_{23}-H_{32} & H_{11}-H_{22}-H_{33} & H_{12}+H_{21} & H_{13}+H_{31} \\ H_{31}-H_{13} & H_{12}+H_{21} & -H_{11}+H_{22}-H_{33} & H_{23}+H_{32} \\ H_{12}-H_{21} & H_{13}+H_{31} & H_{23}+H_{32} & -H_{11}-H_{22}-H_{33} \end{bmatrix} \tag{2-93}$$

计算 $\boldsymbol{W}$ 的特征值，并计算最大特征值对应的特征向量 $\begin{bmatrix} w_0 & w_1 & w_2 & w_3 \end{bmatrix}^{\mathrm{T}}$，模长满足 $w_0^2+w_1^2+w_2^2+w_3^2=1$，该特征向量可写成单位四元数的形式 $\begin{bmatrix} w_0 & \boldsymbol{w} \end{bmatrix}^{\mathrm{T}}$，式中矢量 $\boldsymbol{w}=\begin{bmatrix} w_1 & w_2 & w_3 \end{bmatrix}^{\mathrm{T}}$。

旋转矩阵可表示为

$$\boldsymbol{R}=\begin{bmatrix} w_0^2+w_1^2-w_2^2-w_3^2 & 2(w_1w_2-w_0w_3) & 2(w_1w_3+w_0w_2) \\ 2(w_1w_2+w_0w_3) & w_0^2-w_1^2+w_2^2-w_3^2 & 2(w_2w_3-w_0w_1) \\ 2(w_1w_3-w_0w_2) & 2(w_2w_3+w_0w_1) & w_0^2-w_1^2-w_2^2+w_3^2 \end{bmatrix} \tag{2-94}$$

平移矢量可表示为

$$\boldsymbol{t}=\overline{\boldsymbol{q}}-\boldsymbol{R}\overline{\boldsymbol{p}} \tag{2-95}$$

如图 2-16 所示，ICP 匹配本质上是通过最小化距离平方和 $\|\boldsymbol{q}_i\boldsymbol{p}_{i+}\|^2$ 计算刚体变换参数，下面介绍一种基于微分运动计算旋转矩阵与平移矢量的方法。

假设刚体运动的广义速度 $\boldsymbol{V}=[\boldsymbol{v}\quad\boldsymbol{\omega}]^{\mathrm{T}}$，$\boldsymbol{v}$ 表示微分平移对应的线速度，$\boldsymbol{\omega}$ 表示微分旋转对应的角速度，则每步迭代的微分运动可表示为[2]

$$\Delta\boldsymbol{p}_i=\boldsymbol{p}_{i+}-\boldsymbol{p}_i=\boldsymbol{\omega}\times\boldsymbol{p}_i+\boldsymbol{v} \tag{2-96}$$

式中，$\boldsymbol{p}_{i+}=\boldsymbol{R}\boldsymbol{p}_i+\boldsymbol{t}$，故式(2-89)中的元素可表示为

$$\begin{aligned} &\boldsymbol{\omega}\times\boldsymbol{p}_i+\boldsymbol{v}+(\boldsymbol{p}_i-\boldsymbol{q}_i) \\ &=-[\boldsymbol{p}_i]\boldsymbol{\omega}+\boldsymbol{v}+(\boldsymbol{p}_i-\boldsymbol{q}_i) \\ &=\begin{bmatrix} \boldsymbol{I}_3 & -[\boldsymbol{p}_i] \end{bmatrix}\begin{bmatrix} \boldsymbol{v} \\ \boldsymbol{\omega} \end{bmatrix}+(\boldsymbol{p}_i-\boldsymbol{q}_i) \\ &=\boldsymbol{A}_i\boldsymbol{V}+\boldsymbol{c}_i \end{aligned} \tag{2-97}$$

式中，符号 $[\cdot]$ 表示反对称矩阵；矩阵 $\boldsymbol{A}_i$ 和向量 $\boldsymbol{c}_i$ 已知；变量为 $\boldsymbol{V}=[\boldsymbol{v}\quad\boldsymbol{\omega}]^{\mathrm{T}}$。

对于式(2-97)和式(2-89)，采用最小二乘法可线性计算 $[\boldsymbol{v}\quad\boldsymbol{\omega}]^{\mathrm{T}}$，进而得到

$$\boldsymbol{R}=\mathrm{e}^{[\boldsymbol{\omega}]}, \quad \boldsymbol{t}=\boldsymbol{v} \tag{2-98}$$

2. SDM/TDM 匹配

如图 2-17 所示，点 $\boldsymbol{q}_{i+}$ 为点 $\boldsymbol{p}_{i+}$ 在曲面 S 中的距离最近点，点 $\boldsymbol{q}_i$ 处局部活动标架在切平面上的坐标轴方向与两主曲率对应。点 $\boldsymbol{p}_{i+}$ 到曲面最近点的距离平方可近似表示为二阶泰勒级数展开：

$$d^2\left(x_1,x_2,x_3\right)=\frac{d_i}{d_i-\kappa_{i\min}}x_1^2+\frac{d_i}{d_i-\kappa_{i\max}}x_2^2+x_3^2 \tag{2-99}$$

式中，d_i 为对应 $\boldsymbol{q}_i\boldsymbol{p}_i$ 的有向距离（当 $\boldsymbol{q}_i\boldsymbol{p}_i$ 与法矢方向一致时 d_i 为正，反之为负）。

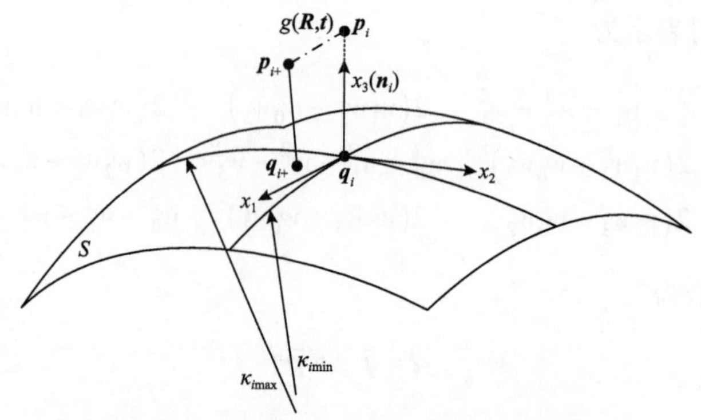

图 2-17　SDM/TDM 匹配算法原理示意图

当系数 $\dfrac{d_i}{d_i-\kappa}$ 为负时采用 0 或 $\dfrac{|d_i|}{|d_i|+|\kappa|}$ 代替，点 $\boldsymbol{p}_{i+}$ 坐标值 x_1、x_2、x_3 与刚体变换参数 g 有关。

SDM 匹配算法本质上是通过最小化点到曲面最近距离的平方和 $\|\boldsymbol{q}_{i+}\boldsymbol{p}_{i+}\|^2$ 计算刚体变换参数：

(1) 当 $\boldsymbol{p}_i$ 与 $\boldsymbol{q}_i$ 相距较近时，$d_i\to 0$，距离平方（式 (2-99)）与 x_3^2 有关，即只与点 $\boldsymbol{p}_{i+}$ 到切平面的距离平方有关。可见，当移动点与匹配曲面相距较近时，移动点 $\boldsymbol{p}_{i+}$ 到切平面 $\varGamma_i$ 的垂直距离是移动点到匹配曲面最近距离的有效近似，这是 TDM 匹配算法使用的距离平方。

(2) 当 $\boldsymbol{p}_i$ 与 $\boldsymbol{q}_i$ 相距较远时，$d_i\to\infty$，距离平方（式 (2-99)）与 $x_1^2+x_2^2+x_3^2$ 有关，即与 $\|\boldsymbol{q}_i\boldsymbol{p}_{i+}\|^2$ 有关，这是 ICP 匹配算法使用的距离平方。

根据上述讨论，TDM 匹配算法目标函数可表示为

$$\min F(\boldsymbol{R},\boldsymbol{t})=\sum_{i=1}^{m}\left\|\left(\boldsymbol{R}\boldsymbol{p}_i+\boldsymbol{t}-\boldsymbol{q}_i\right)^{\mathrm{T}}\boldsymbol{n}_i\right\|^2 \tag{2-100}$$

式中的元素可表示为

$$\begin{aligned}&\left(\boldsymbol{\omega}\times\boldsymbol{p}_i+\boldsymbol{v}+\left(\boldsymbol{p}_i-\boldsymbol{q}_i\right)\right)^{\mathrm{T}}\boldsymbol{n}_i\\&=\left[\boldsymbol{n}_i^{\mathrm{T}}\quad\left(\boldsymbol{p}_i\times\boldsymbol{n}_i\right)^{\mathrm{T}}\right]\begin{bmatrix}\boldsymbol{v}\\\boldsymbol{\omega}\end{bmatrix}+\left(\boldsymbol{p}_i-\boldsymbol{q}_i\right)^{\mathrm{T}}\boldsymbol{n}_i\\&=\boldsymbol{A}_i\boldsymbol{V}+\boldsymbol{c}_i\end{aligned} \tag{2-101}$$

可见，式(2-101)与式(2-97)具有类似的形式。同理可线性计算$[\boldsymbol{v}\quad\boldsymbol{\omega}]^{\mathrm{T}}$，进而由式(2-98)求解$(\boldsymbol{R},\boldsymbol{t})$。

3. ADF 匹配

实践证明，ICP 匹配算法收敛速度慢，收敛性能与测点-曲面初始位姿和曲面结构复杂性有关；SDM 匹配算法需已知主曲率，而曲率为二阶微分信息，计算时易受噪声影响，实际使用较少；TDM 匹配算法收敛速度快，但要求测点-设计模型相距较近，否则可能出现匹配发散现象。下面介绍一种基于适应性距离函数的匹配方法，该方法近似拟合移动点到匹配曲面的最近距离，无须计算曲率。

图 2-18 为 ADF 匹配算法原理示意图。假设点$\boldsymbol{q}_{i+}$为点$\boldsymbol{p}_{i+}$在曲面S中的距离最近点，点$\boldsymbol{a}$为点$\boldsymbol{p}_{i+}$在切平面Γ_i上的投影点，点$\boldsymbol{b}$、$\boldsymbol{c}$满足距离约束条件$\|\boldsymbol{p}_{i+}\boldsymbol{b}\|=\|\boldsymbol{p}_{i+}\boldsymbol{c}\|=\|\boldsymbol{p}_{i+}\boldsymbol{q}_{i+}\|$。移动点$\boldsymbol{p}_{i+}$到匹配曲面最近距离平方为

$$\|\boldsymbol{p}_{i+}\boldsymbol{q}_{i+}\|^2=\|\boldsymbol{p}_{i+}\boldsymbol{a}\|^2+\mu\|\boldsymbol{q}_{i+}\boldsymbol{a}\|^2,\quad \mu\in[0,1] \tag{2-102}$$

式中，修正系数μ用于引入部分切向距离平方$\|\boldsymbol{q}_{i+}\boldsymbol{a}\|^2$来拟合点到曲面最近距离。

当$\boldsymbol{q}_i$点曲率较小时μ值较小，当$\boldsymbol{q}_i$点曲率较大时μ值较大，具有曲面曲率的适应性。

ADF 匹配算法目标函数可表示为

$$\begin{aligned}\min F(\boldsymbol{R},\boldsymbol{t})&=\sum_{i=1}^{m}\left(\|\boldsymbol{p}_{i+}\boldsymbol{a}\|^2+\mu\|\boldsymbol{q}_{i+}\boldsymbol{a}\|^2\right)\\&=\sum_{i=1}^{m}\left[\|\boldsymbol{p}_{i+}\boldsymbol{a}\|^2+\mu\left(\|\boldsymbol{q}_i\boldsymbol{p}_{i+}\|^2-\|\boldsymbol{p}_{i+}\boldsymbol{a}\|^2\right)\right]\\&=\sum_{i=1}^{m}\left[(1-\mu)\|\boldsymbol{p}_{i+}\boldsymbol{a}\|^2+\mu\|\boldsymbol{q}_i\boldsymbol{p}_{i+}\|^2\right]\end{aligned} \tag{2-103}$$

注意，$\|\boldsymbol{p}_{i+}\boldsymbol{a}\|^2$ 为 TDM 匹配算法使用的平方距离，$\|\boldsymbol{q}_i\boldsymbol{p}_{i+}\|^2$ 为 ICP 匹配算法使用的平方距离，均可表示为有关广义速度 $\boldsymbol{V}=[\boldsymbol{v}\quad\boldsymbol{\omega}]^{\mathrm{T}}$ 的二次函数。根据式(2-101)和式(2-97)，可线性计算 $[\boldsymbol{v}\quad\boldsymbol{\omega}]^{\mathrm{T}}$，进而求解 $(\boldsymbol{R},\boldsymbol{t})$。

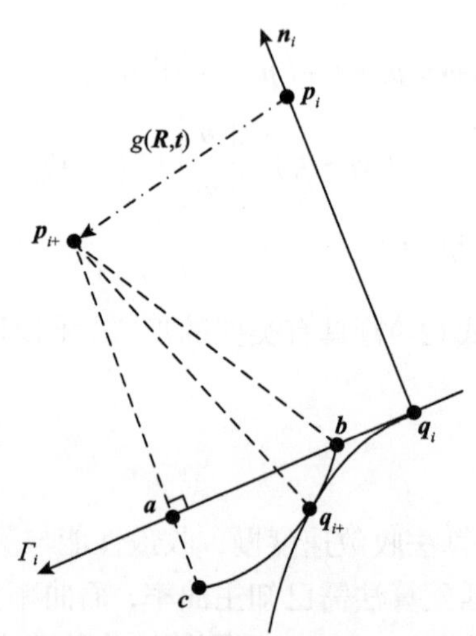

图 2-18　ADF 匹配算法原理示意图

(1) 当 $\mu=0$ 时，式(2-103)元素转变为 $\|\boldsymbol{p}_{i+}\boldsymbol{a}\|^2$，对应 TDM 使用的点-切面距离函数，相比点到曲面最近距离产生偏差 $\varepsilon_{\mathrm{TDM}}=\|\boldsymbol{p}_{i+}\boldsymbol{c}\|^2-\|\boldsymbol{p}_{i+}\boldsymbol{a}\|^2=\|\boldsymbol{ac}\|^2+2\|\boldsymbol{ac}\|\|\boldsymbol{p}_{i+}\boldsymbol{a}\|$，$\boldsymbol{q}_i$ 点曲率越大(如在半径较小的球面上)，偏差 $\varepsilon_{\mathrm{TDM}}$ 越大。

(2) 当 $\mu=1$ 时，式(2-103)元素转变为 $\|\boldsymbol{q}_i\boldsymbol{p}_{i+}\|^2$，对应 ICP 使用的点-点距离函数，相比点到曲面最近距离产生偏差 $\varepsilon_{\mathrm{ICP}}=\|\boldsymbol{p}_{i+}\boldsymbol{b}\|^2-\|\boldsymbol{q}_i\boldsymbol{p}_{i+}\|^2=-\left(\|\boldsymbol{q}_i\boldsymbol{b}\|^2+2\|\boldsymbol{q}_i\boldsymbol{b}\|\|\boldsymbol{ab}\|\right)$，$\boldsymbol{q}_i$ 点曲率越小(如在平面上)，偏差 $\varepsilon_{\mathrm{ICP}}$ 越大。

根据上述讨论，传统点-切面距离函数和点-点距离函数实际上是适应性距离函数的两个特例，但在描述具有不同曲率特征的点-曲面距离误差时，会产生距离偏差 $\varepsilon_{\mathrm{TDM}}$ 和 $\varepsilon_{\mathrm{ICP}}$。对于适应性距离函数，不同 $\boldsymbol{q}_i$ 点处的 μ 可以通过数值优化算法或智能算法来求解。在采用 iPoint3D 曲面测点处理软件进行实际操作时，可以手工选取合适的 μ 值，例如，匹配开始可选择较小的 μ 值以保证较快的收敛速度，当发现由于初始位姿较大或曲面曲率过大引起匹配发散时，可选择较大的 μ 值以保证匹配收敛的稳定性。

2.6.3　点云-曲面误差

点云精简、光顺、匹配后，需要计算点云-曲面误差，对大规模测点处理效果进行定量评估。下面介绍几种常用的点云-曲面误差评估指标。

1. 点云匹配定量评估指标

如图 2-19 所示，当点云与曲面模型理想匹配时，点云-曲面误差可以简化认为满足正态分布 $N\left(\varepsilon_m,\sigma^2\right)$，其中 ε_m 反映加工设备和测量设备引入的决定性误差，σ 反映随机误差的离散程度(即离散测点与中心线 c 的偏离)。如果考虑加工余量 ε_a，则点云-曲面误差满足 $N\left(\varepsilon_m+\varepsilon_a,\sigma^2\right)$。

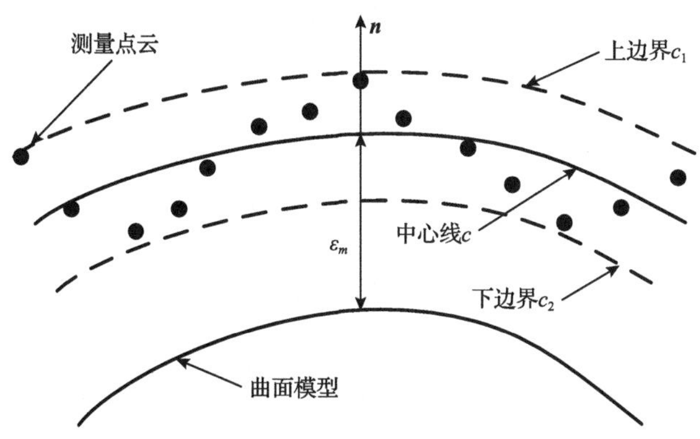

图 2-19　匹配后测量点云与曲面模型分布示意图

假设匹配后 d_i 表示对应 $\boldsymbol{q}_i\boldsymbol{p}_i$ 的有向距离，所有 d_i 组成距离集 $D=\{d_1,\cdots,d_i,\cdots,d_m\}$，包含正向距离集 $D_+=\{d_{i+}\mid d_{i+}\geqslant 0,\ d_{i+}\in D\}$ 和负向距离集 $D_-=\{d_{i-}\mid d_{i-}<0,\ d_{i-}\in D\}$，点数分别为 m_+、m_-。定义如下最大距离指标：正向最大距离 $e_{\max+}=\max\{d_{i+}\}$、负向最大距离 $e_{\max-}=\min\{d_{i-}\}$、极差距离 $e_{\text{ran}}=e_{\max+}-e_{\max-}$。

上述指标反映的是匹配后测点与曲面设计模型的最大偏离程度，适用于余量为零的情况。下面定义如下平均距离指标：有向平均距离 $e_{\text{ave}}=\dfrac{1}{m}\sum_{i=1}^{m}d_i$；平均绝对距离 $e_{|\text{ave}|}=\dfrac{1}{m}\sum_{i=1}^{m}|d_i|$；正向平均距离 $e_{\text{ave}+}=\dfrac{1}{m}\sum d_i,\ d_i\in D_+$，对应百分比 $\dfrac{m_+}{m}\times 100\%$；负向平均距离 $e_{\text{ave}-}=\dfrac{1}{m}\sum d_i,\ d_i\in D_-$，对应百分比 $\dfrac{m_-}{m}\times 100\%$。

指标 e_{ave} 反映匹配后点云整体的平均误差，但数值存在正负会相互抵消，指标 $e_{|\text{ave}|}$ 可避免这一问题，但工件有加工余量时不适用。指标 $e_{\text{ave}+}$ 及其百分比反映正向余量平均值及占比，指标 $e_{\text{ave}-}$ 及其百分比反映负向余量平均值及占比，可能是毛坯铸锻造缺陷或匹配失真引起的，通常可通过坐标系微调的方式加以修正。当存

在加工余量时，指标 $e_{|ave|}$ 评价匹配误差存在局限性，为此定义如下指标：标准差 $e_{std}=\sqrt{\frac{1}{m}\sum_{i=1}^{m}\left(d_i-\bar{d}\right)^2}$，其中 $\bar{d}$ 表示平均值；均方根误差 $e_{rms}=\sqrt{\frac{1}{m}\sum_{i=1}^{m}\left(d_i-\hat{d}\right)^2}$，其中 $\hat{d}$ 表示设计值。

指标 e_{std} 反映点云-曲面误差的离散程度，未考虑设计值 $\hat{d}$（如 $\hat{d}=\varepsilon_a$），当理想匹配时 e_{std} 数值大小与正态分布中的 σ 有关；指标 e_{rms} 反映观测值与设计值之间的偏差，当理想匹配时 e_{rms} 数值大小与正态分布中的 ε_m、σ 均有关，通常 $e_{std}\leqslant e_{rms}$。不论加工余量是否为零，这两个指标均适用。

2. 点云精简定量评估指标

对于 $\forall \boldsymbol{p}_i\in P$，在 P 中计算距 $\boldsymbol{p}_i$ 最近的三个点，对应距离值为 d_{i1}、d_{i2}、d_{i3}，且满足 $d_{i1}\leqslant d_{i2}\leqslant d_{i3}$，定义如下均匀精简评估指标：所有测点与其最近点距离的标准差 $e_{1\text{var}}=\sqrt{\frac{1}{m}\sum_{i=1}^{m}\left(d_{i1}-\bar{d}_{i1}\right)^2}$，式中 $\bar{d}_{i1}=\frac{1}{m}\sum_{i=1}^{m}d_{i1}$；所有测点与其最近三个点平均距离的标准差 $e_{3\text{var}}=\sqrt{\frac{1}{m}\sum_{i=1}^{m}\left(\bar{d}_i-\tilde{d}\right)^2}$，式中 $\bar{d}_i=(d_{i1}+d_{i2}+d_{i3})/3$，$\tilde{d}=\frac{1}{m}\sum_{i=1}^{m}\bar{d}_i$；所有测点与其最近三个点距离的标准差的平均值 $e_{m\text{var}}=\sqrt{\frac{1}{3m}\sum_{i=1}^{m}\left[\left(d_{i1}-\bar{d}_i\right)^2+\left(d_{i2}-\bar{d}_i\right)^2+\left(d_{i3}-\bar{d}_i\right)^2\right]}$；所有测点与其最近三个点平均距离的方均根误差 $e_{3\text{rms}}=\sqrt{\frac{1}{m}\sum_{i=1}^{m}\left(\bar{d}_i-\hat{d}\right)^2}$，式中 $\hat{d}$ 表示设计值。

指标 $e_{1\text{var}}$ 定义在测点与最近点距离的基础上，实际上只考虑了一个方向的均匀性，当精简前点云在横向、纵向分布不均匀时(如横向、纵向测点间距不同)不适用；指标 $e_{3\text{var}}$、$e_{m\text{var}}$ 定义在测点与最近三个点距离的基础上，增大了横向、纵向测点参与评估精简效果的可能性；指标 $e_{3\text{rms}}$ 反映了观测值与设计值(如栅格边长)之间的偏差。

3. 点云光顺定量评估指标

对于 $\forall \boldsymbol{p}_i\in P$，光顺后位置为 $\boldsymbol{p}_i'$，对应法矢 $\boldsymbol{n}_i'$，若矢量 $\boldsymbol{p}_i'-\boldsymbol{p}_i$ 与法矢 $\boldsymbol{n}_i'$ 方向相反，则光顺后点云收缩；反之，光顺后点云膨胀。定义距离误差为

$$e_i=\begin{cases}-\left\|\boldsymbol{p}_i'-\boldsymbol{p}_i\right\|, & \left(\boldsymbol{p}_i'-\boldsymbol{p}_i\right)^{\mathrm{T}}\boldsymbol{n}_i'<0\\ \left\|\boldsymbol{p}_i'-\boldsymbol{p}_i\right\|, & \left(\boldsymbol{p}_i'-\boldsymbol{p}_i\right)^{\mathrm{T}}\boldsymbol{n}_i'\geqslant 0\end{cases} \tag{2-104}$$

规定集合 $E_-=\{e_i \mid e_i<0\}$、$E_+=\{e_i \mid e_i>0\}$ 和 $E_0=\{e_i \mid e_i=0\}$，对应测点数目分别为 m_-、m_+、m_0。定义如下点云光顺评估误差：平均绝对误差 $e_{\text{mav}}=\dfrac{1}{m}\sum_{i=1}^{m}|e_i|$；体积缩小误差 $e_{\text{vsv}}=\dfrac{1}{m}\sum_{i=1}^{m}|e_i|,\ e_i\in E_-$；体积缩小比例 $e_{\text{vsr}}=\dfrac{m_-}{m}\times 100\%$；负向平均误差 $e_{\text{nmv}}=\dfrac{1}{m_-}\sum_{i=1}^{m}|e_i|,\ e_i\in E_-$；正向平均误差 $e_{\text{pmv}}=\dfrac{1}{m_+}\sum_{i=1}^{m}|e_i|,\ e_i\in E_+$。

点云光顺后整体会收缩，故通常采用指标 e_{vsv}、e_{vsr}、e_{nmv} 评估光顺效果，但当噪声点位于内部时，光顺后某些测点会沿法矢方向移动(即膨胀)。

2.7　iPoint3D 曲面测点处理软件

曲面测点处理软件是实现视觉引导的机器人加工与曲面轮廓误差计算工程应用的重要载体。Geomagic 是工业界和科研教学常用的曲面测点处理软件，主要包括 Design X 和 Control X 两大系列。Geomagic Design X 主要用于三维测点处理与逆向设计，可完成复杂零件三维扫描、测量点云处理、三角网格处理与数字模型重构，支持 STL、IGES、STEP 等行业内标准文件格式；Geomagic Control X 主要用于曲面轮廓误差计算，可快速计算实物零件与设计模型之间的差异，实现单件产品检验、生产线批量产品检验、三维几何形状尺寸标注等，可输出 PPT、XLS、PDF、TXT、CSV 等多种格式的报告文件。RE-SOFT 软件[20]是浙江大学开发的支持模型参数化修改的曲面测点处理软件，该软件以 CAD 建模作为主要目标、以模型特征作为系统核心，实现了基于截面特征的逆向建模和基于曲面特征的逆向建模。目前商业化曲面测点处理软件存在如下主要问题：①缺乏面向机器人加工(磨抛、铣削等)的测点数据处理与工程应用模块；②为生成需要的检测参数，需采用曲面测点处理软件和多款 CAM/CAD 软件人机反复交互，缺乏统一的数据存储格式，操作过程复杂；③缺乏特定零件专用检测数据库，如叶片检测无法计算积叠轴参数、蒙皮检测无法计算对缝间隙等。

针对目前国内外商业软件存在的问题，作者主持开发了 iPoint3D 曲面测点处理软件[9]，可用于机器人测量数据采集、机器人加工视觉定位、曲面轮廓误差检测等。该软件采用如图 2-20 所示层次结构，按照交互方式、主要功能和数据结构分为三个层次：用户界面层、业务逻辑层和数据访问层。基于分层的软件体系使得 iPoint3D 具有良好的可维护性、可扩展性、可重用性与可管理性。

1. 软件层次结构

用户界面层面向人机交互操作任务，包括文件视图、操作接口、3D/2D(三维/

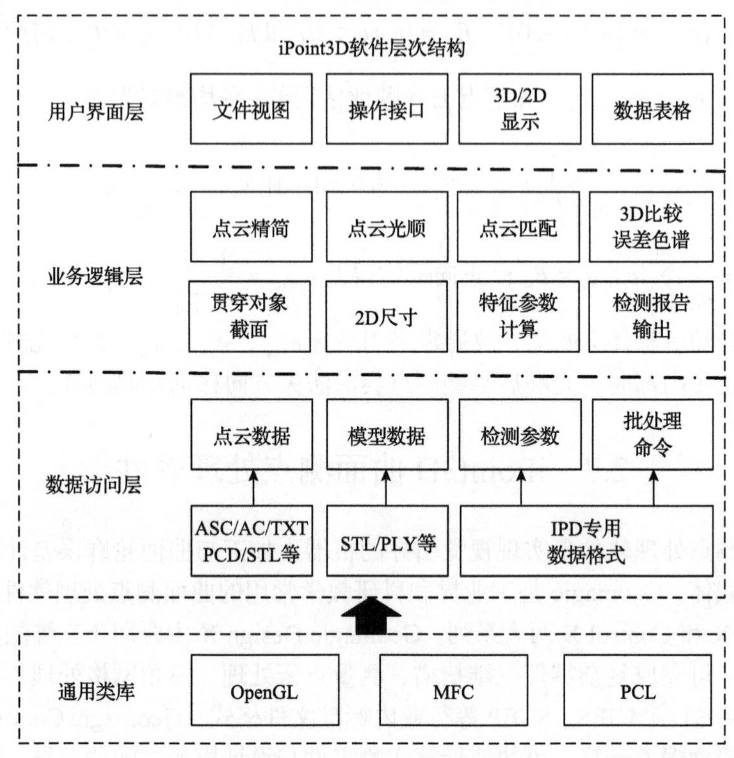

图 2-20　iPoint3D 层次结构图

二维）显示和数据表格等。文件视图主要对读入的数据文件进行操作；操作接口包括操作按钮和批处理命令等，用户通过操作接口对文件视图显示的读入数据进行操作；3D/2D 显示和数据表格主要对用户操作结果进行实时显示，如误差色谱图、注释标签、2D 尺寸等。业务逻辑层包含大规模测点处理的主要功能模块，各功能模块之间相互独立，便于 iPoint3D 的功能扩展和资源配置，主要包括点云精简、点云光顺、点云匹配、3D 比较误差色谱、特征参数计算、检测报告输出等。iPoint3D 读入的点云数据、模型数据及检测数据等通过业务逻辑层的功能模块处理后得到检测结果，检测结果可以由用户界面层进行可视化或图表化输出。输出格式多样化，可输出误差色谱图、特征参数表征等可视化检测结果，也可以基于客户需求输出定制化的检测报告。数据访问层可对软件使用的各类数据进行读写，主要包括通用数据和专用数据，通用数据包括点云数据、模型数据、三角网格数据等，专用数据包括检测结果数据、批处理操作数据等。iPoint3D 支持 ASC、AC、TXT、PCD、STL、PLY 等通用数据读取格式，以及针对专用功能需求开发的 IPD 数据格式，用于存取专用模块的检测结果数据、自动化批处理数据等。

2. 软件功能模块

iPoint3D 采用了 OpenGL、MFC 和 PCL 等成熟的开源通用类库。OpenGL 是行业内广泛应用的 2D/3D 图形 API(应用程序接口)，主要用于 iPoint3D 的可视化显示。MFC 是微软公司提供的一个通用类库，以 C++类的形式封装了 Windows API，并且包含一个应用程序框架，是 iPoint3D 开发和交互操作的基础框架。PCL 是在测点处理理论研究基础上建立起来的一个大型跨平台开源 C++编程库，可满足大规模测点处理算法实现和数据结构存储。iPoint3D 采用开源通用类库，减少了与操作系统底层交互开发的工作量，有利于软件底层操作的稳定性和可维护性。

图 2-21 为 iPoint3D 的主要功能模块，包括通用模块和专用模块两大部分。通用模块与常用的三维测点处理软件类似，主要包括点云精简、点云光顺、点云匹

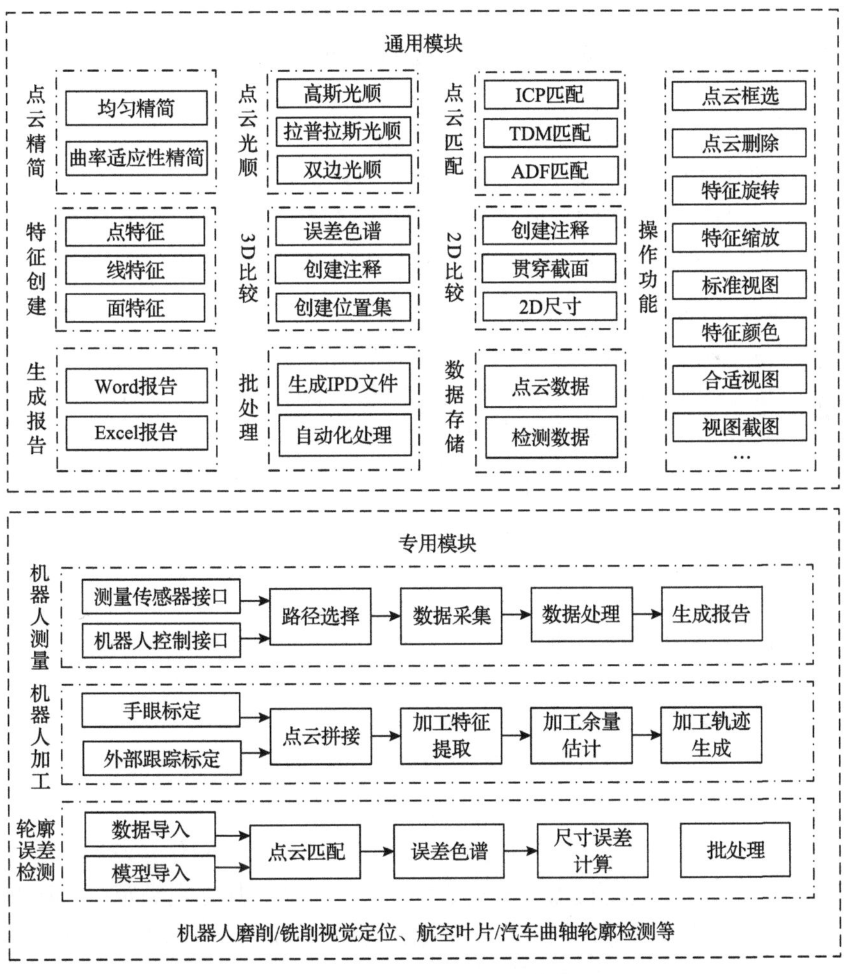

图 2-21　iPoint3D 主要功能模块

配、特征创建、3D 比较、2D 比较、生成报告、批处理、数据存储、操作功能等。

点云精简主要针对大规模测点数据，在保持曲面特征的前提下降低点云规模，目前最大处理规模可达 1.2 亿。iPoint3D 提供了均匀精简和曲率适应性精简两种模式，均匀精简支持设定平均间距和精简比例完成大规模测点重采样，曲率适应性精简支持在设定的曲率参数下完成大规模测点重采样。

点云光顺主要针对大规模测点降噪，iPoint3D 提供的光顺方法包括高斯光顺、拉普拉斯光顺、双边光顺等。高斯噪声可以通过高斯光顺去除，但是对于叶片类变截面弯扭曲复杂零件，为保持曲面特征建议采用双边光顺方法。

点云匹配用于将点云与设计模型对齐，进而计算轮廓误差和加工余量。iPoint3D 提供 ICP 匹配、TDM 匹配、ADF 匹配等，选择何种匹配方式取决于曲面初始位姿、曲面结构复杂性、测点分布等。ICP 匹配收敛速度慢(一阶收敛)，一般需要 20～100 次才能达到匹配稳定状态。TDM 匹配收敛速度快(二阶收敛)，可在 2～10 次达到匹配稳定状态，但易受曲面初始状态的影响，可能出现匹配发散现象。ADF 匹配是 iPoint3D 推荐的匹配方法，该匹配方法同样具备二次收敛速度，在 iPoint3D 中通过手动调整修正系数(0～1)可以方便地在收敛速度和收敛稳定性方面取得最优，一般在 5～10 次达到匹配稳定状态。

特征创建是在点云中建立基准特征，便于后续测点处理和参数计算。3D 比较模块主要用于定性定量地显示轮廓误差和加工余量分布，例如，点云与设计模型匹配后，需要计算点云-曲面误差并整体显示误差分布，可在 3D 比较操作中生成误差色谱图、创建注释视图、生成误差数据表等。2D 比较模块可截取曲面关键截面，计算测点与模型在关键截面上的尺寸偏差，如水平距离、垂直距离、半径值、直径值、角度值、平行距离、两点距离等。

生成报告是将计算的尺寸参数以及尺寸偏差以报表形式保存在规定的模板中，方便用户查看检测结果，为后续工序优化提供数据依据，目前支持 Word、Excel、PDF 等报表格式。批处理功能主要是对同型号大批量检测对象，在完成首件的检测操作后，将处理命令和参数信息保存为批处理文件，通过生成包含批处理命令的 IPD 文件，实现其他样件的自动化测点处理和参数计算，方便高效、一致性好，在大批量产品检测中意义重大。数据存储功能可以保存测点处理过程所有数据结果，方便用户对检测数据进行存档、管理和查看。

除上述核心功能，iPoint3D 提供大规模测点处理过程中的常规手工操作功能，如点云框选、点云删除、特征旋转、特征缩放等。

专用模块是针对特定对象，根据用户现场检测需求定制化开发的功能模块。目前 iPoint3D 已具备面向机器人测量数据采集、机器人加工视觉定位、航空叶片/航空蒙皮轮廓误差检测等专用模块。根据对象特点和现场检测需求，可为客户提供面向不同工程应用需求的专用模块。

3. 软件操作界面

iPoint3D 操作界面是基于用户界面层开发的，如图 2-22 所示，主要包含 Ribbon 工具栏、文件视图区、功能对话框区、3D/2D 视图区、数据比较表格、快捷工具条等，具有良好的操作性和通用性。

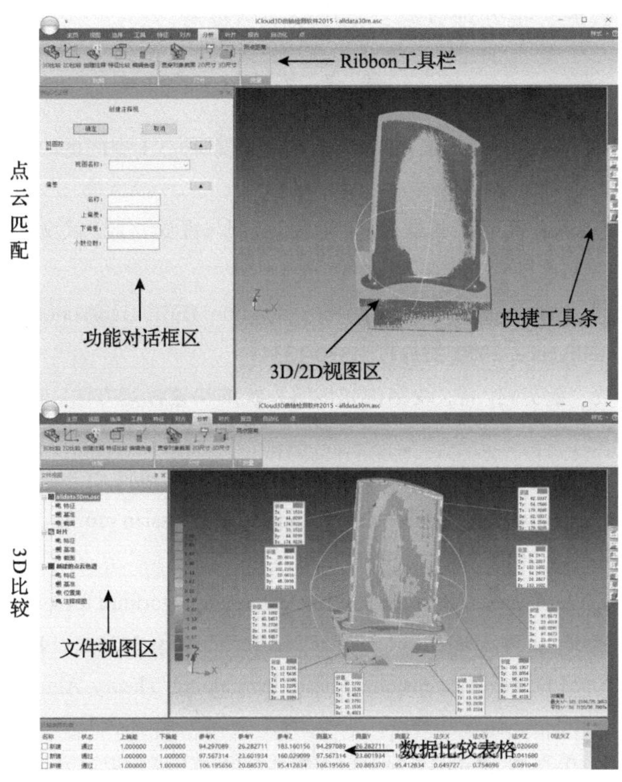

图 2-22　点云匹配与 3D 比较操作界面

Ribbon 工具栏有面板分类按钮，这是交互操作的主要接口；文件视图区用于显示当前读入数据(如点云数据、模型数据)，以及在操作过程生成的中间数据(如特征、截面、误差色谱等)，单击文件视图区空白区域或树状节点可对数据进行相应操作；功能对话框区在用户进行操作时弹出，主要包含输入参数以及相应操作按钮，如在 3D 比较对话框中需设置色谱图名称、最大临界值、最小临界值等参数；3D/2D 视图区是测量数据显示和交互操作的主要区域，可以可视化实时显示测点处理结果，具备 3D 视图与 2D 视图切换功能；数据比较表格用于将点云匹配与曲面检测过程的尺寸数据、误差数据、上下偏差等以表格形式呈现，支持创建注释视图，将所选区域测点与曲面模型的偏差值实时显示在数据比较表格中；快捷工具条用于集中放置常用命令，如标准视图、矩形框选、全部选择、反向选择等，用户也可根据应用需求自定义添加工具条。

曲面测点处理过程涉及多种类型数据的交互操作，如点云数据、模型数据、计算结果、批处理命令等。为了方便各类数据统一管理、高效读取、完整存储，iPoint3D 设计了针对机器人测量数据采集、机器人加工视觉定位、曲面轮廓误差计算的 IPD 数据格式，可用于存储点云/模型数据、特征基准数据、截面 2D 尺寸数据、3D 比较数据、批处理数据、专用模块数据等。

参考文献

[1] 李文龙，谢核，尹周平，等. 机器人加工几何误差建模研究：I 空间运动链与误差传递. 机械工程学报, 2021, 57(7): 154-168.

[2] 熊有伦，李文龙，陈文斌，等. 机器人学：建模、控制与视觉. 2 版. 武汉：华中科技大学出版社, 2020.

[3] Zhang Z. A flexible new technique for camera calibration. IEEE Transactions on Pattern Analysis and Machine Intelligence, 2000, 22(11): 1330-1334.

[4] 韩建栋，吕乃光，董明利，等. 线结构光传感系统的快速标定方法. 光学精密工程，2009, 17(5): 958-963.

[5] 於来欣. 铸造涡轮叶片视觉检测装置样机设计. 武汉：华中科技大学硕士学位论文, 2016.

[6] Steger C. Unbiased extraction of lines with parabolic and Gaussian profiles. Computer Vision and Image Understanding, 2013, 117(2): 97-112.

[7] Jiang C, Li W L, Wu A, et al. A novel centerline extraction algorithm for a laser stripe applied for turbine blade inspection. Measurement Science and Technology, 2020, 31(9): 095403.

[8] Ghiglia D C, Pritt M D. Two-Dimensional Phase Unwrapping: Theory, Algorithms, and Software. New York: Wiley-Interscience, 1998.

[9] 李文龙，李中伟，毛金城. iPoint3D 曲面检测软件开发与工程应用综述. 机械工程学报, 2020, 56(7): 127-150.

[10] Bentley J L. Multidimensional binary search trees used for associative searching. Communications of the ACM, 1975, 18(9): 509-517.

[11] Stokely E M, Wu S Y. Surface parametrization and curvature measurement of arbitrary 3-D objects: Five practical methods. IEEE Transactions on Pattern Analysis and Machine Intelligence, 1992, 14(8): 833-840.

[12] 丁汉，朱利民. 复杂曲面数字化制造的几何学理论和方法. 北京：科学出版社, 2011.

[13] 周煜，张万兵，杜发荣，等. 散乱点云数据的曲率精简算法. 北京理工大学学报，2010, 30(7): 785-789.

[14] Smith S M, Brady J M. SUSAN—A new approach to low level image processing. International Journal of Computer Vision, 1997, 23(1): 45-78.

[15] Fleishman S, Drori I, Cohen-Or D. Bilateral mesh denoising. ACM Transactions on Graphics, 2003, 22(3): 950-953.

[16] Li W L, Xie H, Zhang G, et al. Adaptive bilateral smoothing for a point-sampled blade surface. IEEE/ASME Transactions on Mechatronics, 2016, 21(6): 2805-2816.

[17] Besl P J, Mckay N D. A method for registration of 3-D shapes. IEEE Transactions on Pattern Analysis and Machine Intelligence, 1992, 14(2): 239-256.

[18] Pottmann H, Huang Q X, Yang Y L, et al. Geometry and convergence analysis of algorithms for registration of 3D shapes. International Journal of Computer Vision, 2006, 67(3): 277-296.

[19] Li W L, Yin Z P, Huang Y A, et al. Three-dimensional point-based registration algorithm based on adaptive distance function. IET Computer Vision, 2011, 5(1): 68.

[20] 柯映林, 王青, 范树迁, 等. RE-SOFT 系统架构及关键技术. 浙江大学学报(工学版), 2006, 40(8): 1327-1332.

第 3 章　机械手-视觉传感器位姿参数辨识

3.1　引　　言

在第 2 章介绍的机器人加工系统中，机械手-视觉传感器位姿参数(即手眼位姿参数)用于重构工件测量点云，是实现工件位姿精确辨识的基础。在手眼位姿参数辨识的现有研究中，通常假定机器人不存在关节运动学误差，而将手眼位姿参数辨识简化为只识别视觉传感器坐标系$\{S\}$到机器人基坐标系$\{B\}$的位姿关系，该过程忽略了机器人关节运动学误差对手眼位姿参数辨识精度的影响，易造成误差累积。

本章在介绍常用手眼位姿参数辨识方法的基础上，以机器人末端与特征点(如标准球球心)相对位姿的不变性为约束，通过 D-H 模型推导运动学误差/手眼位姿误差与机器人定位误差的线性映射模型，提出一种考虑运动学误差补偿的手眼位姿参数辨识方法，解决现有手眼位姿参数辨识精度受限于机器人运动精度的问题，实验表明手眼位姿参数辨识后球心位置误差可控制在 0.067mm。针对求解的旋转矩阵不满足正交性的问题，提出基于微分运动的非标准旋转矩阵最佳正交化计算方法，所求正交解唯一且与迭代初值无关。双机器人测量(一个夹持工件、一个夹持视觉传感器)可增强系统运动的灵活性，控制视觉传感器以较佳测量位姿和较小关节变动量完成工件扫描，从而提升测点的可信度，其前提是完成双机器人系统标定。为此，本章提出一种以封闭式求解结果作为初始值、以数值迭代求解结果作为最优值的双机器人测量系统标定方法，相比现有的标定方法，新方法计算速度快、不易受噪声影响，迭代求解过程具有良好的收敛稳定性。

3.2　常用的手眼位姿参数辨识方法

3.2.1　眼在手型参数辨识模型

图 3-1 为眼在手型坐标系相对位姿关系。眼在手型是指视觉传感器刚性固接在机器人末端法兰上，由机器人带动传感器运动，对被测物体进行测量。

其中手眼位姿参数为机器人末端法兰坐标系$\{E\}$到视觉传感器坐标系$\{S\}$的相对位姿关系${}_{E}^{S}\boldsymbol{T}$。建立末端法兰坐标系$\{E\}$到被测物体坐标系$\{P\}$的刚体变换方程：

$$ {}_S^P\boldsymbol{T}\,{}_E^S\boldsymbol{T} = {}_B^P\boldsymbol{T}\,{}_E^B\boldsymbol{T} \tag{3-1} $$

式(3-1)的数学关系也可表示为 $\boldsymbol{AX}=\boldsymbol{ZB}$ 形式,式中 $\boldsymbol{X}$ 为手眼位姿参数, $\boldsymbol{Z}$ 为机器人基坐标系 $\{B\}$ 到被测物体坐标系 $\{P\}$ 之间的相对位姿。除 $\boldsymbol{AX}=\boldsymbol{ZB}$ 形式外,眼在手型的手眼位姿参数辨识还可以采用机器人两次运动之间的相对位姿关系进行描述，如图 3-2 所示。

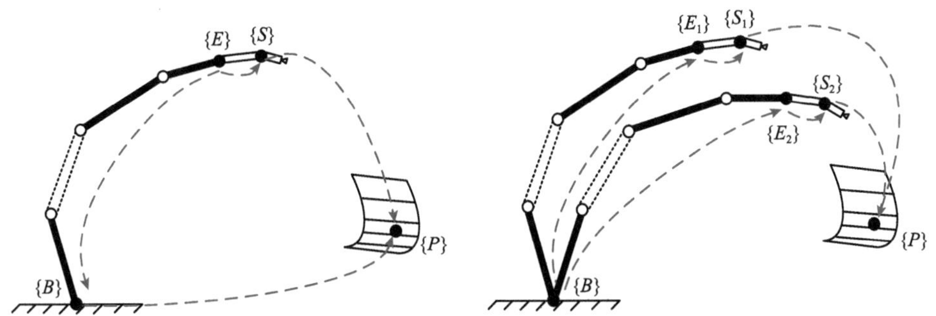

图 3-1　眼在手型坐标系相对位姿关系　　图 3-2　眼在手型两次运动坐标系相对位姿关系

设 $\{E_1\}$、$\{E_2\}$ 为机器人两次运动对应的末端法兰坐标系，$\{S_1\}$、$\{S_2\}$ 为机器人两次运动视觉传感器对应的坐标系，建立机器人基坐标系 $\{B\}$ 到被测物体坐标系 $\{P\}$ 的刚体变换方程:

$$ {}_{S_1}^P\boldsymbol{T}\,{}_{E_1}^{S_1}\boldsymbol{T}\,{}_B^{E_1}\boldsymbol{T} = {}_{S_2}^P\boldsymbol{T}\,{}_{E_2}^{S_2}\boldsymbol{T}\,{}_B^{E_2}\boldsymbol{T} \tag{3-2} $$

将机器人位姿 ${}_B^{E_1}\boldsymbol{T}$ 移至右侧，将物体位姿 ${}_{S_2}^P\boldsymbol{T}$ 移至左侧，则有

$$ {}_{S_2}^P\boldsymbol{T}^{-1}\,{}_{S_1}^P\boldsymbol{T}\,{}_{E_1}^{S_1}\boldsymbol{T} = {}_{E_2}^{S_2}\boldsymbol{T}\,{}_B^{E_2}\boldsymbol{T}\,{}_B^{E_1}\boldsymbol{T}^{-1} \tag{3-3} $$

记 $\boldsymbol{A}={}_{S_2}^P\boldsymbol{T}^{-1}\,{}_{S_1}^P\boldsymbol{T}$ 为机器人两次运动视觉传感器坐标系的相对位姿， $\boldsymbol{B}={}_B^{E_2}\boldsymbol{T}\,{}_B^{E_1}\boldsymbol{T}^{-1}$ 为机器人两次运动末端法兰坐标系的相对位姿，$\boldsymbol{X}={}_{E_1}^{S_1}\boldsymbol{T}={}_{E_2}^{S_2}\boldsymbol{T}$ 为待辨识手眼位姿参数，那么式(3-3)的数学关系可表示为 $\boldsymbol{AX}=\boldsymbol{XB}$ 形式。

无论 $\boldsymbol{AX}=\boldsymbol{ZB}$ 形式还是 $\boldsymbol{AX}=\boldsymbol{XB}$ 形式，均需在被测物体上建立坐标系。为简化手眼位姿参数辨识过程，可采用物体坐标系上的固定特征点建立眼在手型手眼位姿参数辨识方程。设被测物体上固定特征点在机器人基坐标系下的坐标为 ${}^B\boldsymbol{p}$，其在第 i 次测量时视觉传感器坐标系 $\{S\}$ 下的坐标为 ${}^S\boldsymbol{p}_i$，则有

$$ {}^B\boldsymbol{p} = {}_E^B\boldsymbol{T}_i\,{}_S^E\boldsymbol{T}\,{}^S\boldsymbol{p}_i \tag{3-4} $$

式中，${}_E^B\boldsymbol{T}_i$ 为第 i 次测量时机器人的位姿。

根据固定特征点在机器人基坐标系下坐标 ${}^{B}\boldsymbol{p}$ 不变性，通过式(3-4)可以建立机器人在多次测量位姿下对应的方程组，进而通过最小二乘运算求解手眼位姿参数 ${}_{S}^{E}\boldsymbol{T}$ 。

3.2.2　眼在外型参数辨识模型

图 3-3 为眼在外型坐标系相对位姿关系。眼在外型是指视觉传感器固接在机器人外部，由机器人带动被测物体运动进行测量。

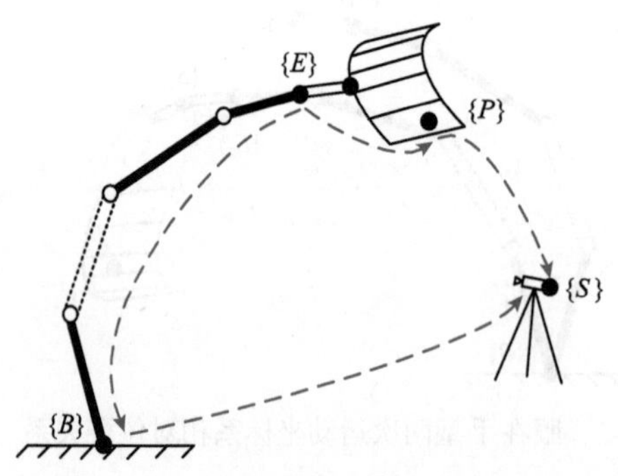

图 3-3　眼在外型坐标系相对位姿关系

其中手眼位姿参数为机器人基坐标系 $\{B\}$ 到视觉传感器坐标系 $\{S\}$ 的相对位姿关系 ${}_{B}^{S}\boldsymbol{T}$ 。建立机器人末端法兰坐标系 $\{E\}$ 到视觉传感器坐标系 $\{S\}$ 的刚体变换方程：

$$ {}_{P}^{S}\boldsymbol{T}\,{}_{E}^{P}\boldsymbol{T} = {}_{B}^{S}\boldsymbol{T}\,{}_{E}^{B}\boldsymbol{T} \tag{3-5} $$

式(3-5)具有与眼在手型手眼位姿参数辨识相同的数学表达形式 $\boldsymbol{AX}=\boldsymbol{ZB}$，这里 $\boldsymbol{Z}$ 为手眼位姿参数，$\boldsymbol{X}$ 为机器人末端法兰坐标系 $\{E\}$ 与被测物体坐标系 $\{P\}$ 之间的相对位姿关系。注意，眼在外型也可以采用在机器人末端法兰坐标系固定特征点的方法进行手眼位姿参数辨识，设在机器人末端法兰坐标系 $\{E\}$ 中固定特征点 ${}^{E}\boldsymbol{p}$，其在第 i 次测量时视觉传感器坐标系 $\{S\}$ 下的坐标为 ${}^{S}\boldsymbol{p}_i$，则有

$$ {}^{E}\boldsymbol{p} = {}_{B}^{E}\boldsymbol{T}_i\,{}_{S}^{B}\boldsymbol{T}\,{}^{S}\boldsymbol{p}_i \tag{3-6} $$

式中，${}_{B}^{E}\boldsymbol{T}_i$ 为第 i 次测量机器人的位姿。

式(3-6)与式(3-4)的基本形式相同，根据固定特征点在机器人末端法兰坐标系下坐标 ${}^{E}\boldsymbol{p}$ 不变性，建立机器人在多次测量位姿下对应的方程组，进而通过最小二乘运算求解手眼位姿参数 ${}_{S}^{B}\boldsymbol{T}$ 。

3.2.3　$\boldsymbol{AX}=\boldsymbol{ZB}$ 形式手眼位姿参数求解方法

1. 四元数线性求解

四元数线性求解法采用四元数表示旋转矩阵，令 $\boldsymbol{A}=\begin{bmatrix}\boldsymbol{R}_A & \boldsymbol{t}_A\\ \boldsymbol{0} & 1\end{bmatrix}$，$\boldsymbol{X}=\begin{bmatrix}\boldsymbol{R}_X & \boldsymbol{t}_X\\ \boldsymbol{0} & 1\end{bmatrix}$，$\boldsymbol{Z}=\begin{bmatrix}\boldsymbol{R}_Z & \boldsymbol{t}_Z\\ \boldsymbol{0} & 1\end{bmatrix}$，$\boldsymbol{B}=\begin{bmatrix}\boldsymbol{R}_B & \boldsymbol{t}_B\\ \boldsymbol{0} & 1\end{bmatrix}$，式中 $\boldsymbol{A}$ 、$\boldsymbol{B}$ 已知，将 $\boldsymbol{AX}=\boldsymbol{ZB}$ 展开

可得

$$\boldsymbol{R}_A\boldsymbol{R}_X = \boldsymbol{R}_Z\boldsymbol{R}_B \tag{3-7}$$

$$\boldsymbol{R}_A\boldsymbol{t}_X + \boldsymbol{t}_A = \boldsymbol{R}_Z\boldsymbol{t}_B + \boldsymbol{t}_Z \tag{3-8}$$

将式(3-7)中的旋转矩阵 $\boldsymbol{R}$ 分别用四元数 $\boldsymbol{q}_A^{\mathrm{T}}=\begin{bmatrix} a_0 & \boldsymbol{a}^{\mathrm{T}} \end{bmatrix}$、$\boldsymbol{q}_X^{\mathrm{T}}=\begin{bmatrix} x_0 & \boldsymbol{x}^{\mathrm{T}} \end{bmatrix}$、$\boldsymbol{q}_Z^{\mathrm{T}}=\begin{bmatrix} z_0 & \boldsymbol{z}^{\mathrm{T}} \end{bmatrix}$、$\boldsymbol{q}_B^{\mathrm{T}}=\begin{bmatrix} b_0 & \boldsymbol{b}^{\mathrm{T}} \end{bmatrix}$表示，其中$\boldsymbol{q}_A$、$\boldsymbol{q}_B$已知，则有

$$\boldsymbol{q}_A * \boldsymbol{q}_X = \boldsymbol{q}_Z * \boldsymbol{q}_B \tag{3-9}$$

式中，$*$为四元数乘法运算符，满足$\boldsymbol{q}_A * \boldsymbol{q}_X=\begin{bmatrix} a_0x_0 - \boldsymbol{a}\cdot\boldsymbol{x} & (a_0\boldsymbol{x}+x_0\boldsymbol{a}+\boldsymbol{a}\times\boldsymbol{x})^{\mathrm{T}} \end{bmatrix}^{\mathrm{T}}$。

根据四元数乘法运算准则，式(3-9)可展开为

$$a_0x_0 - \boldsymbol{a}\cdot\boldsymbol{x} = z_0b_0 - \boldsymbol{b}\cdot\boldsymbol{z} \tag{3-10}$$

$$a_0\boldsymbol{x} + x_0\boldsymbol{a} + \boldsymbol{a}\times\boldsymbol{x} = z_0\boldsymbol{b} + b_0\boldsymbol{z} - \boldsymbol{b}\times\boldsymbol{z} \tag{3-11}$$

当$a_0 \neq 0$时，根据式(3-10)可计算x_0：

$$x_0 = \frac{\boldsymbol{a}\cdot\boldsymbol{x}}{a_0} + \frac{b_0z_0}{a_0} - \frac{\boldsymbol{b}\cdot\boldsymbol{z}}{a_0} \tag{3-12}$$

将式(3-12)代入式(3-11)，可得

$$\left(a_0\boldsymbol{I} + \frac{\boldsymbol{a}\boldsymbol{a}^{\mathrm{T}}}{a_0} + \hat{\boldsymbol{a}}\right)\boldsymbol{x} + \left(-b_0\boldsymbol{I} - \frac{\boldsymbol{a}\boldsymbol{b}^{\mathrm{T}}}{a_0} + \hat{\boldsymbol{b}}\right)\boldsymbol{z} = z_0\boldsymbol{b} - \frac{z_0b_0}{a_0}\boldsymbol{a} \tag{3-13}$$

令$\boldsymbol{J}=\begin{bmatrix} a_0\boldsymbol{I} + \dfrac{\boldsymbol{a}\boldsymbol{a}^{\mathrm{T}}}{a_0} + \hat{\boldsymbol{a}} & -b_0\boldsymbol{I} - \dfrac{\boldsymbol{a}\boldsymbol{b}^{\mathrm{T}}}{a_0} + \hat{\boldsymbol{b}} \end{bmatrix}$，$\boldsymbol{u}=\begin{bmatrix} \boldsymbol{x}^{\mathrm{T}} & \boldsymbol{z}^{\mathrm{T}} \end{bmatrix}^{\mathrm{T}}$，$\boldsymbol{w}=z_0\left(\boldsymbol{b}-\dfrac{b_0}{a_0}\boldsymbol{a}\right)$，则式(3-13)可改写为

$$\begin{gathered} \boldsymbol{J}\boldsymbol{u}=\boldsymbol{w} \\ \boldsymbol{J}_{3\times6}\boldsymbol{u}_{6\times1}=\boldsymbol{w}_{3\times1} \end{gathered} \tag{3-14}$$

对式(3-14)计算广义逆，可求得最小二乘解$\boldsymbol{u}=\left(\boldsymbol{J}^{\mathrm{T}}\boldsymbol{J}\right)^{-1}\boldsymbol{J}^{\mathrm{T}}\boldsymbol{w}$。式(3-14)有三个线性方程，包含六个未知数，求解变量$\boldsymbol{u}$需要多组(≥2)测量数据。根据求解的$\boldsymbol{u}$，结合式(3-11)和约束$\|\boldsymbol{q}_X\|^2=\|\boldsymbol{q}_Z\|^2=1$可计算$\boldsymbol{q}_X$、$\boldsymbol{q}_Z$，进而计算$\boldsymbol{R}_X$、$\boldsymbol{R}_Z$。设$\boldsymbol{q}=\begin{bmatrix} q_0 & q_1 & q_2 & q_3 \end{bmatrix}^{\mathrm{T}}$，则对应的旋转变换矩阵表示为

$$\boldsymbol{R}(\boldsymbol{q})=\begin{bmatrix} q_0^2+q_1^2-q_2^2-q_3^2 & 2q_1q_2-2q_0q_3 & 2q_1q_3+2q_0q_2 \\ 2q_1q_2-2q_0q_3 & q_0^2-q_1^2+q_2^2-q_3^2 & 2q_2q_3+2q_0q_1 \\ 2q_1q_3+2q_0q_2 & 2q_2q_3+2q_0q_1 & q_0^2-q_1^2-q_2^2+q_3^2 \end{bmatrix} \tag{3-15}$$

将计算得到的旋转矩阵代入式(3-8)，可通过如下线性方程计算$\boldsymbol{t}_X$、$\boldsymbol{t}_Z$：

$$\begin{bmatrix} \boldsymbol{R}_A & -\boldsymbol{I} \end{bmatrix}\begin{bmatrix} \boldsymbol{t}_X \\ \boldsymbol{t}_Z \end{bmatrix}=\boldsymbol{R}_Z\boldsymbol{t}_B-\boldsymbol{t}_A \tag{3-16}$$

2. 封闭形式求解

封闭形式求解是利用四元数的代数性质，将手眼位姿参数辨识平方误差函数转化为一半正定二次型，并采用拉格朗日乘子引入约束项，通过最小化构造的目标函数计算$\boldsymbol{X}$、$\boldsymbol{Z}$。设$\boldsymbol{q}=\begin{bmatrix} q_0 & q_1 & q_2 & q_3 \end{bmatrix}^{\mathrm{T}}$，定义矩阵$\boldsymbol{Q}(\boldsymbol{q})$和$\boldsymbol{W}(\boldsymbol{q})$如下：

$$\boldsymbol{Q}(\boldsymbol{q})=\begin{bmatrix} q_0 & -q_1 & -q_2 & -q_3 \\ q_1 & q_0 & -q_3 & q_2 \\ q_2 & q_3 & q_0 & -q_1 \\ q_3 & -q_2 & q_1 & q_0 \end{bmatrix},\quad \boldsymbol{W}(\boldsymbol{q})=\begin{bmatrix} q_0 & -q_1 & -q_2 & -q_3 \\ q_1 & q_0 & q_3 & -q_2 \\ q_2 & -q_3 & q_0 & q_1 \\ q_3 & q_2 & -q_1 & q_0 \end{bmatrix} \tag{3-17}$$

设第i次测量数据对应的四元数为$\boldsymbol{q}_{Ai}$、$\boldsymbol{q}_{Bi}$，式(3-9)等号两侧可以改写为$\boldsymbol{q}_{Ai}*\boldsymbol{q}_X=\boldsymbol{Q}(\boldsymbol{q}_{Ai})\boldsymbol{q}_X$、$\boldsymbol{q}_Z*\boldsymbol{q}_{Bi}=\boldsymbol{W}(\boldsymbol{q}_{Bi})\boldsymbol{q}_Z$，则有

$$\boldsymbol{Q}(\boldsymbol{q}_{Ai})\boldsymbol{q}_X-\boldsymbol{W}(\boldsymbol{q}_{Bi})\boldsymbol{q}_Z=0 \tag{3-18}$$

对于单位四元数，存在$\boldsymbol{Q}^{\mathrm{T}}(\boldsymbol{q})\boldsymbol{Q}(\boldsymbol{q})=\boldsymbol{q}^{\mathrm{T}}\boldsymbol{q}\boldsymbol{I}=\boldsymbol{I}$，$\boldsymbol{W}^{\mathrm{T}}(\boldsymbol{q})\boldsymbol{W}(\boldsymbol{q})=\boldsymbol{q}^{\mathrm{T}}\boldsymbol{q}\boldsymbol{I}=\boldsymbol{I}$。考虑测量噪声的影响，式(3-18)不恒为零，将其定义为误差向量$\boldsymbol{Q}(\boldsymbol{q}_{Ai})\boldsymbol{q}_X-\boldsymbol{W}(\boldsymbol{q}_{Bi})\boldsymbol{q}_Z$，并采用正定二次型展开为

$$\begin{aligned} &\left\|\boldsymbol{Q}(\boldsymbol{q}_{Ai})\boldsymbol{q}_X-\boldsymbol{W}(\boldsymbol{q}_{Bi})\boldsymbol{q}_Z\right\|^2 \\ &=\left(\boldsymbol{Q}(\boldsymbol{q}_{Ai})\boldsymbol{q}_X-\boldsymbol{W}(\boldsymbol{q}_{Bi})\boldsymbol{q}_Z\right)^{\mathrm{T}}\left(\boldsymbol{Q}(\boldsymbol{q}_{Ai})\boldsymbol{q}_X-\boldsymbol{W}(\boldsymbol{q}_{Bi})\boldsymbol{q}_Z\right) \\ &=\boldsymbol{q}_X^{\mathrm{T}}\boldsymbol{Q}^{\mathrm{T}}(\boldsymbol{q}_{Ai})\boldsymbol{Q}(\boldsymbol{q}_{Ai})\boldsymbol{q}_X+\boldsymbol{q}_Z^{\mathrm{T}}\boldsymbol{W}^{\mathrm{T}}(\boldsymbol{q}_{Bi})\boldsymbol{W}(\boldsymbol{q}_{Bi})\boldsymbol{q}_Z \\ &\quad-\boldsymbol{q}_Z^{\mathrm{T}}\boldsymbol{W}^{\mathrm{T}}(\boldsymbol{q}_{Bi})\boldsymbol{Q}(\boldsymbol{q}_{Ai})\boldsymbol{q}_X-\boldsymbol{q}_X^{\mathrm{T}}\boldsymbol{Q}^{\mathrm{T}}(\boldsymbol{q}_{Ai})\boldsymbol{W}(\boldsymbol{q}_{Bi})\boldsymbol{q}_Z \end{aligned} \tag{3-19}$$

定义$\boldsymbol{v}=\begin{bmatrix} \boldsymbol{q}_X^{\mathrm{T}} & \boldsymbol{q}_Z^{\mathrm{T}} \end{bmatrix}^{\mathrm{T}}$，则式(3-19)可以表示为

$$\left\|\boldsymbol{Q}(\boldsymbol{q}_{Ai})\boldsymbol{q}_X-\boldsymbol{W}(\boldsymbol{q}_{Bi})\boldsymbol{q}_Z\right\|^2=\boldsymbol{v}^{\mathrm{T}}\boldsymbol{S}_i\boldsymbol{v} \tag{3-20}$$

式中，$\boldsymbol{S}_i=\begin{bmatrix}\boldsymbol{I} & \boldsymbol{C}_i\\ \boldsymbol{C}_i^{\mathrm{T}} & \boldsymbol{I}\end{bmatrix}$，$\boldsymbol{C}_i=-\boldsymbol{Q}^{\mathrm{T}}(\boldsymbol{q}_{Ai})\boldsymbol{W}(\boldsymbol{q}_{Bi})$。

定义第n次测量的误差函数$f(\boldsymbol{q}_X,\boldsymbol{q}_Z)$为

$$f(\boldsymbol{q}_X,\boldsymbol{q}_Z)=\sum_{i=1}^{n}\boldsymbol{v}^{\mathrm{T}}\boldsymbol{S}_i\boldsymbol{v}=\boldsymbol{v}^{\mathrm{T}}\left(\sum_{i=1}^{n}\boldsymbol{S}_i\right)\boldsymbol{v}=\boldsymbol{v}^{\mathrm{T}}\boldsymbol{S}\boldsymbol{v} \tag{3-21}$$

式中，$\boldsymbol{S}=\begin{bmatrix}n\boldsymbol{I} & \boldsymbol{C}\\ \boldsymbol{C}^{\mathrm{T}} & n\boldsymbol{I}\end{bmatrix}$, $\boldsymbol{C}=\sum_{i=1}^{n}\boldsymbol{C}_i$。

误差函数$f(\boldsymbol{q}_X,\boldsymbol{q}_Z)$为半正定二次型，通过拉格朗日乘子$\mu_1,\mu_2\neq 0$引入单位四元数约束，式(3-21)可进一步表示为

$$\min_{\boldsymbol{v}} f(\boldsymbol{q}_X,\boldsymbol{q}_Z)=\min_{\boldsymbol{q}_X,\boldsymbol{q}_Z}\left(\begin{bmatrix}\boldsymbol{q}_X^{\mathrm{T}} & \boldsymbol{q}_Z^{\mathrm{T}}\end{bmatrix}\boldsymbol{S}\begin{bmatrix}\boldsymbol{q}_X^{\mathrm{T}} & \boldsymbol{q}_Z^{\mathrm{T}}\end{bmatrix}^{\mathrm{T}}+\mu_1\left(1-\boldsymbol{q}_X^{\mathrm{T}}\boldsymbol{q}_X\right)+\mu_2\left(1-\boldsymbol{q}_Z^{\mathrm{T}}\boldsymbol{q}_Z\right)\right) \tag{3-22}$$

将式(3-22)展开，可得

$$f(\boldsymbol{q}_X,\boldsymbol{q}_Z)=(n-\mu_1)\boldsymbol{q}_X^{\mathrm{T}}\boldsymbol{q}_X+(n-\mu_2)\boldsymbol{q}_Z^{\mathrm{T}}\boldsymbol{q}_Z+\boldsymbol{q}_X^{\mathrm{T}}\boldsymbol{C}\boldsymbol{q}_Z+\boldsymbol{q}_Z^{\mathrm{T}}\boldsymbol{C}^{\mathrm{T}}\boldsymbol{q}_X+\mu_1+\mu_2 \tag{3-23}$$

当式(3-23)的一阶导数为零时，函数$f(\boldsymbol{q}_X,\boldsymbol{q}_Z)$取得极值点。对$f(\boldsymbol{q}_X,\boldsymbol{q}_Z)$求$\boldsymbol{q}_X$、$\boldsymbol{q}_Z$的一阶偏导数，并令其等于零，有

$$(n-\mu_1)\boldsymbol{q}_X+\boldsymbol{C}\boldsymbol{q}_Z=\boldsymbol{0} \tag{3-24}$$

$$(n-\mu_2)\boldsymbol{q}_Z+\boldsymbol{C}^{\mathrm{T}}\boldsymbol{q}_X=\boldsymbol{0} \tag{3-25}$$

由式(3-24)可得

$$\boldsymbol{q}_X=\frac{1}{\mu_1-n}\boldsymbol{C}\boldsymbol{q}_Z \tag{3-26}$$

将式(3-26)代入式(3-25)，可得

$$\boldsymbol{C}^{\mathrm{T}}\boldsymbol{C}\boldsymbol{q}_Z=(\mu_1-n)(\mu_2-n)\boldsymbol{q}_Z \tag{3-27}$$

可见，$\boldsymbol{q}_Z$为对称半正定矩阵$\boldsymbol{C}^{\mathrm{T}}\boldsymbol{C}$的特征向量，对于矩阵$\boldsymbol{C}^{\mathrm{T}}\boldsymbol{C}$有4个非零特征值$\lambda_i(i=1,2,3,4)$，存在

$$\boldsymbol{C}^{\mathrm{T}}\boldsymbol{C}\boldsymbol{e}_i=\lambda_i\boldsymbol{e}_i \tag{3-28}$$

式中，$e_i(i=1,2,3,4)$ 为矩阵 $\boldsymbol{C}^{\mathrm{T}}\boldsymbol{C}$ 的特征向量。

将式(3-26)和式(3-27)代入式(3-23)，可得 $f(\boldsymbol{q}_X,\boldsymbol{q}_Z)$ 一阶导数为零时的函数值：

$$f(\boldsymbol{q}_X,\boldsymbol{q}_Z)=\mu_1+\mu_2 \tag{3-29}$$

因此，$\min\limits_{v} f(\boldsymbol{q}_X,\boldsymbol{q}_Z)$ 转化为选择一个特征值 λ_i 使 $\mu_1+\mu_2$ 最小，该特征值 λ_i 对应方程(3-18)的解 $(\boldsymbol{q}_X,\boldsymbol{q}_Z)$。考虑 $\boldsymbol{q}_X$ 为单位四元数，有 $\boldsymbol{q}_X^{\mathrm{T}}\boldsymbol{q}_X=1$，根据式(3-26)和式(3-27)有

$$\begin{aligned}\boldsymbol{q}_X^{\mathrm{T}}\boldsymbol{q}_X&=\frac{1}{(\mu_1-n)^2}\boldsymbol{q}_Z^{\mathrm{T}}\boldsymbol{C}^{\mathrm{T}}\boldsymbol{C}\boldsymbol{q}_Z\\&=\frac{1}{(\mu_1-n)^2}\boldsymbol{q}_Z^{\mathrm{T}}(\mu_1-n)(\mu_2-n)\boldsymbol{q}_Z\\&=\frac{\mu_2-n}{\mu_1-n}=1\end{aligned} \tag{3-30}$$

有 $\mu_1=\mu_2\neq 0$，令 $\mu_1=\mu_2=\mu$，根据式(3-27)和式(3-28)有

$$(\mu-n)^2=\lambda_i \tag{3-31}$$

求解可得 $\mu=n\pm\sqrt{\lambda_i}$，考虑 μ 必须是正数，且 λ_i 只能在四个正特征值中进行选择，因此待求解的 λ_i 是使得 $n\pm\sqrt{\lambda_i}$ 为最小正数的特征值 $\tilde{\lambda}_i$，进而可计算对应的拉格朗日乘子 $\mu=n\pm\sqrt{\tilde{\lambda}_i}$。

根据式(3-27)和式(3-26)，分别计算 $\boldsymbol{q}_Z$、$\boldsymbol{q}_X$，其中 $\boldsymbol{q}_Z=\tilde{e}_i$ 为计算得到特征值 $\tilde{\lambda}_i$ 对应的特征向量。根据式(3-15)和式(3-16)，分别计算旋转矩阵 $\boldsymbol{R}_X$、$\boldsymbol{R}_Z$ 和位置矢量 $\boldsymbol{t}_X$、$\boldsymbol{t}_Z$。相比线性求解法，上述封闭形式求解方法解决了四元数线性求解在系数 $z_0=0$ 或 $a_0=0$ 时无解的问题。

3. 非线性求解

四元数线性求解和封闭形式求解都是先求解旋转矩阵 $\boldsymbol{R}_X$、$\boldsymbol{R}_Z$，再求解平移矢量 $\boldsymbol{t}_X$、$\boldsymbol{t}_Z$，这种方式计算的旋转矩阵误差会传递到平移矢量中。为了解决这一问题，提出了非线性求解法[1]。非线性求解将 $\boldsymbol{AX}=\boldsymbol{ZB}$ 中的变量估计转换为一个非线性最小二乘问题，其中包括两个旋转矩阵(对应 18 个参数)和两个平移矢量(6 个参数)，$\boldsymbol{X}$、$\boldsymbol{Z}$ 初值可通过线性求解法和封闭求解法获得。

假设共有 n 个机器人位姿，$\boldsymbol{AX}=\boldsymbol{ZB}$ 求解问题转变为一个有 $2n$ 个非线性约束的求解问题。根据式(3-7)和式(3-8)，定义非线性最小化问题的误差函数为

$$
\begin{aligned}
f\left(\boldsymbol{R}_X,\boldsymbol{R}_Z,\boldsymbol{t}_X,\boldsymbol{t}_Z\right)=\mu_1\sum_{i=1}^{n}\left(\left\|\boldsymbol{R}_{Ai}\boldsymbol{R}_X-\boldsymbol{R}_Z\boldsymbol{R}_{Bi}\right\|^2\right)\\
+\mu_2\sum_{i=1}^{n}\left(\left\|\boldsymbol{R}_{Ai}\boldsymbol{t}_X+\boldsymbol{t}_A-\boldsymbol{R}_Z\boldsymbol{t}_{Bi}-\boldsymbol{t}_Z\right\|^2\right)\\
+\mu_3\left\|\boldsymbol{R}_X\boldsymbol{R}_X^{\mathrm{T}}-\boldsymbol{I}\right\|^2+\mu_4\left\|\boldsymbol{R}_Z\boldsymbol{R}_Z^{\mathrm{T}}-\boldsymbol{I}\right\|^2
\end{aligned}
\tag{3-32}
$$

式(3-32)是一个典型的带约束非线性最小二乘问题，可以采用牛顿法、拟牛顿法、Levenberg-Marquardt(L-M)法等[2]进行迭代求解。约束系数 μ_1、μ_2、μ_3、μ_4 都是正数，其中前两项约束系数可取 $\mu_1=\mu_2=1$，为保证旋转矩阵单位正交性约束能力较大，后两项约束系数可取 $\mu_3=\mu_4=10^6$。非线性求解法通过迭代优化的思想，提升了四元数线性求解或封闭形式求解手眼位姿参数辨识的精度。

4. Kronecker 积求解

Kronecker 积求解采用向量化算子 $\operatorname{vec}\left(\boldsymbol{A}_{m\times n}\right)=\begin{bmatrix}a_{11} & a_{12} & \cdots & a_{1n} & \cdots & a_{mn}\end{bmatrix}$ 和 Kronecker 积运算 $\boldsymbol{A}_{m\times n}\otimes\boldsymbol{B}_{m\times n}=\begin{bmatrix}a_{11}\boldsymbol{B} & \cdots & a_{1n}\boldsymbol{B}\\ \vdots & & \vdots\\ a_{m1}\boldsymbol{B} & \cdots & a_{mn}\boldsymbol{B}\end{bmatrix}$ 对 $\boldsymbol{AX}=\boldsymbol{ZB}$ 进行线性化，根据 Kronecker 积的性质：

$$
\begin{aligned}
\operatorname{vec}\left(\boldsymbol{A}_{m\times m}\boldsymbol{X}_{m\times n}\right)=\left(\boldsymbol{A}_{m\times m}\otimes\boldsymbol{I}_n\right)\operatorname{vec}\left(\boldsymbol{X}_{m\times n}\right)\\
\operatorname{vec}\left(\boldsymbol{Z}_{m\times n}\boldsymbol{B}_{n\times n}\right)=\left(\boldsymbol{I}_m\otimes\boldsymbol{B}_{n\times n}^{\mathrm{T}}\right)\operatorname{vec}\left(\boldsymbol{Z}_{m\times n}\right)
\end{aligned}
\tag{3-33}
$$

式中，$\operatorname{vec}(\boldsymbol{X})=\begin{bmatrix}x_{11} & x_{12} & \cdots & x_{mn}\end{bmatrix}^{\mathrm{T}}$（按行向量化），对式(3-7)和式(3-8)左右两边同时进行行向量化运算，有

$$
\begin{bmatrix}\boldsymbol{R}_A\otimes\boldsymbol{I} & -\boldsymbol{I}\otimes\boldsymbol{R}_B^{\mathrm{T}}\end{bmatrix}\begin{bmatrix}\operatorname{vec}\left(\boldsymbol{R}_X\right)\\ \operatorname{vec}\left(\boldsymbol{R}_Z\right)\end{bmatrix}=\boldsymbol{0}
\tag{3-34}
$$

$$
\begin{bmatrix}\boldsymbol{I}\otimes\boldsymbol{t}_B^{\mathrm{T}} & -\boldsymbol{R}_A & \boldsymbol{I}\end{bmatrix}\begin{bmatrix}\operatorname{vec}\left(\boldsymbol{R}_Z\right)\\ \boldsymbol{t}_X\\ \boldsymbol{t}_Z\end{bmatrix}=\boldsymbol{t}_A
\tag{3-35}
$$

记 $\boldsymbol{x}=\mathrm{vec}(\boldsymbol{R}_X)$，$\boldsymbol{z}=\mathrm{vec}(\boldsymbol{R}_Z)$，将式(3-34)和式(3-35)表示为

$$\begin{bmatrix} \boldsymbol{R}_A\otimes\boldsymbol{I} & -\boldsymbol{I}\otimes\boldsymbol{R}_B^{\mathrm{T}} & \boldsymbol{0} & \boldsymbol{0} \\ \boldsymbol{0} & \boldsymbol{I}\otimes\boldsymbol{t}_B^{\mathrm{T}} & -\boldsymbol{R}_A & \boldsymbol{I} \end{bmatrix}\begin{bmatrix} \boldsymbol{x} \\ \boldsymbol{z} \\ \boldsymbol{t}_X \\ \boldsymbol{t}_Z \end{bmatrix}=\begin{bmatrix} \boldsymbol{0} \\ \boldsymbol{t}_A \end{bmatrix} \tag{3-36}$$

变量 $\boldsymbol{x}$、$\boldsymbol{z}$、$\boldsymbol{t}_X$、$\boldsymbol{t}_Z$ 可由线性最小二乘法直接求解。与四元数线性求解和封闭形式求解相比，Kronecker 积方法可以同时求解 $\boldsymbol{X}$、$\boldsymbol{Z}$ 的旋转变换参数和平移矢量，消除了旋转和平移参数分步求解引起的累积误差，与非线性求解相比也不涉及复杂的迭代计算。但是由于测量噪声等因素影响，所求得的 $\boldsymbol{X}$、$\boldsymbol{Z}$ 旋转变换参数通常不满足正交性条件，必须进行单位正交化处理。

3.2.4　$\boldsymbol{AX}=\boldsymbol{XB}$ 形式手眼位姿参数求解方法

1. 封闭形式求解

旋转矢量封闭形式求解采用旋转矢量表示旋转矩阵，令 $\boldsymbol{A}=\begin{bmatrix} \boldsymbol{R}_A & \boldsymbol{t}_A \\ \boldsymbol{0} & 1 \end{bmatrix}$，$\boldsymbol{X}=\begin{bmatrix} \boldsymbol{R}_X & \boldsymbol{t}_X \\ \boldsymbol{0} & 1 \end{bmatrix}$，$\boldsymbol{B}=\begin{bmatrix} \boldsymbol{R}_B & \boldsymbol{t}_B \\ \boldsymbol{0} & 1 \end{bmatrix}$，将 $\boldsymbol{AX}=\boldsymbol{XB}$ 展开可得

$$\boldsymbol{R}_A\boldsymbol{R}_X=\boldsymbol{R}_X\boldsymbol{R}_B \tag{3-37}$$

$$\boldsymbol{R}_A\boldsymbol{t}_X+\boldsymbol{t}_A=\boldsymbol{R}_X\boldsymbol{t}_B+\boldsymbol{t}_X \tag{3-38}$$

利用旋转矢量来表示旋转矩阵 $\boldsymbol{R}=\mathrm{Rot}(\boldsymbol{k},\theta)$，式中 $\boldsymbol{k}$ 是旋转轴矢量方向，θ 是旋转角度。设 $\boldsymbol{A}_i$ 和 $\boldsymbol{B}_i$ 为第 i 次测量对应的刚体变换矩阵，则式(3-37)可以表示为

$$\mathrm{Rot}(\boldsymbol{k}_A,\theta_A)\boldsymbol{R}_X=\boldsymbol{R}_X\mathrm{Rot}(\boldsymbol{k}_B,\theta_B) \tag{3-39}$$

根据文献[3]中的引理 $\theta_A=\theta_B=\theta$，设 $\boldsymbol{R}_{XP}$ 为式(3-39)的一个特解，则有

$$\mathrm{Rot}(\boldsymbol{k}_A,\theta)\boldsymbol{R}_{XP}=\boldsymbol{R}_{XP}\mathrm{Rot}(\boldsymbol{k}_B,\theta) \tag{3-40}$$

式(3-40)左右两边同时左乘旋转矩阵 $\mathrm{Rot}(\boldsymbol{k}_A,\beta)$，则有

$$\mathrm{Rot}(\boldsymbol{k}_A,\beta)\mathrm{Rot}(\boldsymbol{k}_A,\theta)\boldsymbol{R}_{XP}=\mathrm{Rot}(\boldsymbol{k}_A,\beta)\boldsymbol{R}_{XP}\mathrm{Rot}(\boldsymbol{k}_B,\theta) \tag{3-41}$$

由于绕同一轴旋转的旋转矩阵具有可交换性质，有

$$\mathrm{Rot}\left(\boldsymbol{k}_A,\theta\right)\mathrm{Rot}\left(\boldsymbol{k}_A,\beta\right)\boldsymbol{R}_{XP}=\mathrm{Rot}\left(\boldsymbol{k}_A,\beta\right)\boldsymbol{R}_{XP}\mathrm{Rot}\left(\boldsymbol{k}_B,\theta\right) \tag{3-42}$$

通过观察可知 $\boldsymbol{R}_A\boldsymbol{R}_X=\boldsymbol{R}_X\boldsymbol{R}_B$ 的通解为

$$\boldsymbol{R}_X=\mathrm{Rot}\left(\boldsymbol{k}_A,\beta\right)\boldsymbol{R}_{XP} \tag{3-43}$$

式中，$\boldsymbol{k}_A$ 为旋转矩阵 $\boldsymbol{R}_A$ 的旋转轴；β 为任意旋转角度（自由度）。

根据文献[3]中的引理，对任意 3×3 旋转矩阵 $\boldsymbol{R}$ 有 $\mathrm{Rot}(\boldsymbol{Rk},\theta)=\boldsymbol{R}\mathrm{Rot}(\boldsymbol{k},\theta)\boldsymbol{R}^{-1}$，式中 $\boldsymbol{k}$ 为任意旋转轴，$\theta\in[0,\pi]$。可以证明存在如下恒等式：

$$\mathrm{Rot}\left(\boldsymbol{Rk}_B,\theta\right)\boldsymbol{R}=\boldsymbol{R}\mathrm{Rot}\left(\boldsymbol{k}_B,\theta\right)\boldsymbol{R}^{-1}\boldsymbol{R}=\boldsymbol{R}\mathrm{Rot}\left(\boldsymbol{k}_B,\theta\right) \tag{3-44}$$

即当旋转矩阵 $\boldsymbol{R}$ 满足 $\boldsymbol{k}_A=\boldsymbol{Rk}_B$ 时，$\boldsymbol{R}$ 可以作为其中一个特解 $\boldsymbol{R}_{XP}$。此时 $\boldsymbol{R}$ 可以理解成一个绕与 $\boldsymbol{k}_A$ 和 $\boldsymbol{k}_B$ 垂直轴线的旋转变换，则有

$$\boldsymbol{R}=\mathrm{Rot}(\boldsymbol{v},\omega) \tag{3-45}$$

式中，$\boldsymbol{v}=\boldsymbol{k}_B\times\boldsymbol{k}_A$，$\omega=\mathrm{atan2}\left(\left|\boldsymbol{k}_B\times\boldsymbol{k}_A\right|,\boldsymbol{k}_B\cdot\boldsymbol{k}_A\right)$，$\boldsymbol{k}_A$、$\boldsymbol{k}_B$ 不能平行或者反向平行。若 $\boldsymbol{k}_A$、$\boldsymbol{k}_B$ 平行，单位矩阵 $\boldsymbol{I}$ 就是式(3-39)的一个特解；若 $\boldsymbol{k}_A$、$\boldsymbol{k}_B$ 反向平行，则任意旋转轴垂直于 $\boldsymbol{k}_A$ 且旋转角度等于 π 的旋转矩阵就是式(3-39)的一个特解。

此时计算得到的 $\boldsymbol{R}_X=\mathrm{Rot}\left(\boldsymbol{k}_A,\beta\right)\boldsymbol{R}$ 是对应第 i 次测量的通解。由于该通解有一个旋转自由度 β，故需要至少两组数据才能唯一确定 $\boldsymbol{R}_X$，下面以两组数据为例给出唯一旋转矩阵 $\boldsymbol{R}_X$ 的计算过程。假设

$$\boldsymbol{A}_1\boldsymbol{X}=\boldsymbol{XB}_1,\quad \boldsymbol{A}_2\boldsymbol{X}=\boldsymbol{XB}_2 \tag{3-46}$$

让方程 $\boldsymbol{R}_{A1}\boldsymbol{R}_X=\boldsymbol{R}_X\boldsymbol{R}_{B1}$ 和方程 $\boldsymbol{R}_{A2}\boldsymbol{R}_X=\boldsymbol{R}_X\boldsymbol{R}_{B2}$ 的通解相等，则有

$$\mathrm{Rot}\left(\boldsymbol{k}_{A1},\beta_1\right)\boldsymbol{R}_{XP1}=\mathrm{Rot}\left(\boldsymbol{k}_{A2},\beta_2\right)\boldsymbol{R}_{XP2} \tag{3-47}$$

特解 $\boldsymbol{R}_{XPi}$ 可以表示为

$$\boldsymbol{R}_{XPi}=\begin{bmatrix} n_{xi} & o_{xi} & a_{xi} \\ n_{yi} & o_{yi} & a_{yi} \\ n_{zi} & o_{zi} & a_{zi} \end{bmatrix},\quad i=1,2 \tag{3-48}$$

将式(3-47)展开并且重新排列，可得到关于 $\cos\beta_1$、$\sin\beta_1$、$\cos\beta_2$、$\sin\beta_2$ 的

线性方程组：

$$
\begin{bmatrix}
-n_{x1}+k_{x1}\boldsymbol{n}_1\cdot\boldsymbol{k}_{A1} & \left(\boldsymbol{n}_1\times\boldsymbol{k}_{A1}\right)_x & n_{x2}-k_{x2}\boldsymbol{n}_2\cdot\boldsymbol{k}_{A2} & \left(-\boldsymbol{n}_2\times\boldsymbol{k}_{A2}\right)_x \\
-o_{x1}+k_{x1}\boldsymbol{o}_1\cdot\boldsymbol{k}_{A1} & \left(\boldsymbol{o}_1\times\boldsymbol{k}_{A1}\right)_x & o_{x2}-k_{x2}\boldsymbol{o}_2\cdot\boldsymbol{k}_{A2} & \left(-\boldsymbol{o}_2\times\boldsymbol{k}_{A2}\right)_x \\
-a_{x1}+k_{x1}\boldsymbol{a}_1\cdot\boldsymbol{k}_{A1} & \left(\boldsymbol{a}_1\times\boldsymbol{k}_{A1}\right)_x & a_{x2}-k_{x2}\boldsymbol{a}_2\cdot\boldsymbol{k}_{A2} & \left(-\boldsymbol{a}_2\times\boldsymbol{k}_{A2}\right)_x \\
-n_{y1}+k_{y1}\boldsymbol{n}_1\cdot\boldsymbol{k}_{A1} & \left(\boldsymbol{n}_1\times\boldsymbol{k}_{A1}\right)_y & n_{y2}-k_{y2}\boldsymbol{n}_2\cdot\boldsymbol{k}_{A2} & \left(-\boldsymbol{n}_2\times\boldsymbol{k}_{A2}\right)_y \\
-o_{y1}+k_{y1}\boldsymbol{o}_1\cdot\boldsymbol{k}_{A1} & \left(\boldsymbol{o}_1\times\boldsymbol{k}_{A1}\right)_y & o_{y2}-k_{y2}\boldsymbol{o}_2\cdot\boldsymbol{k}_{A2} & \left(-\boldsymbol{o}_2\times\boldsymbol{k}_{A2}\right)_y \\
-a_{y1}+k_{y1}\boldsymbol{a}_1\cdot\boldsymbol{k}_{A1} & \left(\boldsymbol{a}_1\times\boldsymbol{k}_{A1}\right)_y & a_{y2}-k_{y2}\boldsymbol{a}_2\cdot\boldsymbol{k}_{A2} & \left(-\boldsymbol{a}_2\times\boldsymbol{k}_{A2}\right)_y \\
-n_{z1}+k_{z1}\boldsymbol{n}_1\cdot\boldsymbol{k}_{A1} & \left(\boldsymbol{n}_1\times\boldsymbol{k}_{A1}\right)_z & n_{z2}-k_{z2}\boldsymbol{n}_2\cdot\boldsymbol{k}_{A2} & \left(-\boldsymbol{n}_2\times\boldsymbol{k}_{A2}\right)_z \\
-n_{z1}+k_{z1}\boldsymbol{o}_1\cdot\boldsymbol{k}_{A1} & \left(\boldsymbol{o}_1\times\boldsymbol{k}_{A1}\right)_z & o_{z2}-k_{z2}\boldsymbol{o}_2\cdot\boldsymbol{k}_{A2} & \left(-\boldsymbol{o}_2\times\boldsymbol{k}_{A2}\right)_z \\
-n_{z1}+k_{z1}\boldsymbol{a}_1\cdot\boldsymbol{k}_{A1} & \left(\boldsymbol{a}_1\times\boldsymbol{k}_{A1}\right)_z & a_{z2}-k_{z2}\boldsymbol{a}_2\cdot\boldsymbol{k}_{A2} & \left(-\boldsymbol{a}_2\times\boldsymbol{k}_{A2}\right)_z
\end{bmatrix}
\begin{bmatrix}\cos\beta_1\\ \sin\beta_1\\ \cos\beta_2\\ \sin\beta_2\end{bmatrix}
=
\begin{bmatrix}
-k_{x2}\boldsymbol{n}_2\cdot\boldsymbol{k}_{A2}+k_{x1}\boldsymbol{n}_1\cdot\boldsymbol{k}_{A1}\\
-k_{x2}\boldsymbol{o}_2\cdot\boldsymbol{k}_{A2}+k_{x1}\boldsymbol{o}_1\cdot\boldsymbol{k}_{A1}\\
-k_{x2}\boldsymbol{a}_2\cdot\boldsymbol{k}_{A2}+k_{x1}\boldsymbol{a}_1\cdot\boldsymbol{k}_{A1}\\
-k_{y2}\boldsymbol{n}_2\cdot\boldsymbol{k}_{A2}+k_{y1}\boldsymbol{n}_1\cdot\boldsymbol{k}_{A1}\\
-k_{y2}\boldsymbol{o}_2\cdot\boldsymbol{k}_{A2}+k_{y1}\boldsymbol{o}_1\cdot\boldsymbol{k}_{A1}\\
-k_{y2}\boldsymbol{a}_2\cdot\boldsymbol{k}_{A2}+k_{y1}\boldsymbol{a}_1\cdot\boldsymbol{k}_{A1}\\
-k_{z2}\boldsymbol{n}_2\cdot\boldsymbol{k}_{A2}+k_{z1}\boldsymbol{n}_1\cdot\boldsymbol{k}_{A1}\\
-k_{z2}\boldsymbol{o}_2\cdot\boldsymbol{k}_{A2}+k_{z1}\boldsymbol{o}_1\cdot\boldsymbol{k}_{A1}\\
-k_{z2}\boldsymbol{a}_2\cdot\boldsymbol{k}_{A2}+k_{z1}\boldsymbol{a}_1\cdot\boldsymbol{k}_{A1}
\end{bmatrix}
\tag{3-49}
$$

式中，$(\boldsymbol{u}\times\boldsymbol{v})_w$ 表示取矢量 $\boldsymbol{u}\times\boldsymbol{v}$ 的 w 元素；$\cos\beta_1$、$\sin\beta_1$、$\cos\beta_2$、$\sin\beta_2$ 可通过最小二乘法求解，进而计算旋转角度：

$$
\beta_1=\operatorname{atan2}\left(\sin\beta_1,\cos\beta_1\right),\quad \beta_2=\operatorname{atan2}\left(\sin\beta_2,\cos\beta_2\right) \tag{3-50}
$$

将 β_1 或 β_2 代入式(3-43)可计算 $\boldsymbol{R}_X$，将 $\boldsymbol{R}_X$ 代入式(3-38)可计算 $\boldsymbol{t}_X$。当存在两组以上测量数据时，可将式(3-47)中的方程不断拓展，并通过构造对应的线性方程组计算 $\beta_1,\beta_2,\cdots,\beta_n$，并采用任意 β_i 代入式(3-43)计算 $\boldsymbol{R}_X$。

2. 非线性求解

设 $\boldsymbol{R}_A$、$\boldsymbol{R}_B$ 的单位旋转轴分别为 $\boldsymbol{k}_A$、$\boldsymbol{k}_B$，根据三维空间中旋转矩阵的性质，旋转矩阵有一个等于单位 1 的实特征值，$\boldsymbol{k}_A$、$\boldsymbol{k}_B$ 分别为 $\boldsymbol{R}_A$、$\boldsymbol{R}_B$ 的单位特征值所对应的特征向量，则式(3-37)可以表示为

$$\boldsymbol{R}_A\boldsymbol{R}_X\boldsymbol{k}_B = \boldsymbol{R}_X\boldsymbol{R}_B\boldsymbol{k}_B = \boldsymbol{R}_X\boldsymbol{k}_B \tag{3-51}$$

根据特征向量的定义，可知 $\boldsymbol{R}_X\boldsymbol{k}_B$ 是 $\boldsymbol{R}_A$ 的单位特征值所对应的特征向量，即

$$\boldsymbol{k}_A = \boldsymbol{R}_X\boldsymbol{k}_B \tag{3-52}$$

将 $\boldsymbol{R}_X$ 用单位四元数 $\boldsymbol{q}_X^{\mathrm{T}} = \begin{bmatrix} x_0 & \boldsymbol{x}^{\mathrm{T}} \end{bmatrix}$ 表示，矢量 $\boldsymbol{k}_A$、$\boldsymbol{k}_B$ 分别表示为纯四元数 $\begin{bmatrix} 0 & \boldsymbol{k}_A^{\mathrm{T}} \end{bmatrix}$ 和 $\begin{bmatrix} 0 & \boldsymbol{k}_B^{\mathrm{T}} \end{bmatrix}$，根据四元数旋转变换的运算规则，存在

$$\boldsymbol{k}_A = \boldsymbol{q}_X * \boldsymbol{k}_B * \overline{\boldsymbol{q}}_X \tag{3-53}$$

式中，$\overline{\boldsymbol{q}}_X$ 是 $\boldsymbol{q}_X$ 的共轭四元数。

设 $\boldsymbol{k}_{Ai}$、$\boldsymbol{k}_{Bi}$ 分别为第 i 次测量旋转矩阵 $\boldsymbol{R}_{Ai}$、$\boldsymbol{R}_{Bi}$ 对应的旋转轴，定义 $\boldsymbol{AX} = \boldsymbol{XB}$ 旋转部分的非线性求解目标函数为

$$\begin{aligned}\min_{\text{s.t.}\|\boldsymbol{q}_X\|=1} f_1(\boldsymbol{q}_X) &= \min_{\text{s.t.}\|\boldsymbol{q}_X\|=1} \sum_{i=1}^{n} \left\| \boldsymbol{k}_{Ai} - \boldsymbol{q}_X * \boldsymbol{k}_{Bi} * \boldsymbol{q}_X \right\|^2 \\ &= \min_{\text{s.t.}\|\boldsymbol{q}_X\|=1} \sum_{i=1}^{N} \left\| \boldsymbol{k}_{Ai} - \boldsymbol{q}_X * \boldsymbol{k}_{Bi} * \boldsymbol{q}_X \right\|^2 \cdot \left\| \boldsymbol{q}_X \right\|^2\end{aligned} \tag{3-54}$$

根据四元数性质 $\|\boldsymbol{q}_a * \boldsymbol{q}_b\| = \|\boldsymbol{q}_a\| \times \|\boldsymbol{q}_b\|$，式(3-54)可进一步化简为

$$\min_{\text{s.t.}\|\boldsymbol{q}_X\|=1} f_1(\boldsymbol{q}_X) = \min_{\text{s.t.}\|\boldsymbol{q}_X\|=1} \sum_{i=1}^{n} \left\| \boldsymbol{k}_{Ai} * \boldsymbol{q}_X - \boldsymbol{q}_X * \boldsymbol{k}_{Bi} \right\|^2 \tag{3-55}$$

根据式(3-17)定义的矩阵 $\boldsymbol{Q}(\boldsymbol{q})$ 和 $\boldsymbol{W}(\boldsymbol{q})$，有

$$\min_{\text{s.t.}\|\boldsymbol{q}_X\|=1} f_1(\boldsymbol{q}_X) = \min_{\text{s.t.}\|\boldsymbol{q}_X\|=1} \sum_{i=1}^{N} \left\| \boldsymbol{Q}(\boldsymbol{k}_{Ai})\boldsymbol{q}_X - \boldsymbol{W}(\boldsymbol{k}_{Bi})\boldsymbol{q}_X \right\|^2 \tag{3-56}$$

参考类似于式(3-19)的推导过程，可得半正定二次型：

$$\min_{\text{s.t.}\|\boldsymbol{q}_X\|=1} f_1(\boldsymbol{q}_X) = \min_{\text{s.t.}\|\boldsymbol{q}_X\|=1} \boldsymbol{q}_X^{\mathrm{T}}\boldsymbol{S}\boldsymbol{q}_X \tag{3-57}$$

式中，半正定矩阵 $\boldsymbol{S} = \sum_{i=1}^{N} \left(\boldsymbol{Q}(\boldsymbol{k}_{Ai}) - \boldsymbol{W}(\boldsymbol{k}_{Bi})\right)^{\mathrm{T}} \left(\boldsymbol{Q}(\boldsymbol{k}_{Ai}) - \boldsymbol{W}(\boldsymbol{k}_{Bi})\right)$。

针对 $\boldsymbol{AX} = \boldsymbol{XB}$ 旋转平移耦合部分，将式(3-38)移项改写为

$$\boldsymbol{R}_X\boldsymbol{t}_B - (\boldsymbol{R}_A - \boldsymbol{I})\boldsymbol{t}_X - \boldsymbol{t}_A = \boldsymbol{0} \tag{3-58}$$

将式(3-58)表示为四元数形式：

$$\boldsymbol{q}_X * \boldsymbol{t}_B * \overline{\boldsymbol{q}}_X - (\boldsymbol{R}_A - \boldsymbol{I})\boldsymbol{t}_X - \boldsymbol{t}_A = \boldsymbol{0} \tag{3-59}$$

定义 $\boldsymbol{AX} = \boldsymbol{XB}$ 旋转平移耦合部分非线性求解的目标函数为

$$\begin{aligned}
\min_{\text{s.t.}\|\boldsymbol{q}_X\|=1} f_2(\boldsymbol{q}_X, \boldsymbol{t}_X) &= \min_{\text{s.t.}\|\boldsymbol{q}_X\|=1} \sum_{i=1}^{N} \left\| \boldsymbol{q}_X * \boldsymbol{t}_{Bi} * \overline{\boldsymbol{q}}_X - (\boldsymbol{R}_{Ai} - \boldsymbol{I})\boldsymbol{t}_X - \boldsymbol{t}_{Ai} \right\|^2 \\
&= \min_{\text{s.t.}\|\boldsymbol{q}_X\|=1} \sum_{i=1}^{N} \left\| \boldsymbol{q}_X * \boldsymbol{t}_{Bi} * \overline{\boldsymbol{q}}_X - (\boldsymbol{R}_{Ai} - \boldsymbol{I})\boldsymbol{t}_X - \boldsymbol{t}_{Ai} \right\|^2 \cdot \|\boldsymbol{q}_X\|^2 \\
&= \min_{\text{s.t.}\|\boldsymbol{q}_X\|=1} \sum_{i=1}^{N} \left\| \boldsymbol{q}_X * \boldsymbol{t}_{Bi} - (\boldsymbol{R}_{Ai} - \boldsymbol{I})\boldsymbol{t}_X * \boldsymbol{q}_X - \boldsymbol{t}_{Ai} * \boldsymbol{q}_X \right\|^2
\end{aligned} \tag{3-60}$$

结合式(3-57)和式(3-60)，考虑单位四元数约束引入惩罚项 $\delta = \left(1 - \boldsymbol{q}_X^{\mathrm{T}} \boldsymbol{q}\right)^2$，定义 $\boldsymbol{AX} = \boldsymbol{XB}$ 整体的非线性求解目标函数为

$$\min f(\boldsymbol{q}_X, \boldsymbol{t}_X) = \mu_1 f_1(\boldsymbol{q}_X) + \mu_2 f_2(\boldsymbol{q}_X, \boldsymbol{t}_X) + \mu_3 \delta \tag{3-61}$$

一般取 $\mu_1 = \mu_2 = 1$，$\mu_3 = 10^6$，令

$$\boldsymbol{F}_i(\boldsymbol{q}_X, \boldsymbol{t}_X) = \begin{bmatrix} \mu_1^{1/2}(\boldsymbol{k}_{Ai} * \boldsymbol{q}_X - \boldsymbol{q}_X * \boldsymbol{k}_{Bi}) \\ \mu_2^{1/2}(\boldsymbol{q}_X * \boldsymbol{t}_{Bi} - (\boldsymbol{R}_{Ai} - \boldsymbol{I})\boldsymbol{t}_X * \boldsymbol{q}_X - \boldsymbol{t}_{Ai} * \boldsymbol{q}_X) \end{bmatrix} \tag{3-62}$$

则有

$$\boldsymbol{F}(\boldsymbol{q}_X, \boldsymbol{t}_X) = \begin{bmatrix} \boldsymbol{F}_1 \\ \vdots \\ \boldsymbol{F}_n \\ \mu_3^{1/2}\left(1 - \boldsymbol{q}_X^{\mathrm{T}} \boldsymbol{q}\right) \end{bmatrix} \tag{3-63}$$

根据上述定义，式(3-61)等价于 $\min\limits_{(\boldsymbol{q}_X, \boldsymbol{t}_X)} \|\boldsymbol{F}\|^2$ 的非线性最小二乘问题，可以采用 L-M 法求解。为有效地进行迭代优化求解，需要计算 $\boldsymbol{F}$ 的雅可比矩阵，该矩阵表示冗长，其表示此处省略。

3. Kronecker 积求解

式(3-37)可以看成 Sylvester 方程 $\boldsymbol{AX} + \boldsymbol{XB} = \boldsymbol{C}$ 的特殊形式[4]，可以通过 Kronecker 积线性求解。定义 $\text{vec}(\boldsymbol{X}) = \begin{bmatrix} x_{11} & x_{21} & \cdots & x_{mn} \end{bmatrix}^{\mathrm{T}}$（按列向量化），根据

Kronecker 积的性质 $\operatorname{vec}(\boldsymbol{CDE})=\left(\boldsymbol{E}^{\mathrm{T}}\otimes\boldsymbol{C}\right)\operatorname{vec}(\boldsymbol{D})$，式(3-37)可表示为

$$\left(\boldsymbol{R}_B\otimes\boldsymbol{R}_A\right)\operatorname{vec}\left(\boldsymbol{R}_X\right)-\operatorname{vec}\left(\boldsymbol{R}_X\right)=\boldsymbol{0} \tag{3-64}$$

同理，式(3-38)可表示为

$$\left(\boldsymbol{t}_B^{\mathrm{T}}\otimes\boldsymbol{I}\right)\operatorname{vec}\left(\boldsymbol{R}_X\right)+\left(\boldsymbol{I}-\boldsymbol{R}_A\right)\boldsymbol{t}_X=\boldsymbol{t}_A \tag{3-65}$$

将式(3-64)和式(3-65)整理可得

$$\begin{bmatrix}\boldsymbol{I}-\boldsymbol{R}_B\otimes\boldsymbol{R}_A & \boldsymbol{0}\\ \boldsymbol{t}_B^{\mathrm{T}}\otimes\boldsymbol{I} & \boldsymbol{I}-\boldsymbol{R}_A\end{bmatrix}\begin{bmatrix}\operatorname{vec}\left(\boldsymbol{R}_X\right)\\ \boldsymbol{t}_X\end{bmatrix}=\begin{bmatrix}\boldsymbol{0}\\ \boldsymbol{t}_A\end{bmatrix} \tag{3-66}$$

令 $\boldsymbol{J}=\begin{bmatrix}\boldsymbol{I}-\boldsymbol{R}_B\otimes\boldsymbol{R}_A & \boldsymbol{0}\\ \boldsymbol{t}_B^{\mathrm{T}}\otimes\boldsymbol{I} & \boldsymbol{I}-\boldsymbol{R}_A\end{bmatrix}$，$\boldsymbol{x}=\begin{bmatrix}\operatorname{vec}\left(\boldsymbol{R}_X\right)\\ \boldsymbol{t}_X\end{bmatrix}$，则有 $\boldsymbol{Jx}=\boldsymbol{b}$，式中变量 $\boldsymbol{x}$ 可由线性最小二乘法直接求解，表示为 $\boldsymbol{x}=\left(\boldsymbol{J}^{\mathrm{T}}\boldsymbol{J}\right)^{-1}\boldsymbol{J}^{\mathrm{T}}\boldsymbol{b}$。与 $\boldsymbol{AX}=\boldsymbol{ZB}$ 的 Kronecker 积求解方法类似，受测量噪声等因素影响，所求 $\boldsymbol{R}_X$ 通常不满足正交性。

3.2.5　基于特征点的手眼位姿参数求解方法

利用特征点进行手眼位姿参数辨识时，通常可采用标准球球心作为特征点，获取机器人在多个姿态下的球心坐标，测量坐标系下拟合球心坐标可表示为 ${}^{S}\boldsymbol{p}_i$。眼在手上时将拟合球心转换到机器人基坐标系 $\{B\}$，可得 ${}^{B}\boldsymbol{p}={}_{E}^{B}\boldsymbol{T}_i\,{}_{S}^{E}\boldsymbol{T}\,{}^{S}\boldsymbol{p}_i$，眼在手外时将拟合球心转换到机器人末端法兰坐标系 $\{E\}$，可得 ${}^{E}\boldsymbol{p}={}_{B}^{E}\boldsymbol{T}_i\,{}_{S}^{B}\boldsymbol{T}\,{}^{S}\boldsymbol{p}_i$。眼在手型与眼在外型参数辨识具有相同的数学形式，下面以眼在外型为例介绍一种 ${}_{S}^{B}\boldsymbol{R}$、${}_{S}^{B}\boldsymbol{t}$ 分步求解方法，以眼在手型为例介绍一种 ${}_{S}^{E}\boldsymbol{R}$、${}_{S}^{E}\boldsymbol{t}$ 同步求解方法。

1. ${}_{S}^{B}\boldsymbol{R}$、${}_{S}^{B}\boldsymbol{t}$ 分步求解

假设第 1 次和第 2 次测量拟合球心坐标分别为 ${}^{S}\boldsymbol{p}_1$ 和 ${}^{S}\boldsymbol{p}_2$，则有

$${}^{E}\boldsymbol{p}_1={}_{B}^{E}\boldsymbol{T}_i\,{}_{S}^{B}\boldsymbol{T}\,{}^{S}\boldsymbol{p}_1,\quad {}^{E}\boldsymbol{p}_2={}_{B}^{E}\boldsymbol{T}_i\,{}_{S}^{B}\boldsymbol{T}\,{}^{S}\boldsymbol{p}_2 \tag{3-67}$$

令 ${}_{B}^{E}\boldsymbol{T}_i=\begin{bmatrix}{}_{B}^{E}\boldsymbol{R}_i & {}_{B}^{E}\boldsymbol{t}_i\\ \boldsymbol{0} & 1\end{bmatrix}$，${}_{S}^{B}\boldsymbol{T}=\begin{bmatrix}{}_{S}^{B}\boldsymbol{R} & {}_{S}^{B}\boldsymbol{t}\\ \boldsymbol{0} & 1\end{bmatrix}$，将式(3-6)展开，则有

$${}^{E}\boldsymbol{p}={}_{B}^{E}\boldsymbol{R}_i\,{}_{S}^{B}\boldsymbol{R}\,{}^{S}\boldsymbol{p}_i+{}_{B}^{E}\boldsymbol{R}_i\,{}_{S}^{B}\boldsymbol{t}+{}_{B}^{E}\boldsymbol{t}_i \tag{3-68}$$

将式(3-68)代入式(3-67)，推导可得

$$\left({}_B^E\boldsymbol{R}_1 {}_S^B\boldsymbol{R} {}^S\boldsymbol{p}_1 - {}_B^E\boldsymbol{R}_2 {}_S^B\boldsymbol{R} {}^S\boldsymbol{p}_2 \right) + \left({}_B^E\boldsymbol{R}_1 - {}_B^E\boldsymbol{R}_2 \right) {}_S^B\boldsymbol{t} + {}_B^E\boldsymbol{t}_1 - {}_B^E\boldsymbol{t}_2 = \boldsymbol{0} \tag{3-69}$$

假设第 1 次与第 2 次测量之间机器人末端法兰坐标系只有平移运动，即 ${}_B^E\boldsymbol{R}_1 = {}_B^E\boldsymbol{R}_2$，式(3-69)可化简为

$$ {}_S^B\boldsymbol{R}\left({}^S\boldsymbol{p}_1 - {}^S\boldsymbol{p}_2 \right) = {}_E^B\boldsymbol{R}_1\left({}_B^E\boldsymbol{t}_2 - {}_B^E\boldsymbol{t}_1 \right) \tag{3-70}$$

考虑第 1 次到第 i 次测量，记 $\boldsymbol{A} = \left[{}^S\boldsymbol{p}_1 - {}^S\boldsymbol{p}_2 \quad {}^S\boldsymbol{p}_1 - {}^S\boldsymbol{p}_3 \quad \cdots \quad {}^S\boldsymbol{p}_1 - {}^S\boldsymbol{p}_n \right]$，$\boldsymbol{b} = {}_E^B\boldsymbol{R}_1\left[{}_B^E\boldsymbol{t}_2 - {}_B^E\boldsymbol{t}_1 \quad {}_B^E\boldsymbol{t}_3 - {}_B^E\boldsymbol{t}_1 \quad \cdots \quad {}_B^E\boldsymbol{t}_n - {}_B^E\boldsymbol{t}_1 \right]$，则有

$$ {}_S^B\boldsymbol{R}\boldsymbol{A} = \boldsymbol{b} \tag{3-71}$$

根据式(3-71)，可以计算手眼位姿参数辨识中的旋转变换矩阵 ${}_S^B\boldsymbol{R} = \boldsymbol{V}\boldsymbol{U}^{\mathrm{T}}$，式中 $\boldsymbol{V}$、$\boldsymbol{U}$ 分别表示 $\boldsymbol{A}\boldsymbol{b}^{\mathrm{T}}$ 的右奇异矩阵和左奇异矩阵。下面对位置矢量 ${}_S^B\boldsymbol{t}$ 进行求解。根据式(3-68)，${}_S^B\boldsymbol{t}$ 为一常向量，记 ${}^E\boldsymbol{p}_i' = {}_B^E\boldsymbol{R}_i {}_S^B\boldsymbol{R} {}^S\boldsymbol{p}_i + {}_B^E\boldsymbol{t}_i$，则有

$$ {}^E\boldsymbol{p} = {}^E\boldsymbol{p}_i' + {}_B^E\boldsymbol{R}_i {}_S^B\boldsymbol{t} \tag{3-72}$$

根据式(3-72)，求解 ${}_S^B\boldsymbol{t}$ 时需获得机器人末端坐标系不同位姿的测量数据。考虑第 1 次到第 i 次测量，记 $\boldsymbol{A} = \left[{}_B^E\boldsymbol{R}_1 - {}_B^E\boldsymbol{R}_2 \quad {}_B^E\boldsymbol{R}_1 - {}_B^E\boldsymbol{R}_3 \quad \cdots \quad {}_B^E\boldsymbol{R}_1 - {}_B^E\boldsymbol{R}_n \right]^{\mathrm{T}}$，$\boldsymbol{b} = \left[{}^E\boldsymbol{p}_2' - {}^E\boldsymbol{p}_1' \quad {}^E\boldsymbol{p}_3' - {}^E\boldsymbol{p}_1' \quad \cdots \quad {}^E\boldsymbol{p}_n' - {}^E\boldsymbol{p}_1' \right]^{\mathrm{T}}$，则有 $\boldsymbol{A}{}_S^B\boldsymbol{t} = \boldsymbol{b}$，其最小二乘解为

$$ {}_S^B\boldsymbol{t} = \left(\boldsymbol{A}^{\mathrm{T}}\boldsymbol{A} \right)^{-1} \boldsymbol{A}^{\mathrm{T}}\boldsymbol{b} \tag{3-73}$$

注意，${}_S^B\boldsymbol{R}$、${}_S^B\boldsymbol{t}$ 分步求解对测量数据采集时的机器人姿态有一定的要求，在求解 ${}_S^E\boldsymbol{R}$ 时机器人末端坐标系只做平移运动，在求解 ${}_S^B\boldsymbol{t}$ 时则需要获得机器人末端坐标系不同位姿的测量数据。

2. ${}_S^E\boldsymbol{R}$、${}_S^E\boldsymbol{t}$ 同步求解

假设第 1 次和第 2 次测量拟合球心坐标分别为 ${}^S\boldsymbol{p}_1$ 和 ${}^S\boldsymbol{p}_2$，则有

$$ {}^B\boldsymbol{p}_1 = {}_E^B\boldsymbol{T}_1 {}_S^E\boldsymbol{T} {}^S\boldsymbol{p}_1, \quad {}^B\boldsymbol{p}_2 = {}_E^B\boldsymbol{T}_2 {}_S^E\boldsymbol{T} {}^S\boldsymbol{p}_2 \tag{3-74}$$

令 ${}_E^B\boldsymbol{T}_i = \begin{bmatrix} {}_E^B\boldsymbol{R}_i & {}_E^B\boldsymbol{t}_i \\ \boldsymbol{0} & 1 \end{bmatrix}$，${}_S^E\boldsymbol{T} = \begin{bmatrix} {}_S^E\boldsymbol{R} & {}_S^E\boldsymbol{t} \\ \boldsymbol{0} & 1 \end{bmatrix}$，将式(3-4)展开，则有

$$ {}^{B}\boldsymbol{p} = {}_{E}^{B}\boldsymbol{R}_i\, {}_{S}^{E}\boldsymbol{R}\, {}^{S}\boldsymbol{p}_i + {}_{E}^{B}\boldsymbol{R}_i\, {}_{S}^{E}\boldsymbol{t} + {}_{E}^{B}\boldsymbol{t}_i \tag{3-75} $$

将式(3-75)代入式(3-74)，则有

$$ \left({}_{E}^{B}\boldsymbol{R}_1\, {}_{S}^{E}\boldsymbol{R}\, {}^{S}\boldsymbol{p}_1 - {}_{E}^{B}\boldsymbol{R}_2\, {}_{S}^{E}\boldsymbol{R}\, {}^{S}\boldsymbol{p}_2 \right) + \left({}_{E}^{B}\boldsymbol{R}_1 - {}_{E}^{B}\boldsymbol{R}_2 \right) {}_{S}^{E}\boldsymbol{t} + {}_{E}^{B}\boldsymbol{t}_1 - {}_{E}^{B}\boldsymbol{t}_2 = \boldsymbol{0} \tag{3-76} $$

设 ${}^{S}\boldsymbol{p}_i = \begin{bmatrix} {}^{S}x_i & {}^{S}y_i & {}^{S}z_i \end{bmatrix}^{\mathrm{T}}$，记 ${}_{S}^{E}\boldsymbol{R} = \begin{bmatrix} \boldsymbol{r}_1 & \boldsymbol{r}_2 & \boldsymbol{r}_3 \end{bmatrix}$，则有

$$ \begin{aligned} &\left({}_{E}^{B}\boldsymbol{R}_1\, {}^{S}x_1 - {}_{E}^{B}\boldsymbol{R}_2\, {}^{S}x_2 \right)\boldsymbol{r}_1 + \left({}_{E}^{B}\boldsymbol{R}_1\, {}^{S}y_1 - {}_{E}^{B}\boldsymbol{R}_2\, {}^{S}y_2 \right)\boldsymbol{r}_2 + \left({}_{E}^{B}\boldsymbol{R}_1\, {}^{S}z_1 - {}_{E}^{B}\boldsymbol{R}_2\, {}^{S}z_2 \right)\boldsymbol{r}_3 \\ &+ \left({}_{E}^{B}\boldsymbol{R}_1 - {}_{E}^{B}\boldsymbol{R}_2 \right) {}_{S}^{E}\boldsymbol{t} = {}_{E}^{B}\boldsymbol{t}_2 - {}_{E}^{B}\boldsymbol{t}_1 \end{aligned} \tag{3-77} $$

考虑第 1 次到第 i 次测量，记

$$ \boldsymbol{A} = \begin{bmatrix} {}_{E}^{B}\boldsymbol{R}_1\, {}^{S}x_1 - {}_{E}^{B}\boldsymbol{R}_2\, {}^{S}x_2 & {}_{E}^{B}\boldsymbol{R}_1\, {}^{S}y_1 - {}_{E}^{B}\boldsymbol{R}_2\, {}^{S}y_2 & {}_{E}^{B}\boldsymbol{R}_1\, {}^{S}z_1 - {}_{E}^{B}\boldsymbol{R}_2\, {}^{S}z_2 & {}_{E}^{B}\boldsymbol{R}_1 - {}_{E}^{B}\boldsymbol{R}_2 \\ {}_{E}^{B}\boldsymbol{R}_1\, {}^{S}x_1 - {}_{E}^{B}\boldsymbol{R}_3\, {}^{S}x_3 & {}_{E}^{B}\boldsymbol{R}_1\, {}^{S}y_1 - {}_{E}^{B}\boldsymbol{R}_3\, {}^{S}y_3 & {}_{E}^{B}\boldsymbol{R}_1\, {}^{S}z_1 - {}_{E}^{B}\boldsymbol{R}_3\, {}^{S}z_3 & {}_{E}^{B}\boldsymbol{R}_1 - {}_{E}^{B}\boldsymbol{R}_3 \\ \vdots & \vdots & \vdots & \vdots \\ {}_{E}^{B}\boldsymbol{R}_1\, {}^{S}x_1 - {}_{E}^{B}\boldsymbol{R}_n\, {}^{S}x_n & {}_{E}^{B}\boldsymbol{R}_1\, {}^{S}y_1 - {}_{E}^{B}\boldsymbol{R}_n\, {}^{S}y_n & {}_{E}^{B}\boldsymbol{R}_1\, {}^{S}z_1 - {}_{E}^{B}\boldsymbol{R}_n\, {}^{S}z_n & {}_{E}^{B}\boldsymbol{R}_1 - {}_{E}^{B}\boldsymbol{R}_n \end{bmatrix} $$

$$ \boldsymbol{x} = \begin{bmatrix} \boldsymbol{r}_1 & \boldsymbol{r}_2 & \boldsymbol{r}_3 & {}_{S}^{E}\boldsymbol{t} \end{bmatrix}^{\mathrm{T}} $$

$$ \boldsymbol{b} = \begin{bmatrix} {}_{E}^{B}\boldsymbol{t}_2 - {}_{E}^{B}\boldsymbol{t}_1 & {}_{E}^{B}\boldsymbol{t}_3 - {}_{E}^{B}\boldsymbol{t}_1 & \cdots & {}_{E}^{B}\boldsymbol{t}_n - {}_{E}^{B}\boldsymbol{t}_1 \end{bmatrix}^{\mathrm{T}} $$

根据最小二乘求解可得

$$ \boldsymbol{x} = \left(\boldsymbol{A}^{\mathrm{T}} \boldsymbol{A} \right)^{-1} \boldsymbol{A}^{\mathrm{T}} \boldsymbol{b} \tag{3-78} $$

注意，${}_{S}^{E}\boldsymbol{R}$ 、${}_{S}^{E}\boldsymbol{t}$ 同步求解不需要保持机器人末端坐标系只有平移运动来求解 ${}_{S}^{E}\boldsymbol{R}$，消除了旋转和平移参数分步求解引起的累积误差，但为了保证最小二乘解的计算精度，需要获取足够次数的测量数据。

3.2.6　$\boldsymbol{AXB}=\boldsymbol{YCZ}$ 形式手眼位姿参数求解方法

双机器人系统可以增加工件测量的灵活性，其标定过程可归纳为 $\boldsymbol{AXB}=\boldsymbol{YCZ}$ 问题求解[5]，其中 $\boldsymbol{A} = \begin{bmatrix} \boldsymbol{R}_A & \boldsymbol{t}_A \\ \boldsymbol{0} & 1 \end{bmatrix}$，$\boldsymbol{X} = \begin{bmatrix} \boldsymbol{R}_X & \boldsymbol{t}_X \\ \boldsymbol{0} & 1 \end{bmatrix}$，$\boldsymbol{B} = \begin{bmatrix} \boldsymbol{R}_X & \boldsymbol{t}_X \\ \boldsymbol{0} & 1 \end{bmatrix}$，$\boldsymbol{Y} = \begin{bmatrix} \boldsymbol{R}_Y & \boldsymbol{t}_Y \\ \boldsymbol{0} & 1 \end{bmatrix}$，$\boldsymbol{C} = \begin{bmatrix} \boldsymbol{R}_C & \boldsymbol{t}_C \\ \boldsymbol{0} & 1 \end{bmatrix}$，$\boldsymbol{Z} = \begin{bmatrix} \boldsymbol{R}_Z & \boldsymbol{t}_Z \\ \boldsymbol{0} & 1 \end{bmatrix}$，则 $\boldsymbol{AXB}=\boldsymbol{YCZ}$ 可以分解为

$$\boldsymbol{R}_A\boldsymbol{R}_X\boldsymbol{R}_B = \boldsymbol{R}_Y\boldsymbol{R}_C\boldsymbol{R}_Z \tag{3-79}$$

$$\boldsymbol{R}_A\boldsymbol{R}_X\boldsymbol{t}_B + \boldsymbol{R}_A\boldsymbol{t}_X + \boldsymbol{t}_A = \boldsymbol{R}_Y\boldsymbol{R}_C\boldsymbol{t}_Z + \boldsymbol{R}_Y\boldsymbol{t}_C + \boldsymbol{t}_Y \tag{3-80}$$

1. 旋转矩阵求解

旋转矩阵属于李群SO(3)，可以表示为矩阵指数的形式：

$$\boldsymbol{R} = \exp([\boldsymbol{r}]) = \boldsymbol{I} + \frac{\sin(\|\boldsymbol{r}\|)}{\|\boldsymbol{r}\|}[\boldsymbol{r}] + \frac{1-\cos(\|\boldsymbol{r}\|)}{\|\boldsymbol{r}\|^2}([\boldsymbol{r}])^2 \tag{3-81}$$

式中，$\|\boldsymbol{r}\|$表示向量$\boldsymbol{r} = \begin{bmatrix} r_1 & r_2 & r_3 \end{bmatrix}^{\mathrm{T}}$的 2-范数；$[\boldsymbol{r}]$表示向量$\boldsymbol{r}$对应的反对称矩阵，具体形式为

$$[\boldsymbol{r}] = \begin{bmatrix} 0 & -r_3 & r_2 \\ r_3 & 0 & -r_1 \\ -r_2 & r_1 & 0 \end{bmatrix} \tag{3-82}$$

对式(3-81)中的指数映射进行泰勒级数展开，可得

$$\boldsymbol{R} = \exp([\boldsymbol{r}]) = \boldsymbol{I} + \sum_{k=1}^{\infty}\frac{([\boldsymbol{r}])^k}{k!} \tag{3-83}$$

如果$\boldsymbol{R}$接近单位矩阵$\boldsymbol{I}$，则取泰勒级数展开式一阶近似：

$$\boldsymbol{R} \approx \boldsymbol{I} + [\boldsymbol{r}] \tag{3-84}$$

为了在算法中利用到这个性质，需要把任意旋转矩阵拉回到接近单位矩阵$\boldsymbol{I}$的状态，因此将式(3-79)变换为

$$\boldsymbol{R}_A\left(\boldsymbol{R}_{Xt}\boldsymbol{R}_{X0}^{-1}\right)\boldsymbol{R}_{X0}\boldsymbol{R}_B = \left(\boldsymbol{R}_{Yt}\boldsymbol{R}_{Y0}^{-1}\right)\boldsymbol{R}_{Y0}\boldsymbol{R}_C\left(\boldsymbol{R}_{Zt}\boldsymbol{R}_{Z0}^{-1}\right)\boldsymbol{R}_{Z0} \tag{3-85}$$

式中，$\boldsymbol{R}_{it}$为要寻找的旋转矩阵的真实值，$\boldsymbol{R}_{i0}$为旋转矩阵的初始值，i=X, Y, Z。

若初始值足够接近真实值，则$\boldsymbol{R}_{it}\boldsymbol{R}_{i0}^{-1}$将接近单位矩阵$\boldsymbol{I}$。然后将式(3-84)代入式(3-85)，可得

$$\boldsymbol{R}_A\left(\boldsymbol{I}+[\Delta\boldsymbol{r}_X]\right)\boldsymbol{R}_{X0}\boldsymbol{R}_B = \left(\boldsymbol{I}+[\Delta\boldsymbol{r}_Y]\right)\boldsymbol{R}_{Y0}\boldsymbol{R}_C\left(\boldsymbol{I}+[\Delta\boldsymbol{r}_Z]\right)\boldsymbol{R}_{Z0} \tag{3-86}$$

式中，$[\Delta\boldsymbol{r}_i]$为$\boldsymbol{R}_{it}\boldsymbol{R}_{i0}^{-1}$对应的李代数。对式(3-86)进行整理并忽略二阶分量$[\Delta\boldsymbol{r}_Y]$、

$[\Delta \boldsymbol{r}_Z]$，可得

$$\boldsymbol{R}_A[\Delta \boldsymbol{r}_X]\boldsymbol{R}_{X0}\boldsymbol{R}_B-[\Delta \boldsymbol{r}_Y]\boldsymbol{R}_{Y0}\boldsymbol{R}_C\boldsymbol{R}_{Z0}-\boldsymbol{R}_{Y0}\boldsymbol{R}_C[\Delta \boldsymbol{r}_Z]\boldsymbol{R}_{Z0}\approx -\boldsymbol{R}_A\boldsymbol{R}_{X0}\boldsymbol{R}_B+\boldsymbol{R}_{Y0}\boldsymbol{R}_C\boldsymbol{R}_{Z0} \tag{3-87}$$

对于任意两个 3×1 的向量 $\boldsymbol{a}$ 和 $\boldsymbol{b}$，存在如下关系：

$$[\boldsymbol{a}]\boldsymbol{b}=\boldsymbol{a}\times\boldsymbol{b}=-\boldsymbol{b}\times\boldsymbol{a}=-[\boldsymbol{b}]\boldsymbol{a} \tag{3-88}$$

因此对式(3-87)逐列进行重写，并将式(3-88)代入式(3-87)，可得

$$\boldsymbol{F}\Delta\boldsymbol{r}=\boldsymbol{c} \tag{3-89}$$

式中，$\Delta\boldsymbol{r}=\begin{bmatrix}\Delta\boldsymbol{r}_X^{\mathrm{T}} & \Delta\boldsymbol{r}_Y^{\mathrm{T}} & \Delta\boldsymbol{r}_Z^{\mathrm{T}}\end{bmatrix}_{9\times1}^{\mathrm{T}}$；$\boldsymbol{c}=\begin{bmatrix}\left(-\boldsymbol{R}_A\boldsymbol{R}_{X0}\boldsymbol{R}_B+\boldsymbol{R}_{Y0}\boldsymbol{R}_C\boldsymbol{R}_{Z0}\right)_1\\ \left(-\boldsymbol{R}_A\boldsymbol{R}_{X0}\boldsymbol{R}_B+\boldsymbol{R}_{Y0}\boldsymbol{R}_C\boldsymbol{R}_{Z0}\right)_2\\ \left(-\boldsymbol{R}_A\boldsymbol{R}_{X0}\boldsymbol{R}_B+\boldsymbol{R}_{Y0}\boldsymbol{R}_C\boldsymbol{R}_{Z0}\right)_3\end{bmatrix}_{9\times1}$，$(\cdot)_j\,(j=1,2,3)$ 表示矩阵的第 j 列元素；$\boldsymbol{F}$ 的表达式为

$$\boldsymbol{F}=\begin{bmatrix}-\boldsymbol{R}_A\left[\left(\boldsymbol{R}_{X0}\boldsymbol{R}_B\right)_1\right] & \left[\left(\boldsymbol{R}_{Y0}\boldsymbol{R}_C\boldsymbol{R}_{Z0}\right)_1\right] & \boldsymbol{R}_{Y0}\boldsymbol{R}_C\left[\left(\boldsymbol{R}_{Z0}\right)_1\right]\\ -\boldsymbol{R}_A\left[\left(\boldsymbol{R}_{X0}\boldsymbol{R}_B\right)_2\right] & \left[\left(\boldsymbol{R}_{Y0}\boldsymbol{R}_C\boldsymbol{R}_{Z0}\right)_2\right] & \boldsymbol{R}_{Y0}\boldsymbol{R}_C\left[\left(\boldsymbol{R}_{Z0}\right)_2\right]\\ -\boldsymbol{R}_A\left[\left(\boldsymbol{R}_{X0}\boldsymbol{R}_B\right)_3\right] & \left[\left(\boldsymbol{R}_{Y0}\boldsymbol{R}_C\boldsymbol{R}_{Z0}\right)_3\right] & \boldsymbol{R}_{Y0}\boldsymbol{R}_C\left[\left(\boldsymbol{R}_{Z0}\right)_3\right]\end{bmatrix}_{9\times9} \tag{3-90}$$

机器人变换 n 组姿态后可得 m 组标定数据，将它们联立可得

$$\tilde{\boldsymbol{F}}\Delta\boldsymbol{r}=\tilde{\boldsymbol{c}} \tag{3-91}$$

式中，$\tilde{\boldsymbol{F}}=\begin{bmatrix}\boldsymbol{F}_1^{\mathrm{T}} & \boldsymbol{F}_2^{\mathrm{T}} & \cdots & \boldsymbol{F}_n^{\mathrm{T}}\end{bmatrix}^{\mathrm{T}}$；$\tilde{\boldsymbol{c}}=\begin{bmatrix}\boldsymbol{c}_1^{\mathrm{T}} & \boldsymbol{c}_2^{\mathrm{T}} & \cdots & \boldsymbol{c}_n^{\mathrm{T}}\end{bmatrix}^{\mathrm{T}}$。

那么，$\Delta\boldsymbol{r}$ 可通过最小二乘法进行求解：

$$\Delta\boldsymbol{r}=\left(\tilde{\boldsymbol{F}}^{\mathrm{T}}\tilde{\boldsymbol{F}}\right)^{-1}\tilde{\boldsymbol{F}}^{\mathrm{T}}\tilde{\boldsymbol{c}} \tag{3-92}$$

解得的 $\Delta\boldsymbol{r}$ 可用式(3-93)对旋转变换矩阵进行更新：

$$\boldsymbol{R}_{i0}^{\mathrm{new}}=\exp\left([\Delta\boldsymbol{r}_i]\right)\boldsymbol{R}_{i0}^{\mathrm{old}} \tag{3-93}$$

式中，$\Delta\boldsymbol{r}_i$ 分别表示 $\Delta\boldsymbol{r}$ 中对应矩阵 $\boldsymbol{X}$、$\boldsymbol{Y}$、$\boldsymbol{Z}$ 的分量，$\boldsymbol{R}_{i0}^{\mathrm{old}}$、$\boldsymbol{R}_{i0}^{\mathrm{new}}$ 分别表示变

换前后的旋转变换矩阵，$i = X,Y,Z$ 。

不断迭代直到 $\Delta\boldsymbol{r}$ 减小到预设阈值，迭代结束。为保证尽可能找到全局最优解，迭代计算前需要给定一个较优的初始值。

2. 平移矢量求解

式(3-80)可以表示为如下形式：

$$\boldsymbol{J}\boldsymbol{t} = \boldsymbol{b} \tag{3-94}$$

式中，$\boldsymbol{J} = \begin{bmatrix} \boldsymbol{R}_A & -\boldsymbol{I} & -\boldsymbol{R}_Y\boldsymbol{R}_C \end{bmatrix}$，$\boldsymbol{t} = \begin{bmatrix} \boldsymbol{t}_X^{\mathrm{T}} & \boldsymbol{t}_Y^{\mathrm{T}} & \boldsymbol{t}_Z^{\mathrm{T}} \end{bmatrix}^{\mathrm{T}}$，$\boldsymbol{b} = \boldsymbol{R}_Y\boldsymbol{t}_C - \boldsymbol{t}_A - \boldsymbol{R}_A\boldsymbol{R}_X\boldsymbol{t}_B$。

对于 n 组机器人姿态，存在：

$$\tilde{\boldsymbol{J}}\boldsymbol{t} = \tilde{\boldsymbol{b}} \tag{3-95}$$

式中，$\tilde{\boldsymbol{J}} = \begin{bmatrix} \boldsymbol{J}_1^{\mathrm{T}} & \boldsymbol{J}_2^{\mathrm{T}} & \cdots & \boldsymbol{J}_n^{\mathrm{T}} \end{bmatrix}^{\mathrm{T}}$，$\tilde{\boldsymbol{b}} = \begin{bmatrix} \boldsymbol{b}_1^{\mathrm{T}} & \boldsymbol{b}_2^{\mathrm{T}} & \cdots & \boldsymbol{b}_n^{\mathrm{T}} \end{bmatrix}^{\mathrm{T}}$。那么，平移分量 $\boldsymbol{t}$ 可通过式(3-96)进行求解：

$$\boldsymbol{t} = \left(\tilde{\boldsymbol{J}}^{\mathrm{T}}\tilde{\boldsymbol{J}}\right)^{-1}\tilde{\boldsymbol{J}}^{\mathrm{T}}\tilde{\boldsymbol{b}} \tag{3-96}$$

3.3 考虑关节运动学误差补偿的手眼位姿参数辨识

3.3.1 基于 Kronecker 积的粗辨识

在精确辨识手眼位姿参数前，首先需获得手眼位姿参数初值，通常可在机器人末端固接一特征点，在不同位姿下测量该特征点来计算手眼位姿参数。在如图 3-4 所示的眼在外型系统，将一靶标固定在机器人末端坐标系 $\{E\}$，靶标上特征点 $\boldsymbol{p}_i$ 在视觉传感器坐标系 $\{S\}$ 和末端坐标系 $\{E\}$ 的齐次坐标分别为 ${}^S\boldsymbol{p}_i$ 和 ${}^E\boldsymbol{p}_i$，其关系表示为

$${}^E\boldsymbol{p}_i = {}^E_B\boldsymbol{T}_i\,{}^B_S\boldsymbol{T}\,{}^S\boldsymbol{p}_i \tag{3-97}$$

式中，机器人位姿 ${}^E_B\boldsymbol{T}_i$ 包括旋转矩阵 ${}^E_B\boldsymbol{R}_i$ 和平移矢量 ${}^E\boldsymbol{t}_{BOi}$；${}^B_S\boldsymbol{T}$ 为待求的手眼位姿参数矩阵，包括旋转矩阵 ${}^B_S\boldsymbol{R}$ 和平移矢量 ${}^B\boldsymbol{t}_{SO}$。

展开式(3-97)：

$${}^E\boldsymbol{p}_i = {}^E_B\boldsymbol{R}_i\left({}^B_S\boldsymbol{R}\,{}^S\boldsymbol{p}_i + {}^B_S\boldsymbol{t}\right) + {}^E_B\boldsymbol{t}_i \tag{3-98}$$

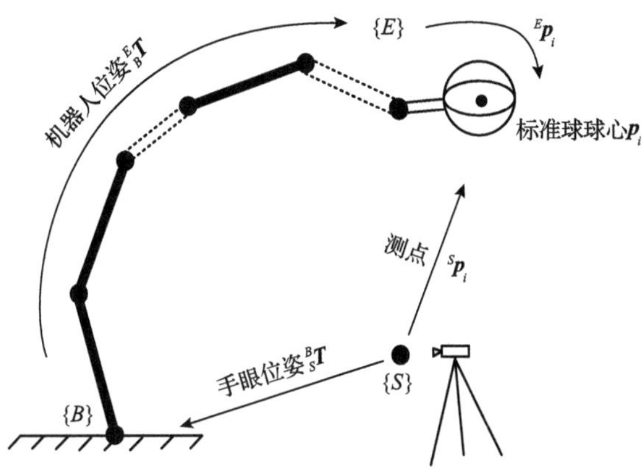

图 3-4　手眼位姿参数粗辨识示意图

3.2.5 节的第一种方法是将旋转矩阵 $^B_S\boldsymbol{R}$ 和平移矢量 $^B\boldsymbol{t}_{SO}$ 分步求解，该方法在测量数据采集时对机器人姿态有一定的要求，操作和计算过程较为复杂。为了实现手眼位姿参数初值的快速同步，本节考虑采用向量化算子构建线性方程组(将 $^B_S\boldsymbol{R}$ 和 $^B_S\boldsymbol{t}$ 统一表示为线性向量)。对式(3-98)取向量化算子(按列向量化)：

$$\begin{aligned}
{}^E\boldsymbol{p}_i &= \mathrm{vec}\left({}^E\boldsymbol{p}_i\right) = \mathrm{vec}\left({}^E_B\boldsymbol{R}_i\left({}^B_S\boldsymbol{R}\,{}^S\boldsymbol{p}_i + {}^B_S\boldsymbol{t}\right) + {}^E_B\boldsymbol{t}_i\right) \\
&= \mathrm{vec}\left({}^E_B\boldsymbol{R}_i\,{}^B_S\boldsymbol{R}\,{}^S\boldsymbol{p}_i\right) + \mathrm{vec}\left({}^E_B\boldsymbol{R}_i\,{}^B_S\boldsymbol{t}\right) + \mathrm{vec}\left({}^E_B\boldsymbol{t}_i\right) \\
&= \left({}^S\boldsymbol{p}_i^{\mathrm{T}} \otimes {}^E_B\boldsymbol{R}_i\right)\mathrm{vec}\left({}^B_S\boldsymbol{R}\right) + \left(\boldsymbol{I} \otimes {}^E_B\boldsymbol{R}_i\right)\mathrm{vec}\left({}^B_S\boldsymbol{t}\right) + {}^E_B\boldsymbol{t}_i \\
&= \begin{bmatrix} {}^S\boldsymbol{p}_i^{\mathrm{T}} \otimes {}^E_B\boldsymbol{R}_i & \boldsymbol{I} \otimes {}^E_B\boldsymbol{R} \end{bmatrix}\begin{bmatrix} \mathrm{vec}\left({}^B_S\boldsymbol{R}\right) \\ {}^B_S\boldsymbol{t} \end{bmatrix} + {}^E_B\boldsymbol{t}_i \\
&= \boldsymbol{M}_i\boldsymbol{X} + {}^E_B\boldsymbol{t}_i
\end{aligned} \tag{3-99}$$

式中，符号⊗表示 Kronecker 积；$\boldsymbol{X} = \begin{bmatrix} \mathrm{vec}\left({}^B_S\boldsymbol{R}\right) \\ {}^B_S\boldsymbol{t} \end{bmatrix} = \begin{bmatrix} \boldsymbol{r}_1^{\mathrm{T}} & \boldsymbol{r}_2^{\mathrm{T}} & \boldsymbol{r}_3^{\mathrm{T}} & {}^B_S\boldsymbol{t}^{\mathrm{T}} \end{bmatrix}^{\mathrm{T}}$ 表示待求的手眼位姿向量；$\boldsymbol{r}_1$、$\boldsymbol{r}_2$、$\boldsymbol{r}_3$ 为 $^B_S\boldsymbol{R}$ 的三个列向量。

改变机器人姿态对特征点进行 2 次测量，由靶标特征点在机器人末端坐标系位置 $^E\boldsymbol{p}_i$ 不变性可得式(3-99)满足：

$$\boldsymbol{M}_1\boldsymbol{X} + {}^E_B\boldsymbol{t}_1 = \boldsymbol{M}_2\boldsymbol{X} + {}^E_B\boldsymbol{t}_2 \tag{3-100}$$

测量 n 组，记第 n 组的测量数据为 $\boldsymbol{M}_{n1}$、$\boldsymbol{M}_{n2}$、$^E_B\boldsymbol{t}_{n1}$、$^E_B\boldsymbol{t}_{n2}$，可得如下方程组：

$$\begin{cases}(\boldsymbol{M}_{11}-\boldsymbol{M}_{12})\boldsymbol{X}={}_{B}^{E}\boldsymbol{t}_{12}-{}_{B}^{E}\boldsymbol{t}_{11}\\ \qquad\vdots\\ (\boldsymbol{M}_{n1}-\boldsymbol{M}_{n2})\boldsymbol{X}={}_{B}^{E}\boldsymbol{t}_{n2}-{}_{B}^{E}\boldsymbol{t}_{n1}\end{cases} \tag{3-101}$$

用伪逆求解向量 $\boldsymbol{X}$，可得手眼位姿参数的初值：

$${}_{S}^{B}\boldsymbol{T}=\begin{bmatrix}\boldsymbol{r}_1 & \boldsymbol{r}_2 & \boldsymbol{r}_3 & {}_{S}^{B}\boldsymbol{t}\\ 0 & 0 & 0 & 1\end{bmatrix} \tag{3-102}$$

求解手眼位姿参数初值的操作步骤如下：①通过改变机器人位姿测量 $2n$ 组($n\geqslant 4$)特征点并记录对应的机器人位姿；②根据式(3-99)计算系数矩阵 $\boldsymbol{M}_i$；③根据式(3-101)构建线性方程组，依次求解向量 $\boldsymbol{X}$、位姿参数 ${}_{S}^{B}\boldsymbol{T}$ 与手眼位姿参数 ${}_{B}^{S}\boldsymbol{T}$。

3.3.2　关节运动学误差与手眼位姿误差建模

3.3.1 节在假设机器人无关节运动学误差的情况下获取手眼位姿参数初值，但是当存在关节运动学误差时，机器人运动将产生位姿误差，从而使通过式(3-102)辨识的手眼位姿参数 ${}_{S}^{B}\boldsymbol{T}$ 也会存在位姿误差。为减小关节运动学误差对手眼位姿参数辨识精度的影响，可对运动学误差/手眼位姿误差进行同步辨识，为此本节将建立运动学误差/手眼位姿误差与机器人末端位姿误差矢量的线性关系，然后同步辨识运动学误差/手眼位姿误差，从而提高手眼位姿参数辨识精度。

对于六自由度关节式机器人，在不存在关节运动学误差的情况下，根据 D-H 变换可得相邻关节的名义位姿：

$$\begin{aligned}{}^{j-1}_{j}\boldsymbol{T}&=\mathrm{Rot}(x,\alpha_{j-1})\mathrm{Trans}(x,a_{j-1})\mathrm{Rot}(z,\theta_j)\mathrm{Trans}(z,d_j)\\ &=\begin{bmatrix}\mathrm{c}\theta_j & -\mathrm{s}\theta_j & 0 & a_{j-1}\\ \mathrm{s}\theta_j\mathrm{c}\alpha_{j-1} & \mathrm{c}\theta_j\mathrm{c}\alpha_{j-1} & -\mathrm{s}\alpha_{j-1} & -d_j\mathrm{s}\alpha_{j-1}\\ \mathrm{s}\theta_j\mathrm{s}\alpha_{j-1} & \mathrm{c}\theta_j\mathrm{s}\alpha_{j-1} & \mathrm{c}\alpha_{j-1} & d_j\mathrm{c}\alpha_{j-1}\\ 0 & 0 & 0 & 1\end{bmatrix}\end{aligned} \tag{3-103}$$

式中，$\mathrm{s}\theta$、$\mathrm{c}\theta$ 分别表示关于关节角 θ 的正弦值和余弦值；连杆长度 a_{j-1}、扭角 α_{j-1}、连杆偏移 d_j 与转角 θ_j 为第 j 个关节的名义运动学参数。机器人所有关节构成运动学向量 $\boldsymbol{q}=\begin{bmatrix}\boldsymbol{a}^{\mathrm{T}} & \boldsymbol{\alpha}^{\mathrm{T}} & \boldsymbol{d}^{\mathrm{T}} & \boldsymbol{\theta}^{\mathrm{T}}\end{bmatrix}^{\mathrm{T}}$。

当存在关节运动学误差 Δa_{j-1}、$\Delta\alpha_{j-1}$、Δd_j 与 $\Delta\theta_j$ 时，位姿 ${}^{j-1}_{j}\boldsymbol{T}$ 的位姿误差矩阵 $\Delta{}^{j-1}_{j}\boldsymbol{T}$ 可表示为关于式(3-103)的全微分：

$$\Delta {}^{j-1}_{j}\boldsymbol{T} = \frac{\partial {}^{j-1}_{j}\boldsymbol{T}}{\partial a_{j-1}}\Delta a_{j-1} + \frac{\partial {}^{j-1}_{i}\boldsymbol{T}}{\partial \alpha_{j-1}}\Delta \alpha_{j-1} + \frac{\partial {}^{j-1}_{i}\boldsymbol{T}}{\partial d_{j}}\Delta d_{j} + \frac{\partial {}^{j-1}_{j}\boldsymbol{T}}{\partial \theta_{j}}\Delta \theta_{j} \tag{3-104}$$

式(3-104)化简后可表示为

$$\Delta {}^{j-1}_{j}\boldsymbol{T} = {}^{j-1}_{j}\boldsymbol{T}\begin{bmatrix} 0 & -\Delta\theta_j & -\Delta\alpha_{j-1}\mathrm{s}\theta_j & \Delta a_{j-1}\mathrm{c}\theta_j - \Delta\alpha_{j-1}d_i\mathrm{s}\theta_j \\ \Delta\theta_j & 0 & -\Delta\alpha_{j-1}\mathrm{c}\theta_j & -\Delta a_{j-1}\mathrm{s}\theta_j - \Delta\alpha_{j-1}d_i\mathrm{c}\theta_j \\ \Delta\alpha_{j-1}\mathrm{s}\theta_j & \Delta\alpha_{j-1}\mathrm{c}\theta_j & 0 & 0 \\ 0 & 0 & 0 & 0 \end{bmatrix} = {}^{j-1}_{j}\boldsymbol{T}\,{}^{j}\boldsymbol{\Delta} \tag{3-105}$$

式中，微分算子 ${}^{j}\boldsymbol{\Delta}$ 表示由连杆 j 运动学误差引起自身位姿误差的矩阵。

根据式(3-105)，${}^{j}\boldsymbol{\Delta}$ 可分解为由运动学误差（$\boldsymbol{\Delta}_{a_{j-1}}$、$\boldsymbol{\Delta}_{\alpha_{j-1}}$、$\boldsymbol{\Delta}_{d_j}$、$\boldsymbol{\Delta}_{\theta_j}$）构成的微分算子和：

$${}^{j}\boldsymbol{\Delta} = \boldsymbol{\Delta}_{a_{j-1}}\Delta a_{j-1} + \boldsymbol{\Delta}_{\alpha_{j-1}}\Delta\alpha_{j-1} + \boldsymbol{\Delta}_{d_j}\Delta d_j + \boldsymbol{\Delta}_{\theta_j}\Delta\theta_j \tag{3-106}$$

式中，$\boldsymbol{\Delta}_{a_{j-1}} = \begin{bmatrix} 0 & 0 & 0 & \mathrm{c}\theta_j \\ 0 & 0 & 0 & -\mathrm{s}\theta_j \\ 0 & 0 & 0 & 0 \\ 0 & 0 & 0 & 0 \end{bmatrix}$，$\boldsymbol{\Delta}_{\alpha_{j-1}} = \begin{bmatrix} 0 & 0 & -\mathrm{s}\theta_j & -d_j\mathrm{s}\theta_j \\ 0 & 0 & -\mathrm{c}\theta_j & -d_j\mathrm{c}\theta_j \\ \mathrm{s}\theta_j & \mathrm{c}\theta_j & 0 & 0 \\ 0 & 0 & 0 & 0 \end{bmatrix}$，$\boldsymbol{\Delta}_{d_j} = \begin{bmatrix} 0 & 0 & 0 & 0 \\ 0 & 0 & 0 & 0 \\ 0 & 0 & 0 & 1 \\ 0 & 0 & 0 & 0 \end{bmatrix}$，$\boldsymbol{\Delta}_{\theta_j} = \begin{bmatrix} 0 & -1 & 0 & 0 \\ 1 & 0 & 0 & 0 \\ 0 & 0 & 0 & 0 \\ 0 & 0 & 0 & 0 \end{bmatrix}$。

将式(3-106)代入式(3-105)，可得

$$\Delta {}^{j-1}_{j}\boldsymbol{T} = {}^{j-1}_{j}\boldsymbol{T}\,{}^{j}\boldsymbol{\Delta} = {}^{j-1}_{j}\boldsymbol{T}(\boldsymbol{\Delta}_{a_{j-1}}\Delta a_{j-1} + \boldsymbol{\Delta}_{\alpha_{j-1}}\Delta\alpha_{j-1} + \boldsymbol{\Delta}_{d_j}\Delta d_j + \boldsymbol{\Delta}_{\theta_j}\Delta\theta_j) \tag{3-107}$$

式(3-107)表示相邻关节位姿误差矩阵与关节运动学误差微分算子的线性关系。

当存在手眼位姿误差 $\Delta^{S}_{B}\boldsymbol{T}$ 时，根据式(2-6)可得手眼位姿误差 $\Delta^{S}_{B}\boldsymbol{T}$ 与微分算子 ${}^{B}\boldsymbol{\Delta}$ 的关系为

$$\Delta^{S}_{B}\boldsymbol{T} = {}^{S}_{B}\boldsymbol{T}\left({}^{B}\boldsymbol{\Delta}\right) \tag{3-108}$$

当同时存在关节位姿误差 $\Delta {}^{j-1}_{j}\boldsymbol{T}$ 与手眼位姿误差 $\Delta^{S}_{B}\boldsymbol{T}$ 时，机器人末端坐标系

$\{E\}$相对视觉传感器坐标系$\{S\}$的位姿为[6]

$$ {}_{E}^{S}\boldsymbol{T} + \Delta {}_{E}^{S}\boldsymbol{T} = \left({}_{B}^{S}\boldsymbol{T} + \Delta {}_{B}^{S}\boldsymbol{T} \right) \prod_{j=1}^{m} \left({}^{j-1}_{j}\boldsymbol{T} + \Delta {}^{j-1}_{j}\boldsymbol{T} \right) \tag{3-109} $$

式中，m 为关节数量。式(3-109)说明位姿误差 $\Delta {}_{E}^{S}\boldsymbol{T}$ 由机器人关节运动学误差和手眼位姿误差共同构成，如图 3-5 所示。

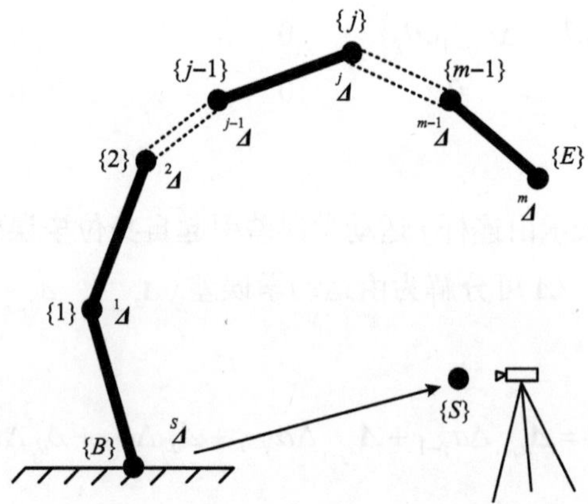

图 3-5　机器人关节运动学误差算子 ${}^{j}\boldsymbol{\Delta}$ 与手眼位姿误差算子 ${}^{S}\boldsymbol{\Delta}$

将式(3-107)和式(3-108)代入式(3-109)，展开并忽略二阶以上微分误差项，可得

$$ \Delta {}_{E}^{S}\boldsymbol{T} = {}_{B}^{S}\boldsymbol{T} \sum_{j=1}^{m} \left({}_{j}^{B}\boldsymbol{T} \left({}^{j}\boldsymbol{\Delta} \right) {}_{m}^{j}\boldsymbol{T} \right) + {}_{B}^{S}\boldsymbol{T} \left({}^{B}\boldsymbol{\Delta} \right) {}_{m}^{B}\boldsymbol{T} \tag{3-110} $$

将位姿误差 $\Delta {}_{E}^{S}\boldsymbol{T}$ 转移到坐标系$\{S\}$，对应微分算子：

$$ \begin{aligned} {}^{S}\boldsymbol{\Delta} &= \left(\Delta {}_{E}^{S}\boldsymbol{T} \right) {}_{E}^{S}\boldsymbol{T}^{-1} = {}_{B}^{S}\boldsymbol{T} \left({}^{B}\boldsymbol{\Delta} \right) {}_{m}^{B}\boldsymbol{T} \, {}_{E}^{S}\boldsymbol{T}^{-1} + {}_{B}^{S}\boldsymbol{T} \sum_{j=1}^{m} \left({}_{j}^{B}\boldsymbol{T} \left({}^{j}\boldsymbol{\Delta} \right) {}_{m}^{j}\boldsymbol{T} \right) {}_{E}^{S}\boldsymbol{T}^{-1} \\ &= \sum_{j=1}^{m} \left({}_{j}^{S}\boldsymbol{T} \left({}^{j}\boldsymbol{\Delta} \right) {}_{S}^{j}\boldsymbol{T} \right) + {}_{B}^{S}\boldsymbol{T} \left({}^{B}\boldsymbol{\Delta} \right) {}_{S}^{B}\boldsymbol{T} \\ &= \sum_{j=1}^{m} \left({}_{j}^{S}\boldsymbol{T} \left(\boldsymbol{\Delta}_{a_{j-1}} \Delta a_{j-1} + \boldsymbol{\Delta}_{\alpha_{j-1}} \Delta \alpha_{j-1} + \boldsymbol{\Delta}_{d_j} \Delta d_j + \boldsymbol{\Delta}_{\theta_j} \Delta \theta_j \right) {}_{S}^{j}\boldsymbol{T} \right) + {}_{B}^{S}\boldsymbol{T} \left({}^{B}\boldsymbol{\Delta} \right) {}_{S}^{B}\boldsymbol{T} \\ &= \sum_{j=1}^{m} \left(\left({}_{j}^{S}\boldsymbol{T} \boldsymbol{\Delta}_{a_{j-1}} {}_{S}^{j}\boldsymbol{T} \right) \Delta a_{j-1} + \left({}_{j}^{S}\boldsymbol{T} \boldsymbol{\Delta}_{\alpha_{j-1}} {}_{S}^{j}\boldsymbol{T} \right) \Delta \alpha_{j-1} + \left({}_{j}^{S}\boldsymbol{T} \boldsymbol{\Delta}_{d_j} {}_{S}^{j}\boldsymbol{T} \right) \Delta d_j \right. \\ &\quad \left. + \left({}_{j}^{S}\boldsymbol{T} \boldsymbol{\Delta}_{\theta_i} {}_{S}^{j}\boldsymbol{T} \right) \Delta \theta_j \right) + {}_{B}^{S}\boldsymbol{T} \left({}^{B}\boldsymbol{\Delta} \right) {}_{S}^{B}\boldsymbol{T} \end{aligned} \tag{3-111} $$

对式(3-111)微分算子取逆算子符($\vee$)操作：

$$
\begin{aligned}
\left({}^{S}\boldsymbol{\Delta}\right)^{\vee} &= \sum_{j=1}^{m}\left(\left({}_{j}^{S}\boldsymbol{T}\boldsymbol{\Delta}_{a_{j-1}}\,{}_{S}^{j}\boldsymbol{T}\right)^{\vee}\Delta a_{j-1}+\left({}_{j}^{S}\boldsymbol{T}\boldsymbol{\Delta}_{\alpha_{j-1}}\,{}_{S}^{j}\boldsymbol{T}\right)^{\vee}\Delta\alpha_{j-1}+\left({}_{j}^{S}\boldsymbol{T}\boldsymbol{\Delta}_{d_j}\,{}_{S}^{j}\boldsymbol{T}\right)^{\vee}\Delta d_j\right.\\
&\quad\left.+\left({}_{j}^{S}\boldsymbol{T}\boldsymbol{\Delta}_{\theta_j}\,{}_{S}^{j}\boldsymbol{T}\right)^{\vee}\Delta\theta_j\right)+\mathrm{Ad}_V\left({}_{B}^{S}\boldsymbol{T}\right)^{B}\boldsymbol{D}\\
&=\sum_{j=1}^{m}\left(\boldsymbol{M}_{a_{j-1}}\Delta a_{j-1}+\boldsymbol{M}_{\alpha_{j-1}}\Delta\alpha_{j-1}+\boldsymbol{M}_{d_j}\Delta d_j+\boldsymbol{M}_{\alpha_{j-1}}\Delta\theta_j\right)+\mathrm{Ad}_V\left({}_{B}^{S}\boldsymbol{T}\right)^{B}\boldsymbol{D}\\
&=\left[\boldsymbol{M}_{a_1}\ \ \cdots\ \ \boldsymbol{M}_{a_{m-1}}\right]\Delta\boldsymbol{a}+\left[\boldsymbol{M}_{\alpha_0}\ \ \cdots\ \ \boldsymbol{M}_{\alpha_{m-1}}\right]\Delta\boldsymbol{\alpha}+\left[\boldsymbol{M}_{d_1}\ \ \cdots\ \ \boldsymbol{M}_{d_m}\right]\Delta\boldsymbol{d}\\
&\quad+\left[\boldsymbol{M}_{\theta_1}\ \ \cdots\ \ \boldsymbol{M}_{\theta_m}\right]\Delta\boldsymbol{\theta}+\mathrm{Ad}_V\left({}_{B}^{S}\boldsymbol{T}\right)^{B}\boldsymbol{D}\\
&=\left[\boldsymbol{M}_a\ \ \boldsymbol{M}_\alpha\ \ \boldsymbol{M}_d\ \ \boldsymbol{M}_\theta\right]\begin{bmatrix}\Delta\boldsymbol{a}\\ \Delta\boldsymbol{\alpha}\\ \Delta\boldsymbol{d}\\ \Delta\boldsymbol{\theta}\end{bmatrix}+\mathrm{Ad}_V\left({}_{B}^{S}\boldsymbol{T}\right)^{B}\boldsymbol{D}\\
&=\left[\boldsymbol{M}_a\ \ \boldsymbol{M}_\alpha\ \ \boldsymbol{M}_d\ \ \boldsymbol{M}_\theta\ \ \mathrm{Ad}_V\left({}_{B}^{S}\boldsymbol{T}\right)\right]\begin{bmatrix}\Delta\boldsymbol{a}\\ \Delta\boldsymbol{\alpha}\\ \Delta\boldsymbol{d}\\ \Delta\boldsymbol{\theta}\\ {}^{B}\boldsymbol{D}\end{bmatrix}\\
&=\boldsymbol{G}_{6\times(4m+6)}\Delta\boldsymbol{q}_{(4m+6)\times 1}
\end{aligned}
\tag{3-112}
$$

式中，${}^{B}\boldsymbol{D}=\left({}^{B}\boldsymbol{\Delta}\right)^{\vee}$ 表示算子 ${}^{B}\boldsymbol{\Delta}$ 对应的位姿误差矢量，即手眼位姿误差。

式(3-112)可简写为

$$
{}^{S}\boldsymbol{D}=\left({}^{S}\boldsymbol{\Delta}\right)^{\vee}=\boldsymbol{G}\Delta\boldsymbol{q}
\tag{3-113}
$$

式中，广义运动学误差$\Delta\boldsymbol{q}$包含关节运动学误差与手眼位姿误差；${}^{S}\boldsymbol{D}$ 为视觉传感器坐标系 $\{S\}$ 下表示的机器人末端位姿误差矢量。

式(3-113)构建了关节运动学误差/手眼位姿误差与机器人末端位姿误差矢量的线性关系。

3.3.3　关节运动学误差与手眼位姿误差辨识

由 ${}^{E}\boldsymbol{p}={}_{E}^{S}\boldsymbol{T}^{-1}\,{}^{S}\boldsymbol{p}$ 得到误差补偿后的特征点坐标：

$$\begin{bmatrix} {}^{E}\boldsymbol{p}+\Delta {}^{E}\boldsymbol{p} \\ 1 \end{bmatrix} = \left({}_{E}^{S}\boldsymbol{T}+\boldsymbol{\Delta}_{S}\,{}_{E}^{S}\boldsymbol{T}\right)^{-1}\begin{bmatrix} {}^{S}\boldsymbol{p} \\ 1 \end{bmatrix} = \left(\begin{bmatrix} {}_{E}^{S}\boldsymbol{R} & {}_{E}^{S}\boldsymbol{t} \\ \boldsymbol{0} & 1 \end{bmatrix} + \begin{bmatrix} \left[{}^{S}\boldsymbol{\delta}\right] & {}^{S}\boldsymbol{d} \\ \boldsymbol{0} & 1 \end{bmatrix}\begin{bmatrix} {}_{E}^{S}\boldsymbol{R} & {}_{E}^{S}\boldsymbol{t} \\ \boldsymbol{0} & 1 \end{bmatrix}\right)^{-1}\begin{bmatrix} {}^{S}\boldsymbol{p} \\ 1 \end{bmatrix}$$
$$= \begin{bmatrix} {}_{E}^{S}\boldsymbol{R}^{\mathrm{T}}\left(\boldsymbol{I}+\left[{}^{S}\boldsymbol{\delta}\right]^{\mathrm{T}}\right) & -{}_{E}^{S}\boldsymbol{R}^{\mathrm{T}}\left(I+\left[{}^{S}\boldsymbol{\delta}\right]^{\mathrm{T}}\right)\left({}_{E}^{S}\boldsymbol{p}+\left[{}^{S}\boldsymbol{\delta}\right]{}_{E}^{S}\boldsymbol{t}+{}^{S}\boldsymbol{d}\right) \\ \boldsymbol{0} & 1 \end{bmatrix}\begin{bmatrix} {}^{S}\boldsymbol{p} \\ 1 \end{bmatrix}$$
$$\approx \begin{bmatrix} {}_{E}^{S}\boldsymbol{R}^{\mathrm{T}}\left(\boldsymbol{I}+\left[{}^{S}\boldsymbol{\delta}\right]^{\mathrm{T}}\right) & -{}_{E}^{S}\boldsymbol{R}^{\mathrm{T}}\left({}_{E}^{S}\boldsymbol{t}+{}^{S}\boldsymbol{d}\right) \\ \boldsymbol{0} & 1 \end{bmatrix}\begin{bmatrix} {}^{S}\boldsymbol{p} \\ 1 \end{bmatrix} \tag{3-114}$$

式(3-114)忽略了二阶微分项$\left[{}^{S}\boldsymbol{\delta}\right]^{\mathrm{T}}\left[{}^{S}\boldsymbol{\delta}\right]$，展开可得

$$\begin{aligned}
{}^{E}\boldsymbol{p}_i+\Delta {}^{E}\boldsymbol{p}_i &= {}_{E}^{S}\boldsymbol{R}_i^{\mathrm{T}}\left(\boldsymbol{I}+\left(\left[{}^{S}\boldsymbol{\delta}\right]^{\mathrm{T}}\right){}^{S}\boldsymbol{p}_i-{}_{E}^{S}\boldsymbol{R}_i^{\mathrm{T}}\left({}_{E}^{S}\boldsymbol{t}_i+{}^{S}\boldsymbol{d}\right)\right) \\
&= {}_{E}^{S}\boldsymbol{R}_i^{\mathrm{T}}\left({}^{S}\boldsymbol{p}_i-{}_{E}^{S}\boldsymbol{t}_i+\left[{}^{S}\boldsymbol{p}_i\right]{}^{S}\boldsymbol{\delta}-{}^{S}\boldsymbol{d}\right) \\
&= {}_{E}^{S}\boldsymbol{R}_i^{\mathrm{T}}\left({}^{S}\boldsymbol{p}_i-{}_{E}^{S}\boldsymbol{t}_i+\left[-\boldsymbol{I}\quad\left[{}^{S}\boldsymbol{p}_i\right]\right]\left[{}^{S}\boldsymbol{d}^{\mathrm{T}}\quad{}^{S}\boldsymbol{\delta}^{\mathrm{T}}\right]^{\mathrm{T}}\right) \\
&= {}_{E}^{S}\boldsymbol{R}_i^{\mathrm{T}}\left({}^{S}\boldsymbol{p}_i-{}_{E}^{S}\boldsymbol{t}_i\right)+{}_{E}^{S}\boldsymbol{R}_i^{\mathrm{T}}\left[-\boldsymbol{I}\quad\left[{}^{S}\boldsymbol{p}_i\right]\right]\left({}^{S}\boldsymbol{D}\right) \\
&= {}^{E}\boldsymbol{p}_i+{}_{E}^{S}\boldsymbol{R}_i^{\mathrm{T}}\left[-\boldsymbol{I}\quad\left[{}^{S}\boldsymbol{p}_i\right]\right]\boldsymbol{G}_i\Delta\boldsymbol{q}={}^{E}\boldsymbol{p}_i+\boldsymbol{K}_i\Delta\boldsymbol{q}
\end{aligned} \tag{3-115}$$

${}^{E}\boldsymbol{p}_i={}_{E}^{S}\boldsymbol{R}_i^{\mathrm{T}}\left({}^{S}\boldsymbol{p}_i-{}_{E}^{S}\boldsymbol{t}_i\right)$由式${}^{S}\boldsymbol{p}_i={}_{E}^{S}\boldsymbol{R}_i\,{}^{E}\boldsymbol{p}_i+{}_{E}^{S}\boldsymbol{t}_i$反算得到。

为提高计算精度，微分算子$\left[{}^{S}\boldsymbol{\delta}\right]$可用公式$\left(\boldsymbol{R}\left({}^{S}\boldsymbol{\delta}\right)-\boldsymbol{I}\right)$代替[3]。由式(3-115)可得特征点的测量误差$\Delta {}^{E}\boldsymbol{p}_i$与广义运动学误差$\Delta\boldsymbol{q}$的线性关系：

$$\Delta {}^{E}\boldsymbol{p}_i=\boldsymbol{K}_i\Delta\boldsymbol{q} \tag{3-116}$$

由于存在运动学误差与手眼位姿误差，两次测量的特征点坐标$\left\{{}^{E}\boldsymbol{p}_i\right\}$并不相等，但补偿后的特征点坐标$\left\{{}^{E}\boldsymbol{p}_i+\Delta {}^{E}\boldsymbol{p}_i\right\}$应相等，即

$$^{E}\boldsymbol{p}_{i1}+\boldsymbol{K}_{i1}\Delta\boldsymbol{q}={}^{E}\boldsymbol{p}_{i2}+\boldsymbol{K}_{i2}\Delta\boldsymbol{q} \tag{3-117}$$

可得$\left(\boldsymbol{K}_{i1}-\boldsymbol{K}_{i2}\right)\Delta\boldsymbol{q}={}^{E}\boldsymbol{p}_{i1}-{}^{E}\boldsymbol{p}_{i2}$，对于$n$（$n\geqslant\lceil(4m+6)/3\rceil$）组测点，有

$$\begin{bmatrix} \boldsymbol{K}_{11}-\boldsymbol{K}_{12} \\ \vdots \\ \boldsymbol{K}_{n1}-\boldsymbol{K}_{n2} \end{bmatrix} \Delta \boldsymbol{q} = \begin{bmatrix} {}^{E}\boldsymbol{p}_{12}-{}^{E}\boldsymbol{p}_{11} \\ \vdots \\ {}^{E}\boldsymbol{p}_{n2}-{}^{E}\boldsymbol{p}_{n1} \end{bmatrix} \tag{3-118}$$

对式(3-118)用伪逆即可求解 $\Delta\boldsymbol{q}$ ，则根据式(3-112)可得关节运动学误差为 $\Delta\boldsymbol{q}$ 的前 $4m$ 项元素，手眼位姿误差 ${}^{B}\boldsymbol{D}$ 为 $\Delta\boldsymbol{q}$ 的后 6 项元素，则校正后的手眼位姿参数：

$${}_{B}^{S}\boldsymbol{T}+\Delta{}_{B}^{S}\boldsymbol{T} = {}_{B}^{S}\boldsymbol{T}+{}_{B}^{S}\boldsymbol{T}{}^{B}\boldsymbol{\varDelta} = {}_{B}^{S}\boldsymbol{T}+{}_{B}^{S}\boldsymbol{T}\left[{}^{B}\boldsymbol{D}\right] \tag{3-119}$$

上述误差辨识方法的特点如下：同时考虑运动学误差($\Delta\boldsymbol{a}, \Delta\boldsymbol{\alpha}, \Delta\boldsymbol{d}, \Delta\boldsymbol{\theta}$)与手眼位姿误差 ${}^{B}\boldsymbol{D}$ 的补偿与校正,可提升手眼位姿参数辨识精度;采集数据可重复利用，3.2.1 节求解手眼位姿参数初值的数据可再次用于本节修正手眼位姿参数与运动学参数；不用跟踪仪即可校正运动学误差，成本低、操作方便。

运动学误差/手眼位姿误差辨识方法的操作步骤如下：①根据 3.3.1 节，在不考虑运动学误差的情况下求解初始手眼位姿参数 ${}_{S}^{B}\boldsymbol{T}$ ；②根据 ${}_{S}^{B}\boldsymbol{T}$ 、$\boldsymbol{q}$ 和 ${}^{S}\boldsymbol{p}_i$ 计算 $\boldsymbol{K}_i$ ；③根据式(3-115)构建$\left\{{}^{E}\boldsymbol{p}_i+\Delta{}^{E}\boldsymbol{p}_i\right\}$，然后根据$\left\{{}^{E}\boldsymbol{p}_i+\Delta{}^{E}\boldsymbol{p}_i\right\}$相等建立线性方程组，用伪逆求解误差 $\Delta\boldsymbol{q}$ ；④根据式(3-105)和 $\Delta\boldsymbol{q}$ 计算 $\Delta{}^{j-1}_{j}\boldsymbol{T}$ ，根据式(3-109)输出校正后的机器人位姿；⑤根据 $\Delta\boldsymbol{q}$ 计算手眼位姿误差 ${}^{B}\boldsymbol{D}$，根据式(3-119)校正手眼位姿参数，为保持与 3.3.1 节的统一，手眼位姿参数表示为 ${}_{S}^{B}\boldsymbol{T}={}_{B}^{S}\boldsymbol{T}^{-1}$ 。

3.4　非标准旋转矩阵的最佳正交化计算

标准旋转矩阵 $\boldsymbol{R}\in SO(3)$ (旋转变换群)为单位正交矩阵，满足$\{\boldsymbol{R}\in\Re^{3\times3}|\boldsymbol{R}\boldsymbol{R}^{\mathrm{T}}=\boldsymbol{I}, \det(\boldsymbol{R})=1\}$，即矩阵 $\boldsymbol{R}$ 的三个单位列向量相互正交。通过式(3-102)、式(3-119)等计算得到的手眼旋转矩阵初值 ${}_{S}^{B}\boldsymbol{R}$ 和校正值 ${}_{S}^{B}\boldsymbol{R}+\Delta{}_{S}^{B}\boldsymbol{R}$ 均是基于最小二乘法获得的逼近值，其三个列向量不满足正交性条件。常用的 Schmidt 单位正交化结果与初始列向量选取相关，因此存在一定的不确定性误差。本节提出一种迭代求解最佳正交矩阵的微分运动法[7]，所得正交矩阵唯一且与初值选取无关，可避免 Schmidt 方法的不确定性误差。该求解方法是一种通用方法(不局限于手眼旋转矩阵)，适用于一般非标准旋转矩阵的正交化，具体步骤如下：

(1)定义最小二乘拟合算法得到旋转矩阵 $\boldsymbol{R}$,用 Schmidt 方法求得 $\boldsymbol{R}$ 的一个初

始正交矩阵 $\boldsymbol{R}_0^{\perp}=\begin{bmatrix} r_{11} & r_{12} & r_{13} \\ r_{21} & r_{22} & r_{23} \\ r_{31} & r_{32} & r_{33} \end{bmatrix}$。

(2)计算 $\boldsymbol{R}_0^{\perp}$ 的欧拉角向量：

$$\boldsymbol{E}=\left[\operatorname{atan2}\left(-r_{21}, r_{11}\right) \quad \operatorname{atan2}\left(-r_{31}, \sqrt{r_{11}^2+r_{21}^2}\right) \quad \operatorname{atan2}\left(-r_{32}, r_{33}\right)\right]^{\mathrm{T}} \tag{3-120}$$

(3)计算原始矩阵 $\boldsymbol{R}$ 与初始正交矩阵 $\boldsymbol{R}_0^{\perp}$ 之间的欧拉角误差 $\Delta\boldsymbol{E}_0$。若从 $\boldsymbol{R}_0^{\perp}$ 到 $\boldsymbol{R}$ 存在微分旋转误差，对应的微分旋转矩阵为 $\boldsymbol{R}_d=\left(\boldsymbol{I}_{3\times3}+\left[\Delta\boldsymbol{E}_0\right]\right)$，则有

$$\boldsymbol{R}=\boldsymbol{R}_d\boldsymbol{R}_0^{\perp}=\left(\boldsymbol{I}_{3\times3}+\left[\Delta\boldsymbol{E}_0\right]\right)\boldsymbol{R}_0^{\perp} \tag{3-121}$$

整理后可得

$$\left[\Delta\boldsymbol{E}_0\right]\boldsymbol{R}_0^{\perp}=\left(\boldsymbol{R}-\boldsymbol{R}_0^{\perp}\right) \tag{3-122}$$

式中，$\boldsymbol{R}_0^{\perp}=\left[\boldsymbol{r}_1 \quad \boldsymbol{r}_2 \quad \boldsymbol{r}_3\right]^{\mathrm{T}}$。

为求解向量 $\Delta\boldsymbol{E}_0$，对式(3-122)向量化(vec)可得线性方程：

$$\boldsymbol{A}_E\left(\Delta\boldsymbol{E}_0\right)=\boldsymbol{b}_E \tag{3-123}$$

式中，$\boldsymbol{b}_E=\operatorname{vec}\left(\left(\boldsymbol{R}_0^{\perp}-\boldsymbol{R}\right)^{\mathrm{T}}\right)$；

$$\boldsymbol{A}_E=\begin{bmatrix} \boldsymbol{0}_{3\times1} & \boldsymbol{r}_3 & -\boldsymbol{r}_2 \\ -\boldsymbol{r}_3 & \boldsymbol{0}_{3\times1} & \boldsymbol{r}_1 \\ \boldsymbol{r}_2 & -\boldsymbol{r}_1 & \boldsymbol{0}_{3\times1} \end{bmatrix}=\begin{bmatrix} 0 & 0 & 0 & -r_{13} & -r_{23} & -r_{33} & r_{12} & r_{22} & r_{32} \\ r_{13} & r_{23} & r_{33} & 0 & 0 & 0 & -r_{11} & -r_{21} & -r_{31} \\ -r_{12} & -r_{22} & -r_{32} & r_{11} & r_{21} & r_{31} & 0 & 0 & 0 \end{bmatrix}^{\mathrm{T}}$$

通过式(3-123)可计算欧拉角误差

$$\Delta\boldsymbol{E}_0=\boldsymbol{A}_E^{+}\boldsymbol{b}_E \tag{3-124}$$

(4)更新欧拉角 $\boldsymbol{E}_1=\left(\boldsymbol{E}_1+\Delta\boldsymbol{E}_0\right)$，计算欧拉角向量 $\boldsymbol{E}_1$ 对应的旋转矩阵 $\boldsymbol{R}_1^{\perp}\left(\boldsymbol{E}_1\right)$，它是通过基本旋转变换所得的旋转矩阵，因此满足 $\boldsymbol{R}_1^{\perp}\in\mathrm{SO}(3)$。

(5)分别用公式 $\boldsymbol{R}_0^{\perp}=\boldsymbol{R}_1^{\perp}$ 和 $\boldsymbol{E}_0=\boldsymbol{E}_1$ 替换旋转矩阵和欧拉角。重复步骤(3)和(4)，直到误差 $\left\|\Delta\boldsymbol{E}_0\right\|$ 小于给定阈值。

由式(3-123)和式(3-124)可知，该正交化方法相当于通过最小二乘法对 9 组估计值($\boldsymbol{R}$ 中的元素)进行拟合，根据最小二乘法的拟合原理，可定义正交矩阵逼

近效果的评价指标：

$$\text{Ave}=\frac{1}{9}\left\|\boldsymbol{b}_E-\boldsymbol{A}_E\left(\Delta E_0\right)\right\|_1=\frac{1}{9}\left\|\text{vec}\left(\boldsymbol{R}^{\perp}-\boldsymbol{R}\right)-\boldsymbol{A}_E\left(\Delta E_0\right)\right\|_1 \tag{3-125}$$

式(3-125)通过 1-范数计算平均误差 Ave，随着迭代次数的增加，误差 ΔE_n 会逐渐趋向于 0，则平均误差 Ave 可表示为

$$\text{Ave}=\frac{1}{9}\left\|\text{vec}\left(\boldsymbol{R}^{\perp}-\boldsymbol{R}\right)\right\|_1 \tag{3-126}$$

此时 Ave 表示原始矩阵 $\boldsymbol{R}$ 与正交矩阵 $\boldsymbol{R}^{\perp}$ 中各元素差的绝对平均值，该指标满足最小二乘法拟合原理的评价准则。

求解旋转矩阵的另一种方法是已知初值 $\boldsymbol{R}_0$，求解 $\boldsymbol{R}_0$ 的误差矩阵对应的微分算子$[\boldsymbol{\delta}]$，可得旋转矩阵为 $\boldsymbol{R}(\boldsymbol{\delta})\boldsymbol{R}_0$。该过程需通过$[\boldsymbol{\delta}]$计算微分旋转矢量 $\boldsymbol{\delta}$，常见的方法是平均值法：定义微分算子 $\boldsymbol{L}=\left\{l_{ij}\right\}=[\boldsymbol{\delta}]$，平均值法的计算结果为 $\boldsymbol{\delta}=\left[\left(l_{32}-l_{23}\right)\ \left(l_{13}-l_{31}\right)\ \left(l_{21}-l_{12}\right)\right]^{\mathrm{T}}/2$，因为通过最小二乘拟合法求解的微分算子 $\boldsymbol{L}$ 并不满足式(2-7)中反对称矩阵的标准格式，如对角线元素$\left(l_{11},l_{22},l_{33}\right)$不一定为 0，因此平均值法并未充分利用 $\boldsymbol{L}$ 中的每个元素，存在舍入误差。求解最佳微分旋转矢量 $\boldsymbol{\delta}^*$ 的具体步骤如下：

(1) 根据平均值法选取初值 $\boldsymbol{\delta}_0$；

(2) 定义 $\boldsymbol{\delta}_0$ 的误差为 $\Delta\boldsymbol{\delta}_0$，根据微分旋转变换存在方程

$$\left(\boldsymbol{I}+\left[\Delta\boldsymbol{\delta}_0\right]\right)\left(\left[\boldsymbol{\delta}_0\right]+\boldsymbol{I}\right)=\boldsymbol{L}+\boldsymbol{I} \tag{3-127}$$

化简后可得

$$\left[\Delta\boldsymbol{\delta}_0\right]\left(\left[\boldsymbol{\delta}_0\right]+\boldsymbol{I}\right)=\boldsymbol{L}-\left[\boldsymbol{\delta}_0\right] \tag{3-128}$$

定义$\left[\boldsymbol{\delta}_0\right]+\boldsymbol{I}=\left[A_{\delta 1}\quad A_{\delta 2}\quad A_{\delta 3}\right]$，将式(3-128)向量化得

$$\boldsymbol{A}_{\delta}\left(\Delta\boldsymbol{\delta}_0\right)=\boldsymbol{b}_{\delta} \tag{3-129}$$

式中，$\boldsymbol{A}_{\delta}=\left[\left[A_{\delta 1}\right]\ \left[A_{\delta 2}\right]\ \left[A_{\delta 3}\right]\right]^{\mathrm{T}}$；$\boldsymbol{b}_{\delta}=\text{vec}\left(\boldsymbol{L}-\left[\boldsymbol{\delta}_0\right]\right)$。

为提高计算精度，$\left[\boldsymbol{\delta}_0\right]+\boldsymbol{I}$ 可用旋转矩阵 $\boldsymbol{R}\left(\boldsymbol{\delta}_0\right)$ 代替，式(3-129)可通过伪逆求解 $\Delta\boldsymbol{\delta}_0$。

(3) 用 $\boldsymbol{\delta}_1=\boldsymbol{\delta}_0+\Delta\boldsymbol{\delta}_0$ 替换 $\boldsymbol{\delta}_0$，继续执行步骤(2)，直到 $\Delta\boldsymbol{\delta}_0$ 收敛至 0 时终止迭代，此时最佳解为 $\boldsymbol{\delta}^*=\boldsymbol{\delta}_1$，旋转矩阵为 $\boldsymbol{R}\left(\boldsymbol{\delta}^*\right)\boldsymbol{R}_0$。根据最小二乘法的拟合原理，

误差矩阵逼近效果的评价指标可定义为平均绝对误差：

$$\mathrm{Ave} = \frac{1}{9}\left\| \boldsymbol{b}_\delta - \boldsymbol{A}_\delta \Delta \boldsymbol{\delta}_0 \right\|_1 = \frac{1}{9}\left\| \mathrm{vec}\left(\boldsymbol{L} - [\boldsymbol{\delta}_0] \right) - \boldsymbol{A}_\delta \Delta \boldsymbol{\delta}_0 \right\|_1 \tag{3-130}$$

当 $\Delta\boldsymbol{\delta}_0$ 收敛至 0 时，有 $\mathrm{Ave} = \frac{1}{9}\left\| \mathrm{vec}\left(\boldsymbol{L} - \left[\boldsymbol{\delta}^* \right] \right) \right\|_1$。

3.5 双机器人协同测量手眼位姿参数辨识

图 3-6 为双机器人测量示意图。双机器人测量(一个机器人夹持工件，另一个机器人夹持视觉传感器)可以增强系统运动的灵活性，控制视觉传感器以较佳测量景深/扫描方向、较小关节变动量完成工件扫描测量，从而提升测点的可信度。

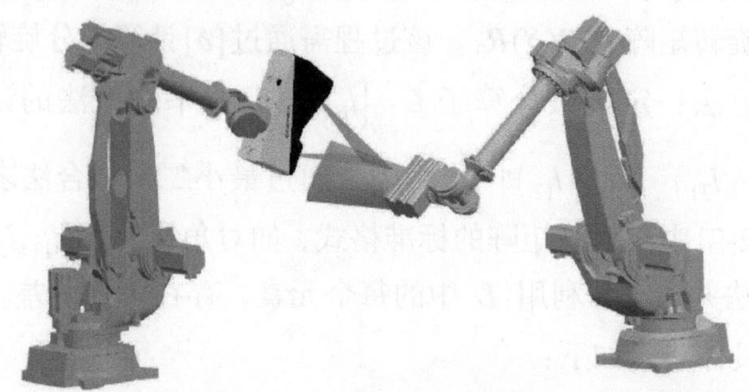

图 3-6 双机器人测量示意图

图 3-7 为双机器人测量系统标定示意图，该系统由两台工业机器人、一个视觉传感器(如扫描仪、相机等)、一个标定物(如标定板、标准球等)组成，视觉传感器和标定物分别与机器人 1 和机器人 2 末端法兰盘固连。双机器人系统协同测量的前提是精确标定出视觉传感器坐标系到机器人 1 末端坐标系的刚体变换矩阵 $\boldsymbol{X}$、机器人 2 基坐标系到机器人 1 基坐标系的刚体变换矩阵 $\boldsymbol{Y}$、标定物坐标系到机器人 2 末端坐标系的刚体变换矩阵 $\boldsymbol{Z}$。

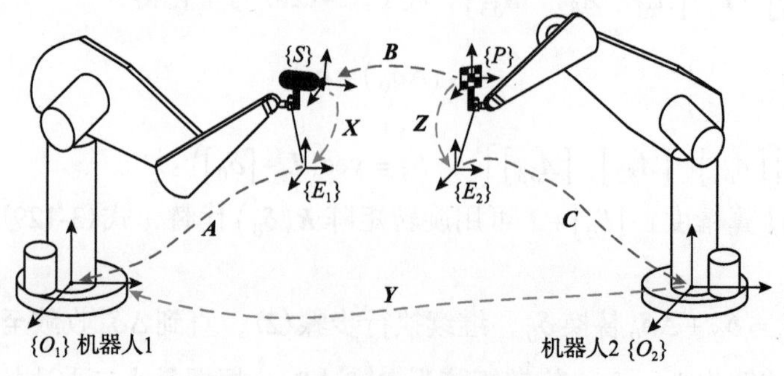

图 3-7 双机器人测量系统标定示意图

设$\{O_1\}$、$\{E_1\}$、$\{S\}$、$\{O_2\}$、$\{E_2\}$、$\{P\}$分别表示机器人 1 的基坐标系、机器人 1 的末端坐标系、视觉传感器坐标系、机器人 2 的基坐标系、机器人 2 的末端坐标系以及标定物坐标系。它们满足如下关系：

$$\boldsymbol{AXB}=\boldsymbol{YCZ} \tag{3-131}$$

式中，$\boldsymbol{X}$、$\boldsymbol{Y}$、$\boldsymbol{Z}$分别表示坐标系$\{S\}$到$\{E_1\}$、$\{O_2\}$到$\{O_1\}$、$\{P\}$到$\{E_2\}$的未知刚体变换矩阵，后文中将其表示为${}_{S}^{E_1}\boldsymbol{T}$、${}_{O_2}^{O_1}\boldsymbol{T}$、${}_{P}^{E_2}\boldsymbol{T}$，它们是待求解的常量矩阵(机器人运动过程位姿不变)；$\boldsymbol{A}$、$\boldsymbol{B}$、$\boldsymbol{C}$分别表示坐标系$\{E_1\}$到$\{O_1\}$、$\{P\}$到$\{S\}$、$\{E_2\}$到$\{O_2\}$的已知刚体变换矩阵，后文中将其表示为${}_{E_1}^{O_1}\boldsymbol{T}$、${}_{P}^{S}\boldsymbol{T}$、${}_{E_2}^{O_2}\boldsymbol{T}$，它们可以从机器人控制器和视觉测量结果中读取。式(3-131)可以分解为

$${}_{E_1}^{O_1}\boldsymbol{R}\,{}_{S}^{E_1}\boldsymbol{R}\,{}_{P}^{S}\boldsymbol{R}={}_{O_2}^{O_1}\boldsymbol{R}\,{}_{E_2}^{O_2}\boldsymbol{R}\,{}_{P}^{E_2}\boldsymbol{R} \tag{3-132}$$

$${}_{E_1}^{O_1}\boldsymbol{R}\,{}_{S}^{E_1}\boldsymbol{R}\,{}_{P}^{S}\boldsymbol{t}+{}_{E_1}^{O_1}\boldsymbol{R}\,{}_{S}^{E_1}\boldsymbol{t}+{}_{E_1}^{O_1}\boldsymbol{t}={}_{O_2}^{O_1}\boldsymbol{R}\,{}_{E_2}^{O_2}\boldsymbol{R}\,{}_{P}^{E_2}\boldsymbol{t}+{}_{O_2}^{O_1}\boldsymbol{R}\,{}_{E_2}^{O_2}\boldsymbol{t}+{}_{O_2}^{O_1}\boldsymbol{t} \tag{3-133}$$

在标定过程中，两台机器人通过变换姿态可得到n组刚体变换矩阵${}_{E_1}^{O_1}\boldsymbol{T}_i$、${}_{P}^{S}\boldsymbol{T}_i$、${}_{E_2}^{O_2}\boldsymbol{T}_i$（$i=1,2,\cdots,n$），将其代入式(3-132)和式(3-133)，可得

$${}_{E_1}^{O_1}\boldsymbol{R}_i\,{}_{S}^{E_1}\boldsymbol{R}\,{}_{P}^{S}\boldsymbol{R}_i={}_{O_2}^{O_1}\boldsymbol{R}\,{}_{E_2}^{O_2}\boldsymbol{R}_i\,{}_{P}^{E_2}\boldsymbol{R} \tag{3-134}$$

$${}_{E_1}^{O_1}\boldsymbol{R}_i\,{}_{S}^{E_1}\boldsymbol{R}\,{}_{P}^{S}\boldsymbol{t}_i+{}_{E_1}^{O_1}\boldsymbol{R}_i\,{}_{S}^{E_1}\boldsymbol{t}+{}_{E_1}^{O_1}\boldsymbol{t}_i={}_{O_2}^{O_1}\boldsymbol{R}\,{}_{E_2}^{O_2}\boldsymbol{R}_i\,{}_{P}^{E_2}\boldsymbol{t}+{}_{O_2}^{O_1}\boldsymbol{R}\,{}_{E_2}^{O_2}\boldsymbol{t}_i+{}_{O_2}^{O_1}\boldsymbol{t} \tag{3-135}$$

式中，${}_{E_1}^{O_1}\boldsymbol{R}_i$、${}_{P}^{S}\boldsymbol{R}_i$、${}_{E_2}^{O_2}\boldsymbol{R}_i$、${}_{E_1}^{O_1}\boldsymbol{t}_i$、${}_{P}^{S}\boldsymbol{t}_i$、${}_{E_2}^{O_2}\boldsymbol{t}_i$表示标定过程中第$i(i=1,2,\cdots,n)$组机器人姿态所对应的旋转矩阵和平移矢量。

因此，求解式(3-131)中$\boldsymbol{X}$、$\boldsymbol{Y}$、$\boldsymbol{Z}$等价于求解式(3-134)和式(3-135)中的${}_{S}^{E_1}\boldsymbol{R}$、${}_{O_2}^{O_1}\boldsymbol{R}$、${}_{P}^{E_2}\boldsymbol{R}$、${}_{S}^{E_1}\boldsymbol{t}$、${}_{O_2}^{O_1}\boldsymbol{t}$、${}_{P}^{E_2}\boldsymbol{t}$。

下面分别介绍两种求解方法[8]，一种为封闭求解法，另一种为迭代求解法。封闭求解法计算速度快，但易受噪声干扰，计算结果可作为迭代求解法的初值，从而提升迭代求解的收敛速度和收敛稳定性。

1. 封闭求解法

首先求解旋转矩阵${}_{S}^{E_1}\boldsymbol{R}$、${}_{O_2}^{O_1}\boldsymbol{R}$、${}_{P}^{E_2}\boldsymbol{R}$，对式(3-132)两边分别取向量化算子(按列向量化)，得到

$$\mathrm{vec}\left({}_{E_1}^{O_1}\boldsymbol{R}\,{}_{S}^{E_1}\boldsymbol{R}\,{}_{P}^{S}\boldsymbol{R}\right)=\mathrm{vec}\left({}_{O_2}^{O_1}\boldsymbol{R}\,{}_{E_2}^{O_2}\boldsymbol{R}\,{}_{P}^{E_2}\boldsymbol{R}\right) \tag{3-136}$$

对式(3-136)两侧分别展开可得

$$\mathrm{vec}\left({}_{E_1}^{O_1}\boldsymbol{R}\,{}_{S}^{E_1}\boldsymbol{R}\,{}_{P}^{S}\boldsymbol{R}\right)=\left({}_{P}^{S}\boldsymbol{R}^{\mathrm{T}}\otimes{}_{E_1}^{O_1}\boldsymbol{R}\right)\mathrm{vec}\left({}_{S}^{E_1}\boldsymbol{R}\right) \tag{3-137}$$

$$\mathrm{vec}\left({}_{O_2}^{O_1}\boldsymbol{R}\,{}_{E_2}^{O_2}\boldsymbol{R}\,{}_{P}^{E_2}\boldsymbol{R}\right)=\left({}_{P}^{E_2}\boldsymbol{R}^{\mathrm{T}}\otimes{}_{O_2}^{O_1}\boldsymbol{R}\right)\mathrm{vec}\left({}_{E_2}^{O_2}\boldsymbol{R}\right) \tag{3-138}$$

注意，式(3-138)中${}_{P}^{E_2}\boldsymbol{R}$与${}_{O_2}^{O_1}\boldsymbol{R}$之间存在耦合关系，为避免耦合非线性问题的直接求解，定义

$$\boldsymbol{M}_{AB}={}_{P}^{S}\boldsymbol{R}^{\mathrm{T}}\otimes{}_{E_1}^{O_1}\boldsymbol{R}\Big|_{9\times9},\quad \boldsymbol{m}_X=\mathrm{vec}\left({}_{S}^{E_1}\boldsymbol{R}\right)\Big|_{9\times1} \tag{3-139}$$

$$\boldsymbol{M}_C=\begin{bmatrix}\mathrm{vec}\left({}_{E_2}^{O_2}\boldsymbol{R}\right)^{\mathrm{T}} & & \boldsymbol{0}\\ & \ddots & \\ \boldsymbol{0} & & \mathrm{vec}\left({}_{E_2}^{O_2}\boldsymbol{R}\right)^{\mathrm{T}}\end{bmatrix}_{9\times81},\quad \boldsymbol{m}_{YZ}=\mathrm{vec}\left({}_{P}^{E_2}\boldsymbol{R}^{\mathrm{T}}\otimes{}_{O_2}^{O_1}\boldsymbol{R}\right)\Big|_{81\times1} \tag{3-140}$$

式中，$\boldsymbol{M}\big|_{a\times b}$中矩阵的行数和列数分别为$a$和$b$。那么，式(3-136)等价于

$$\begin{bmatrix}\boldsymbol{M}_{AB} & -\boldsymbol{M}_C\end{bmatrix}\begin{bmatrix}\boldsymbol{m}_X^{\mathrm{T}} & \boldsymbol{m}_{YZ}^{\mathrm{T}}\end{bmatrix}^{\mathrm{T}}=\boldsymbol{0} \tag{3-141}$$

定义

$$\boldsymbol{M}_{ABC}=\begin{bmatrix}\boldsymbol{M}_{AB} & -\boldsymbol{M}_C\end{bmatrix}_{9\times90},\quad \boldsymbol{m}_{XYZ}=\begin{bmatrix}\boldsymbol{m}_X^{\mathrm{T}} & \boldsymbol{m}_{YZ}^{\mathrm{T}}\end{bmatrix}_{90\times1}^{\mathrm{T}} \tag{3-142}$$

则式(3-141)等价于

$$\boldsymbol{M}_{ABC}\boldsymbol{m}_{XYZ}=\boldsymbol{0} \tag{3-143}$$

变换双机器人姿态得到n组刚体变换矩阵${}_{E_1}^{O_1}\boldsymbol{T}_i$、${}_{P}^{S}\boldsymbol{T}_i$、${}_{E_2}^{O_2}\boldsymbol{T}_i$（$i=1,2,\cdots,n$）。定义

$$\tilde{\boldsymbol{M}}_{ABC}=\begin{bmatrix}\boldsymbol{M}_{ABC,1}; & \boldsymbol{M}_{ABC,2}; & \cdots; & \boldsymbol{M}_{ABC,n}\end{bmatrix}_{9n\times90} \tag{3-144}$$

式(3-143)转化为

$$\tilde{\boldsymbol{M}}_{ABC}\boldsymbol{m}_{XYZ}=\boldsymbol{0} \tag{3-145}$$

因此，式(3-134)非线性求解问题转化为式(3-145)线性求解问题。当$n<10$时，

$\tilde{\boldsymbol{M}}_{ABC}$不是列满秩矩阵,式(3-145)有无数组解;当$n=10$且$\tilde{\boldsymbol{M}}_{ABC}$为列满秩矩阵时,式(3-145)有且仅有零解；当$n>10$且$\tilde{\boldsymbol{M}}_{ABC}$为列满秩矩阵时，式(3-145)为超定方程，拥有除零解以外的一个最小二乘解。考虑旋转矩阵${}^{E_1}_{S}\boldsymbol{R}$、${}^{O_1}_{O_2}\boldsymbol{R}$、${}^{E_2}_{P}\boldsymbol{R}$都是标准正交矩阵，满足如下条件：

$$\boldsymbol{m}_{XYZ}^{\mathrm{T}}\boldsymbol{m}_{XYZ}=\left\|\boldsymbol{m}_{XYZ}\right\|^2=12 \tag{3-146}$$

为避免出现零解的情况，将式(3-146)作为约束代入式(3-145)，可得

$$\min_{\text{s.t. }\left\|\boldsymbol{m}_{XYZ}\right\|=2\sqrt{3}} f\left(\boldsymbol{m}_{XYZ}\right)=\boldsymbol{m}_{XYZ}^{\mathrm{T}}\tilde{\boldsymbol{M}}_{ABC}^{\mathrm{T}}\tilde{\boldsymbol{M}}_{ABC}\boldsymbol{m}_{XYZ} \tag{3-147}$$

注意到$\tilde{\boldsymbol{M}}_{ABC}^{\mathrm{T}}\tilde{\boldsymbol{M}}_{ABC}$是Hermitian(厄米)矩阵，可建立瑞利熵函数[9]：

$$R\left(\boldsymbol{m}_{XYZ}\right)=\frac{\boldsymbol{m}_{XYZ}^{\mathrm{T}}\tilde{\boldsymbol{M}}_{ABC}^{\mathrm{T}}\tilde{\boldsymbol{M}}_{ABC}\boldsymbol{m}_{XYZ}}{\boldsymbol{m}_{XYZ}^{\mathrm{T}}\boldsymbol{m}_{XYZ}}=\frac{f\left(\boldsymbol{m}_{XYZ}\right)}{\left\|\boldsymbol{m}_{XYZ}\right\|^2}=\frac{f\left(\boldsymbol{m}_{XYZ}\right)}{12} \tag{3-148}$$

根据min-max定理[10]，瑞利熵函数$R\left(\boldsymbol{m}_{XYZ}\right)$应满足：

$$\lambda_{\min}\leqslant R\left(\boldsymbol{m}_{XYZ}\right)\leqslant\lambda_{\max} \tag{3-149}$$

式中，$\lambda_{\min}$和$\lambda_{\max}$分别为矩阵$\tilde{\boldsymbol{M}}_{ABC}^{\mathrm{T}}\tilde{\boldsymbol{M}}_{ABC}$的最小和最大特征值。

将式(3-149)代入式(3-148)，可得

$$\min f\left(\boldsymbol{m}_{XYZ}\right)=\boldsymbol{m}_{XYZ}^{\mathrm{T}}\tilde{\boldsymbol{M}}_{ABC}^{\mathrm{T}}\tilde{\boldsymbol{M}}_{ABC}\boldsymbol{m}_{XYZ}=12\lambda_{\min} \tag{3-150}$$

对$\tilde{\boldsymbol{M}}_{ABC}^{\mathrm{T}}\tilde{\boldsymbol{M}}_{ABC}$进行奇异值分解并代入式(3-150)，可得

$$\frac{\boldsymbol{m}_{XYZ}^{\mathrm{T}}\boldsymbol{V}_{ABC}\boldsymbol{\Sigma}_{ABC}^{\mathrm{T}}\boldsymbol{U}_{ABC}^{\mathrm{T}}\boldsymbol{U}_{ABC}\boldsymbol{\Sigma}_{ABC}\boldsymbol{V}_{ABC}^{\mathrm{T}}\boldsymbol{m}_{XYZ}}{12}=\frac{\boldsymbol{m}_{XYZ}^{\mathrm{T}}\boldsymbol{V}_{ABC}\boldsymbol{\Sigma}_{ABC}^{\mathrm{T}}\boldsymbol{\Sigma}_{ABC}\boldsymbol{V}_{ABC}^{\mathrm{T}}\boldsymbol{m}_{XYZ}}{12}=\lambda_{\min} \tag{3-151}$$

式中，$\boldsymbol{\Sigma}_{ABC}$为$9n\times90$的矩阵，其对角线元素由矩阵$\tilde{\boldsymbol{M}}_{ABC}^{\mathrm{T}}\tilde{\boldsymbol{M}}_{ABC}$的特征值按降序排列,其他元素为0;矩阵$\boldsymbol{U}_{ABC}$为$9n\times9n$的正交矩阵,其每一列由矩阵$\tilde{\boldsymbol{M}}_{ABC}\tilde{\boldsymbol{M}}_{ABC}^{\mathrm{T}}$的特征向量组成；矩阵$\boldsymbol{V}_{ABC}$为$90\times90$的正交矩阵，其每一列由矩阵$\tilde{\boldsymbol{M}}_{ABC}\tilde{\boldsymbol{M}}_{ABC}^{\mathrm{T}}$的特征向量组成。设最小特征值$\lambda_{\min}$对应的单位特征向量为$\boldsymbol{v}_{\min}$，且有$\boldsymbol{x}=\boldsymbol{V}_{ABC}^{\mathrm{T}}\boldsymbol{m}_{XYZ}$，则式(3-151)转化为

$$\left\|\boldsymbol{\Sigma}_{ABC}\boldsymbol{x}\right\|^2 = \boldsymbol{x}^{\mathrm{T}}\begin{bmatrix} \lambda_{\max} & \cdots & 0 \\ \vdots & & \vdots \\ 0 & \cdots & \lambda_{\min} \\ \vdots & & \vdots \\ 0 & \cdots & 0 \end{bmatrix}\boldsymbol{x} = 12\lambda_{\min} \tag{3-152}$$

求解可得 $\boldsymbol{x} = \begin{bmatrix} 0 & 0 & \cdots & 2\sqrt{3} \end{bmatrix}^{\mathrm{T}}$，则 $\boldsymbol{m}_{XYZ}$ 可表示为

$$\boldsymbol{m}_{XYZ} = \boldsymbol{V}_{ABC}\boldsymbol{x} = 2\sqrt{3}\boldsymbol{v}_{\min} \tag{3-153}$$

由式(3-153)可知，$\boldsymbol{m}_{XYZ}$ 为矩阵 $\tilde{\boldsymbol{M}}_{ABC}^{\mathrm{T}}\tilde{\boldsymbol{M}}_{ABC}$ 最小特征值对应的单位特征向量 $\boldsymbol{v}_{\min}$ 的 $2\sqrt{3}$ 倍，可直接根据矩阵 $\tilde{\boldsymbol{M}}_{ABC}^{\mathrm{T}}\tilde{\boldsymbol{M}}_{ABC}$ 进行求解。根据式(3-154)～式(3-157)，$\boldsymbol{m}_{XYZ}$ 与矩阵 ${}_{S}^{E_1}\boldsymbol{R}$、${}_{P}^{E_2}\boldsymbol{R}$、${}_{O_2}^{O_1}\boldsymbol{R}$ 的关系为

$$\begin{aligned} {}_{S}^{E_1}\boldsymbol{R} &= \operatorname{unvec}\left(\boldsymbol{m}_{XYZ}\big|_{1:9}\right) \\ \left({}_{P}^{E_2}\boldsymbol{R} \otimes {}_{O_2}^{O_1}\boldsymbol{R}^{\mathrm{T}}\right)^{\mathrm{T}} &= \operatorname{unvec}\left(\boldsymbol{m}_{XYZ}\big|_{10:90}\right) \end{aligned} \tag{3-154}$$

式中，unvec(·) 表示 vec(·) 的逆运算，它将一个列向量转化为矩阵。

注意，根据式(3-154)可直接求解 ${}_{S}^{E_1}\boldsymbol{R}$，但 ${}_{O_2}^{O_1}\boldsymbol{R}$、${}_{P}^{E_2}\boldsymbol{R}$ 之间存在耦合关系，无法根据式(3-154)直接求解。为了求解 ${}_{O_2}^{O_1}\boldsymbol{R}$、${}_{P}^{E_2}\boldsymbol{R}$，式(3-132)可转化为

$$\begin{aligned} {}_{E_1}^{O_1}\boldsymbol{R}^{\mathrm{T}}\,{}_{O_2}^{O_1}\boldsymbol{R}\,{}_{E_2}^{O_2}\boldsymbol{R} &= {}_{S}^{E_1}\boldsymbol{R}\,{}_{P}^{S}\boldsymbol{R}\,{}_{P}^{E_2}\boldsymbol{R}^{\mathrm{T}} \\ {}_{E_2}^{O_2}\boldsymbol{R}\,{}_{P}^{E_2}\boldsymbol{R}\,{}_{P}^{S}\boldsymbol{R}^{\mathrm{T}} &= {}_{O_2}^{O_1}\boldsymbol{R}^{\mathrm{T}}\,{}_{E_1}^{O_1}\boldsymbol{R}\,{}_{S}^{E_1}\boldsymbol{R} \end{aligned} \tag{3-155}$$

显然式(3-155)中的 ${}_{O_2}^{O_1}\boldsymbol{R}$、${}_{P}^{E_2}\boldsymbol{R}$，形式上等价于式(3-132)中的 ${}_{S}^{E_1}\boldsymbol{R}$，因此可通过重复上述过程分别求解 ${}_{O_2}^{O_1}\boldsymbol{R}$、${}_{P}^{E_2}\boldsymbol{R}$。

接下来根据已求解的旋转矩阵 ${}_{S}^{E_1}\boldsymbol{R}$、${}_{O_2}^{O_1}\boldsymbol{R}$、${}_{P}^{E_2}\boldsymbol{R}$，计算平移矢量 ${}_{S}^{E_1}\boldsymbol{t}$、${}_{O_2}^{O_1}\boldsymbol{t}$、${}_{P}^{E_2}\boldsymbol{t}$。式(3-133)可表示为

$$\boldsymbol{J}\boldsymbol{t} = \boldsymbol{b} \tag{3-156}$$

式中，$\boldsymbol{J} = \begin{bmatrix} {}_{E_1}^{O_1}\boldsymbol{R} & -\boldsymbol{I} & -{}_{O_2}^{O_1}\boldsymbol{R}\,{}_{E_2}^{O_2}\boldsymbol{R} \end{bmatrix}$；$\boldsymbol{t} = \begin{bmatrix} {}_{S}^{E_1}\boldsymbol{t}^{\mathrm{T}} & {}_{O_2}^{O_1}\boldsymbol{t}^{\mathrm{T}} & {}_{P}^{E_2}\boldsymbol{t}^{\mathrm{T}} \end{bmatrix}^{\mathrm{T}}$；$\boldsymbol{b} = {}_{O_2}^{O_1}\boldsymbol{R}\,{}_{E_2}^{O_2}\boldsymbol{t} - {}_{E_1}^{O_1}\boldsymbol{t} - {}_{E_1}^{O_1}\boldsymbol{R}\,{}_{S}^{E_1}\boldsymbol{R}\,{}_{P}^{S}\boldsymbol{t}$。

对于n组机器人姿态，存在

$$\tilde{\boldsymbol{J}}\boldsymbol{t} = \tilde{\boldsymbol{b}} \tag{3-157}$$

式中，$\tilde{\boldsymbol{J}} = \begin{bmatrix} \boldsymbol{J}_1^{\mathrm{T}} & \boldsymbol{J}_2^{\mathrm{T}} & \cdots & \boldsymbol{J}_n^{\mathrm{T}} \end{bmatrix}^{\mathrm{T}}$；$\tilde{\boldsymbol{b}} = \begin{bmatrix} \boldsymbol{b}_1^{\mathrm{T}} & \boldsymbol{b}_2^{\mathrm{T}} & \cdots & \boldsymbol{b}_n^{\mathrm{T}} \end{bmatrix}^{\mathrm{T}}$。

那么，平移分量$\boldsymbol{t}$可通过式(3-158)进行求解：

$$\boldsymbol{t} = \left(\tilde{\boldsymbol{J}}^{\mathrm{T}}\tilde{\boldsymbol{J}}\right)^{-1}\tilde{\boldsymbol{J}}^{\mathrm{T}}\tilde{\boldsymbol{b}} \tag{3-158}$$

值得注意的是，当${}^{E_1}_{S}\boldsymbol{R}$、${}^{O_1}_{O_2}\boldsymbol{R}$、${}^{E_2}_{P}\boldsymbol{R}$中的任意两个乘以–1 时，式(3-134)仍然成立，例如，有

$$\begin{aligned}
&{}^{O_1}_{E_1}\boldsymbol{R}_i\left(-{}^{E_1}_{S}\boldsymbol{R}\right){}^{S}_{P}\boldsymbol{R}_i = \left(-{}^{O_1}_{O_2}\boldsymbol{R}\right){}^{O_2}_{E_2}\boldsymbol{R}_i\,{}^{E_2}_{P}\boldsymbol{R} \\
&{}^{O_1}_{E_1}\boldsymbol{R}_i\,{}^{E_1}_{S}\boldsymbol{R}\,{}^{S}_{P}\boldsymbol{R}_i = \left(-{}^{O_1}_{O_2}\boldsymbol{R}\right){}^{O_2}_{E_2}\boldsymbol{R}_i\left(-{}^{E_2}_{P}\boldsymbol{R}\right) \\
&{}^{O_1}_{E_1}\boldsymbol{R}_i\left(-{}^{E_1}_{S}\boldsymbol{R}\right){}^{S}_{P}\boldsymbol{R}_i = {}^{O_1}_{O_2}\boldsymbol{R}\,{}^{O_2}_{E_2}\boldsymbol{R}_i\left(-{}^{E_2}_{P}\boldsymbol{R}\right)
\end{aligned} \tag{3-159}$$

这时计算得到的平移分量会偏离真实值，从而导致式(3-131)不成立。

为避免这一情况，定义残余误差e：

$$e = \left\| {}^{O_1}_{E_1}\boldsymbol{T}\,{}^{E_1}_{S}\boldsymbol{T}\,{}^{S}_{P}\boldsymbol{T} - {}^{O_1}_{O_2}\boldsymbol{T}\,{}^{O_2}_{E_2}\boldsymbol{T}\,{}^{E_2}_{P}\boldsymbol{T} \right\|_F \tag{3-160}$$

式中，$\|\cdot\|_F$表示矩阵 Frobenius(弗罗贝尼乌斯)范数。

通过改变旋转矩阵${}^{E_1}_{S}\boldsymbol{R}$、${}^{O_1}_{O_2}\boldsymbol{R}$、${}^{E_2}_{P}\boldsymbol{R}$的符号找到使残余误差$e$最小的符号组合，并将正确的旋转矩阵${}^{E_1}_{S}\boldsymbol{R}$、${}^{O_1}_{O_2}\boldsymbol{R}$、${}^{E_2}_{P}\boldsymbol{R}$代入式(3-158)计算${}^{E_1}_{S}\boldsymbol{t}$、${}^{O_1}_{O_2}\boldsymbol{t}$、${}^{E_2}_{P}\boldsymbol{t}$，完成双机器人测量系统未知刚体变换矩阵的求解。

封闭求解法无须反复迭代，计算速度快，但存在两个问题：

(1)易受噪声影响，其计算误差随噪声的增大会迅速增大；

(2)旋转矩阵和平移矢量是分步进行求解的，这意味着旋转矩阵的计算误差将被引入平移矢量的计算过程中，存在误差累积问题。

封闭求解法可快速计算出未知刚体变换矩阵的初始值，用于提升后续迭代计算的收敛速度和稳定性。为了获得更加精确的系统标定结果，接下来介绍旋转矩阵和平移矢量同步求解的迭代计算方法。

2. 迭代求解法

对于n组机器人姿态，求解式(3-134)和式(3-135)等价于求解如下目标函数：

$$\begin{aligned}&\min g\left({}_{S}^{E_1}\boldsymbol{R},\ {}_{O_2}^{O_1}\boldsymbol{R},\ {}_{P}^{E_2}\boldsymbol{R},\ {}_{S}^{E_1}\boldsymbol{t},\ {}_{O_2}^{O_1}\boldsymbol{t},\ {}_{P}^{E_2}\boldsymbol{t}\right)\\&=\frac{1}{n}\sum_{i=1}^{n}\left(\left\|{}_{E_1}^{O_1}\boldsymbol{R}_i\,{}_{S}^{E_1}\boldsymbol{R}\,{}_{P}^{S}\boldsymbol{R}_i-{}_{O_2}^{O_1}\boldsymbol{R}\,{}_{E_2}^{O_2}\boldsymbol{R}_i\,{}_{P}^{E_2}\boldsymbol{R}\right\|_F^2\right.\\&\left.+\left\|{}_{E_1}^{O_1}\boldsymbol{R}\,{}_{S}^{E_1}\boldsymbol{R}\,{}_{P}^{S}\boldsymbol{t}+{}_{E_1}^{O_1}\boldsymbol{R}\,{}_{S}^{E_1}\boldsymbol{t}+{}_{E_1}^{O_1}\boldsymbol{t}-{}_{O_2}^{O_1}\boldsymbol{R}\,{}_{E_2}^{O_2}\boldsymbol{R}\,{}_{P}^{E_2}\boldsymbol{t}-{}_{O_2}^{O_1}\boldsymbol{R}\,{}_{E_2}^{O_2}\boldsymbol{t}-{}_{O_2}^{O_1}\boldsymbol{t}\right\|^2\right)\\&\text{s.t.}\ {}_{S}^{E_1}\boldsymbol{R}\,{}_{S}^{E_1}\boldsymbol{R}^{\mathrm{T}}=\boldsymbol{I},\quad {}_{O_2}^{O_1}\boldsymbol{R}\,{}_{O_2}^{O_1}\boldsymbol{R}^{\mathrm{T}}=\boldsymbol{I},\quad {}_{P}^{E_2}\boldsymbol{R}\,{}_{P}^{E_2}\boldsymbol{R}^{\mathrm{T}}=\boldsymbol{I}\end{aligned}\tag{3-161}$$

式中，$\left\|{}_{E_1}^{O_1}\boldsymbol{R}_i\,{}_{S}^{E_1}\boldsymbol{R}\,{}_{P}^{S}\boldsymbol{R}_i-{}_{O_2}^{O_1}\boldsymbol{R}\,{}_{E_2}^{O_2}\boldsymbol{R}_i\,{}_{P}^{E_2}\boldsymbol{R}\right\|_F^2$ 表示式(3-134)的残余误差项，$\left\|{}_{E_1}^{O_1}\boldsymbol{R}\,{}_{S}^{E_1}\boldsymbol{R}\,{}_{P}^{S}\boldsymbol{t}+{}_{E_1}^{O_1}\boldsymbol{R}\,{}_{S}^{E_1}\boldsymbol{t}+{}_{E_1}^{O_1}\boldsymbol{t}-{}_{O_2}^{O_1}\boldsymbol{R}\,{}_{E_2}^{O_2}\boldsymbol{R}\,{}_{P}^{E_2}\boldsymbol{t}-{}_{O_2}^{O_1}\boldsymbol{R}\,{}_{E_2}^{O_2}\boldsymbol{t}-{}_{O_2}^{O_1}\boldsymbol{t}\right\|^2$ 表示式(3-135)的残余误差项，$i=1,2,\cdots,n$。

上述带约束条件的优化问题难以直接求解，下面采用拉格朗日松弛方法将带约束优化问题转化为无约束优化问题：

$$\begin{aligned}&\min f\left({}_{S}^{E_1}\boldsymbol{R},\ {}_{O_2}^{O_1}\boldsymbol{R},\ {}_{P}^{E_2}\boldsymbol{R},\ {}_{S}^{E_1}\boldsymbol{t},\ {}_{O_2}^{O_1}\boldsymbol{t},\ {}_{P}^{E_2}\boldsymbol{t}\right)\\&=\frac{1}{n}\sum_{i=1}^{n}\left(\mu_1\left\|{}_{E_1}^{O_1}\boldsymbol{R}_i\,{}_{S}^{E_1}\boldsymbol{R}\,{}_{P}^{S}\boldsymbol{R}_i-{}_{O_2}^{O_1}\boldsymbol{R}\,{}_{E_2}^{O_2}\boldsymbol{R}_i\,{}_{P}^{E_2}\boldsymbol{R}\right\|_F^2\right.\\&+\mu_2\left\|{}_{E_1}^{O_1}\boldsymbol{R}\,{}_{S}^{E_1}\boldsymbol{R}\,{}_{P}^{S}\boldsymbol{t}+{}_{E_1}^{O_1}\boldsymbol{R}\,{}_{S}^{E_1}\boldsymbol{t}+{}_{E_1}^{O_1}\boldsymbol{t}-{}_{O_2}^{O_1}\boldsymbol{R}\,{}_{E_2}^{O_2}\boldsymbol{R}\,{}_{P}^{E_2}\boldsymbol{t}-{}_{O_2}^{O_1}\boldsymbol{R}\,{}_{E_2}^{O_2}\boldsymbol{t}-{}_{O_2}^{O_1}\boldsymbol{t}\right\|^2\\&\left.+\mu_3\left\|{}_{S}^{E_1}\boldsymbol{R}\,{}_{S}^{E_1}\boldsymbol{R}^{\mathrm{T}}-\boldsymbol{I}\right\|_F^2+\mu_4\left\|{}_{O_2}^{O_1}\boldsymbol{R}\,{}_{O_2}^{O_1}\boldsymbol{R}^{\mathrm{T}}-\boldsymbol{I}\right\|_F^2+\mu_5\left\|{}_{P}^{E_2}\boldsymbol{R}\,{}_{P}^{E_2}\boldsymbol{R}^{\mathrm{T}}-\boldsymbol{I}\right\|_F^2\right)\end{aligned}\tag{3-162}$$

式中，$\left\|{}_{S}^{E_1}\boldsymbol{R}\,{}_{S}^{E_1}\boldsymbol{R}^{\mathrm{T}}-\boldsymbol{I}\right\|_F^2$、$\left\|{}_{O_2}^{O_1}\boldsymbol{R}\,{}_{O_2}^{O_1}\boldsymbol{R}^{\mathrm{T}}-\boldsymbol{I}\right\|_F^2$、$\left\|{}_{P}^{E_2}\boldsymbol{R}\,{}_{P}^{E_2}\boldsymbol{R}^{\mathrm{T}}-\boldsymbol{I}\right\|_F^2$ 表示惩罚项，可使旋转矩阵趋于正交化；μ_1、μ_2、μ_3、μ_4、μ_5 表示权重系数。

为简化表达，将式(3-162)中的各项分别定义为

$$\begin{cases}\boldsymbol{E}_1={}_{E_1}^{O_1}\boldsymbol{R}_i\,{}_{S}^{E_1}\boldsymbol{R}\,{}_{P}^{S}\boldsymbol{R}_i-{}_{O_2}^{O_1}\boldsymbol{R}\,{}_{E_2}^{O_2}\boldsymbol{R}_i\,{}_{P}^{E_2}\boldsymbol{R}\\\boldsymbol{E}_2={}_{E_1}^{O_1}\boldsymbol{R}\,{}_{S}^{E_1}\boldsymbol{R}\,{}_{P}^{S}\boldsymbol{t}+{}_{E_1}^{O_1}\boldsymbol{R}\,{}_{S}^{E_1}\boldsymbol{t}+{}_{E_1}^{O_1}\boldsymbol{t}-{}_{O_2}^{O_1}\boldsymbol{R}\,{}_{E_2}^{O_2}\boldsymbol{R}\,{}_{P}^{E_2}\boldsymbol{t}-{}_{O_2}^{O_1}\boldsymbol{R}\,{}_{E_2}^{O_2}\boldsymbol{t}-{}_{O_2}^{O_1}\boldsymbol{t}\\\boldsymbol{E}_3={}_{S}^{E_1}\boldsymbol{R}\,{}_{S}^{E_1}\boldsymbol{R}^{\mathrm{T}}-\boldsymbol{I},\quad \boldsymbol{E}_4={}_{O_2}^{O_1}\boldsymbol{R}\,{}_{O_2}^{O_1}\boldsymbol{R}^{\mathrm{T}}-\boldsymbol{I},\quad \boldsymbol{E}_5={}_{P}^{E_2}\boldsymbol{R}\,{}_{P}^{E_2}\boldsymbol{R}^{\mathrm{T}}-\boldsymbol{I}\end{cases}\tag{3-163}$$

将式(3-163)代入式(3-162)，可得

$$
\begin{aligned}
&\min f\left({}_{S}^{E_1}\boldsymbol{R}, {}_{O_2}^{O_1}\boldsymbol{R}, {}_{P}^{E_2}\boldsymbol{R}, {}_{S}^{E_1}\boldsymbol{t}, {}_{O_2}^{O_1}\boldsymbol{t}, {}_{P}^{E_2}\boldsymbol{t}\right) \\
&=\frac{1}{n}\sum_{i=1}^{n}\left(\mu_1\left\|\boldsymbol{E}_1\right\|_F^2+\mu_2\left\|\boldsymbol{E}_2\right\|^2+\mu_3\left\|\boldsymbol{E}_3\right\|_F^2+\mu_4\left\|\boldsymbol{E}_4\right\|_F^2+\mu_5\left\|\boldsymbol{E}_5\right\|_F^2\right) \\
&=\frac{1}{n}\sum_{i=1}^{n}\left(\mu_1\operatorname{tr}\left(\boldsymbol{E}_1^{\mathrm{T}}\boldsymbol{E}_1\right)+\mu_2\boldsymbol{E}_2^{\mathrm{T}}\boldsymbol{E}_2+\mu_3\operatorname{tr}\left(\boldsymbol{E}_3^{\mathrm{T}}\boldsymbol{E}_3\right)+\mu_4\operatorname{tr}\left(\boldsymbol{E}_4^{\mathrm{T}}\boldsymbol{E}_4\right)+\mu_5\operatorname{tr}\left(\boldsymbol{E}_5^{\mathrm{T}}\boldsymbol{E}_5\right)\right) \\
&=\frac{1}{n}\sum_{i=1}^{n}f_i\left({}_{S}^{E_1}\boldsymbol{R}, {}_{O_2}^{O_1}\boldsymbol{R}, {}_{T}^{E_2}\boldsymbol{R}, {}_{S}^{E_1}\boldsymbol{t}, {}_{O_2}^{O_1}\boldsymbol{t}, {}_{T}^{E_2}\boldsymbol{t}\right)
\end{aligned}
\tag{3-164}
$$

式中，$\operatorname{tr}(\cdot)$ 表示矩阵的迹。

注意到矩阵的 Frobenius 范数和向量的 2-范数在各自定义域内都是严格凸函数，它们的和显然也是严格凸函数，式(3-131)中的非线性求解问题被转化为式(3-164)中的严格凸优化求解问题。目标函数(3-164)同时考虑了误差项和惩罚项，其中残余误差项可实现旋转矩阵和平移矢量的同步优化，避免了测量系统标定过程中误差的累积效应，惩罚项使得旋转矩阵趋于标准正交矩阵，因此采用该目标函数可以获得较高的标定精度。

很多凸优化算法可用于式(3-164)中严格凸优化目标函数求解，如梯度下降(gradient descent, GD)算法、随机梯度下降(stochastic gradient descent, SGD)算法、随机方差下降梯度(stochastic variance reduced gradient, SVRG)算法等，其中 SVRG 算法计算量小，对于严格凸函数最优化问题求解时具有较好的收敛速度，因此本书选用 SVRG 算法对目标函数进行求解。针对式(3-164)，GD 算法的一个基本迭代步骤可表示为

$$
\boldsymbol{V}_{t+1}=\boldsymbol{V}_t-\eta_t\nabla_{\boldsymbol{V}_t}g\left(\boldsymbol{V}_t\right) \tag{3-165}
$$

式中，$\boldsymbol{V}_t=\left[{}_{S}^{E_1}\boldsymbol{R}_t \quad {}_{O_2}^{O_1}\boldsymbol{R}_t \quad {}_{T}^{E_2}\boldsymbol{R}_t \quad {}_{S}^{E_1}\boldsymbol{t}_t \quad {}_{O_2}^{O_1}\boldsymbol{t}_t \quad {}_{T}^{E_2}\boldsymbol{t}_t\right]_{3\times12}$ 表示第 t 次迭代时的待求自变量矩阵；$\eta_t>0$ 表示迭代步长；$\nabla_{\boldsymbol{V}_t}g\left(\boldsymbol{V}_t\right)$ 表示式(3-164)在 $\boldsymbol{V}_t$ 处的梯度函数。

SVRG 算法求解时需要确定迭代步长 η_t 和梯度函数 $\nabla_{\boldsymbol{V}_t}g\left(\boldsymbol{V}_t\right)$。

迭代步长 η_t 的选取对迭代效率和稳定性具有重要影响。为找到合适的迭代步长，Tan 等[11]在 2016 年提出了 SVRG-BB(BB 是 Barzilai-Borwein 的缩写)算法，并证明了采用该算法的迭代步长可使得严格凸优化问题的求解达到线性收敛速度，其表现可比拟或优于采用最优固定步长的 SVRG 算法，但仅适应自变量为标量或向量的情况。对应本书自变量为 3×12 的矩阵，修正后的迭代步长 η_t 可表示为

$$
\eta_t=\left\|\boldsymbol{V}_t-\boldsymbol{V}_{t-1}\right\|_F^2\Big/\left\|\left(\boldsymbol{V}_t-\boldsymbol{V}_{t-1}\right)^{\mathrm{T}}\left(\nabla_{\boldsymbol{V}_t}g\left(\boldsymbol{V}_t\right)-\nabla_{\boldsymbol{V}_{t-1}}g\left(\boldsymbol{V}_{t-1}\right)\right)\right\|_F \tag{3-166}
$$

目标函数(3-164)的梯度表达式可根据矩阵方程的求导法则推演得到：

$$\nabla_v g(v)=\frac{\partial g(v)}{\partial v} \tag{3-167}$$

求解式(3-164)中目标函数的算法流程如算法 3-1 所示，其中自变量的初值$\tilde{\boldsymbol{V}}_0$采用封闭式方法求解的结果，其他输入参数包括权重系数μ_1、μ_2、μ_3、μ_4、μ_5，更新频率s，初始迭代步长η_0，以及最大迭代次数o。最终通过该算法可计算出目标函数(3-164)的最优解$\boldsymbol{V}^*$。

算法 3-1　基于 SVRG 的目标函数迭代求解算法

输入： 初值$\tilde{\boldsymbol{V}}_0$，权重系数μ_1、μ_2、μ_3、μ_4、μ_5，更新频率s，初始迭代步长η_0，最大迭代次数o

输出： 最优值$\boldsymbol{V}^*$

---

for $t=0,1,\cdots,o$ do

$$\nabla_{\tilde{V}_t} g(\tilde{\boldsymbol{V}}_t)=\frac{1}{n}\sum_{i=1}^{n}\nabla_{\tilde{V}_t} g_i(\tilde{\boldsymbol{V}}_t)$$

if $t>0$ then

$$\eta_t=\frac{1}{s}\|\boldsymbol{V}_t-\boldsymbol{V}_{t-1}\|^2 \Big/ \left\|(\boldsymbol{V}_t-\boldsymbol{V}_{t-1})^{\mathrm{T}}\left(\nabla_{V_t} g(\boldsymbol{V}_t)-\nabla_{V_{t-1}} g(\boldsymbol{V}_{t-1})\right)\right\|$$

end if

$\boldsymbol{V}_0=\tilde{\boldsymbol{V}}_t$

for $k=0,1,\cdots,s-1$

Randomly pick $i_k\in\{1,2,\cdots,n\}$

$$\boldsymbol{V}_{k+1}=\boldsymbol{V}_k-\eta_t\left(\nabla_{V_k} g_{i_k}(\boldsymbol{V}_k)-\nabla_{\tilde{V}_t} g_{i_k}(\tilde{\boldsymbol{V}}_t)+\nabla_{\tilde{V}_t} g(\tilde{\boldsymbol{V}}_t)\right)$$

end for

$\tilde{\boldsymbol{V}}_{t+1}=\boldsymbol{V}_s$

end for

$\boldsymbol{V}^*=\tilde{\boldsymbol{V}}_{t+1}$

3.6　手眼位姿参数辨识实验验证

以上介绍了多种手眼位姿参数辨识方法，并给出了详细的计算过程，下面通过实验重点讨论 3.3 节考虑关节运动学误差补偿的手眼位姿参数辨识方法和 3.5 节双机器人协同测量手眼位姿参数辨识方法的优劣性。

3.6.1　考虑误差补偿的手眼位姿参数辨识实验

六自由度关节机器人名义运动学参数如表 3-1 所示，将球形靶标刚性固接在机器人末端，以球心作为手眼位姿参数辨识的特征点。所用视觉传感器为线激光位移传感器，传感器投射线激光到球上会生成一条圆弧状的二维测点，对测点进行圆弧拟合，根据圆弧半径和球半径即可计算球心位置。变换机器人的姿态，测量得到 40 组球心数据，每组包括（${}_E^B\boldsymbol{T}_{i1}$，${}^S\boldsymbol{p}_{i1}$）和（${}_E^B\boldsymbol{T}_{i2}$，${}^S\boldsymbol{p}_{i2}$），根据式(3-99)可计算矩阵 $\boldsymbol{M}_i$，然后根据式(3-101)和式(3-102)可求解手眼位姿参数初值：

$$
{}_B^S\boldsymbol{T}_0=\begin{bmatrix}0.989994 & 0.1392368 & 0.022895 & -1036.4696\\ -0.018769 & -0.030873 & 0.999347 & -1546.252\\ 0.139852 & -0.989778 & -0.02795 & 1537.0817\\ 0 & 0 & 0 & 1\end{bmatrix}
$$

表 3-1　机器人名义运动学参数

关节序号	a_{j-1}/mm	α_{j-1}/rad	d_j/mm	θ_j/rad	θ_j 范围/rad
1	0	0	630	0	$-\pi\sim\pi$
2	600	$-\pi/2$	0	$-\pi/2$	$-0.2222\pi\sim0.8889\pi$
3	1280	0	0	0	$-\pi\sim0.3889\pi$
4	200	$-\pi/2$	1592	π	$-1.6667\pi\sim1.6667\pi$
5	0	$-\pi/2$	0	0	$-0.6667\pi\sim0.6667\pi$
6	0	$\pi/2$	200	0	$-2\pi\sim2\pi$

将初值 ${}_B^S\boldsymbol{T}_0$、测量值 $\left\{\left({}_E^B\boldsymbol{T}_{i1},\ {}^S\boldsymbol{p}_{i1}\right),\ \left({}_E^B\boldsymbol{T}_{i2},\ {}^S\boldsymbol{p}_{i2}\right)\right\}$ 与机器人名义运动学参数代入式(3-118)和式(3-119)，可计算表 3-2 中 24 个运动学误差值和 6 个手眼位姿误差值 ${}^B\boldsymbol{D}=[0.1430\text{mm}\quad 0.9352\text{mm}\quad 0.8467\text{mm}\quad -0.0019\text{rad}\quad 0.0014\text{rad}\quad 0.0023\text{rad}]^{\mathrm{T}}$，则

$$
{}^B\boldsymbol{\Delta}=\begin{bmatrix}0 & -0.0023 & 0.0014 & 0.1430\\ 0.0023 & 0 & 0.0019 & 0.9352\\ -0.0014 & -0.0019 & 0 & 0.8467\\ 0 & 0 & 0 & 0\end{bmatrix}
$$

$$
{}_B^S\boldsymbol{T}=\begin{bmatrix}0.990283 & 0.136911 & 0.024546 & -1036.1785\\ -0.020239 & -0.032728 & 0.999262 & 1545.4377\\ 0.137615 & -0.990046 & -0.029635 & 1536.1524\\ 0 & 0 & 0 & 1\end{bmatrix}
$$

表 3-2 运动学误差值

关节序号	Δa_{j-1}/mm	$\Delta\alpha_{j-1}$/rad	Δd_j/mm	$\Delta\theta_j$/rad
1	0.0006	–0.0017	0.3310	–0.0035
2	0.2187	0.0036	0.0024	0.0000
3	0.6428	0.0001	0.0000	0.0015
4	0.1279	0.0028	0.4710	0.0023
5	0.0001	0.0003	0.0010	–0.0007
6	0.0016	–0.0018	0.2042	0.0102

将微分算子 ${}^{B}\boldsymbol{\Delta}$ 与初值 ${}_{B}^{S}\boldsymbol{T}_0$ 代入式(3-110)，可计算位姿补偿值 $\Delta {}_{E}^{S}\boldsymbol{T}$ 。利用式(3-114)将 40 组球心坐标(${}^{S}\boldsymbol{p}_{i1}, {}^{S}\boldsymbol{p}_{i2}$)还原到机器人末端坐标系{$E$}下，得到球心坐标的平均值为 ${}^{E}\boldsymbol{p}_{\text{cpt}}=[-32.192 \quad 16.560 \quad 367.707]^{\text{T}}$(mm)，并将圆弧测点数据还原到机器人末端坐标系{E}下，通过拟合得到球直径为 $\bar{d}_{\text{cpt}}=59.953\text{mm}$，拟合偏差为

$$e=\left|\bar{d}_{\text{cpt}}-d_{\text{give}}\right|=0.047\text{mm},\quad e_{\max+}=0.193\text{mm},\quad e_{\max-}=-0.155\text{mm},\quad e_{\text{std}}=0.025\text{mm}$$

式中，标准直径 $d_{\text{give}}=60\text{mm}$。

补偿前的球心位置 ${}^{E}\boldsymbol{p}'=[-32.189 \quad 16.647 \quad 367.747]^{\text{T}}$(mm)，拟合直径 $\bar{d}_{\text{uncpt}}=60.1493\text{mm}$，对应偏差为

$$e'=\left|\bar{d}_{\text{uncpt}}-d_{\text{give}}\right|=0.149\text{mm},\quad e'_{\max+}=0.922\text{mm},\quad e'_{\max-}=-0.993\text{mm},\quad e'_{\text{std}}=0.078\text{mm}$$

可见考虑关节运动学误差补偿后的测点距离与直径偏差均有所减小。下面进一步与文献[12]提出的手眼位姿参数辨识方法进行对比。设特征点坐标 ${}^{E}\boldsymbol{p}=[-35.000 \quad 17.000 \quad 360.000]^{\text{T}}$(mm)，手眼位姿参数中的欧拉角和平移矢量分别为 $[-91 \quad -8 \quad -1]^{\text{T}}$(°)和 $[-1036 \quad -1545 \quad 1536]^{\text{T}}$(mm)。随机生成 100 组机器人位姿数据 $\varPi_1=\left\{{}^{S}\boldsymbol{p}_{i1}\right\},\varPi_2=\left\{{}^{S}\boldsymbol{p}_{i2}\right\}$, i=1,2,⋯, 100，根据文献[12]要求，每组 ${}_{E}^{B}\boldsymbol{T}_{i1}$ 和 ${}_{E}^{B}\boldsymbol{T}_{i2}$ 应具有相同的姿态和不同的位置。根据公式 ${}^{S}\boldsymbol{p}_{i1}={}_{B}^{S}\boldsymbol{T}\,{}_{E}^{B}\boldsymbol{T}_{i1}\,{}^{E}\boldsymbol{p}$ 和 ${}^{S}\boldsymbol{p}_{i2}={}_{B}^{S}\boldsymbol{T}\,{}_{E}^{B}\boldsymbol{T}_{i2}\,{}^{E}\boldsymbol{p}$ 生成 100 组测点 $\varPi_1=\left\{{}^{S}\boldsymbol{p}_{i1}\right\},\varPi_2=\left\{{}^{S}\boldsymbol{p}_{i2}\right\}$，考虑关节运动学误差补偿，得到 100 组误差补偿后的机器人位姿 $\varGamma_1'$ 和 $\varGamma_2'$。最后根据机器人位姿和手眼位姿参数还原特征点位置，结果如表 3-3 所示，其中文献[12]方法和本书所提方法得到的标准球位置偏差分别为 0.264mm 和 0.067mm。

下面对实验中计算得到的旋转变换矩阵进行正交化，该矩阵为

$$\boldsymbol{R}=\begin{bmatrix} 0.99951 & 0.00291 & 0.03132 \\ 0.02823 & -0.00707 & -0.99958 \\ -0.00268 & 0.99997 & -0.00716 \end{bmatrix}$$

表 3-3　两种手眼位姿参数辨识方法对应的特征点位置偏差（单位：mm）

坐标值	理论值	文献[12]方法	本书所提方法
x	–35.000	–35.101	–34.956
y	17.000	17.244	16.948
z	360.000	360.016	360.006
位置偏差	—	**0.264**	**0.067**

矩阵 $\boldsymbol{R}$ 不完全满足标准旋转矩阵的两个基本性质：行列式为 1 和各列向量相互正交。现采用 3.4 节的微分迭代法对旋转矩阵 $\boldsymbol{R}$ 进行最佳正交化处理。首先采用 Schmidt 正交化计算得到两个不同的初始正交矩阵：

$$\boldsymbol{R}_{10}^{\perp}=\begin{bmatrix}0.99951 & 0.00291 & 0.02822\\ 0.02823 & -0.00707 & -0.99967\\ -0.00271 & 0.99997 & -0.00715\end{bmatrix},\quad \boldsymbol{R}_{20}^{\perp}=\begin{bmatrix}0.99941 & 0.00288 & 0.03132\\ 0.03133 & -0.00707 & -0.99948\\ -0.00266 & 0.99997 & -0.00716\end{bmatrix}$$

用本节所提微分运动法迭代求解旋转变换矩阵，计算的欧拉角如表 3-4 所示。

表 3-4　旋转变换矩阵最佳正交化计算结果　（单位：rad）

迭代次数	解 1（对应 $\boldsymbol{R}_{10}^{\perp}$）			解 2（对应 $\boldsymbol{R}_{20}^{\perp}$）		
	γ	β	α	γ	β	α
0	1.577946	0.002709	0.028237	1.577956	0.002658	0.031342
1	1.577951	0.002684	0.029789	1.577950	0.002684	0.029789
2	1.577951	0.002684	0.029789	1.577951	0.002684	0.029789
3	1.577951	0.002684	0.029789	1.577951	0.002684	0.029789

虽然初始欧拉角不同，但通过 3 次迭代的欧拉角趋向于统一的 $\boldsymbol{E}^{*}=[1.577951\quad 0.002684\quad 0.029789]^{\mathrm{T}}$(rad)，$\boldsymbol{E}^{*}$对应的最佳正交矩阵为

$$\boldsymbol{R}_{\perp}^{*}=\begin{bmatrix}0.99955 & 0.00290 & 0.029765\\ 0.02978 & -0.00707 & -0.99953\\ -0.00268 & 0.99997 & -0.00715\end{bmatrix}$$

3.6.2　双机器人测量手眼位姿参数辨识实验

如图 3-8 所示，采用两台 ABB IRB 1600 机器人搭建双机器人协同测量系统，两台机器人的运动学参数由机器人厂商提供，双机器人测量系统待求解的变换矩

阵如表 3-5 所示。仿真实验中，权重系数 μ_1、μ_2、μ_3、μ_4、μ_5 分别设定为 1、0.001、1、1、1，更新频率 s 设定为 3，初始迭代步长 η_0 设定为 0.1，在配置为 i7-6700HQ CPU 2.60GHz 和 16GB DDR4 RAM 的计算机上运行。

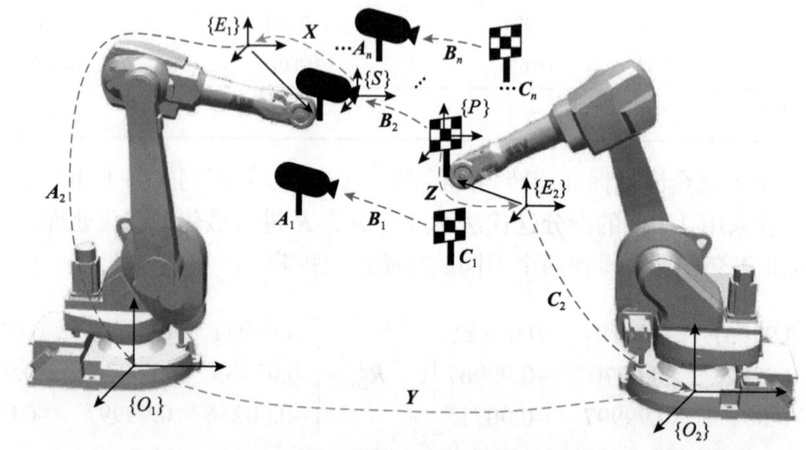

图 3-8　双机器人仿真实验示意图

表 3-5　仿真实验中双机器人测量系统待求解的变换矩阵设定值

变换矩阵	设定值
${}^{E_1}_{S}\boldsymbol{T}$	$\begin{bmatrix}\mathrm{Rot}\left([0\quad 0\quad 0]^{\mathrm{T}},\pi/2\right) & [0\quad 0\quad 300]^{\mathrm{T}}\\ \mathbf{0} & 1\end{bmatrix}$
${}^{O_1}_{O_2}\boldsymbol{T}$	$\begin{bmatrix}\mathrm{Rot}\left([0\quad 0\quad 1]^{\mathrm{T}},\pi\right) & [0\quad 0\quad 2000]^{\mathrm{T}}\\ \mathbf{0} & 1\end{bmatrix}$
${}^{E_2}_{P}\boldsymbol{T}$	$\begin{bmatrix}\mathrm{Rot}\left([0\quad 0\quad 1]^{\mathrm{T}},\pi/2\right) & [0\quad 0\quad 200]^{\mathrm{T}}\\ \mathbf{0} & 1\end{bmatrix}$

1. 样本数据生成

仿真实验中 ${}^{O_1}_{E_1}\boldsymbol{T}$ 和 ${}^{O_2}_{E_2}\boldsymbol{T}$ 的样本数据通过在机器人运动范围内随机变换机器人姿态生成，将标定物不在视觉传感器景深范围内的无效机器人姿态剔除，得到 $n(n=20,40,\cdots,300)$ 组理想的样本数据 ${}^{O_1}_{E_1}\boldsymbol{T}_{0i}$ 和 ${}^{O_2}_{E_2}\boldsymbol{T}_{0i}(i=1,2,\cdots,n)$，样本数据 ${}^{S}_{P}\boldsymbol{T}_{0i}(i=1,2,\cdots,n)$ 可通过式(3-131)计算得到。为模拟实际标定过程，需要对所生成的样本数据添加噪声，添加方法如下：

$$\begin{aligned}\boldsymbol{R}_i&=\boldsymbol{R}_{0i}\mathrm{Rot}\left(\boldsymbol{k}_r,\mathrm{rand}(0\sim\theta)\right)\\ \boldsymbol{t}_i&=\boldsymbol{t}_{0i}+[\mathrm{rand}(-l\sim l)\quad \mathrm{rand}(-l\sim l)\quad \mathrm{rand}(-l\sim l)]^{\mathrm{T}}\end{aligned}\tag{3-168}$$

式中，$\boldsymbol{k}_r$ 表示绕过原点的任一旋转轴单位向量；rand 表示随机取值函数；θ 和 l 分别表示旋转矩阵噪声和平移矩阵噪声的上边界。如表 3-6 所示，根据上边界的大小，噪声被划分为“低水平”、“中水平”、“高水平”三种情况，通过对初始样本数据 ${}_{E_1}^{O_1}\boldsymbol{T}_{0i}$ 、${}_{P}^{S}\boldsymbol{T}_{0i}$ 、${}_{E_2}^{O_2}\boldsymbol{T}_{0i}$ 添加噪声，得到本实验使用的样本数据 ${}_{E_1}^{O_1}\boldsymbol{T}_i$ 、${}_{P}^{S}\boldsymbol{T}_i$ 、${}_{E_2}^{O_2}\boldsymbol{T}_i(i=1,2,\cdots,n)$ 。

表 3-6　噪声水平设定值

噪声水平	边界值
低水平	$\theta=0.1°$，$l=0.1\text{mm}$
中水平	$\theta=0.3°$，$l=0.3\text{mm}$
高水平	$\theta=0.8°$，$l=0.8\text{mm}$

2. 样本数量对比实验

在仿真实验中，为对比所提方法与其他方法计算结果的误差，定义旋转矩阵和平移矢量的计算误差分别为

$$e_R=\left\|\bar{\boldsymbol{R}}\hat{\boldsymbol{R}}^{\mathrm{T}}-\boldsymbol{I}\right\|,\quad e_t=\left\|\bar{\boldsymbol{t}}-\hat{\boldsymbol{t}}\right\| \tag{3-169}$$

式中，$\bar{\boldsymbol{R}}$ 和 $\hat{\boldsymbol{R}}$ 分别表示旋转矩阵的理论值和计算值；$\bar{\boldsymbol{t}}$ 和 $\hat{\boldsymbol{t}}$ 分别表示平移矢量的理论值和计算值。

下面通过仿真实验对比四种双机器人标定方法在低、中、高三种噪声水平下计算误差随样本数量 n 的变化情况(在每个样本数量下均重复 10 次实验取平均值)，具体包括所提封闭求解法、分步标定法、所提迭代求解法与 Wu 等[5]方法。封闭求解法的计算结果将作为迭代求解法和 Wu 等方法的初始值。Wu 等方法首先迭代求解旋转矩阵 ${}_{S}^{E_1}\boldsymbol{R}$ 、${}_{O_2}^{O_1}\boldsymbol{R}$ 、${}_{P}^{E_2}\boldsymbol{R}$ ，然后将旋转矩阵计算结果代入式(3-135)求解平移矢量 ${}_{S}^{E_1}\boldsymbol{t}$ 、${}_{O_2}^{O_1}\boldsymbol{t}$ 、${}_{P}^{E_2}\boldsymbol{t}$ 。分步标定法为前述 $\boldsymbol{AX}=\boldsymbol{XB}$ 和 $\boldsymbol{AX}=\boldsymbol{ZB}$ 求解方法的组合，首先令机器人 2 姿态不变，改变机器人 1 的姿态，生成样本数据并代入 $\boldsymbol{AX}=\boldsymbol{XB}$ 求解，计算手眼矩阵 ${}_{S}^{E_1}\boldsymbol{T}$ (注意这里 $\boldsymbol{A}$ 、$\boldsymbol{B}$ 矩阵与前文中提到的 $\boldsymbol{A}$ 、$\boldsymbol{B}$ 矩阵不同)，然后保持机器人 1 不动，改变机器人 2 的姿态生成样本数据，并代入 $\boldsymbol{AX}=\boldsymbol{XB}$ 求解，计算待求矩阵 ${}_{O_2}^{O_1}\boldsymbol{T}$ 和 ${}_{P}^{E_2}\boldsymbol{T}$ 。

仿真实验结果如图 3-9～图 3-11 所示，结果表明四种方法的旋转矩阵和平移矢量计算误差都会随样本数量的增大而减小，当样本数量超过 100 以后误差变化趋于稳定。所提迭代求解法的旋转矩阵和平移矢量误差在低、中、高噪声水平下都是最小的，Wu 等方法次之，分步求解方法第二大，封闭求解法的误差在四种

方法中最大。其中 Wu 等方法的旋转矩阵 ${}^{E_1}_{S}\boldsymbol{R}(\boldsymbol{R}_X)$、${}^{O_1}_{O_2}\boldsymbol{R}(\boldsymbol{R}_Y)$、${}^{E_2}_{P}\boldsymbol{R}(\boldsymbol{R}_Z)$ 计算误差比所提迭代求解法略大，而平移矢量 ${}^{O_1}_{O_2}\boldsymbol{t}(\boldsymbol{t}_Y)$（与两机器人基坐标系距离有关）计算误差比所提方法显著增大，这是由于所提标定方法实现了旋转矩阵和平移矢量的同步求解，避免了计算平移矢量时引入旋转矩阵的计算误差。

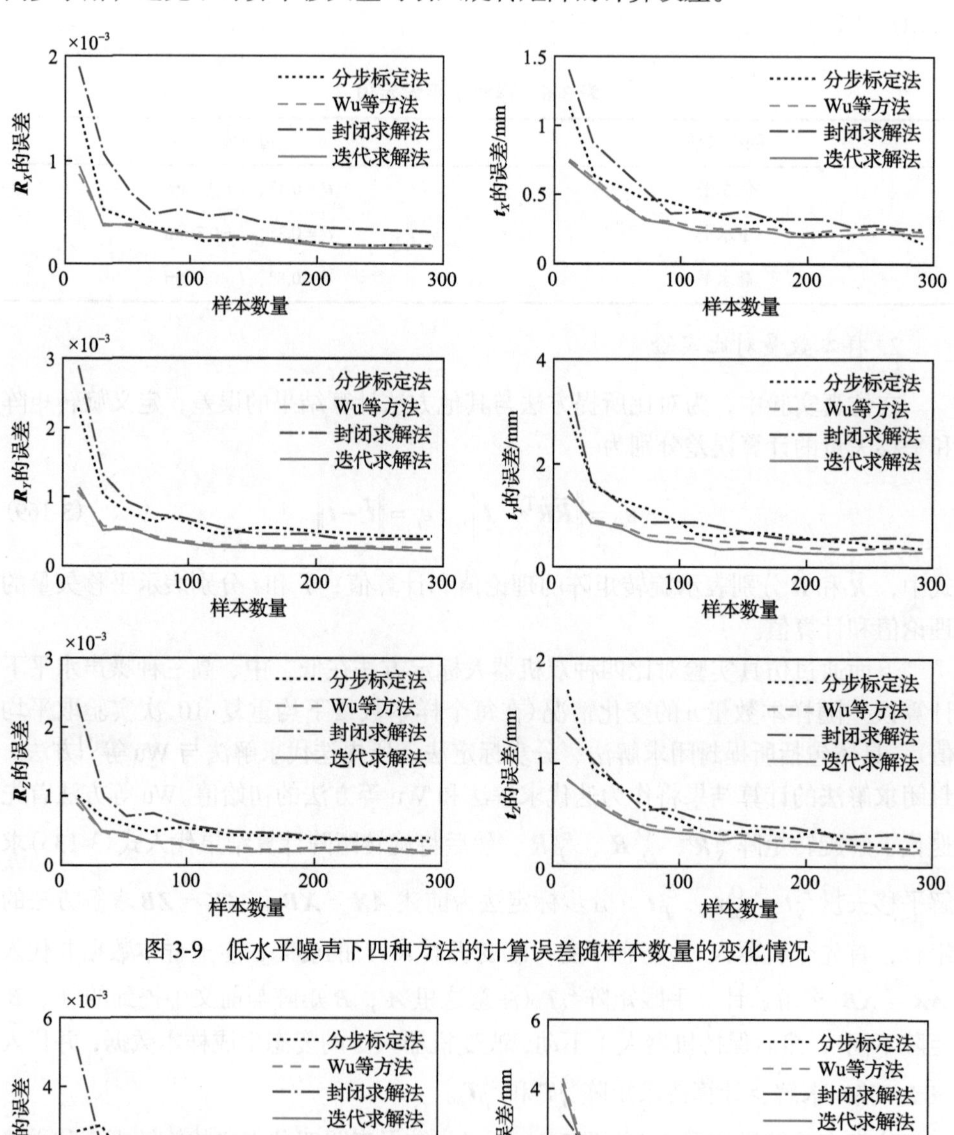

图 3-9　低水平噪声下四种方法的计算误差随样本数量的变化情况

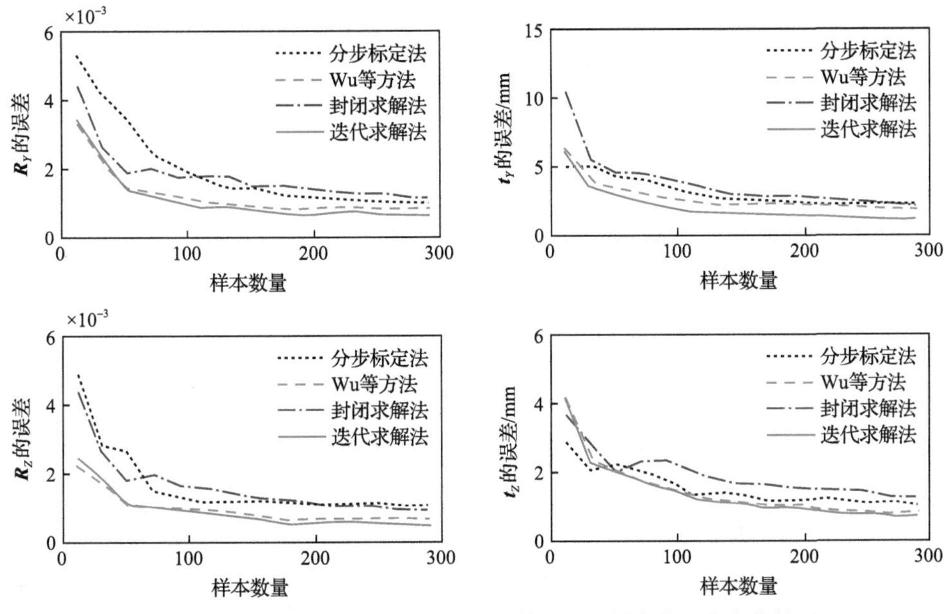

图 3-10　中水平噪声下四种方法的计算误差随样本数量的变化情况

3. 迭代次数对比实验

为对比所提迭代求解法和 Wu 等方法迭代计算过程计算误差随迭代次数的变化情况和计算耗时情况，生成 200 组具有中水平噪声的样本数据，分别代入两种求解方法，且采用封闭求解法计算结果作为两种方法的初始值。在每个迭代次数下均重复 10 次实验计算误差均值，计算结果如图 3-12 所示。对于旋转矩阵和平移矢量，两种方法达到收敛的迭代次数基本一致，约 30 次迭代后达到收敛，但所提迭代求解法的计算误差小于 Wu 等方法的计算误差。值得注意的是，达到收敛后 Wu 等方法的计算误差随迭代次数增加出现波动，而迭代求解法稳定收敛在最优值处，这是因为 Wu 等方法采用泰勒级数展开的一阶近似作为迭代系数，引入了截断误差，导致标定误差产生放大效应。

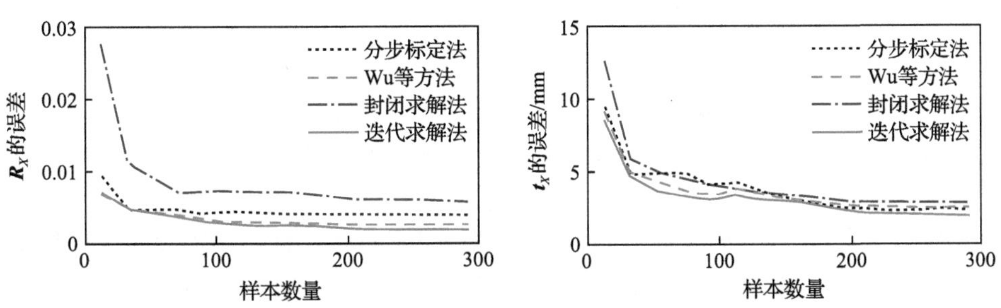

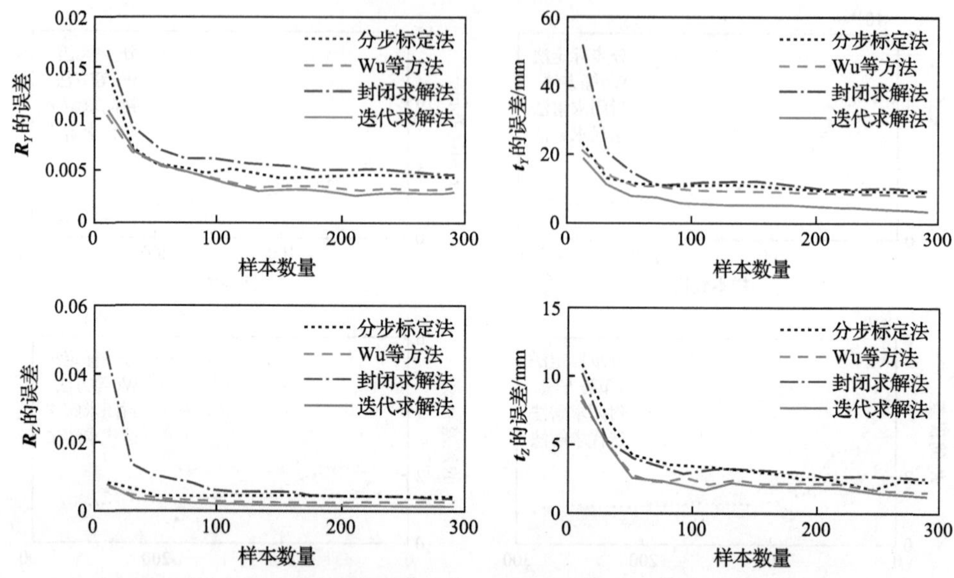

图 3-11　高水平噪声下四种方法的计算误差随样本数量的变化情况

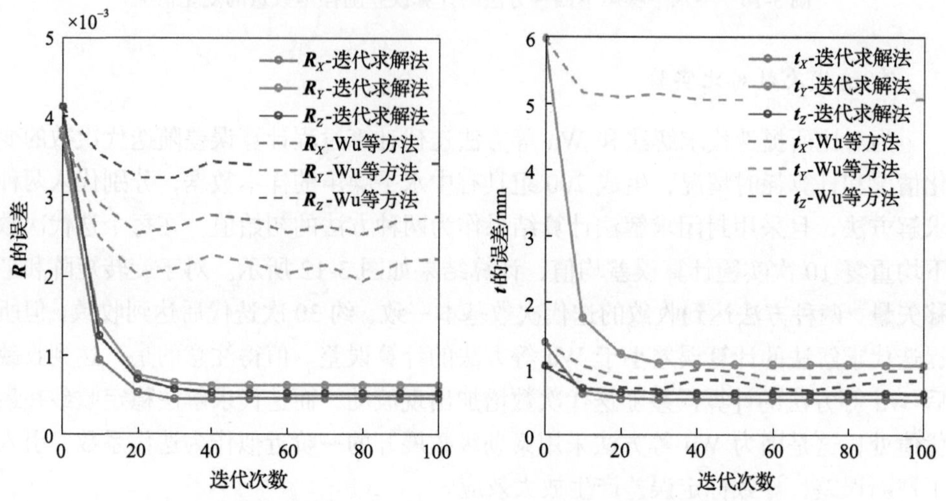

图 3-12　所提迭代求解法和 Wu 等方法的计算误差随迭代次数的变化情况

表 3-7 为三种求解方法的计算耗时，采用的样本数量均为 200 组，迭代求解法的迭代次数设定为 100 次。实验中，所提封闭求解法的计算耗时 2.11s，所提迭代求解法的计算耗时 12.69s，Wu 等方法的计算耗时 126.67s，可见所提迭代求解法的计算耗时相比 Wu 等方法缩短 90%左右，这是因为 Wu 等方法在每次迭代时都要利用所有样本数据计算迭代系数，涉及逆矩阵运算，这带来较大的计算负担。迭代求解方法每次迭代时仅抽取部分样本计算梯度，无须计算所有样本梯度和逆矩阵，计算耗时显著降低。

表 3-7　三种求解方法的计算耗时　（单位：s）

方法	计算耗时
封闭求解法	2.11
迭代求解法	12.69
Wu 等方法	126.67

参 考 文 献

[1] Dornaika F, Horaud R. Simultaneous robot-world and hand-eye calibration. IEEE Transactions on Robotics and Automation, 1998, 14(4): 617-622.

[2] 张光澄. 非线性最优化计算方法. 北京: 高等教育出版社, 2005.

[3] 熊有伦, 李文龙, 陈文斌, 等. 机器人学: 建模、控制与视觉. 2 版. 武汉: 华中科技大学出版社, 2020.

[4] Ackerman M K, Cheng A, Shiffman B, et al. Sensor calibration with unknown correspondence: Solving *AX=XB* using Euclidean-group invariants. Proceedings of IEEE/RSJ International Conference on Intelligent Robots and Systems, Tokyo, 2013: 1308-1313.

[5] Wu L, Wang J L, Qi L, et al. Simultaneous hand-eye, tool-flange, and robot-robot calibration for comanipulation by solving the *AXB=YCZ* problem. IEEE Transactions on Robotics, 2016, 32(2): 413-428.

[6] Li W L, Xie H, Zhang G, et al. Hand-eye calibration in visually-guided robot grinding. IEEE Transactions on Cybernetics, 2016, 46(11): 2634-2642.

[7] Xie H, Pang C T, Li W L, et al. Hand-eye calibration and its accuracy analysis in robotic grinding. Proceedings of the IEEE International Conference on Automation Science and Engineering, Gothenburg, 2015: 862-867.

[8] Wang G, Li W L, Jiang C, et al. Simultaneous calibration of multicoordinates for a dual-robot system by solving the *AXB=YCZ* problem. IEEE Transactions on Robotics, 2021, 37(4): 1172-1185.

[9] Neymeyr K. A geometric theory for preconditioned inverse iteration I: Extrema of the Rayleigh quotient. Linear Algebra and Its Applications, 2001, 322(1-3): 61-85.

[10] Yang C, Constantinos D. A multiplayer generalization of the minmax theorem. Proceedings of the 22nd Annual ACM-SIAM Symposium on Discrete Algorithms, San Francisco, 2011: 217-234.

[11] Tan C, Ma S, Dai Y, et al. Barzilai-Borwein step size for stochastic gradient descent. Proceedings of the 30th Annual Conference on Neural Information Processing Systems, Barcelona, 2016: 685-693.

[12] Li J F, Zhu J H, Guo Y K, et al. Calibration of a portable laser 3-D scanner used by a robot and its use in measurement. Optical Engineering, 2008, 47(1): 017202.

第 4 章　测量工件-设计模型位姿参数辨识

4.1　引　言

点云匹配是辨识复杂曲面工件位姿参数 ${}_{W}^{E}\boldsymbol{T}$ 的通用方法，其匹配精度通过 2.2 节的运动链影响加工质量。点云匹配前需通过视觉传感器与第 3 章辨识的手眼位姿参数获取工件点云，现场测量易出现形状不封闭、密度不均匀、高斯噪声等固有缺陷，如只扫描关键区域易造成测点不封闭、交叉扫描易造成测点密度不均匀。存在测量缺陷的情况下提高点云匹配精度与稳定性是工件位姿参数辨识的难点。目前，国内外主流匹配方法是 ICP(点-点距离)匹配[1]及其改进算法、TDM(点-切面距离)匹配[2]及其改进算法、ADF(适应性距离)匹配[3]等，这些方法均采用距离平方和最小化构建目标函数，当存在测点不封闭、密度不均匀、高斯噪声等测量缺陷时匹配易失真，具体表现为设计模型向测量点云密集区域倾斜。

本章针对测量点云形状不封闭、密度不均匀、高斯噪声等固有缺陷对匹配精度的影响，提出以方差最小化匹配(variance minimization mathching, VMM)为目标的点云匹配新方法，数学证明 VMM 本质上为高斯-牛顿法求解非线性最小二乘问题，具有二阶收敛性；推导 VMM 与 TDM 方法等效的充分条件是所有测点及其法矢构成的线矢量(Plücker 坐标)之和为矢量零，阐述满足该条件的苛刻性，即要求测量点云所在曲面形状封闭且密度分布均匀，并给出评判测量缺陷不完整程度和匹配失真的评价指标；通过实验验证 VMM 的稳定性，当存在测点不封闭、有高斯噪声、余量不均等情况时，相比传统的 ICP(改进的 Go-ICP)、TDM 方法，VMM 具有更好的匹配稳定性，这源于其目标函数包含法向和切向约束，有助于抑制滑移，同时最小化测点距离与其平均距离的方差，有助于抑制噪声、余量等对匹配精度的影响。

4.2　方差最小化匹配建模与求解

4.2.1　匹配目标函数构造

图 4-1 为测点到设计模型最近点距离示意图。定义测量点云 $P=\{\boldsymbol{p}_1,\boldsymbol{p}_2,\cdots,\boldsymbol{p}_n\}$ 中点 $\boldsymbol{p}_i\in\Re^3$ 在设计模型点云 $Q=\{\boldsymbol{q}_1,\boldsymbol{q}_2,\cdots,\boldsymbol{q}_m\}$ 中欧氏距离最近点为 $\boldsymbol{q}_i\in\Re^3$，定

义空间运动旋量 $\boldsymbol{V}=[\boldsymbol{v}\quad\boldsymbol{\omega}]^{\mathrm{T}}\in\Re^{6}$[4]，则测点 $\boldsymbol{p}_i$ 经刚体变换后的新坐标为

$$\boldsymbol{p}_{i+}=\mathrm{e}^{[V]\theta}\boldsymbol{p}_i=\mathrm{e}^{[\boldsymbol{\xi}]}\boldsymbol{p}_i=g(\boldsymbol{\xi})\boldsymbol{p}_i \tag{4-1}$$

式中，$\boldsymbol{\xi}=\boldsymbol{V}\theta$ 表示微分运动矢量；$g(\boldsymbol{\xi})=\mathrm{e}^{[\boldsymbol{\xi}]}$ 表示刚体变换矩阵。

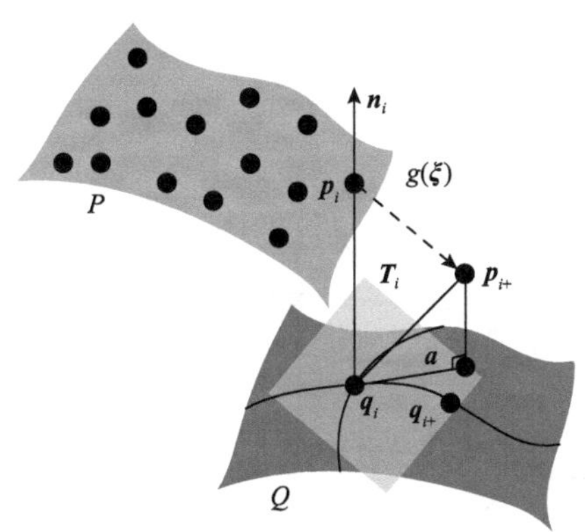

图 4-1　测点到设计模型最近点距离示意图

那么，测量点云 P 与设计模型点云 Q 匹配的数学描述可表示为

$$\min F_S(\boldsymbol{\xi})=\sum_{i=1}^{n}\left\|\boldsymbol{p}_{i+}\boldsymbol{q}_{i+}\right\|^2=\sum_{i=1}^{n}d_i^2(\boldsymbol{p}_i,\boldsymbol{q}_{i+},\boldsymbol{\xi}) \tag{4-2}$$

式中，$\boldsymbol{q}_{i+}$ 为 $\boldsymbol{p}_{i+}$ 在设计模型点云 Q 中的最近点；$d_i=\left\|\boldsymbol{p}_{i+}\boldsymbol{q}_{i+}\right\|$ 为最近距离。

为求解刚体变换矩阵 $g(\boldsymbol{\xi})$，ICP 和 TDM 方法分别采用点-点距离 $\left\|\boldsymbol{p}_{i+}\boldsymbol{q}_i\right\|$ 和点-切面(法向)距离 $\left\|\boldsymbol{p}_{i+}\boldsymbol{a}\right\|$ 近似表示 $\left\|\boldsymbol{p}_{i+}\boldsymbol{q}_{i+}\right\|$，如表 4-1 所示。注意，点-点距离 $\left\|\boldsymbol{p}_{i+}\boldsymbol{q}_i\right\|$ 由切向距离 $\left\|\boldsymbol{q}_i\boldsymbol{a}\right\|$ 和法向距离 $\left\|\boldsymbol{p}_{i+}\boldsymbol{a}\right\|$ 两部分构成，在双向距离约束情况下可提高 ICP 收敛稳定性，但只具备一阶收敛速度；TDM 方法中的点-切面距离仅包含法向距离约束，容易沿切向滑移，匹配稳定性相对较差，但具备二阶收敛速度。

表 4-1　不同匹配方法所有几何距离对比

方法	目标函数	距离类型	几何距离	代数形式
ICP	$\sum_{i=1}^{n}d_i^2$	点-点距离 d_i	$\boldsymbol{p}_{i+}\boldsymbol{q}_i$	$\left(\mathrm{e}^{[\boldsymbol{\xi}]}\boldsymbol{p}_i-\boldsymbol{q}_i\right)$
TDM	$\sum_{i=1}^{n}d_i^2$	点-切面距离 d_i	$\boldsymbol{p}_{i+}\boldsymbol{a}$	$\left(\mathrm{e}^{[\boldsymbol{\xi}]}\boldsymbol{p}_i-\boldsymbol{q}_i\right)^{\mathrm{T}}\boldsymbol{n}_i$

理想测点在匹配完成后应充分接近设计模型，即满足等式 $d_i=0$，但该条件

会受到高斯噪声与加工余量的影响。如图 4-2 所示，假设测量噪声服从高斯分布 $(\varepsilon_n+\varepsilon_{ri})\sim N(\varepsilon_n,\ \sigma^2)$，其中 ε_n 为平均值，ε_{ri} 为随机噪声，σ 为标准差。若工件加工余量为 ε_a，则距离 d_i 为

$$d_i=(\varepsilon_a+(\varepsilon_n+\varepsilon_{ri}))\sim N(\varepsilon_a+\varepsilon_n,\ \sigma^2) \tag{4-3}$$

式中，$(\varepsilon_a+\varepsilon_n)$ 为 d_i 的决定性偏差。

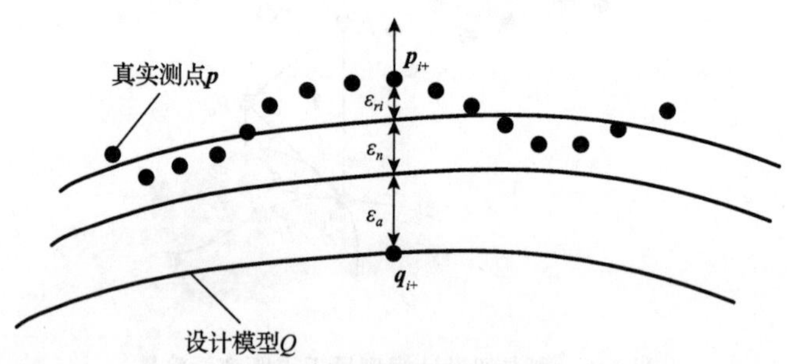

图 4-2　几何距离 d_i 的构成

在粗加工时，余量 ε_a 远大于噪声 ε_n，式(4-3)等价于 $d_i\sim N(\varepsilon_a,\ \sigma^2)$；在精加工时，$d_i$ 主要源于噪声，式(4-3)等价于 $d_i\sim N(\varepsilon_n,\ \sigma^2)$。

如图 4-3 所示，当存在 $\varepsilon_a+\varepsilon_n\neq 0$ 时，若测点密度不均或存在局部数据缺失，ICP 和 TDM 方法将使测点密集区域(或有数据区域)向设计模型倾斜，即出现匹配失真现象。

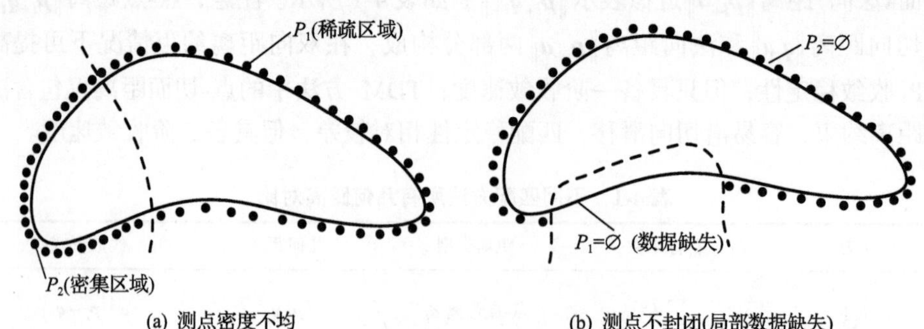

图 4-3　常见的现场测量固有缺陷

主要原因分析如下：将测点划分为两个区域 $P_1=\{\boldsymbol{p}_1,\boldsymbol{p}_2,\cdots,\boldsymbol{p}_l\}$ 和 $P_2=\{\boldsymbol{p}_{l+1},\boldsymbol{p}_{l+2},\cdots,\boldsymbol{p}_n\}$，其中，$P_1$ 表示稀疏区域，$P_1=\varnothing$ 表示无测点区域，P_1 以外区

域定义为密集区域 P_2，则式(4-2)中 ICP/TDM 匹配的目标函数可表示为

$$\min F_S(\boldsymbol{\xi}) = \min \sum_{i=1}^{n} d_i^2 = \min \left(\sum_{\substack{i=1 \\ d_i \in P_1}}^{l} d_i^2 + \sum_{\substack{i=l+1 \\ d_i \in P_2}}^{n} d_i^2 \right) = \min \left[F_{P1}(\boldsymbol{\xi}) + F_{P2}(\boldsymbol{\xi}) \right] \tag{4-4}$$

式中，F_{P1} 和 F_{P2} 分别为稀疏区域和密集区域关于微分运动矢量 $\boldsymbol{\xi}$ 的函数。

当距离 $d_i = 0$ 时，函数 F_{P1} 和 F_{P2} 可同时与 F_S 实现最小值，但通常噪声与余量使距离 d_i 较大，当函数 F_S 实现全局最小时，子函数 F_{P1} 和 F_{P2} 无法同时实现局部最小，即存在 $\min F_S \neq \min F_{P1} + \min F_{P2}$。由于区域 P_2 在测点中占据主导，区域 P_2 中测点平均距离将会整体小于区域 P_1 中的测点距离，在几何上表现为区域 P_1 远离设计模型，区域 P_2 靠近设计模型，从而陷入匹配失真。

基于距离方差最小化匹配(VMM)方法[5,6]可用于解决上述问题。定义如下目标函数：

$$\min F_V = \frac{1}{n} \sum_{i=1}^{n} (d_i - \bar{d})^2 \tag{4-5}$$

式中，$\bar{d}$ 为平均距离。

定义新距离 $d_i' = d_i - \bar{d}$，式(4-5)等价于 $\sum\limits_{i=1}^{n} d_i'^2$。由于 d_i' 的平均距离恒为零，且与 $\varepsilon_a + \varepsilon_n$ 数值大小无关，此时区域 P_1 和 P_2 的测点距离 d_i 均服从相同的正态分布 $d_i \sim N\left(\varepsilon_a + \varepsilon_n, \sigma^2\right)$，即测点稀疏区域与密集区域到设计模型的距离相近，不易出现明显的不平衡倾斜现象(匹配后密集区域距离小、稀疏区域距离大)。式(4-5)可重新表示为

$$\min F_V = \sum_{i=1}^{n} d_i^2 - \frac{1}{n} \left(\sum_{i=1}^{n} d_i \right)^2 = F_S - F_A \tag{4-6}$$

式中，F_S 表示 ICP/TDM 的目标函数；F_A 表示与平均距离有关的项。

F_S 没有考虑决定性误差 $\varepsilon_n + \varepsilon_a$ (噪声与余量)，易导致 ICP/TDM 匹配失真；而 VMM 通过减去平均距离项 F_A，抑制了 $\varepsilon_n + \varepsilon_a$ 对匹配的影响。注意，VMM 无须知道 $\varepsilon_n + \varepsilon_a$ 的准确值，这有助于实现机器人加工过程中的工件自动定位。

叶片为典型的具有凹凸面不同曲率特征的复杂零件，在磨削内弧面(叶盆)区域时，由于是凹面，为避免干涉，要求砂带接触轮半径小于叶片型面最小曲率半径，采用小半径砂带轮和低磨抛深度(粗磨为 0.05～0.15mm)，以保证加工精度；

对于叶片背弧面(叶背)，由于是凸面，砂带接触轮不会与叶片型面干涉，采用大半径砂带轮和高磨抛深度(粗磨为 0.15～0.30mm)，以提高加工效率。这就要求点云匹配算法能自动识别叶片凹凸面特征信息，并根据磨抛深度构造不同加工余量下的匹配目标函数，通常要求凸面加工余量略大、凹面加工余量略小，从而保证实际磨抛过程接触力的均匀性。然而，ICP/TDM 算法及其改进算法遵循最小二乘原理，目标函数仅仅最小化移动点到曲面距离的平方和，未考虑磨抛深度不同带来的叶盆叶背加工余量分配的不同。定义凹面和凸面的设计余量分别为 a_1 和 a_2，凹面的测点数目为 m，根据磨抛余量分布加工需求，重新定义如下目标函数[7,8]：

$$F_V = \sum_{i=1}^{m} d_i^2 + \sum_{i=m+1}^{n} (kd_i)^2 + \frac{-\left(\sum_{i=1}^{m} d_i + \sum_{i=m+1}^{n} kd_i\right)^2}{n} = F_1 + F_2 + F_{12} \tag{4-7}$$

式中，$k = a_1 / a_2$ 为余量权重比系数。

式(4-7)通过引入系数 k 将均匀距离的匹配转换为非均匀距离的匹配。目标函数 F_V 由三项构成：F_1 是凹面的距离平方和，F_2 是凸面带权重的距离平方和，F_{12} 是凹面与凸面的距离耦合项。

4.2.2 点-曲面距离的定义

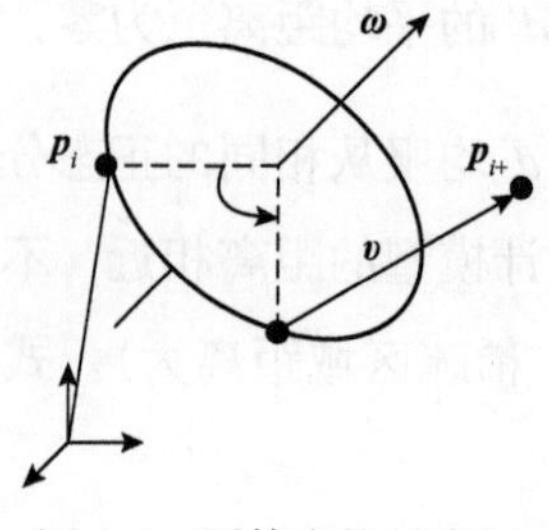

图 4-4 刚体变换示意图

根据 Chasles 定理，任一刚体变换若等价于螺旋运动，则可以表示为绕空间某直线的旋转与沿该直线的移动两者的合成[4]。如图 4-4 所示，$\boldsymbol{\omega}$ 和 $\boldsymbol{v}$ 分别表示刚体变换的角速度和线速度，由式(4-1)可得刚体变换后的测点坐标为

$$\boldsymbol{p}_{i+} = \mathrm{e}^{[\xi]}\boldsymbol{p}_i = \mathrm{e}^{[\boldsymbol{\omega}]\theta}\boldsymbol{p}_i + \boldsymbol{t}(\theta) = \boldsymbol{R}(\theta)\boldsymbol{p}_i + \boldsymbol{t}(\theta) \tag{4-8}$$

旋转矩阵 $\boldsymbol{R}$ 和平移矢量 $\boldsymbol{t}$ 由如下公式计算：

$$\begin{aligned} \boldsymbol{R}(\theta) &= \mathrm{e}^{[\boldsymbol{\omega}]\theta} = \boldsymbol{I} + [\boldsymbol{\omega}]\sin\theta + [\boldsymbol{\omega}]^2(1-\cos\theta) \\ \boldsymbol{t}(\theta) &= \left(\boldsymbol{I} - \mathrm{e}^{[\boldsymbol{\omega}]\theta}\right)\boldsymbol{\omega}\times\boldsymbol{v} + \boldsymbol{\omega}\boldsymbol{\omega}^{\mathrm{T}}\boldsymbol{v}\theta \end{aligned} \tag{4-9}$$

考虑微分运动情况($\theta \to 0$)，式(4-9)可简化为

$$\begin{aligned} \boldsymbol{R}(\theta) &= \mathrm{e}^{[\boldsymbol{\omega}]\theta} = \boldsymbol{I} + [\boldsymbol{\omega}]\theta = \boldsymbol{I} + [\boldsymbol{\delta}] \\ \boldsymbol{t}(\theta) &= -[\boldsymbol{\delta}]\boldsymbol{\omega}\times\boldsymbol{v} + \boldsymbol{d} = -\boldsymbol{\omega}\times(\boldsymbol{\omega}\times\boldsymbol{v})\theta + \boldsymbol{d} = \boldsymbol{d} \end{aligned} \tag{4-10}$$

代入式(4-8)可得测点坐标：

$$\boldsymbol{p}_{i+} = \boldsymbol{R}(\theta)\boldsymbol{p}_i + \boldsymbol{t}(\theta) = (\boldsymbol{I}+[\boldsymbol{\delta}])\boldsymbol{p}_i + \boldsymbol{d} = \boldsymbol{p}_i + [\boldsymbol{\delta}]\boldsymbol{p}_i + \boldsymbol{d} \tag{4-11}$$

将式(4-11)代入点-切面距离公式，可得

$$\begin{aligned} d_T &= \left(\boldsymbol{p}_{i+} - \boldsymbol{q}_i\right)^{\mathrm{T}} \boldsymbol{n}_i = \left(\boldsymbol{p}_i + [\boldsymbol{\delta}]\boldsymbol{p}_i + \boldsymbol{d} - \boldsymbol{q}_i\right)^{\mathrm{T}} \boldsymbol{n}_i \\ &= \left(\boldsymbol{p}_i - \boldsymbol{q}_i\right)^{\mathrm{T}} \boldsymbol{n}_T + \begin{bmatrix} \boldsymbol{n}_T \\ \boldsymbol{p}_i \times \boldsymbol{n}_T \end{bmatrix}^{\mathrm{T}} \begin{bmatrix} \boldsymbol{d} \\ \boldsymbol{\delta} \end{bmatrix} = \left(\boldsymbol{p}_i - \boldsymbol{q}_i\right)^{\mathrm{T}} \boldsymbol{n}_T + \begin{bmatrix} \boldsymbol{n}_T \\ \boldsymbol{p}_i \times \boldsymbol{n}_T \end{bmatrix}^{\mathrm{T}} \boldsymbol{\xi} \\ &= L(\boldsymbol{n}_T, \boldsymbol{\xi}) \end{aligned} \tag{4-12}$$

式中，$\boldsymbol{n}_T = \boldsymbol{n}_i$ 为点 $\boldsymbol{q}_i$ 的单位法矢；L 为自定义的距离函数符号。如图 4-5(a)所示，$\boldsymbol{l}_i = \begin{bmatrix} \boldsymbol{n}_T \\ \boldsymbol{p}_i \times \boldsymbol{n}_T \end{bmatrix}$ 为由点 $\boldsymbol{p}_i$ 和方向矢量 $\boldsymbol{n}_T$ 构成线矢量的 Plücker 坐标。

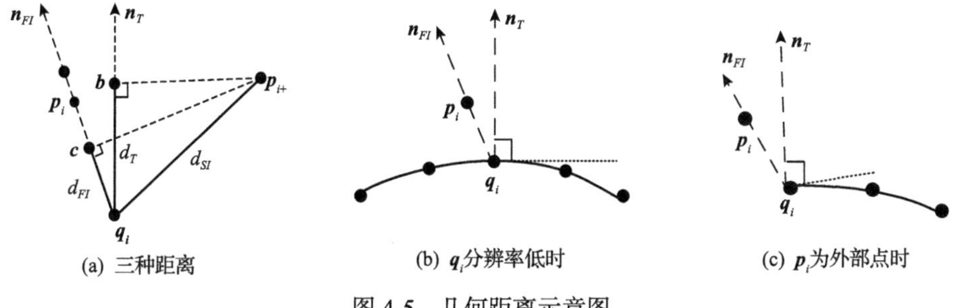

图 4-5　几何距离示意图

将式(4-11)代入点-点距离公式，可得

$$\begin{aligned} d_I &= \left\| \boldsymbol{p}_{i+}\boldsymbol{q}_i \right\| = \left\| \boldsymbol{p}_i + [\boldsymbol{\delta}]\boldsymbol{p}_i + \boldsymbol{d} - \boldsymbol{q}_i \right\| = \left\| (\boldsymbol{p}_i - \boldsymbol{q}_i) + [\boldsymbol{I}_{3\times3} \quad -[\boldsymbol{p}_i]] \begin{bmatrix} \boldsymbol{d} \\ \boldsymbol{\delta} \end{bmatrix} \right\| \\ &= \left\| (\boldsymbol{p}_i - \boldsymbol{q}_i) + [\boldsymbol{I}_{3\times3} \quad -[\boldsymbol{p}_i]]\boldsymbol{\xi} \right\| = \left\| (\boldsymbol{p}_i - \boldsymbol{q}_i) + \boldsymbol{A}_i\boldsymbol{\xi} \right\| \end{aligned} \tag{4-13}$$

式中，$\boldsymbol{A}_i = [\boldsymbol{I}_{3\times3} \quad -[\boldsymbol{p}_i]]$。对式(4-13)进行一阶泰勒级数展开，有

$$d_{FI}(\boldsymbol{\xi}) = d_{I0} + \nabla d_I(\boldsymbol{\xi}_0)^{\mathrm{T}}(\boldsymbol{\xi} - \boldsymbol{\xi}_0) \tag{4-14}$$

式中，$d_{I0} = \left\| \boldsymbol{p}_i - \boldsymbol{q}_i \right\|$ 为初始距离；$\boldsymbol{\xi}_0 = \boldsymbol{0}_{6\times1}$ 为初始微分运动矢量；梯度 $\nabla d_I(\boldsymbol{\xi}_0)$ 可表示为

$$\nabla d_I(\boldsymbol{\xi}_0) = \begin{bmatrix} (\boldsymbol{p}_i - \boldsymbol{q}_i)/d_{I0} \\ \boldsymbol{p}_i \times \left[(\boldsymbol{p}_i - \boldsymbol{q}_i)/d_{I0}\right] \end{bmatrix} = \begin{bmatrix} \boldsymbol{n}_{FI} \\ \boldsymbol{p}_i \times \boldsymbol{n}_{FI} \end{bmatrix} = \boldsymbol{s}_i \tag{4-15}$$

式中，$\boldsymbol{n}_{FI}=(\boldsymbol{p}_i-\boldsymbol{q}_i)/d_{I0}$ 表示 $\boldsymbol{p}_i-\boldsymbol{q}_i$ 的单位矢量；$\boldsymbol{s}_i$ 表示由点 $\boldsymbol{p}_i$ 和方向矢量 $\boldsymbol{n}_{FI}$ 构成线矢量的 Plücker 坐标。点-点距离的一阶泰勒级数展开可进一步表示为

$$d_{FI}=d_{I0}+\boldsymbol{s}_i^{\mathrm{T}}\boldsymbol{\xi}=(\boldsymbol{p}_i-\boldsymbol{q}_i)^{\mathrm{T}}\boldsymbol{n}_{FI}+\begin{bmatrix}\boldsymbol{n}_{FI}\\ \boldsymbol{p}_i\times\boldsymbol{n}_{FI}\end{bmatrix}^{\mathrm{T}}\boldsymbol{\xi}=L(\boldsymbol{n}_{FI},\boldsymbol{\xi}) \tag{4-16}$$

点-点距离 d_I 的二阶泰勒级数展开为

$$d_{SI}=d_{I0}+\boldsymbol{s}_i^{\mathrm{T}}\boldsymbol{\xi}+\frac{1}{2}\boldsymbol{\xi}^{\mathrm{T}}\boldsymbol{H}_i\boldsymbol{\xi} \tag{4-17}$$

式中，$\boldsymbol{H}_i$ 为海塞(Hessian)矩阵。

点-点距离一阶泰勒级数展开 d_{FI} 和二阶泰勒级数展开 d_{SI} 的几何意义见如下推论。

推论 4.1　如图 4-5(a)所示，距离 d_{FI} 表示点-点距离 $\|\boldsymbol{p}_{i+}\boldsymbol{q}_i\|$ 在方向 $\boldsymbol{q}_i\boldsymbol{p}_i$ 上的投影 $\|\boldsymbol{c}\boldsymbol{q}_i\|$，即 $d_{FI}=\|\boldsymbol{c}\boldsymbol{q}_i\|$；距离 d_{SI} 等于点-点距离 $\|\boldsymbol{p}_{i+}\boldsymbol{q}_i\|$，即 $d_{SI}=\|\boldsymbol{p}_{i+}\boldsymbol{q}_i\|$。

证明　投影距离 $\|\boldsymbol{c}\boldsymbol{q}_i\|$ 为

$$\begin{aligned}\|\boldsymbol{c}\boldsymbol{q}_i\|&=\frac{\overrightarrow{\boldsymbol{q}_i\boldsymbol{p}_i}}{\|\boldsymbol{q}_i\boldsymbol{p}_i\|}\cdot\overrightarrow{\boldsymbol{q}_i\boldsymbol{p}_{i+}}=\frac{\overrightarrow{\boldsymbol{q}_i\boldsymbol{p}_i}}{\|\overrightarrow{\boldsymbol{q}_i\boldsymbol{p}_i}\|}\cdot(\boldsymbol{p}_i-\boldsymbol{q}_i)+\frac{\overrightarrow{\boldsymbol{q}_i\boldsymbol{p}_i}}{\|\overrightarrow{\boldsymbol{q}_i\boldsymbol{p}_i}\|}\cdot(\delta\times\boldsymbol{p}_i+\boldsymbol{d})\\&=d_{I0}+\frac{(\boldsymbol{p}_i-\boldsymbol{q}_i)^{\mathrm{T}}}{d_{I0}}\begin{bmatrix}\boldsymbol{I}_{3\times3} & -[\boldsymbol{p}_i]\end{bmatrix}\begin{bmatrix}d\\ \delta\end{bmatrix}=d_{I0}+\begin{bmatrix}(\boldsymbol{p}_i-\boldsymbol{q}_i)/d_{I0}\\ (\boldsymbol{p}_i-\boldsymbol{q}_i)/d_{I0}\times\boldsymbol{p}_i\end{bmatrix}^{\mathrm{T}}\boldsymbol{\xi}=d_{FI}\end{aligned} \tag{4-18}$$

因此，距离 d_{FI} 表示点-点距离 $\|\boldsymbol{p}_{i+}\boldsymbol{q}_i\|$ 在方向 $\boldsymbol{q}_i\boldsymbol{p}_i$ 上的投影 $\|\boldsymbol{c}\boldsymbol{q}_i\|$。

对于距离 d_{SI}，将式(4-17)平方并忽略二阶以上高阶项：

$$d_{SI}^2=\left(d_{I0}+\boldsymbol{s}_i^{\mathrm{T}}\boldsymbol{\xi}+\frac{1}{2}\boldsymbol{\xi}^{\mathrm{T}}\boldsymbol{H}_i\boldsymbol{\xi}\right)^2=d_{I0}^2+2d_{I0}\boldsymbol{s}_i^{\mathrm{T}}\boldsymbol{\xi}+\boldsymbol{\xi}^{\mathrm{T}}\left(\boldsymbol{s}_i\boldsymbol{s}_i^{\mathrm{T}}+d_{I0}\boldsymbol{H}_i\right)\boldsymbol{\xi} \tag{4-19}$$

式中，$d_{I0}\boldsymbol{s}_i$ 和 $d_{I0}\boldsymbol{H}_i$ 可整理为

$$\begin{aligned}d_{I0}\boldsymbol{s}_i^{\mathrm{T}}&=d_{I0}\begin{bmatrix}(\boldsymbol{p}_i-\boldsymbol{q}_i)/d_{I0}\\ [(\boldsymbol{p}_i-\boldsymbol{q}_i)/d_{I0}]\times\boldsymbol{p}_i\end{bmatrix}=\begin{bmatrix}(\boldsymbol{p}_i-\boldsymbol{q}_i)\\ (\boldsymbol{p}_i-\boldsymbol{q}_i)\times\boldsymbol{p}_i\end{bmatrix}=(\boldsymbol{p}_i-\boldsymbol{q}_i)^{\mathrm{T}}\boldsymbol{A}_i\\ d_{I0}\boldsymbol{H}_i&=\boldsymbol{A}_i^{\mathrm{T}}\boldsymbol{A}_i-\frac{1}{d_{I0}^2}\boldsymbol{A}_i^{\mathrm{T}}(\boldsymbol{p}_i-\boldsymbol{q}_i)(\boldsymbol{p}_i-\boldsymbol{q}_i)^{\mathrm{T}}\boldsymbol{A}_i=\boldsymbol{A}_i^{\mathrm{T}}\boldsymbol{A}_i-\boldsymbol{s}_i\boldsymbol{s}_i^{\mathrm{T}}\end{aligned} \tag{4-20}$$

将式(4-20)代入式(4-19)，可得

$$
\begin{aligned}
d_{SI}^2 &= d_{I0}^2 + 2(\boldsymbol{p}_i - \boldsymbol{q}_i)^{\mathrm{T}} \boldsymbol{A}_i \boldsymbol{\xi} + \boldsymbol{\xi}^{\mathrm{T}} \left(\boldsymbol{s}_i \boldsymbol{s}_i^{\mathrm{T}} + \boldsymbol{A}_i^{\mathrm{T}} \boldsymbol{A}_i - \boldsymbol{s}_i \boldsymbol{s}_i^{\mathrm{T}} \right) \boldsymbol{\xi} \\
&= d_{I0}^2 + 2(\boldsymbol{p}_i - \boldsymbol{q}_i)^{\mathrm{T}} \boldsymbol{A}_i \boldsymbol{\xi} + \boldsymbol{\xi}^{\mathrm{T}} \left(\boldsymbol{A}_i^{\mathrm{T}} \boldsymbol{A}_i \right) \boldsymbol{\xi} \\
&= \left[(\boldsymbol{p}_i - \boldsymbol{q}_i) + \boldsymbol{A}_i \boldsymbol{\xi} \right]^{\mathrm{T}} \left[(\boldsymbol{p}_i - \boldsymbol{q}_i) + \boldsymbol{A}_i \boldsymbol{\xi} \right] \\
&= d_I^2 = \left\| \boldsymbol{p}_{i+} \boldsymbol{q}_i \right\|^2
\end{aligned}
\tag{4-21}
$$

因此，距离 d_{SI} 等于点-点距离 $\|\boldsymbol{p}_{i+}\boldsymbol{q}_i\|$。

推论4.1阐释了点-点距离 d_I 一阶泰勒级数展开和二阶泰勒级数展开的几何意义。可以看到一阶泰勒级数展开距离 d_{FI} 的方向矢量 $\boldsymbol{n}_{FI}$ 不一定等于法矢 $\boldsymbol{n}_T$，如图4-5(b)和(c)所示，当设计模型点云分辨率过低或测点为偏离设计模型的外部点时，$\boldsymbol{n}_{FI}$ 并不与法矢 $\boldsymbol{n}_T$ 重合，d_{FI} 也并不等于点-切面距离 d_T，此时距离 d_{FI} 包含法向与切向距离的双约束。在VMM中距离表示为距离 d_{FI} 和距离 d_T 的线性组合：

$$
\begin{aligned}
d_V &= \lambda d_{FI} + (1-\lambda) d_T = \lambda L(\boldsymbol{n}_{FI}, \boldsymbol{\xi}) + (1-\lambda) L(\boldsymbol{n}_T, \boldsymbol{\xi}) \\
&= L((\lambda \boldsymbol{n}_{FI} + (1-\lambda)\boldsymbol{n}_T), \boldsymbol{\xi}) = L(\boldsymbol{n}_V, \boldsymbol{\xi})
\end{aligned}
\tag{4-22}
$$

式中，$\lambda \in \{0,1\}$，$\boldsymbol{n}_V = \lambda \boldsymbol{n}_{FI} + (1-\lambda)\boldsymbol{n}_T$。当 $\lambda = 0$ 时有 $d_V = d_T$，距离 d_T 不包含切向距离，具备二阶收敛速度；当 $\lambda = 1$ 时有 $d_V = d_{FI}$，d_{FI} 包含切向与法向距离的双约束，在某种程度上会降低收敛速度，但同样具备二阶收敛速度(4.3节)，而且增加的切向约束有助于防止测量点云沿切向发生滑移(即失真)。

4.2.3　匹配位姿参数求解

根据式(4-22)，距离 d_V 可表示为

$$
d_V = L(\boldsymbol{n}_V, \boldsymbol{\xi}) = (\boldsymbol{p}_i - \boldsymbol{q}_i)^{\mathrm{T}} \boldsymbol{n}_V + \begin{bmatrix} \boldsymbol{n}_V \\ \boldsymbol{p}_i \times \boldsymbol{n}_V \end{bmatrix}^{\mathrm{T}} \boldsymbol{\xi} = d_{i0} + \boldsymbol{C}_i \boldsymbol{\xi}
\tag{4-23}
$$

式中，d_{i0} 为初始距离；$\boldsymbol{C}_i$ 为对应测点 $\boldsymbol{p}_i$ 的线矢量(用Plücker坐标表示)。那么，VMM的目标函数可改写为

$$
\begin{aligned}
F_V &= \sum_{i=1}^{n} (d_{i0} + \boldsymbol{C}_i \boldsymbol{\xi})^2 - \frac{1}{n} \left[\sum_{i=1}^{n} (d_{i0} + \boldsymbol{C}_i \boldsymbol{\xi}) \right]^2 \\
&= \left(\sum_{i=1}^{n} d_{i0}^2 - n \bar{d}_0^2 \right) + 2 \left(\sum_{i=1}^{n} d_{i0} \boldsymbol{C}_i - n \bar{d}_0 \bar{\boldsymbol{C}} \right) \boldsymbol{\xi} + \boldsymbol{\xi}^{\mathrm{T}} \left(\sum_{i=1}^{n} \boldsymbol{C}_i^{\mathrm{T}} \boldsymbol{C}_i - n \bar{\boldsymbol{C}}^{\mathrm{T}} \bar{\boldsymbol{C}} \right) \boldsymbol{\xi}
\end{aligned}
\tag{4-24}
$$

式中，$\bar{d}_0 = \frac{1}{n}\sum_{i=1}^{n} d_{i0}$ 为平均距离；$\bar{\boldsymbol{C}} = \frac{1}{n}\sum_{i=1}^{n} \boldsymbol{C}_i$ 为平均线矢量。

通过最小二乘法，最小化目标函数 F_V 即可求解微分运动矢量与刚体变换参数：

$$\begin{aligned} \boldsymbol{\xi} &= -\left(\sum_{i=1}^{n} \boldsymbol{C}_i^{\mathrm{T}} \boldsymbol{C}_i - n\bar{\boldsymbol{C}}^{\mathrm{T}} \bar{\boldsymbol{C}}_i\right)^{-1} \sum_{i=1}^{n} (d_{i0} - \bar{d}_0)(\boldsymbol{C}_i - \bar{\boldsymbol{C}})^{\mathrm{T}} = -\boldsymbol{A}_V^{-1} \boldsymbol{B}_V \\ g(\boldsymbol{\xi}) &= \mathrm{e}^{[\boldsymbol{\xi}]} \end{aligned} \tag{4-25}$$

根据上述计算结果，采用式(4-1)更新测点 $\boldsymbol{p}_i$ 并重复迭代过程，直至下述指标满足设定的终止阈值：

$$\mathrm{Ave} = \frac{1}{n}\sum_{i=1}^{n} d_i, \quad \mathrm{RMSE} = \sqrt{\frac{1}{n}\sum_{i=1}^{n} (d_i - a)^2} \tag{4-26}$$

式中，d_i 为匹配后分配的实际余量；a 为设计余量；Ave 为平均距离；RMSE(root mean squared error)为均方根误差，其值越小说明余量分布越均匀，这与 VMM 的目标是一致的。当匹配后凹凸面需要的余量分布不均匀时，上述误差评估指标将不再适用，可定义如下评价指标：

$$\begin{aligned} \mathrm{wRMSE} &= \sqrt{\frac{1}{n} F_V} = \sqrt{\frac{\sum_{i=1}^{m} d_i^2 + \sum_{i=m+1}^{n} (kd_i)^2 + \left[-\frac{1}{n}\left(\sum_{i=1}^{m} a_1 + \sum_{i=m+1}^{n} ka_2\right)^2\right]}{n}} \\ p_{12} &= \left| (n-m)\sum_{i=1}^{m} d_i \middle/ \left(mk \sum_{i=m+1}^{n} d_i \right) - 1 \right| \times 100\% \end{aligned} \tag{4-27}$$

式中，wRMSE(weighted RMSE)为带距离权重的均方根误差；p_{12} 为余量偏差比。

若 RMSE 和 p_{12} 接近 0，说明匹配后分配的实际余量接近设计值。

另定义如下两组指标：

$$\begin{aligned} \mathrm{Ave}_1 &= \frac{1}{m}\sum_{i=1}^{m} d_i, \quad \mathrm{RMSE}_1 = \sqrt{\frac{1}{m}\sum_{i=1}^{m} (d_i - a_1)^2} \\ \mathrm{Ave}_2 &= \frac{1}{n-m}\sum_{i=m+1}^{n} d_i, \quad \mathrm{RMSE}_2 = \sqrt{\frac{1}{n-m}\sum_{i=m+1}^{n} (d_i - a_2)^2} \end{aligned} \tag{4-28}$$

平均距离 Ave_1 和均方根 RMSE_1 可评估凹面实际余量相对设计余量的偏差，Ave_2

和 $RMSE_2$ 可评估凸面实际余量相对设计余量的偏差。

4.3　方差最小化匹配二阶收敛性

1. 正定性

根据非线性优化理论，若矩阵 $\boldsymbol{A}_V$ 非正定，则解 $\boldsymbol{\xi}$ 易错误收敛或发散。VMM 方法中 $\boldsymbol{A}_V$ 的二次型为

$$
\begin{aligned}
f_S &= \boldsymbol{\xi}^{\mathrm{T}}\boldsymbol{A}_V\boldsymbol{\xi} = \boldsymbol{\xi}^{\mathrm{T}}\left(\sum_{i=1}^{n}\boldsymbol{C}_i^{\mathrm{T}}\boldsymbol{C}_i - n\bar{\boldsymbol{C}}^{\mathrm{T}}\bar{\boldsymbol{C}}\right)\boldsymbol{\xi} = \sum_{i=1}^{n}\left(\boldsymbol{C}_i\boldsymbol{\xi}\right)^2 - n\left(\bar{\boldsymbol{C}}\boldsymbol{\xi}\right)^2 \\
&= \sum_{i=1}^{n}\left(\boldsymbol{C}_i\boldsymbol{\xi}\right)^2 - 2\sum_{i=1}^{n}\left(\boldsymbol{C}_i\boldsymbol{\xi}\right)\left(\bar{\boldsymbol{C}}\boldsymbol{\xi}\right) + \sum_{i=1}^{n}\left(\bar{\boldsymbol{C}}\boldsymbol{\xi}\right)^2 = \sum_{i=1}^{n}\left(\boldsymbol{C}_i\boldsymbol{\xi} - \bar{\boldsymbol{C}}\boldsymbol{\xi}\right)^2
\end{aligned}
\tag{4-29}
$$

因此 $f_S \geqslant 0$，当且仅当 $\boldsymbol{C}_i = \bar{\boldsymbol{C}}$（$\boldsymbol{p}_1 = \cdots = \boldsymbol{p}_i = \cdots = \boldsymbol{p}_n$，$\boldsymbol{n}_1 = \cdots = \boldsymbol{n}_j = \cdots = \boldsymbol{n}_n$）时存在 $f_S = 0$，该条件对应所有测点为同一个点，不满足实际匹配需求。综上有 $f_S > 0$，即 $\boldsymbol{A}_V$ 满足正定性要求。

2. 二阶收敛性

由式(4-24)可得，VMM 的目标函数等价于

$$
\begin{aligned}
\tilde{F}_V &= \frac{1}{2}\sum_{i=1}^{n}\left(d_{i0} + \boldsymbol{C}_i\boldsymbol{\xi}\right)^2 - \frac{1}{2n}\left[\sum_{i=1}^{n}\left(d_{i0} + \boldsymbol{C}_i\boldsymbol{\xi}\right)\right]^2 \\
&= \frac{1}{2}\sum_{i=1}^{n}\left[(d_{i0} - \bar{d}_0) + (\boldsymbol{C}_i - \bar{\boldsymbol{C}})\boldsymbol{\xi}\right]^2 = \frac{1}{2}\sum_{i=1}^{n}f_i^2(\boldsymbol{\xi})
\end{aligned}
\tag{4-30}
$$

定义函数 $\tilde{F}_V$ 在初始解 $\boldsymbol{\xi}_0$ 的梯度和海塞矩阵分别为 $\nabla\tilde{F}_V(\boldsymbol{\xi}_0)$、$\nabla^2\tilde{F}_V(\boldsymbol{\xi}_0)$，采用高斯-牛顿法求解微分运动矢量：

$$
\begin{aligned}
\boldsymbol{\xi}_{\text{G-N}} &= -\left(\nabla^2\tilde{F}_V(\boldsymbol{\xi}_0)\right)^{-1}\nabla\tilde{F}_V(\boldsymbol{\xi}_0) \\
&= -\left(\sum(\boldsymbol{C}_i - \bar{\boldsymbol{C}})^{\mathrm{T}}(\boldsymbol{C}_i - \bar{\boldsymbol{C}})\right)^{-1}\sum(\boldsymbol{C}_i - \bar{\boldsymbol{C}})^{\mathrm{T}}(d_{i0} - \bar{d}_0) \\
&= -\left(\sum(\boldsymbol{C}_i^{\mathrm{T}}\boldsymbol{C}_i + \bar{\boldsymbol{C}}^{\mathrm{T}}\bar{\boldsymbol{C}} - 2\bar{\boldsymbol{C}}^{\mathrm{T}}\boldsymbol{C}_i)\right)^{-1}\left(\left(\sum d_{i0}\boldsymbol{C}_i^{\mathrm{T}}\right) - n\bar{\boldsymbol{C}}^{\mathrm{T}}\bar{d}_0\right) \\
&= -\left(\left(\sum\boldsymbol{C}_i^{\mathrm{T}}\boldsymbol{C}_i\right) - n\bar{\boldsymbol{C}}^{\mathrm{T}}\bar{\boldsymbol{C}}\right)^{-1}\left(\left(\sum d_{i0}\boldsymbol{C}_i^{\mathrm{T}}\right) - n\bar{\boldsymbol{C}}^{\mathrm{T}}\bar{d}_0\right)
\end{aligned}
\tag{4-31}
$$

所得解与式(4-25)的解相等，说明 VMM 方法的求解等价于高斯-牛顿法，因此

VMM 方法具备高斯-牛顿法的二阶收敛速度。

3. 时间复杂度

VMM 方法的操作步骤如下：①对测量点云 P 中的每一个测点 $\boldsymbol{p}_i$，计算到设计模型点云 Q 中的最近点 $\boldsymbol{q}_i$；②分别用式(4-12)、式(4-16)和式(4-22)计算测点 $\boldsymbol{p}_i$ 的距离 d_T、d_{FI} 和 d_V；③最小化目标函数 F_V，采用式(4-25)计算刚体变换参数 $g(\boldsymbol{\xi})$，然后采用式(4-8)更新测点 $\boldsymbol{p}_{i+}$；④用 $\boldsymbol{p}_{i+}$ 代替 $\boldsymbol{p}_i$，重复步骤①～③，直到满足迭代终止条件。

在一次迭代过程，步骤①寻找最近点在所有步骤中耗时最多，对包含 n 和 m 个点的测量点云和设计模型，最近点搜索算法的时间复杂度为 $O(n\lg m)$；步骤②和③计算测点距离，时间复杂度均为 $O(n)$，所以迭代一次的时间复杂度为 $O(n\lg m)$，由此 ICP、TDM 和 VMM 方法具有相同的时间复杂度，但 VMM 和 TDM 方法具备二阶收敛速度，达到稳定状态所需收敛次数更少。

4.4 方差最小化匹配稳定性分析

4.4.1 切向滑移影响

如图 4-6 所示，滑移可理解为测点偏离全局最优位置并向弱约束方向 $\boldsymbol{k}$ 移动。如图 4-6(b)所示，对测点 $\boldsymbol{p}_i$，有 $\boldsymbol{n}_T^{\mathrm{T}}\boldsymbol{k}=0$，但是 $\boldsymbol{n}_{FI}^{\mathrm{T}}\boldsymbol{k}\neq 0$。因此距离 $(\boldsymbol{p}_i-\boldsymbol{q}_i)^{\mathrm{T}}\boldsymbol{n}_T$ 在切向方向 $\boldsymbol{k}$ 上保持不变，目标函数 $F_T(t)$ 不受滑移量 t 影响，即 $F_T'(t)\equiv 0$，而距离 $(\boldsymbol{p}_i-\boldsymbol{q}_i)^{\mathrm{T}}\boldsymbol{n}_{FI}$ 在切向方向 $\boldsymbol{k}$ 上是变化的，因此 ICP 在该方向上有约束抑制滑动；如图 4-6(d)所示，每个测点具有共同的切线方向($\boldsymbol{\tau}_1=\boldsymbol{\tau}_2=\cdots=\boldsymbol{\tau}_n=\boldsymbol{k}$)，在切线方向上的任何位置，$F_T(t)$ 保持不变，此时 $F_T(t)$ 的导数恒为零。定义沿方向 $\boldsymbol{k}$ 的移动距离为 t，根据式(4-12)和式(4-13)，ICP 和 TDM 匹配的目标函数为

$$\begin{cases}F_I(t)=\sum\limits_{i=1}^{n}d_I^2(t)=\sum\limits_{i=1}^{n}\left((\boldsymbol{p}_i-\boldsymbol{q}_i)+\begin{bmatrix}\boldsymbol{I}_{3\times 3} & -[\boldsymbol{p}_i]\end{bmatrix}\begin{bmatrix}t\boldsymbol{k}\\ \boldsymbol{0}\end{bmatrix}\right)^{\mathrm{T}}\left((\boldsymbol{p}_i-\boldsymbol{q}_i)+\begin{bmatrix}\boldsymbol{I}_{3\times 3} & -[\boldsymbol{p}_i]\end{bmatrix}\begin{bmatrix}t\boldsymbol{k}\\ \boldsymbol{0}\end{bmatrix}\right)\\ F_T(t)=\sum\limits_{i=1}^{n}d_T^2(t)=\sum\limits_{i=1}^{n}\left(d_{T0}+\begin{bmatrix}\boldsymbol{n}_T\\ \boldsymbol{p}_i\times\boldsymbol{n}_T\end{bmatrix}^{\mathrm{T}}\begin{bmatrix}t\boldsymbol{k}\\ \boldsymbol{0}\end{bmatrix}\right)^2\end{cases}\tag{4-32}$$

抑制滑移的能力可以表示为目标函数对滑移量 t 的导数，即

$$\begin{cases} F_I'(t) = 2\sum_{i=1}^{n} d_{I0}\boldsymbol{n}_{FI}^{\mathrm{T}}\boldsymbol{k} + \sum_{i=1}^{n} t\boldsymbol{k}^{\mathrm{T}}\boldsymbol{k} \\ F_T'(t) = 2\sum_{i=1}^{n} d_{T0}\boldsymbol{n}_T^{\mathrm{T}}\boldsymbol{k} + \sum_{i=1}^{n} t\boldsymbol{k}^{\mathrm{T}}\boldsymbol{k} \end{cases} \tag{4-33}$$

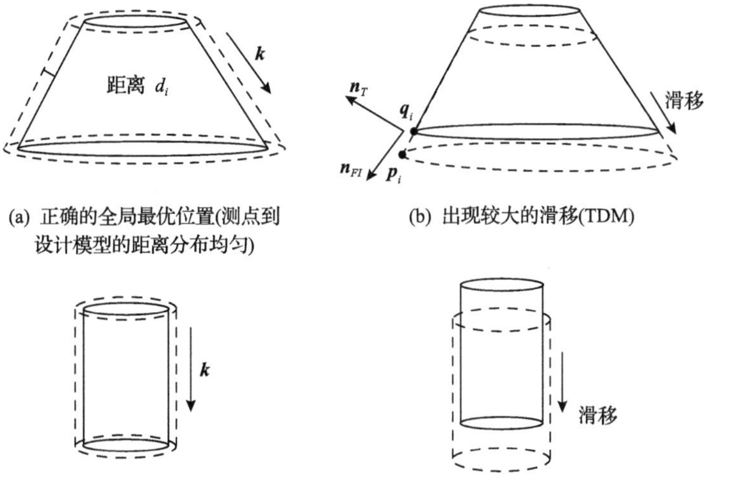

(a) 正确的全局最优位置(测点到设计模型的距离分布均匀)　(b) 出现较大的滑移(TDM)

(c) 正确的全局最优位置　(d) 出现较大的滑移(TDM)

图 4-6　滑移示意图(虚线表示测点，实线表示设计模型)

式(4-33)中的导数越大说明抑制滑移的能力越强，若导数为零，则说明测量点云在方向 $\boldsymbol{k}$ 上的不同位置的目标函数值不变，即在该方向上无约束能力。根据式(4-33)可得 ICP 和 TDM 目标函数导数的主要区别是矢量 $\boldsymbol{n}_{FI}$ 与 $\boldsymbol{n}_T$，其中 $\boldsymbol{n}_{FI}=(\boldsymbol{p}_i-\boldsymbol{q}_i)/\|\boldsymbol{p}_i-\boldsymbol{q}_i\|$ 是测点到最近点 $\boldsymbol{q}_i$ 所在方向的单位矢量，$\boldsymbol{n}_T$ 是最近点 $\boldsymbol{q}_i$ 的法矢。当测点沿切线方向($\boldsymbol{k}=\boldsymbol{\tau}$)移动时，有 $\boldsymbol{n}_T^{\mathrm{T}}\boldsymbol{k}=0$，但 $\boldsymbol{n}_{FI}^{\mathrm{T}}\boldsymbol{k}$ 不一定为 0，如图 4-6(b)中的测点 $\boldsymbol{p}_i$ 所示。当大部分测点都有近似的切线方向时有 $\boldsymbol{n}_T^{\mathrm{T}}\boldsymbol{k}\approx 0$ 和 $\boldsymbol{n}_{FI}^{\mathrm{T}}\boldsymbol{k}\neq 0$，将其代入式(4-33)可得 $\|F_T'(t)\|<\|F_I'(t)\|$，说明 TDM 更易沿切向产生滑移。图 4-6(d)是 $F_T'(t)\equiv 0$ 的极端情况，每个测点都具有相同的切线方向($\boldsymbol{\tau}_1=\boldsymbol{\tau}_2=\cdots=\boldsymbol{\tau}_n=\boldsymbol{k}$)，此时 TDM 在 $\boldsymbol{k}$ 方向上对测点没有约束，即在该方向上的任意位置，测点具备相同的目标函数值，因此有 $F_T'(t)\equiv 0$。滑移的第二个原因是距离 d_i (余量或测量噪声)不为零，对比图 4-6(a)和(b)可得，ICP/TDM 的目标函数会使测点向设计模型贴合以获得较小的目标函数值，从而加剧滑移并直接导致刚体变换参数偏离过大，这意味着较大的工件位姿误差。VMM 能够减少切向滑移的主要原因：①VMM 中距离 d_{FI} 对应的单位矢量 $\boldsymbol{n}_{FI}$ 不仅包含法向约束，也包含切向约束，有助于抑制滑移；②VMM 目标函数定义为距离方差最小，引入的平均距离项可抑制距离 d_i 对滑移的影响。

4.4.2 高斯噪声影响

下面通过建立测量噪声与 RMSE 的数学关系，理论对比不同匹配方法对噪声的稳定性，考虑 ICP 与 TDM 匹配方法的目标函数均基于距离平方和最小化，本节仅选择 TDM 匹配方法进行对比。根据式(4-12)，距离 d_T 可简写为

$$d_T = d_{T0} + \boldsymbol{B}_i \boldsymbol{\xi} \tag{4-34}$$

将距离 d_T 代入目标函数(4-2)，可计算 TDM 的微分运动矢量 $\boldsymbol{\xi}_T$，见表 4-2。

表 4-2 不同匹配方法求解的微分运动矢量 $\boldsymbol{\xi}$

方法	目标函数	距离	微分运动矢量 $\boldsymbol{\xi}$
TDM	$\sum_{i=1}^{n} d_T^2$	$d_T = L(\boldsymbol{n}_T, \boldsymbol{\xi})$	$\boldsymbol{\xi}_T = -\left(\sum_{i=1}^{n} \boldsymbol{B}_i^{\mathrm{T}} \boldsymbol{B}_i\right)^{-1} \sum_{i=1}^{n} d_{T0} \boldsymbol{B}_i^{\mathrm{T}}$
VDM	$\sum_{i=1}^{n} d_V^2$	$d_V = L(\boldsymbol{n}_V, \boldsymbol{\xi})$	$\boldsymbol{\xi}' = \left(\sum_{i=1}^{n} \boldsymbol{C}_i^{\mathrm{T}} \boldsymbol{C}_i\right)^{-1} \sum_{i=1}^{n} d_{i0} \boldsymbol{C}_i^{\mathrm{T}}$
VMM	$\sum_{i=1}^{n} (d_V - \bar{d}_V)^2$	$d_V = L(\boldsymbol{n}_V, \boldsymbol{\xi})$	$\boldsymbol{\xi}_V = \left(\sum_{i=1}^{n} \boldsymbol{C}_i^{\mathrm{T}} \boldsymbol{C}_i - n\bar{\boldsymbol{C}}^{\mathrm{T}} \bar{\boldsymbol{C}}_i\right)^{-1} \sum_{i=1}^{n} (d_{i0} - \bar{d}_0)(\boldsymbol{C}_i - \bar{\boldsymbol{C}})^{\mathrm{T}}$

与解 $\boldsymbol{\xi}_T$ 相比，VMM 的解 $\boldsymbol{\xi}_V$ 引入了平均距离项 $\bar{d}_0$ 与平均线矢量 $\bar{\boldsymbol{C}}$。因为存在期望值 $E(\boldsymbol{C}_i - \bar{\boldsymbol{C}}) = 0$ 与 $E(d_{i0} - \bar{d}_0) = 0$，当测点位置达到全局最优时，根据表 4-2 知解 $\boldsymbol{\xi}_V$ 接近于矢量 $\mathbf{0}$，说明 VMM 可保持全局最优状态，不受平均距离项 $\bar{d}_0$ 与平均线矢量项 $\bar{\boldsymbol{C}}$ 的影响。如果以距离 d_V 平方和构造匹配目标函数，对应匹配方法可定义为 VDM，此时微分运动矢量变成 $\boldsymbol{\xi}' = \left(\sum_{i=1}^{n} \boldsymbol{C}_i^{\mathrm{T}} \boldsymbol{C}_i\right)^{-1} \sum_{i=1}^{n} d_{i0} \boldsymbol{C}_i^{\mathrm{T}}$。因为期望值 $E(\boldsymbol{C}_i) = \bar{\boldsymbol{C}}$ 和 $E(d_i) = \bar{d}_0$ 不为零，在全局最优时难以保证 $\boldsymbol{\xi}' = \mathbf{0}$。此时测点将根据非零解 $\boldsymbol{\xi}'$ 逐渐偏离全局最优状态，$\bar{d}_0$ 和 $\bar{\boldsymbol{C}}$ 越大，偏离程度越明显，因此条件 $\bar{d}_0 = 0$ 或 $\bar{\boldsymbol{C}} = 0$ 对全局匹配精度有重要影响。下面分别根据距离 $\bar{d}_0$ 和线矢量 $\bar{\boldsymbol{C}}$ 提出抑制高斯噪声和测量缺陷的稳定性评价方法。

根据式(4-3)，噪声和余量可分别表示为 $\varepsilon_n + \varepsilon_{ri}$ 和 ε_a，测点 $\boldsymbol{p}_i$ 的初始距离可表示为 $d_{i0} = \varepsilon_a + \varepsilon_n + \varepsilon_{ri} = (\mu + \varepsilon_{ri}) \sim N(\mu, \sigma^2)$，其中 $\mu = \varepsilon_n + \varepsilon_a = \bar{d}_0 = E(d_{i0})$ 反映了噪声和余量。将 d_{i0} 代入式(4-23)，可得 VMM 使用的距离：

$$d_V = d_{i0} + \boldsymbol{C}_i \boldsymbol{\xi}_V = \mu + \varepsilon_{ri} + \boldsymbol{C}_i \boldsymbol{\xi}_V \tag{4-35}$$

因此有

$$\begin{aligned}\mathrm{RMSE}_V &= \sqrt{\frac{\sum_{i=1}^{n}\left(d_V - \frac{1}{n}\sum_{i=1}^{n} d_V\right)^2}{n}} = M\left(d_V\right) \\ &= M\left(\mu+\varepsilon_{ri}+\boldsymbol{C}_i\boldsymbol{\xi}_V\right) = M\left(\varepsilon_{ri}+\boldsymbol{C}_i\boldsymbol{\xi}_V\right)\end{aligned} \tag{4-36}$$

式中，M 表示 RMSE 函数符号。假定均值 μ 增加至 $\mu+\Delta\mu$，新测点变为 $\boldsymbol{p}_i'=\boldsymbol{p}_i+\Delta\mu\boldsymbol{n}_V$，但最近点 $\boldsymbol{q}_i$ 保持不变，式(4-35)中的距离可重写为

$$\begin{aligned}d_V' &= \left(\boldsymbol{p}_i+\Delta\mu\boldsymbol{n}_V-\boldsymbol{q}_i\right)^{\mathrm{T}}\boldsymbol{n}_V+\begin{bmatrix}\boldsymbol{n}_V \\ \left(\boldsymbol{p}_i+\Delta\mu\boldsymbol{n}_V\right)\times\boldsymbol{n}_V\end{bmatrix}^{\mathrm{T}}\boldsymbol{\xi} \\ &= d_{V0}+\Delta\mu+\begin{bmatrix}\boldsymbol{n}_V \\ \boldsymbol{p}_i\times\boldsymbol{n}_V\end{bmatrix}^{\mathrm{T}}\boldsymbol{\xi} \\ &= d_{V0}+\Delta\mu+\boldsymbol{C}_i\boldsymbol{\xi} = d_{V0}'+\boldsymbol{C}_i'\boldsymbol{\xi}\end{aligned} \tag{4-37}$$

式中，$d_{V0}'=d_{V0}+\Delta\mu$，$\boldsymbol{C}_i'=\boldsymbol{C}_i$。由式(4-25)可得解 $\boldsymbol{\xi}_V$ 中的矩阵 $\boldsymbol{A}_V$ 和 $\boldsymbol{B}_V$ 变为

$$\begin{aligned}\boldsymbol{A}_V' &= \sum_{i=1}^{n}\boldsymbol{C}_i^{\mathrm{T}}\boldsymbol{C}_i - n\overline{\boldsymbol{C}}^{\mathrm{T}}\overline{\boldsymbol{C}} = \boldsymbol{A}_V \\ \boldsymbol{B}_V' &= \sum\left(d_{V0}+\Delta\mu\right)\boldsymbol{C}_i^{\mathrm{T}} - n\overline{\boldsymbol{C}}^{\mathrm{T}}\left[\sum\left(d_{V0}+\Delta\mu\right)/n\right] \\ &= \sum d_{V0}\boldsymbol{C}_i^{\mathrm{T}}+\sum\Delta\mu\boldsymbol{C}_i^{\mathrm{T}}-\left(n\overline{\boldsymbol{C}}^{\mathrm{T}}\overline{d}_{V0}+n\overline{\boldsymbol{C}}^{\mathrm{T}}\Delta\mu\right) \\ &= \sum d_{V0}\boldsymbol{C}_i^{\mathrm{T}} - n\overline{\boldsymbol{C}}^{\mathrm{T}}\overline{d}_{V0} = \boldsymbol{B}_V\end{aligned} \tag{4-38}$$

因此解 $\boldsymbol{\xi}_V'=-\left(\boldsymbol{A}_V'\right)^{-1}\boldsymbol{B}_V'=\boldsymbol{\xi}_V$ 保持不变，将解 $\boldsymbol{\xi}_V'$ 代入式(4-37)可得新距离：

$$d_V' = d_{V0}+\Delta\mu+\boldsymbol{C}_i\boldsymbol{\xi}_V' = d_V+\Delta\mu \tag{4-39}$$

RMSE 变为

$$\begin{aligned}\mathrm{RMSE}_V' &= M\left(d_V'\right) = \sqrt{\frac{\sum_{i=1}^{n}\left(\left(d_V+\Delta\mu\right)-\frac{1}{n}\sum_{i=1}^{n}\left(d_V+\Delta\mu\right)\right)^2}{n}} \\ &= M\left(d_V\right) = M\left(\varepsilon_{ri}+\boldsymbol{C}_i\boldsymbol{\xi}_V\right) = \mathrm{RMSE}_V\end{aligned} \tag{4-40}$$

即当 μ 值增加到 $\mu+\Delta\mu$ 时，VMM 方法的 RMSE 保持不变，匹配结果不受 μ 值的影响。

下面讨论 TDM 方法的 RMSE 受 μ 值的影响情况。根据式(4-34)可得当存在

测量噪声和余量时，TDM 方法中的点-切面距离可表示为

$$d_T = \mu + \varepsilon_{ri} + \boldsymbol{B}_i \boldsymbol{\xi}_T \tag{4-41}$$

当测量噪声 ε_{ri} 服从正态分布 $\varepsilon_{ri} \sim N(0,\sigma^2)$ 时，根据表 4-2 可简化 TDM 匹配的解：

$$\begin{aligned}\boldsymbol{\xi}_T &= -\left(\sum_{i=1}^{n} \boldsymbol{B}_i^{\mathrm{T}} \boldsymbol{B}_i\right)^{-1} \sum_{i=1}^{n} d_{T0} \boldsymbol{B}_i \\ &= -\left(\sum_{i=1}^{n} \boldsymbol{B}_i^{\mathrm{T}} \boldsymbol{B}_i\right)^{-1} \sum_{i=1}^{n} (\mu + \varepsilon_i) \boldsymbol{B}_i \approx -\left(\sum_{i=1}^{n} \boldsymbol{B}_i^{\mathrm{T}} \boldsymbol{B}_i\right)^{-1} \sum_{i=1}^{n} \mu \boldsymbol{B}_i\end{aligned} \tag{4-42}$$

代入式(4-41)，可得 TDM 方法的 RMSE：

$$\mathrm{RMSE}_T = M\left(d_T\right) = M\left(\mu + \varepsilon_{ri} + \boldsymbol{B}_i \boldsymbol{\xi}_T\right) = M\left(\varepsilon_{ri} + \boldsymbol{B}_i \boldsymbol{\xi}_T\right) \tag{4-43}$$

即当 μ 增加至 $\mu + \Delta\mu$ 时，根据式(4-41)可得新的点-切面距离为

$$d_T' = \mu + \Delta\mu + \varepsilon_{ri} + \boldsymbol{B}_i \boldsymbol{\xi}_T' \tag{4-44}$$

当距离由 d_T 变成 d_T' 时，根据式(4-42)可得解 $\boldsymbol{\xi}_T$ 变为

$$\begin{aligned}\boldsymbol{\xi}_T' &= -\left(\sum_{i=1}^{n} \boldsymbol{B}_i^{\mathrm{T}} \boldsymbol{B}_i\right)^{-1} \left(\sum (\mu + \Delta\mu + \varepsilon_{ri}) \boldsymbol{B}_i\right) \\ &\approx -\left(\sum_{i=1}^{n} \boldsymbol{B}_i^{\mathrm{T}} \boldsymbol{B}_i\right)^{-1} \left(\sum (\mu + \Delta\mu) \boldsymbol{B}_i\right) = \left(1 + \frac{\Delta\mu}{\mu}\right) \boldsymbol{\xi}_T\end{aligned} \tag{4-45}$$

代入式(4-44)可得

$$d_T' = \mu + \Delta\mu + \varepsilon_{ri} + \boldsymbol{B}_i \boldsymbol{\xi}_T' = \mu + \Delta\mu + \varepsilon_{ri} + \left(1 + \frac{\Delta\mu}{\mu}\right) \boldsymbol{B}_i \boldsymbol{\xi}_T \tag{4-46}$$

即可求取作用刚体变换参数后的点-切面距离，以此计算新的 RMSE：

$$\mathrm{RMSE}_T' = M\left(d_T'\right) = M\left(\mu + \Delta\mu + \varepsilon_{ri} + \left(1 + \frac{\Delta\mu}{\mu}\right) \boldsymbol{B}_i \boldsymbol{\xi}_T\right) = M\left(\varepsilon_{ri} + \left(1 + \frac{\Delta\mu}{\mu}\right) \boldsymbol{B}_i \boldsymbol{\xi}_T\right) \tag{4-47}$$

TDM 和 VMM 方法的 RMSE 与测量噪声的关系见表 4-3，TDM 方法的 RMSE 与测量噪声正相关，VMM 方法对 μ 值(测量噪声和余量)不敏感，因为其目标函数 $F_V = F_S - F_A$ 中的平均距离项 F_A 包含距离偏差项 $d_V - \bar{d}_V$，可抑制 RMSE 的改

变。若 $\mu=0$，则 F_A 也会趋近于 0，得 $F_S=F_V$，此时可获得较低的 RMSE，TDM 和 VMM 方法的匹配效果一致。

表 4-3 TDM 和 VMM 匹配方法计算 RMSE 对比

方法	μ	$\mu+\Delta\mu$
TDM	$M\left(\varepsilon_{ri}+\boldsymbol{B}_i\boldsymbol{\xi}_T\right)$	$M\left(\varepsilon_{ri}+\boldsymbol{B}_i\boldsymbol{\xi}_T+(\Delta\mu/\mu)\boldsymbol{B}_i\boldsymbol{\xi}_T\right)$
VMM	$M\left(\varepsilon_{ri}+\boldsymbol{C}_i\boldsymbol{\xi}_T\right)$	$M\left(\varepsilon_{ri}+\boldsymbol{C}_i\boldsymbol{\xi}_V\right)$

4.4.3 测量缺陷影响

下面推导 TDM 与 VMM 方法效果一致的等价条件，并根据平均线矢量 $\bar{\boldsymbol{C}}$ 提出测量缺陷评价指标，用于指导工件的现场扫描。4.4.2 节已知如果 $\bar{\boldsymbol{C}}\neq\mathbf{0}$，那么 TDM(距离平方和最小化)匹配方法易偏离全局最优值，但 VMM 匹配对 $\bar{\boldsymbol{C}}$ 不敏感。当矢量 $\bar{\boldsymbol{C}}=\mathbf{0}$ 时，可推导出如下结论。

推论 4.2 如果矢量 $\bar{\boldsymbol{C}}=\mathbf{0}$，那么 VMM 方法等价于距离平方和最小化匹配方法。

证明 VMM 与 TDM 方法的区别在于其目标函数 $F_V=F_S-F_A$ 引入了平均距离项 F_A，通过最小化目标函数求解微分运动矢量 $\boldsymbol{\xi}$ 时，需要对 $\boldsymbol{\xi}$ 求导：

$$\begin{aligned}\frac{\partial F_A}{\partial\boldsymbol{\xi}}&=\frac{1}{n}\times\frac{\partial\left(\sum_{i=1}^{n}\left(d_{i0}+\boldsymbol{C}_i\boldsymbol{\xi}\right)\right)^2}{\partial\boldsymbol{\xi}}\\&=\frac{2}{n}\sum_{i=1}^{n}d_{i0}\sum_{i=1}^{n}\boldsymbol{C}_i^{\mathrm{T}}+\frac{2}{n}\sum_{i=1}^{n}\boldsymbol{C}_i^{\mathrm{T}}\sum_{i=1}^{n}\boldsymbol{C}_i\boldsymbol{\xi}=2n\sum_{i=1}^{n}\bar{d}_0\bar{\boldsymbol{C}}+2n\boldsymbol{\xi}^{\mathrm{T}}\bar{\boldsymbol{C}}^{\mathrm{T}}\bar{\boldsymbol{C}}\end{aligned}\tag{4-48}$$

如果 $\bar{\boldsymbol{C}}=\mathbf{0}$，则上述导数不随 $\boldsymbol{\xi}$ 变化，F_A 不会影响匹配目标函数的最小化，即

$$\min\ F_V=\min\ \left(F_S-F_A\right)=\min\ F_S\tag{4-49}$$

因此推论 4.2 得证。

在上述推论的基础上，如果同时有平均线矢量 $\bar{\boldsymbol{C}}=\mathbf{0}$ 和距离 $d_V=d_T$，可得 $\min\ F_V\left(d_V\right)=\min\ F_S\left(d_V\right)=\min\ F_S\left(d_T\right)$，此时 VMM 方法等价于 TDM 方法。推论 4.2 说明当矢量 $\bar{\boldsymbol{C}}=\mathbf{0}$ 时 TDM/ICP 匹配方法可与 VMM 匹配方法一样保持对测量缺陷的相对稳定性，但现场测量时条件 $\bar{\boldsymbol{C}}=\mathbf{0}$ 很难满足，这与现场测点的形状封闭性和密度均匀性有关，具体见推论 4.3。

推论 4.3 对光滑的封闭曲面进行高密度均匀离散得到点云 $P=\{\boldsymbol{p}_1,\boldsymbol{p}_2,\cdots,\boldsymbol{p}_n\}$，那么点云 P 的平均线矢量为矢量零($\bar{\boldsymbol{C}}=\mathbf{0}$)。

证明 如图 4-7 所示，连续曲面 S 被离散成 n 个等面积的微分曲面块 $(\Delta s_1 = \Delta s_2 = \cdots = \Delta s_n)$，每个曲面块 s_i 的中心定义为 $\boldsymbol{p}_i$。从曲面 S 到点云 $P = \{\boldsymbol{p}_1, \boldsymbol{p}_2, \cdots, \boldsymbol{p}_n\}$ 符合均匀采样过程，因为 $\Delta s_1 = \Delta s_2 = \cdots = \Delta s_n$，所以点云 P 的平均线矢量可表示为

$$\overline{\boldsymbol{C}} = \frac{\sum_{i=1}^{n} \begin{bmatrix} \boldsymbol{n}_i \\ \boldsymbol{p}_i \times \boldsymbol{n}_i \end{bmatrix}}{n} = \frac{\sum_{i=1}^{n} \Delta s_i \begin{bmatrix} \boldsymbol{n}_i \\ \boldsymbol{p}_i \times \boldsymbol{n}_i \end{bmatrix}}{\sum_{i=1}^{n} \Delta s_i} \tag{4-50}$$

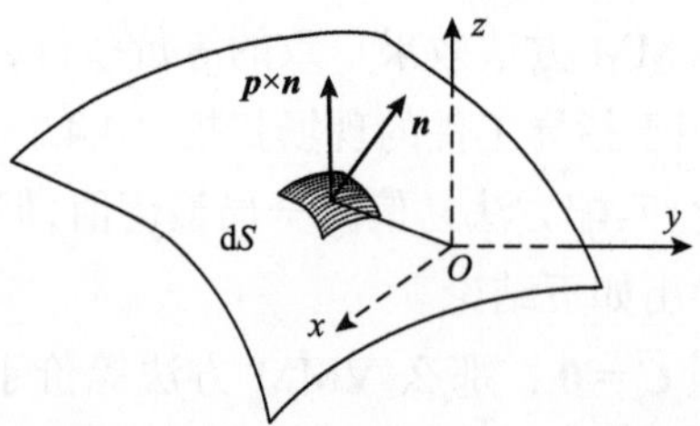

图 4-7 曲面 S 均匀离散及局部曲面块积分 $\begin{bmatrix} \boldsymbol{n} \\ \boldsymbol{p} \times \boldsymbol{n} \end{bmatrix} \mathrm{d}S$

因为 $\boldsymbol{p}_i$ 为高密度测点，式(4-50)等价于如下积分形式：

$$\overline{\boldsymbol{C}} = \frac{\iint\limits_S \begin{bmatrix} \boldsymbol{n}_i \\ \boldsymbol{p}_i \times \boldsymbol{n}_i \end{bmatrix} \mathrm{d}S}{S} = \frac{\iint\limits_S \begin{bmatrix} [n_x \mathrm{d}S \quad n_y \mathrm{d}S \quad n_z \mathrm{d}S]^{\mathrm{T}} \\ \left([p_x \quad p_y \quad p_z] \times [n_x \mathrm{d}S \quad n_y \mathrm{d}S \quad n_z \mathrm{d}S]\right)^{\mathrm{T}} \end{bmatrix}}{S} \tag{4-51}$$

式中，$\mathrm{d}S$ 表示面积微元；$n_x \mathrm{d}S$ 、$n_y \mathrm{d}S$ 和 $n_z \mathrm{d}S$ 分别表示 $\mathrm{d}S$ 在 y-z、z-x 和 x-y 平面的投影面积。式(4-51)可改写为

$$\begin{aligned} \overline{\boldsymbol{C}} &= \frac{\iint\limits_S \begin{bmatrix} [\mathrm{d}y\mathrm{d}z \quad \mathrm{d}z\mathrm{d}x \quad \mathrm{d}x\mathrm{d}y]^{\mathrm{T}} \\ [(p_y \mathrm{d}x\mathrm{d}y - p_z \mathrm{d}z\mathrm{d}x) \quad (p_z \mathrm{d}y\mathrm{d}z - p_x \mathrm{d}x\mathrm{d}y) \quad (p_x \mathrm{d}z\mathrm{d}x - p_y \mathrm{d}y\mathrm{d}z)]^{\mathrm{T}} \end{bmatrix}}{S} \\ &= \frac{\iiint\limits_V \begin{bmatrix} [0\mathrm{d}v \quad 0\mathrm{d}v \quad 0\mathrm{d}v]^{\mathrm{T}} \\ [(0\mathrm{d}v - 0\mathrm{d}v) \quad (0\mathrm{d}v - 0\mathrm{d}v) \quad (0\mathrm{d}v - 0\mathrm{d}v)]^{\mathrm{T}} \end{bmatrix}}{S} = \boldsymbol{0} \end{aligned} \tag{4-52}$$

因此，推论 4.3 得证。该推论说明如果点云满足封闭性与均匀性条件，则条件 $\overline{\boldsymbol{C}} = \boldsymbol{0}$ 成立。然而，现场扫描盲区等因素使测量点云通常不满足这两个条件，

非封闭性与非均匀性的扩大会增大 $\bar{\boldsymbol{C}}$ 的模，从而加大 TDM/ICP 匹配的全局偏离程度。$\bar{\boldsymbol{C}}$ 中方向矢量 $\bar{\boldsymbol{n}}=\dfrac{1}{S}\iint\limits_{S}\boldsymbol{n}_j\mathrm{d}S$ 可定性地评判测量缺陷的不完整程度和匹配趋势。如图 4-8 所示，阴影部分为开放区域，黑色箭头为开放区域的法矢方向，如果测点密度分布均匀但形状不封闭，那么 $\bar{\boldsymbol{n}}$ 的计算就等价于求对应测点的连续曲面，此时 $\bar{\boldsymbol{n}}$ 通常不为 $\mathbf{0}$，其方向偏向不封闭区域的反向。如图 4-9 所示，如果测点封闭但不均匀，那么 $\bar{\boldsymbol{n}}$ 通常也不为 $\mathbf{0}$ 且方向会偏向测点密集区域。$\bar{\boldsymbol{n}}$ 的方向反映了测点偏离全局最优的方向，$\bar{\boldsymbol{n}}$ 的模则反映了测点偏离全局最优的程度，模 $\|\bar{\boldsymbol{n}}\|$ $\left(0\leqslant|\bar{\boldsymbol{n}}|\leqslant 1\right)$ 越大则偏离越严重。由式(4-50)可知对称扫描可减小 $\|\bar{\boldsymbol{n}}\|$，如同时扫描工件的凹凸面并保证两面扫描区域相差不大，使凹凸面的法矢和相互抵消，从而减小 $\|\bar{\boldsymbol{n}}\|$ 与全局匹配的偏离程度。

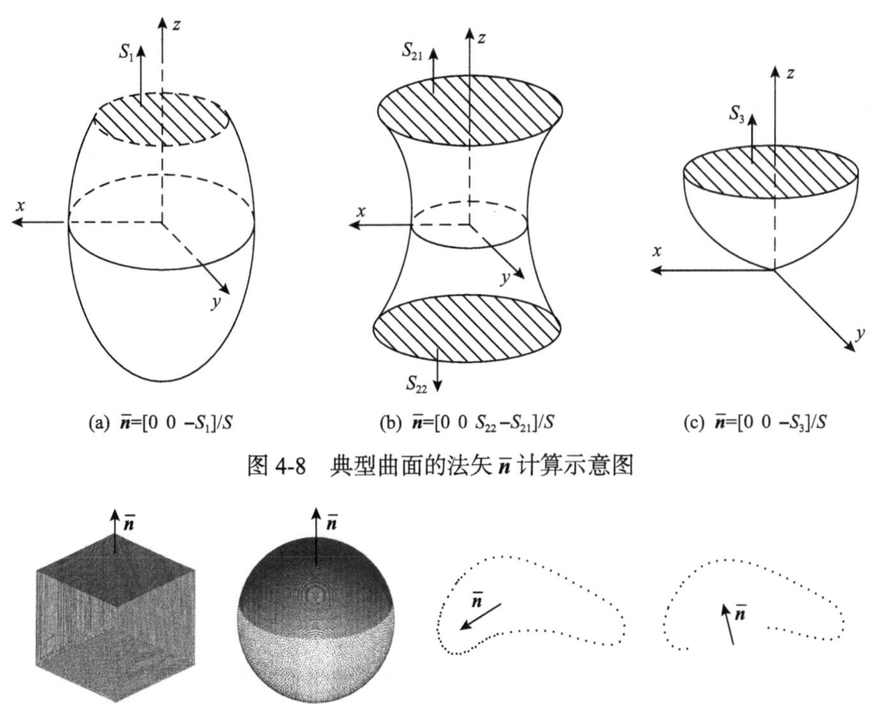

(a) $\bar{\boldsymbol{n}}$=[0 0 $-S_1$]/S　(b) $\bar{\boldsymbol{n}}$=[0 0 $S_{22}-S_{21}$]/S　(c) $\bar{\boldsymbol{n}}$=[0 0 $-S_3$]/S

图 4-8　典型曲面的法矢 $\bar{\boldsymbol{n}}$ 计算示意图

图 4-9　密度不均匀、形状不封闭曲面测点的平均法矢 $\bar{\boldsymbol{n}}$ 及其方向

4.5　工件位姿参数辨识实验验证

本节以叶片为实验对象，对比 Go-ICP(globally optimal ICP)[9]和 TDM 方法，通过三个实验验证所提 VMM 方法的稳定性与二阶收敛性。第一个实验测试匹配

方法对测量缺陷的稳定性；第二个实验测试匹配方法对高斯噪声与切向滑移的稳定性，首先预先设定刚体变换参数，然后通过匹配得到实际刚体变换参数，并与预设值进行对比；第三个实验测试匹配方法对余量不均的稳定性，并对比匹配收敛速度。实验中选取 RMSE 和 IPDdiff(difference of interpoint distance)[10]作为评价指标，对于测点与设计模型中的两组匹配点$(\boldsymbol{p}_i,\boldsymbol{q}_i)$与$(\boldsymbol{p}_s,\boldsymbol{q}_s)$，有 IPDdiff = $\left(\|\boldsymbol{p}_i-\boldsymbol{p}_s\|-\|\boldsymbol{q}_i-\boldsymbol{q}_s\|\right)$，对应的平均值与最大值为

$$\begin{aligned}&\text{aveIPDdiff}=\text{ave}\left|\,\|\boldsymbol{p}_i-\boldsymbol{p}_s\|-\|\boldsymbol{q}_i-\boldsymbol{q}_s\|\,\right|\\&\text{maxIPDdiff}=\max_{i,s=1,2,\cdots,n}\left|\,\|\boldsymbol{p}_i-\boldsymbol{p}_s\|-\|\boldsymbol{q}_i-\boldsymbol{q}_s\|\,\right|\end{aligned}\tag{4-53}$$

4.5.1　测量缺陷实验

含测量缺陷的点云生成步骤为：①对设计模型均匀采样，生成无缺陷测量点云 P；②删除点云 P 的局部区域测点，生成非封闭测点，并对剩余测点重采样来生成不均匀测点；③沿测点法矢方向添加高斯噪声；④通过刚体变换将点云 P 调整到新的位置，用于后续与设计模型测点匹配。设定初始刚体变换参数：平移矢量 $d_{x0}=d_{y0}=d_{z0}=100\text{mm}$，旋转矢量 $\delta_{x0}=\delta_{y0}=\delta_{z0}=30°$。

通过上述步骤生成 12 组不封闭的测量点云，如表 4-4 和图 4-10 所示。定义开放区域(数据缺失区域)占封闭测点面积的比例为 p_o，其中完全封闭测点的 p_o 值为 0%。用 Go-ICP、TDM 与 VMM 三种方法对 12 组测点进行匹配，迭代次数为 300，实验结果如表 4-5 和图 4-11 所示。当 p_o=13.86%时，VMM 方法的 RMSE 明显小于 Go-ICP 和 TDM 方法(0.0112mm<0.0454mm, 0.0523mm)，这说明 VMM 方法对开放区域比例不敏感，而 Go-ICP 和 TDM 方法的 RMSE 相差不大，因为它们的目标函数都是基于距离平方和最小化。随着缺失区域比例 p_o 增大，Go-ICP 和 TDM 方法的 RMSE 明显增加，呈现出线性增加趋势，然而 VMM 方法的 RMSE 略有增加，但基本不变，maxIPDdiff 误差也始终维持在较低水平。实验中也发现，当测点姿态保持不变时，VMM 方法匹配后的 maxIPDdiff 误差与开放区域面积呈正相关，与测点数呈负相关，总体上看与比例 p_o 无明显的正相关关系。

表 4-4　12 组不封闭的测量点云

序号	1	2	3	4	5	6
点数	151731	148647	144111	137730	13986	124983
p_o /%	1.07	2.52	4.43	7.19	9.73	12.73

续表

序号	7	8	9	10	11	12
点数	122513	120560	116766	109665	103559	101249
p_o/%	13.86	14.63	16.32	19.37	21.99	22.85

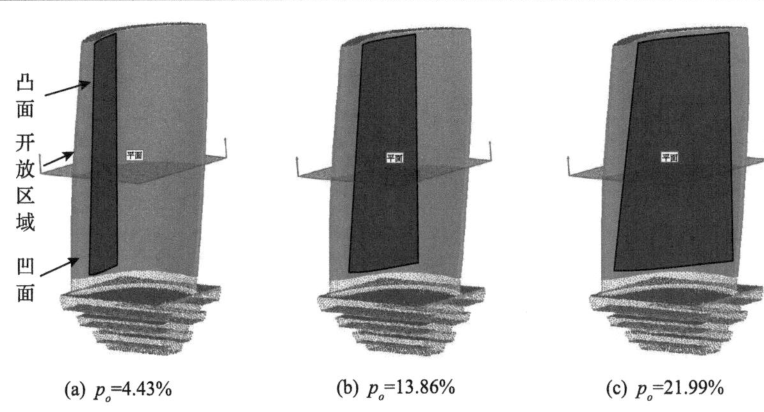

(a) p_o=4.43%　(b) p_o=13.86%　(c) p_o=21.99%

图 4-10　不封闭测量点云(黑色为开放区域，即数据缺失区域)

表 4-5　三种方法匹配效果对比　(单位：mm)

比例 p_o	方法	RMSE	aveIPDdiff	maxIPDdiff
4.43%	TDM	0.0192	0.0528	0.5395
	Go-ICP	0.0171	0.0512	0.5262
	VMM	**0.0102**	**0.0509**	**0.5262**
13.86%	TDM	0.0523	0.0652	0.5753
	Go-ICP	0.0454	0.0573	0.5439
	VMM	**0.0112**	**0.0544**	**0.5210**
21.99%	TDM	0.0688	0.0831	0.5904
	Go-ICP	0.0608	0.0690	0.5703
	VMM	**0.0119**	**0.0523**	**0.5232**

注：VMM 组加粗表示，下同。

如图 4-10 所示，在平面 z=0.00mm 上截取测点，得到距离偏差如图 4-12 所示，其中每幅图内部实线为设计模型，最外侧为离散测点，测点与设计模型之间的连线为距离偏差。测点与对应的最近点通过线段连接，线段长度放大 50 倍，线的长度与颜色代表距离大小。当数据缺失比例 p_o=4.43%时，测点形状接近封闭，匹配后 Go-ICP、TDM 和 VMM 方法的距离值分布基本一致(色谱颜色一致)，根据推论 4.3，对于密度分布均匀的封闭曲面测点有 $\overline{\boldsymbol{C}}=\boldsymbol{0}$，此时三种方法的目标函数趋

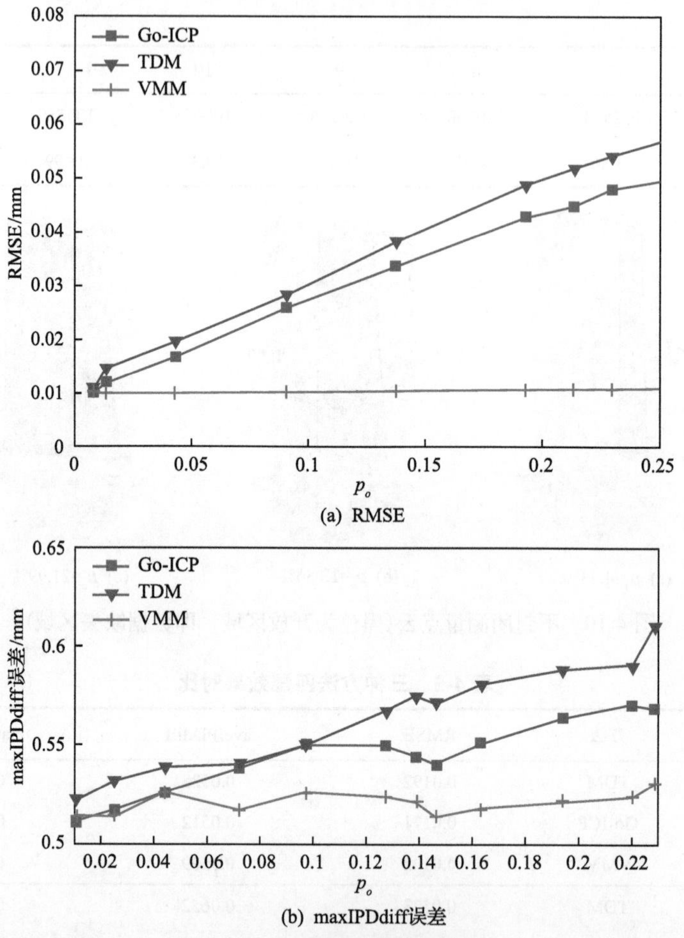

(a) RMSE

(b) maxIPDdiff误差

图 4-11　三种方法匹配效果对比

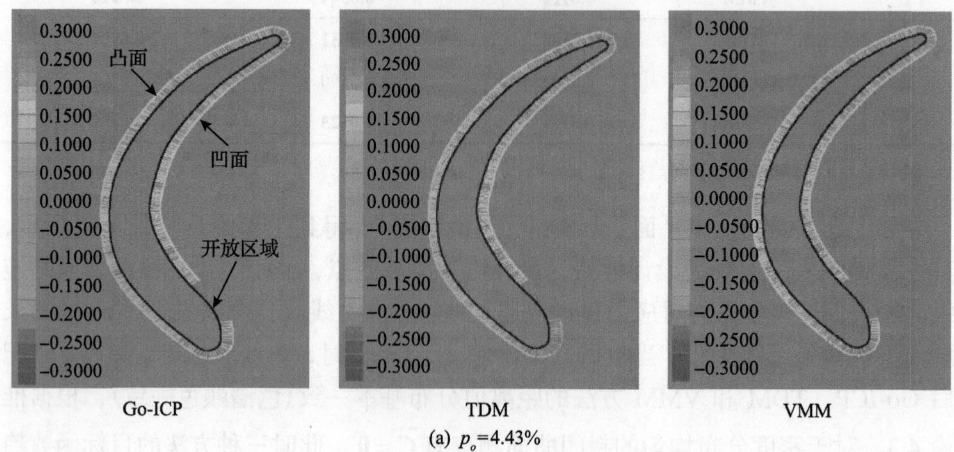

(a) p_o=4.43%

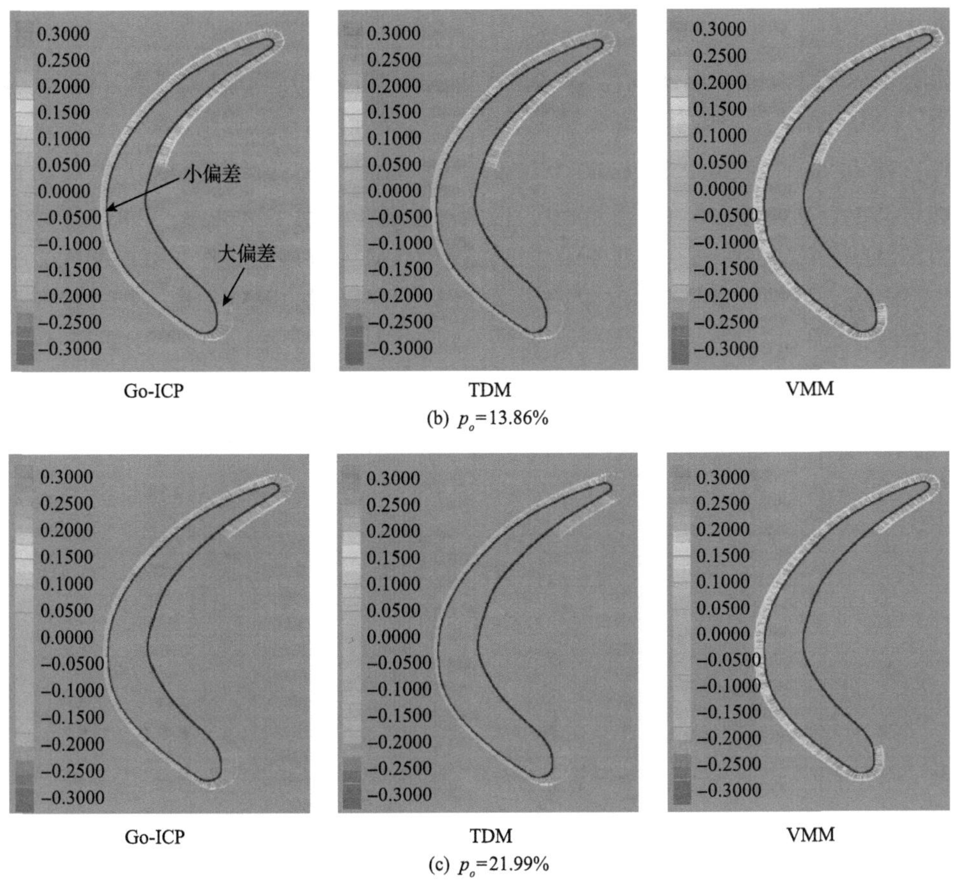

(b) p_o=13.86%

(c) p_o=21.99%

图 4-12　匹配后 z=0.00mm 截面轮廓误差（单位：mm）

向相同，匹配结果一致。当缺失比例 p_o 从 4.43%增大到 21.99%时，Go-ICP/TDM 方法匹配后测点的凸面区域逐渐向设计模型倾斜，从而导致凹面距离变大，该实验结果与 4.2 节理论分析一致。由于凸面在测点中占比较大，在最小化 Go-ICP/TDM 方法的匹配目标函数时（对应式(4-6)），占主导地位的凸面测点会向设计模型倾斜。缺失数据所占比例 p_o 越大，匹配后 RMSE 越大，倾斜越严重，该倾斜容易导致凹面欠切和出现型面加工误差。在 VMM 方法中，目标函数表示为距离偏差 $d_i-\overline{d}$ 的平方和，凹凸面区域测点数量的不平衡对目标函数的影响较小，故匹配后倾斜不明显。

4.5.2　高斯噪声实验

本节测试三种匹配方法对高斯噪声的稳定性。设定匹配方法最多迭代 300 次，测点包含 $N(0.02, 0.03^2)$ 的高斯噪声，预先设定刚体变换参数对应的微分运动矢量

为 $d_{x0}=d_{y0}=d_{z0}=0.8\text{mm}$，$\delta_{x0}=\delta_{y0}=\delta_{z0}=0.8°$。初始姿态和匹配稳定后的结果如图 4-13(a)和(b)～(d)所示，三种匹配方法计算的微分运动矢量见表 4-6。实验中，VMM 方法所得微分运动矢量的偏差(通过指标$\|\xi-\xi_0\|/\|\xi_0\|\times100\%$表示)是三种方法最小的(3.34%<37.42%, 6.12%)，匹配后 RMSE 是三种方法最小的(0.0829mm<0.1601mm, 0.1603mm)，匹配后 maxIPDdiff 误差也是三种方法最小的(0.5328mm<0.6354mm, 0.6471mm)，这是因为 VMM 方法的目标函数中引入了平均距离项，可抑制高斯噪声对匹配后测点与设计模型的偏离程度，提升了匹配稳定性。

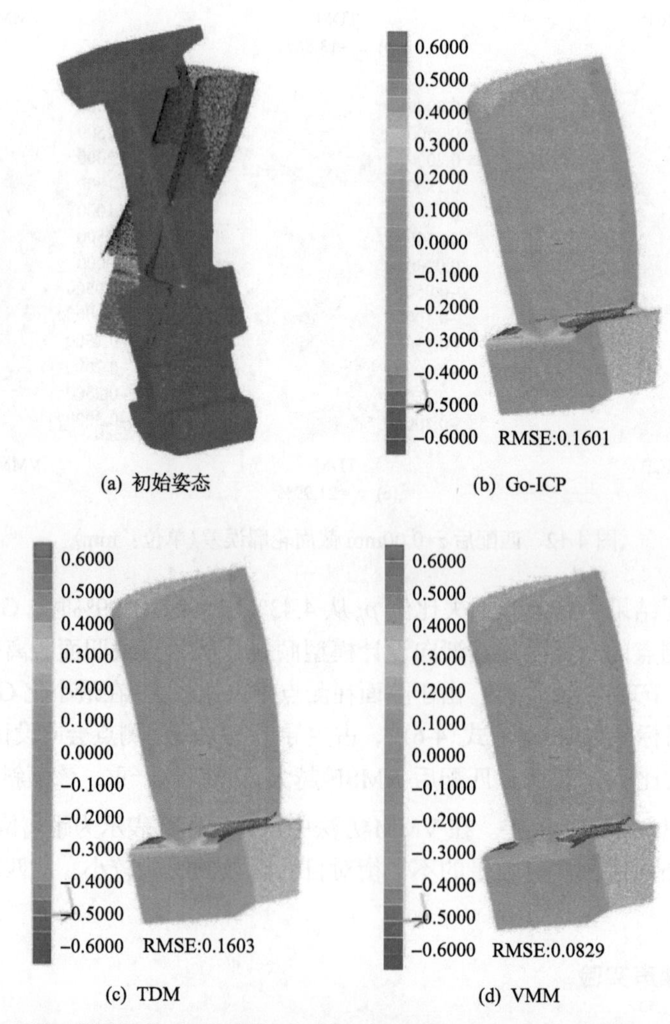

(a) 初始姿态　(b) Go-ICP　(c) TDM　(d) VMM

图 4-13　测点(中间黑色)与设计模型初始姿态以及三种方法的匹配效果(单位：mm)

表 4-6　存在高斯噪声时三种方法匹配效果对比

参数	理想值	TDM	Go-ICP	VMM
d_x/mm	0.8000	0.8338	0.8317	**0.8049**
d_y/mm	0.8000	0.7702	0.7746	**0.7854**
d_z/mm	0.8000	1.0954	0.7877	**0.7796**
δ_x/(°)	0.8000	0.8388	0.8229	**0.8033**
δ_y/(°)	0.8000	0.7942	0.8032	**0.8034**
δ_z/(°)	0.8000	0.8030	0.8047	**0.7953**
$d_x - d_{x0}$/mm	0.0000	0.0038	0.0317	**0.0049**
$d_y - d_{y0}$/mm	0.0000	–0.0298	–0.0254	**–0.0146**
$d_z - d_{z0}$/mm	0.0000	0.2954	–0.0123	**–0.0204**
$\delta_x - \delta_{x0}$/(°)	0.0000	0.0388	0.0229	**0.0033**
$\delta_y - \delta_{y0}$/(°)	0.0000	–0.0058	0.0032	**0.0034**
$\delta_z - \delta_{z0}$/(°)	0.0000	0.0030	0.0048	**–0.0047**
$\lVert\xi - \xi_0\rVert$	0.0000	0.2995	0.0486	**0.0264**
$\lVert\xi - \xi_0\rVert / \lVert\xi_0\rVert \times 100\%$	0%	37.42%	6.12%	**3.34%**
RMSE/mm	0.0000	0.1601	0.1603	**0.0829**
maxIPDdiff/mm	0.0000	0.6354	0.6471	**0.5328**

下面保持高斯噪声中方差不变，不断增加高斯噪声均值，匹配稳定性测试结果如图 4-14 所示。实验中，Go-ICP 方法的 RMSE 始终比 TDM 小，这是由于 Go-ICP 方法匹配目标函数有切向滑移约束项，匹配稳定后 RMSE 相比 Go-ICP 方法更小。

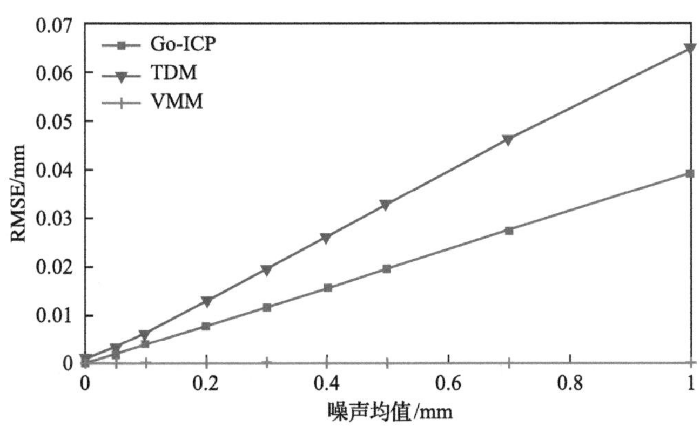

图 4-14　噪声均值增加时三种匹配方法的 RMSE

当噪声均值由 0mm 增加到 1mm 时，Go-ICP 方法的 RMSE 从 0.0010mm 逐渐增加到 0.0390mm，数值上约为噪声均值的 3.9%。随着噪声均值的不断增加，VMM 方法匹配稳定后的 RMSE 略有增加，但始终维持在较低水平（0.0020～0.0040mm），这得益于方差最小化计算消除了噪声均值对匹配精度的影响，这一结果与表 4-3 中 RMSE 的理论分析结果是一致的。

4.5.3　余量不均实验

本节测试加工余量不均匀条件下各种匹配方法的精度。为增强实验的对比性，在 TDM 目标函数中引入余量权重比系数（参考式(4-7)）来生成新的 WTDM（weighted TDM）匹配方法，权重比系数主要用来约束目标函数中的凹/凸面余量进行迭代匹配。实验中所使用的测试对象为某核电大叶片，凹/凸面的设计余量为 0.3mm/0.5mm，匹配结果如表 4-7 和图 4-15 所示。与 VMM 方法相比，Go-ICP 和 TDM 方法的 wRMSE 和余量偏差比 p_{12} 相对较高（0.2132mm、0.1378mm 和 64.84%、63.42%），这说明测点没有根据预设的余量较好地匹配到设计模型。虽然 WTDM 方法引入了控制余量的权重比系数，但 wRMSE 和余量偏差比 p_{12} 依旧比 VMM 方法大（0.0821mm vs. 0.0214mm，13.75% vs. 0.50%），这说明 VMM 方法对余量不均匀测点的匹配稳定性较高，主要原因是 VMM 匹配目标函数约束测点距离到平均距离的偏差，可使得凹凸面各自按设定余量均匀匹配，匹配后凹/凸面的平均距离（0.2990mm/0.4989mm）与设定值接近，凹/凸面的加工余量也按设定值均匀化分布（图 4-15(d)）。

表 4-7　三种方法匹配后主要参数对比

参数	Go-ICP	TDM	WTDM	VMM
wRMSE/mm	0.2132	0.1378	0.0821	**0.0214**
余量偏差比 p_{12}/%	64.84	63.42	13.75	**0.50**
平均距离 Ave_1/mm	0.3652	0.3387	0.3313	**0.2990**
$RMSE_1$/mm	0.1938	0.1493	0.0832	**0.0253**
平均距离 Ave_2/mm	0.3682	0.3461	0.4712	**0.4989**
$RMSE_2$/mm	0.1562	0.1402	0.0918	**0.0267**

四种匹配方法的收敛速度对比如图 4-16 所示。VMM 方法在迭代 10 次时趋于稳定，收敛速度明显快于 Go-ICP 方法；TDM 和 WTDM 方法均采用高斯-牛顿法求解非线性最小二乘问题，具有类似 VMM 方法的二次收敛速度，所以 10 次迭代后均收敛于稳定值。

受测头干涉、测头补偿误差、设备测量误差等因素影响，测量缺陷、高斯噪

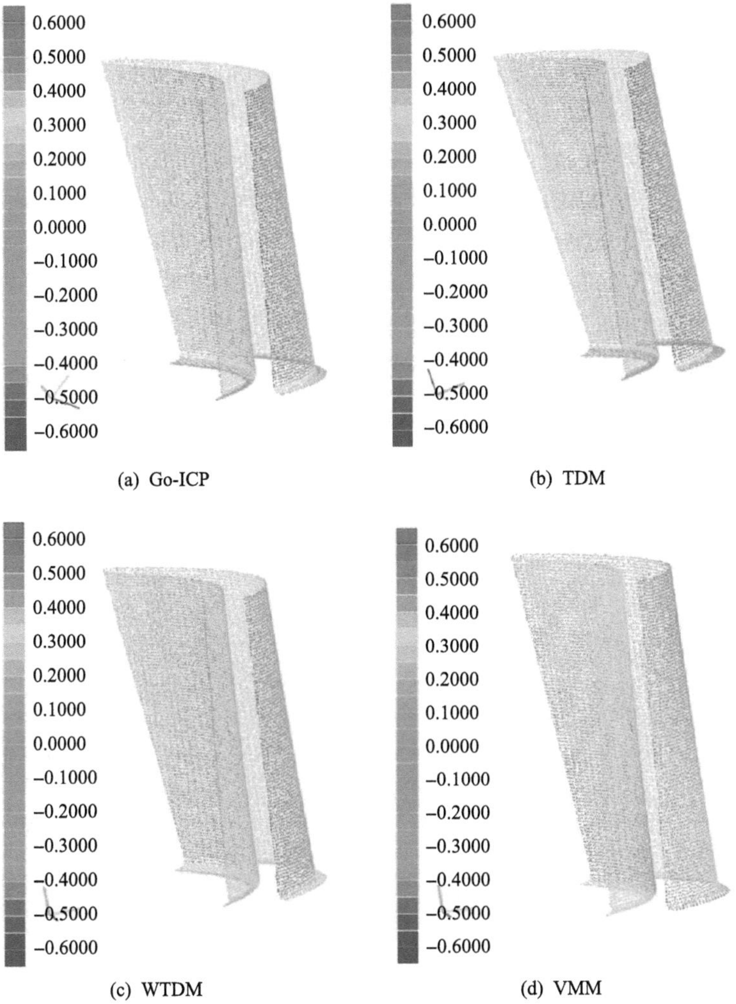

(a) Go-ICP　　(b) TDM

(c) WTDM　　(d) VMM

图 4-15　某大叶片四种匹配方法匹配后三维轮廓误差色谱图对比(单位：mm)

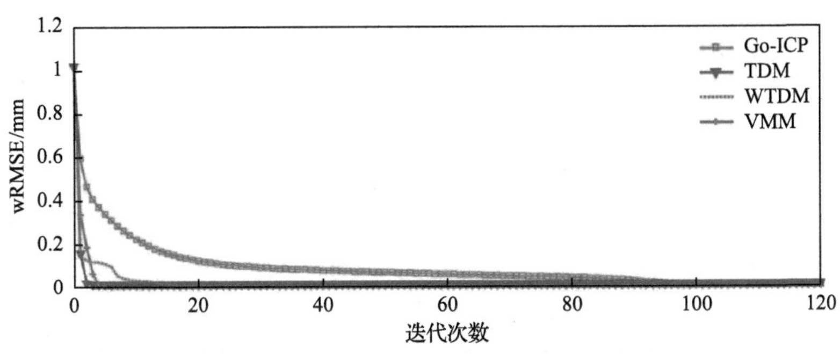

图 4-16　四种匹配方法的收敛速度对比

声与余量不均在加工过程中经常存在，例如，前后缘弯扭区域可能出现三坐标测量溢出点、接近前后缘叶盆叶背区域由于测头补偿余弦误差可能出现高斯噪声点、叶片气膜孔区域测点删除后出现数据缺失，这些问题不仅会引起工件位姿参数辨识误差，也会引起加工后工件轮廓检测误差。下面将 VMM 方法应用于某型号航空叶片测点处理与轮廓误差检测，并同常见的 Go-ICP 方法和企业现有人工匹配方法对比，实验结果如表 4-8～表 4-10 和图 4-17 所示。观测横向偏置Δx、纵向偏置Δy、倾斜角度$\Delta\beta$、RMSE，VMM 方法匹配后误差绝对值最小，更加准确地反映了零件的实际加工误差，可以避免误匹配导致的叶片轮廓误差误检测问题。例如，图 4-17(a)所示叶片通过 Go-ICP 方法匹配后Δx 是 0.1620mm，这一数值超出了设定的公差带±0.1500mm，这导致将合格品错误地判定为不合格品。

表 4-8　某型号航空叶片测点匹配与轮廓误差检测结果(截面 1)

检测参数	Δx/mm	Δy/mm	$\Delta\beta$/(°)	RMSE/mm
公差带	±0.1500	±0.1500	±0.3000	±0.0750
人工匹配	0.1730	1.4390	0.2126	0.0721
Go-ICP 匹配	0.1620	1.4150	0.1529	0.0687
VMM 匹配	**0.1250**	**1.4070**	**0.1488**	**0.0625**

表 4-9　某型号航空叶片测点匹配与轮廓误差检测结果(截面 2)

检测参数	Δx/mm	Δy/mm	$\Delta\beta$/(°)	RMSE/mm
公差带	±0.1500	±0.1500	±0.3000	±0.0750
人工匹配	0.1684	0.1254	0.1508	0.0581
Go-ICP 匹配	0.1532	0.1050	0.1316	0.0385
VMM 匹配	**0.1362**	**0.1140**	**0.1335**	**0.0321**

表 4-10　某型号航空叶片测点匹配与轮廓误差检测结果(截面 3)

检测参数	Δx/mm	Δy/mm	$\Delta\beta$/(°)	RMSE/mm
公差带	±0.0750	±0.0750	±0.3000	±0.0750
人工匹配	0.0950	0.0660	0.1473	0.0455
Go-ICP 匹配	0.0440	0.0840	0.1228	0.0230
VMM 匹配	**0.0670**	**0.0420**	**0.1151**	**0.0189**

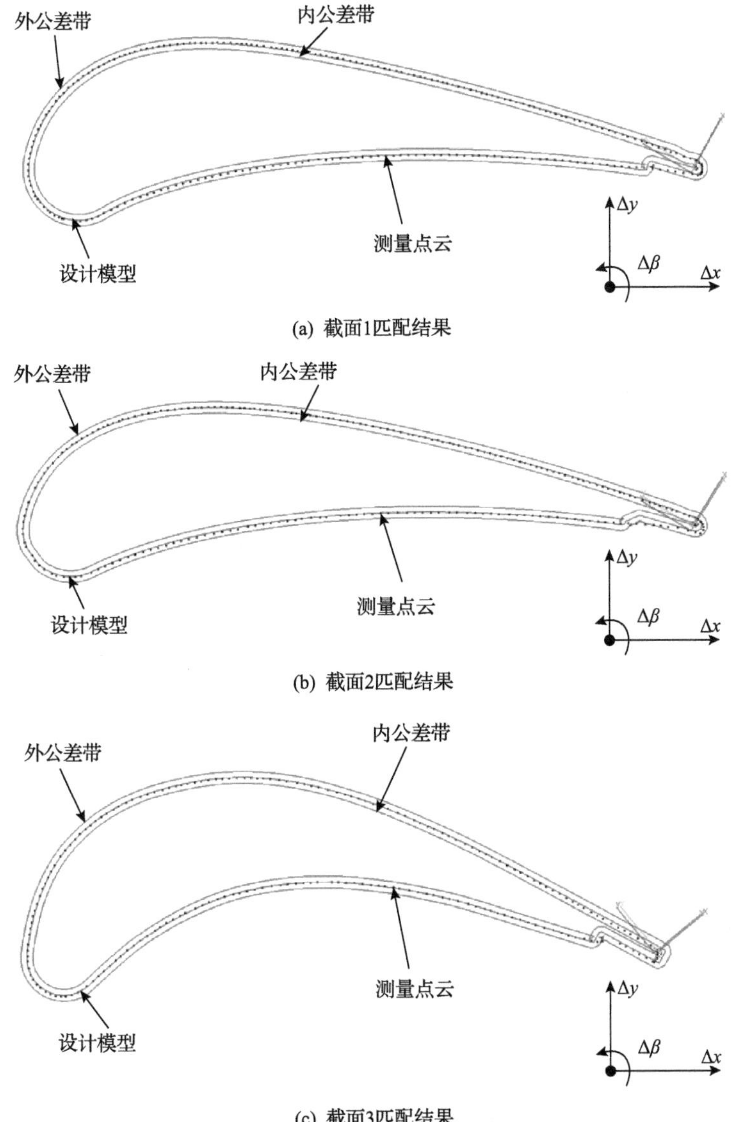

(a) 截面1匹配结果

(b) 截面2匹配结果

(c) 截面3匹配结果

图 4-17　VMM 方法匹配后一个截面匹配结果

参 考 文 献

[1] Besl P J, McKay N D. A method for registration of 3-D shapes. IEEE Transactions on Pattern Analysis and Machine Intelligence, 1992, 14(2): 239-256.

[2] Pottmann H, Huang Q X, Yang Y L, et al. Geometry and convergence analysis of algorithms for registration of 3D shapes. International Journal of Computer Vision, 2006, 67(3): 277-296.

[3] Li W L, Yin Z P, Huang Y A, et al. Three-dimensional point-based registration algorithm based on adaptive distance function. IET Computer Vision, 2011, 5(1): 68-76.

[4] 熊有伦，李文龙，陈文斌，等. 机器人学：建模、控制与视觉. 2 版. 武汉：华中科技大学出版社, 2020.

[5] Xie H, Li W L, Yin Z P, et al. Variance-minimization iterative matching method for free-form surfaces, Part I: Theory and method. IEEE Transactions on Automation Science and Engineering, 2019, 16(3): 1181-1191.

[6] Xie H, Li W L, Yin Z P, et al. Variance-minimization iterative matching method for free-form surfaces, Part II: Experiment and analysis. IEEE Transactions on Automation Science and Engineering, 2019, 16(3):1192-1204.

[7] Li W L, Xie H, Zhang G, et al. 3-D shape matching of a blade surface in robotic grinding applications. IEEE/ASME Transactions on Mechatronics, 2016, 21(5): 2294-2306.

[8] 李文龙，谢核，尹周平，等. 基于方差最小化原理的三维匹配数学建模与误差分析. 机械工程学报, 2017, 53(16): 190-198.

[9] Yang J L, Li H D, Jia Y D. Go-ICP: Solving 3D registration efficiently and globally optimally. Proceedings of the IEEE International Conference on Computer Vision, Sydney, 2013: 1457-1464.

[10] Wang Y P, Moreno-Centeno E, Ding Y. Matching misaligned two-resolution metrology data. IEEE Transactions on Automation Science and Engineering, 2017, 14(1): 222-237.

第 5 章　加工工具-机器人位姿参数辨识

5.1　引　言

由 2.2 节构建的机器人加工系统运动链可知，除了关节运动学参数、手眼位姿参数、工件位姿参数，工具位姿参数辨识精度也是影响机器人加工误差的重要因素。工具坐标系标定是精确标定机器人加工工具在机器人基坐标系中的位姿，其标定精度直接决定了编程路径与实际加工路径之间的误差大小，能有效避免加工过程局部“过切”或“欠切”问题。工具位姿参数辨识通常是通过外部靶标(顶针、测头、靶球等)获取工具坐标系多个特征点(如三点)，再利用特征点构造坐标原点与坐标轴。构造法[1,2]操作过程简单，但存在两大缺点：①特征点数量相对较少以及特征点难以精确定位限制了工具位姿参数的辨识精度；②构造法辨识的是工具在静止状态的位姿，而加工时工具会因抖动、受力变形、回转轴误差等产生位姿变化，这些因素在辨识工具位姿参数时并未考虑。

本章在分析常见工具位姿参数辨识的基础上，推导曲面加工误差与工件/工具位姿误差的映射关系，定义曲面估计加工误差与实际加工误差的残差平方和目标函数，将包含 7 个变量的位姿误差辨识转换为基于最小二乘估计的点云匹配问题，一方面可校正工具实际加工状态的位姿参数，另一方面可预测工件受力变形或者抖动需要的工件坐标系微调量，从而提高后续同批次零件的加工精度。该方法的特点如下：①通过实测加工误差预测位姿误差，可准确反映加工误差；②辨识的是工具在加工状态时的位姿，避免了构造法在静态状态与加工状态之间的位姿差异；③通过大规模点云(测量数据量>20 万)匹配可提高位姿参数辨识的稳定性；④对工件曲面形状没有特定要求，适用于常见复杂曲面工件的加工误差控制(磨抛、铣削、切边等)。实验表明，当高斯噪声标准差从 0mm 增加到 0.4mm 时，位置和位姿辨识误差的波动范围分别不超过 0.005mm 和 0.002rad。

5.2　接触式位姿参数辨识方法

5.2.1　传统的四点标定法

针对固定工具中心点(TCP)的机器人加工环境，如机器人夹持复杂叶片在砂带磨抛机上进行加工，通常采用的标定方式为四点标定法。该方法的标定原理如

图 5-1 所示。机器人末端法兰上安装标定杆，通过调整四次及以上的机器人姿态，使机器人夹持的标定杆末端顶点每次都能与固定杆上的某固定点进行接触，从而标定出标定杆的工具坐标数据[1]。从几何上分析，四点标定法就是通过球面上不共面的四点确定球心，可用克拉默法则(Cramer's rule)进行证明。

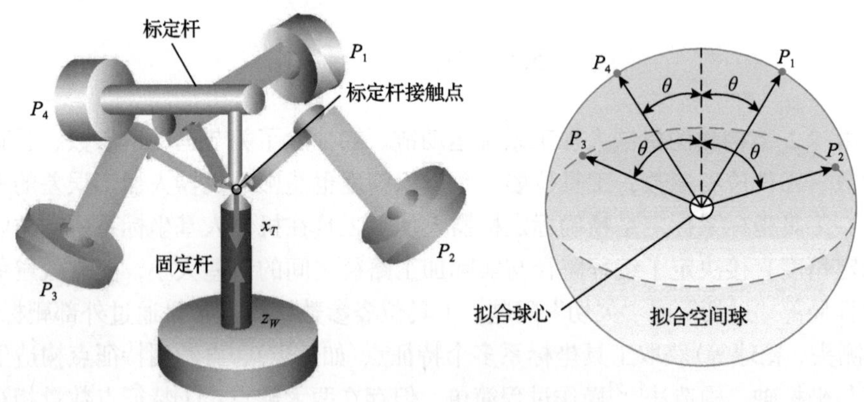

图 5-1　传统四点标定法原理图

通过四次改变机器人姿态，可以得到四个与工具中心点距离相等的点：$P_1(x_1, y_1, z_1)$、$P_2(x_2, y_2, z_2)$、$P_3(x_3, y_3, z_3)$、$P_4(x_4, y_4, z_4)$，则有

$$\begin{cases}(x_1-x_0)^2+(y_1-y_0)^2+(z_1-z_0)^2=R^2\\(x_2-x_0)^2+(y_2-y_0)^2+(z_2-z_0)^2=R^2\\(x_3-x_0)^2+(y_3-y_0)^2+(z_3-z_0)^2=R^2\\(x_4-x_0)^2+(y_4-y_0)^2+(z_4-z_0)^2=R^2\end{cases} \tag{5-1}$$

化简可得如下线性方程组：

$$\begin{cases}(x_1-x_2)x_0+(y_1-y_2)y_0+(z_1-z_2)z_0=b_1\\(x_1-x_3)x_0+(y_1-y_3)y_0+(z_1-z_3)z_0=b_2\\(x_1-x_4)x_0+(y_1-y_4)y_0+(z_1-z_4)z_0=b_3\end{cases} \tag{5-2}$$

式中，$b_1=\dfrac{(x_1^2+y_1^2+z_1^2)-(x_2^2+y_2^2+z_2^2)}{2}$，$b_2=\dfrac{(x_1^2+y_1^2+z_1^2)-(x_3^2+y_3^2+z_3^2)}{2}$，$b_3=\dfrac{(x_1^2+y_1^2+z_1^2)-(x_4^2+y_4^2+z_4^2)}{2}$。

令线性方程组(5-2)的系数矩阵为

$$A=\begin{bmatrix} x_1-x_2 & y_1-y_2 & z_1-z_2 \\ x_1-x_3 & y_1-y_3 & z_1-z_3 \\ x_1-x_4 & y_1-y_4 & z_1-z_4 \end{bmatrix} \tag{5-3}$$

$$D=|A|\neq 0 \tag{5-4}$$

根据克拉默法则，有

$$(x_0,y_0,z_0)^{\mathrm{T}}=\left(\frac{D_1}{D},\frac{D_2}{D},\frac{D_3}{D}\right)^{\mathrm{T}} \tag{5-5}$$

式中，D_i 就是把矩阵 A 中的第 i 列换为方程组的常数项 b_1、b_2、b_3 所组成的矩阵的行列式。

求出球心坐标(x_0,y_0,z_0)后，可根据机器人运动学中的坐标转换求得当前机器人末端夹持的标定杆工具坐标数据；然后利用标定杆工具坐标数据再次对实际使用工具坐标系 TCP 进行标定；接着基于所标出的 TCP，向 z 轴或 x 轴方向进行延伸，对工具坐标系的 z 轴和 x 轴进行定义，而 y 轴则根据右手法则进行确定。

5.2.2 改进的六点标定法

传统的四点标定法需要满足一些严格要求以保证工件标定精度，例如，标定过程必须是人工手动操作实现“点对点”；安装在机器人末端上的标定杆在机器人整个标定运动过程中，其位置和姿态不能改变，否则空间球拟合精度无法保证；标定过程中，机器人运动姿态变化要足够大，从而减少运动过程带来的随机误差。特别地，由于传统标定杆是带尖点的物体，这种靠人工肉眼判定“标定杆到固定杆”的过程难以实现真正意义上的“点对点”，容易给后续的工具坐标系标定带来累积误差。

为了克服四点标定法的固有缺陷，本节提出改进的六点标定法[3]来标定工具坐标系，其标定原理如图 5-2 所示。标定过程中，采用红宝石探针取代传统的标

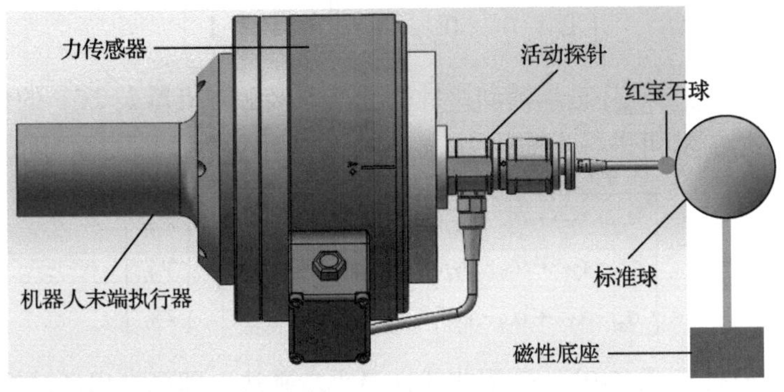

图 5-2 活动探针坐标系“球对球”标定原理

定杆，并将活动探针安装在机器人末端，与安装在磁性底座上的标准球进行不同角度与次数的接触(实现“球对球”)，进而触发信号，最终得到活动探针坐标系的位置与姿态。

活动探针坐标系的标定过程可以看成模型的优化问题，通过给定一组测量的机器人位置/姿态以及一些几何约束条件，来计算坐标系参数。若选取标准球作为标定参考目标，则有

$$\left(x_{Bi}-x_0\right)^2+\left(y_{Bi}-y_0\right)^2+\left(z_{Bi}-z_0\right)^2=(R+r)^2 \tag{5-6}$$

式中，$\left(x_0,y_0,z_0\right)$是标准球的球心位置，其数值不确定；R 和 r 分别是标准球半径和活动探针的红宝石球半径；$\left(x_{Bi},y_{Bi},z_{Bi}\right)$是当活动探针与标准球每次接触时所记录的活动探针在基坐标系下的位置，i 是标定接触点的次数，且 i=1,2,⋯,6。

在标定过程结束后，活动探针的 TCP 位置可通过如下公式计算：

$$ {}_B^C\boldsymbol{P}\begin{bmatrix} x_T \\ y_T \\ z_T \\ 1 \end{bmatrix}=\begin{bmatrix} x_B \\ y_B \\ z_B \\ 1 \end{bmatrix} \tag{5-7}$$

式中，$\left(x_T,y_T,z_T\right)$是当活动探针与标准球接触时活动探针在机器人末端坐标系下的位置；${}_B^C\boldsymbol{P}$ 是机器人基坐标系和活动探针坐标系之间的关系矩阵，为四阶矩阵。

在机器人运动过程中，可以用 $\boldsymbol{n}$、$\boldsymbol{o}$、$\boldsymbol{a}$ 三个向量表示坐标系的坐标轴，则式(5-7)可表示为

$$\begin{bmatrix} n_x & o_x & a_x & x_{\text{Tool}} \\ n_y & o_y & a_y & y_{\text{Tool}} \\ n_z & o_z & a_z & z_{\text{Tool}} \\ 0 & 0 & 0 & 1 \end{bmatrix}\begin{bmatrix} x_T \\ y_T \\ z_T \\ 1 \end{bmatrix}=\begin{bmatrix} x_B \\ y_B \\ z_B \\ 1 \end{bmatrix} \tag{5-8}$$

式中，$\left(x_{\text{Tool}},y_{\text{Tool}},z_{\text{Tool}}\right)$是当活动探针与标准球接触时机器人 TCP 的位置。

因此，式(5-8)可进一步简化为

$$\begin{bmatrix} n_{xi}\cdot x_{Ti}+o_{xi}\cdot y_{Ti}+a_{xi}\cdot z_{Ti}+x_{\text{Tooli}} \\ n_{yi}\cdot x_{Ti}+o_{yi}\cdot y_{Ti}+a_{yi}\cdot z_{Ti}+y_{\text{Tooli}} \\ n_{zi}\cdot x_{Ti}+o_{zi}\cdot y_{Ti}+a_{zi}\cdot z_{Ti}+z_{\text{Tooli}} \end{bmatrix}=\begin{bmatrix} x_{Bi} \\ y_{Bi} \\ z_{Bi} \end{bmatrix} \tag{5-9}$$

将式(5-6)代入式(5-9)，采用非线性最小二乘法，即可求出活动探针的 TCP 位置$\left(x_T,y_T,z_T\right)$。需要注意的是，由于活动探针安装在机器人末端，在标定过程

中其相对位置没有发生变化，所以机器人末端坐标系的姿态可以看成活动探针坐标系的姿态。

5.2.3　工具坐标系标定分析

以叶片机器人砂带磨抛加工为例，通过改进的六点标定法进行工具(磨抛机)坐标系的标定。如图 5-3 所示，磨抛机的接触轮与叶片接触区域理论上是一条直线，而在实际加工过程中，接触轮的弹性变形容易导致实际接触区域为曲面。此时，工具坐标系原点位置的定位对保证机器人砂带磨抛质量至关重要。

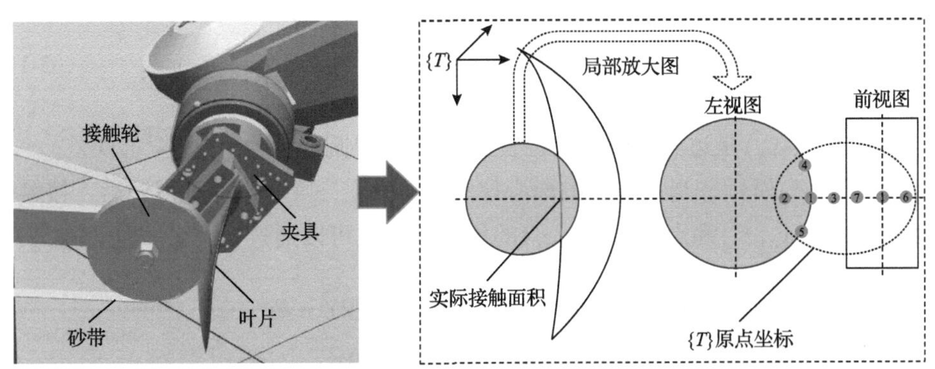

图 5-3　磨抛机的接触轮与叶片的实际接触区域示意图

理论上，如果工具坐标系 $\{T\}$ 的原点位置位于图 5-3 的点 P_1(即点 1，下同)，则可以获得更好的磨抛效果。但实际操作中，原点位置可能位于点 2 到点 7 甚至其他位置。如果原点位于点 P_2 或点 P_3，则会导致工件出现过磨或欠磨；如果原点位于点 P_4 或点 P_5，则会出现磨抛不均匀现象；如果原点位于点 P_6 或点 P_7，则可能造成工装夹具与磨抛机的接触轮之间产生干涉。如图 5-4 所示，实际上，接触

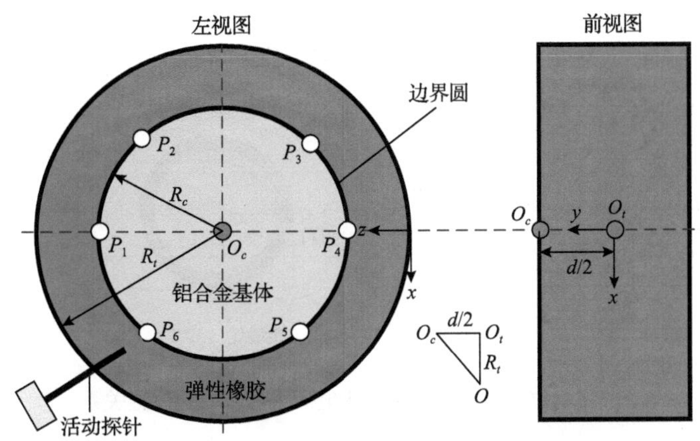

图 5-4　磨抛机的工具坐标系 $\{T\}$ 原点标定

轮由内部铝合金和外表面弹性橡胶组成，因为工具材质不同，两者之间会有清晰的分界线，其中橡胶的厚度一般为 20～40mm。为了获得理想的机器人磨抛加工效果，可以将圆形分割线作为精确定位工具坐标系 $\{T\}$ 原点的基准。

通过给定一系列边界圆上的坐标点信息$\left(x_{Pi}, y_{Pi}, z_{Pi}\right)$，其中 i=1,2,⋯,6，根据图 5-4 所示的几何关系，可得

$$\left(x_{Pi}-x_c\right)^2+\left(y_{Pi}-y_c\right)^2+\left(z_{Pi}-z_c\right)^2=R_c^2 \tag{5-10}$$

使用最小二乘法来评价最佳的标定效果：

$$f=\sum_{i=1}^{6}\left(\sqrt{\left(x_{Pi}-x_c\right)^2+\left(y_{Pi}-y_c\right)^2+\left(z_{Pi}-z_c\right)^2}-R_c\right)^2 \tag{5-11}$$

式中，$\left(x_c, y_c, z_c\right)$是边界圆的圆心位置；$R_c$是边界圆的半径；$f$是拟合误差。

如图 5-5 所示，当边界圆的圆心位置$O_c\left(x_c, y_c, z_c\right)$通过计算得到后，接触轮上的点$O\left(x_0, y_0, z_0\right)$和点$O_t\left(x_t, y_t, z_t\right)$的位置信息也可以通过如下公式计算得到：

$$\begin{cases}\left(x_0-x_c\right)^2+\left(y_0-y_c\right)^2=(d/2)^2+R_t^2 \\ \left(x_t-x_c\right)^2+\left(y_t-y_c\right)^2=(d/2)^2 \\ z_0=z_c \\ \tan\alpha=\dfrac{d/2}{R_t} \\ \tan(\alpha+\beta)=\dfrac{y_0-y_c}{x_0-x_c} \\ \tan\beta=\dfrac{y_t-y_0}{x_t-x_0}=-\dfrac{y_t-y_c}{x_t-x_c}\end{cases} \tag{5-12}$$

式中，d为接触轮的宽度；α 和β分别为直线OO_t与OO_c、OO_t与 x 轴的夹角。

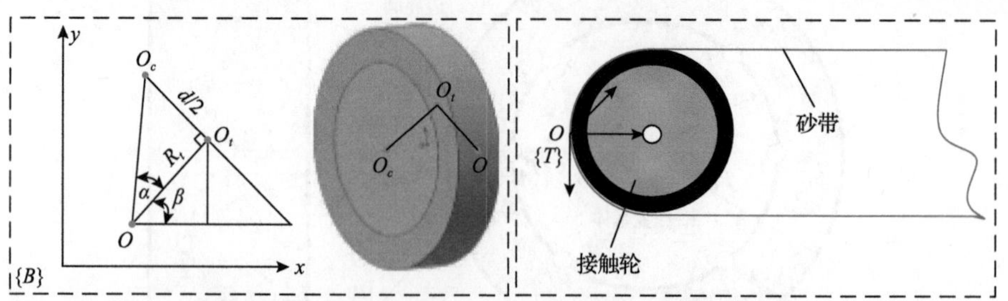

图 5-5 位置点 O_c与 O 在基坐标系 $\{B\}$ 中的位置关系

为了增加工具坐标系 $\{T\}$ 的标定精度，砂带的实际厚度也应该予以考虑，因

此实际的工具坐标系原点 O_0 为

$$
\begin{cases}
z_m = z_c \\
\tan\beta = \dfrac{y_0 - y_m}{x_0 - x_m} \\
(y_0 - y_m)^2 + (x_0 - x_m)^2 = d_b^2
\end{cases} \tag{5-13}
$$

式中，d_b 为砂带的厚度；(x_m, y_m, z_m) 为工具坐标系 $\{T\}$ 原点 O_0 的坐标信息。

当工具坐标系 $\{T\}$ 的原点 O_0 标定后，需要图 5-3 中的两个点，即点 3（O_0 的正前方）和点 4（O_0 的正下方）来标定工具坐标系的方向，其中直线 O_0P_3 的方向可以作为工具坐标系 $\{T\}$ 的 z 轴负方向，直线 O_0P_4 的方向可以作为 x 轴正方向，工具坐标系 $\{T\}$ 的 y 轴正方向通过右手法则确定。

5.3　一般曲面工具位姿误差辨识

5.3.1　曲面加工误差表示

图 5-6 为工件/工具位姿误差矢量示意图。以点接触加工为例，若工件坐标系 $\{W\}$ 存在位姿误差 ${}^W\boldsymbol{D} = \left[{}^W\boldsymbol{d} \quad {}^W\boldsymbol{\delta}\right]^{\mathrm{T}}$，其中 ${}^W\boldsymbol{d}$ 为位置误差，${}^W\boldsymbol{\delta}$ 为姿态误差，则根据误差传递公式(2-21)可得目标点 $\boldsymbol{p}_i$ 的位置误差：

$$
{}^{P_i}\boldsymbol{d} = \left({}^W_{P_i}\boldsymbol{R}^{\mathrm{T}}\right){}^W\boldsymbol{d} - \left({}^W_{P_i}\boldsymbol{R}^{\mathrm{T}}\right)\left[{}^W\boldsymbol{t}_{P_iO}\right]{}^W\boldsymbol{\delta} \tag{5-14}
$$

误差 ${}^{P_i}\boldsymbol{d}$ 在工件坐标系 $\{W\}$ 中可表示为

$$
{}^W\boldsymbol{d}_{P_i} = \left({}^W_{P_i}\boldsymbol{R}\right){}^{P_i}\boldsymbol{d} = \left({}^W_{P_i}\boldsymbol{R}\right)\left({}^W_{P_i}\boldsymbol{R}^{\mathrm{T}}\,{}^W\boldsymbol{d} - {}^W_{P_i}\boldsymbol{R}^{\mathrm{T}}\left[{}^W\boldsymbol{t}_{P_iO}\right]{}^W\boldsymbol{\delta}\right) = {}^W\boldsymbol{d} - \left[{}^W\boldsymbol{t}_{P_iO}\right]{}^W\boldsymbol{\delta} \tag{5-15}
$$

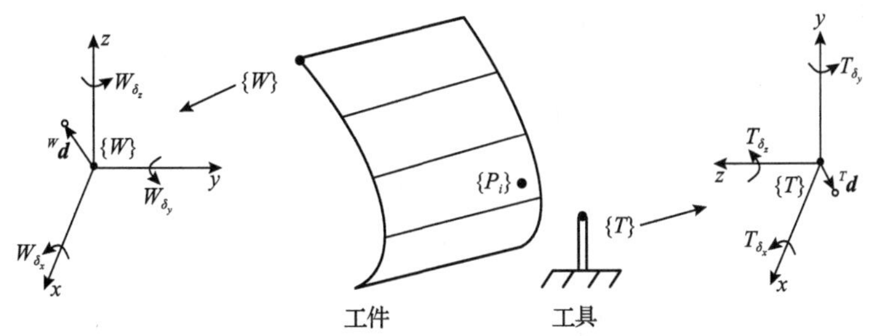

图 5-6　工件/工具位姿误差矢量示意图

因此，目标点 $\boldsymbol{p}_i$ 在工件坐标系 $\{W\}$ 中的实际位置为

$$\boldsymbol{p}_i' = \boldsymbol{p}_i + {}^W\boldsymbol{d}_{P_i} = \boldsymbol{p}_i + {}^W\boldsymbol{d} - \left[{}^W\boldsymbol{t}_{P_iO} \right] {}^W\boldsymbol{\delta} = \boldsymbol{p}_i + {}^W\boldsymbol{d} - \left[\boldsymbol{p}_i \right] {}^W\boldsymbol{\delta} \tag{5-16}$$

若工具坐标系 $\{T\}$ 存在位姿误差 ${}^T\boldsymbol{D}$，根据式(5-15)和式(5-16)可得点 $\boldsymbol{p}_i$ 的实际位置为

$$\boldsymbol{p}_i' = \boldsymbol{p}_i + {}^{P_i}d_z \boldsymbol{n}_i = \boldsymbol{p}_i + {}^T d_z \boldsymbol{n}_i \tag{5-17}$$

若同时存在位姿误差 ${}^W\boldsymbol{D}$ 和 ${}^T\boldsymbol{D}$，综合式(5-16)和式(5-17)，可得点 $\boldsymbol{p}_i$ 的实际位置为

$$\boldsymbol{p}_i' = \boldsymbol{p}_i + {}^W\boldsymbol{d} - \left[\boldsymbol{p}_i \right] {}^W\boldsymbol{\delta} + {}^T d_z \boldsymbol{n}_i \tag{5-18}$$

对于参数曲面，假定设计曲面在工件坐标系 $\{W\}$ 下的参数表达式为 $\boldsymbol{\psi}(u,v)$，当工件坐标系 $\{W\}$ 存在位姿误差 ${}^W\boldsymbol{D}$ 时，由式(5-16)得到加工曲面的实际表达式为

$$\boldsymbol{\psi}'(u,v) = \boldsymbol{\psi}(u,v) + {}^W\boldsymbol{d} - [\boldsymbol{\psi}(u,v)]^W\boldsymbol{\delta} \tag{5-19}$$

当工具存在位姿误差 ${}^T\boldsymbol{D}$ 时，加工曲面的实际表达式为

$$\boldsymbol{\psi}'(u,v) = \boldsymbol{\psi}(u,v) + {}^T d_z \frac{\dfrac{\partial \boldsymbol{\psi}(u,v)}{\partial u} \times \dfrac{\partial \boldsymbol{\psi}(u,v)}{\partial v}}{\left\| \dfrac{\partial \boldsymbol{\psi}(u,v)}{\partial u} \times \dfrac{\partial \boldsymbol{\psi}(u,v)}{\partial v} \right\|} \tag{5-20}$$

对于隐式曲面，假定设计曲面在工件坐标系 $\{W\}$ 下的隐函数表达式为 $S(\boldsymbol{p}) = 0$，其中 $\boldsymbol{p}$ 为曲面上的一点，当存在工件位姿误差 ${}^W\boldsymbol{D}$ 时，由式(5-16)可得点 $\boldsymbol{p}$ 的实际位置为

$$\boldsymbol{p}' = \boldsymbol{p} + {}^W\boldsymbol{d} - [\boldsymbol{p}]^W\boldsymbol{\delta} = \boldsymbol{p} + {}^W\boldsymbol{d} + \left[{}^W\boldsymbol{\delta} \right] \boldsymbol{p} = \left(\boldsymbol{I}_{3\times3} + \left[{}^W\boldsymbol{\delta} \right] \right) \boldsymbol{p} + {}^W\boldsymbol{d} \tag{5-21}$$

对式(5-21)反求理论目标点可得

$$\boldsymbol{p} = \left(\boldsymbol{I}_{3\times3} + \left[{}^W\boldsymbol{\delta} \right] \right)^{-1} \left(\boldsymbol{p}' - {}^W\boldsymbol{d} \right) \tag{5-22}$$

式中，$\boldsymbol{I}_{3\times3} + \left[{}^W\boldsymbol{\delta} \right]$ 是旋转矩阵 $\boldsymbol{R}\left({}^W\boldsymbol{\delta} \right)$ 的近似[4]，则式(5-22)为

$$\boldsymbol{p} = \left(\boldsymbol{I}_{3\times3} + \left[{}^W\boldsymbol{\delta} \right] \right)^{\mathrm{T}} \left(\boldsymbol{p}' - {}^W\boldsymbol{d} \right) = \left(\boldsymbol{I}_{3\times3} - \left[{}^W\boldsymbol{\delta} \right] \right) \left(\boldsymbol{p}' - {}^W\boldsymbol{d} \right) \tag{5-23}$$

代入隐函数方程得实际工件的曲面方程：

$$S(\boldsymbol{p})=S\left(\left(\boldsymbol{I}_{3\times3}-\left[{}^{W}\boldsymbol{\delta}\right]\right)\left(\boldsymbol{p}-{}^{W}\boldsymbol{d}\right)\right)=0 \tag{5-24}$$

当存在工具位姿误差 ${}^{T}\boldsymbol{D}$ 时，由式(5-17)得目标点 $\boldsymbol{p}'=\boldsymbol{p}+{}^{T}d_z\boldsymbol{n}$，反求理论目标点可得

$$\boldsymbol{p}=\boldsymbol{p}'-{}^{T}d_z\boldsymbol{n} \tag{5-25}$$

代入隐函数方程可得实际工件的曲面方程：

$$S\left(\boldsymbol{p}-{}^{T}d_z\boldsymbol{n}\right)=0 \tag{5-26}$$

展开后为

$$S\left(x-\frac{{}^{T}d_zS_x}{\sqrt{S_x^2+S_y^2+S_z^2}},y-\frac{{}^{T}d_zS_y}{\sqrt{S_x^2+S_y^2+S_z^2}},z-\frac{{}^{T}d_zS_z}{\sqrt{S_x^2+S_y^2+S_z^2}}\right)=0 \tag{5-27}$$

式中，偏导数 S_x、S_y、S_z 为坐标 $\boldsymbol{p}(x,y,z)$ 的函数。

下面以平面加工为例给出计算过程。平面的参数方程为 $\boldsymbol{Ap}=c$，其中 $\boldsymbol{A}$ 为 1×3 的系数矩阵，c 为实数。当存在工具位姿误差 ${}^{T}\boldsymbol{D}$ 时，由式(5-26)可得加工后平面方程为

$$\boldsymbol{A}\left(\boldsymbol{p}-{}^{T}d_z\boldsymbol{n}\right)=c \tag{5-28}$$

式中，平面法矢 $\boldsymbol{n}=\boldsymbol{A}^{\mathrm{T}}/\|\boldsymbol{A}\|$，则式(5-28)左边为

$$\boldsymbol{A}\left(\boldsymbol{p}-{}^{T}d_z\boldsymbol{n}\right)=\boldsymbol{A}\left(\boldsymbol{p}-{}^{T}d_z\frac{\boldsymbol{A}^{\mathrm{T}}}{\|\boldsymbol{A}\|}\right)=\boldsymbol{Ap}-{}^{T}d_z\frac{\boldsymbol{AA}^{\mathrm{T}}}{\|\boldsymbol{A}\|}=\boldsymbol{Ap}-{}^{T}d_z\|\boldsymbol{A}\| \tag{5-29}$$

因此平面方程变为

$$\boldsymbol{Ap}-{}^{T}d_z\|\boldsymbol{A}\|=c \tag{5-30}$$

即当存在工具位姿误差 ${}^{T}\boldsymbol{D}$ 时，加工的平面将沿着法向平移，平移量为 ${}^{T}d_z$。当存在工件姿态误差 ${}^{W}\boldsymbol{\delta}$ 时，由式(5-24)可得平面方程为

$$\boldsymbol{A}\left(\boldsymbol{I}_{3\times3}-\left[{}^{W}\boldsymbol{\delta}\right]\right)\boldsymbol{p}=\boldsymbol{AR}\left(-{}^{W}\boldsymbol{\delta}\right)\boldsymbol{p}=\boldsymbol{A}'\boldsymbol{p}=c \tag{5-31}$$

式中，$\boldsymbol{A}'=\boldsymbol{AR}\left(-{}^{W}\boldsymbol{\delta}\right)$，$\boldsymbol{R}\left(-{}^{W}\boldsymbol{\delta}\right)$ 为有关姿态误差矢量 $-{}^{W}\boldsymbol{\delta}$ 的旋转变换矩阵。此

时平面法矢为

$$\boldsymbol{n}'=\frac{\boldsymbol{A}'^{\mathrm{T}}}{\|\boldsymbol{A}'\|}=\frac{\boldsymbol{R}\left(-{}^{W}\boldsymbol{\delta}\right)^{\mathrm{T}}\boldsymbol{A}^{\mathrm{T}}}{\left\|\boldsymbol{A}\boldsymbol{R}\left(-{}^{W}\boldsymbol{\delta}\right)\right\|}=\boldsymbol{R}\left(-{}^{W}\boldsymbol{\delta}\right)^{\mathrm{T}}\boldsymbol{n} \tag{5-32}$$

当存在工件位置误差${}^{W}\boldsymbol{d}$时，由式(5-24)可得平面在加工后的方程为$\boldsymbol{A}\left(\boldsymbol{p}-{}^{W}\boldsymbol{d}\right)=c$，即平面会产生整体平移误差${}^{W}\boldsymbol{d}$。

5.3.2　工具位姿参数辨识方法

当同时存在工具和工件位姿误差时，由式(5-18)可得理论目标点$\boldsymbol{p}_i$的估计值：

$$\boldsymbol{p}_i'=\left(\boldsymbol{I}_{3\times 3}+\left[{}^{W}\boldsymbol{\delta}\right]\right)\boldsymbol{p}_i+{}^{W}\boldsymbol{d}+{}^{T}d_z\boldsymbol{n}_i \tag{5-33}$$

为预测式(5-33)位姿误差$\left({}^{W}\boldsymbol{\delta}、{}^{W}\boldsymbol{d}、{}^{T}d_z\right)$，定义如下位姿参数辨识目标函数：

$$\min\ F=\sum_{i=1}^{n}\left\|\boldsymbol{p}_i'\left({}^{W}\boldsymbol{\delta},\ {}^{W}\boldsymbol{d},\ {}^{T}d_z\right)-\boldsymbol{p}_{is}\right\|^2=\sum_{i=1}^{n}\varepsilon_i^2\left({}^{W}\boldsymbol{\delta},\ {}^{W}\boldsymbol{d},\ {}^{T}d_z\right) \tag{5-34}$$

式中，$\boldsymbol{p}_{is}$为目标点$\boldsymbol{p}_i$的实测值(如测量点云中的测点)；ε_i为实测值$\boldsymbol{p}_{is}$与估计值$\boldsymbol{p}_i'$之间的残差，可表示为点-切面距离形式：

$$\begin{aligned}\varepsilon_i&=\left(\boldsymbol{p}_i'-\boldsymbol{p}_{is}\right)^{\mathrm{T}}\boldsymbol{n}_i=\left(\left(\boldsymbol{I}_{3\times 3}+\left[{}^{W}\boldsymbol{\delta}\right]\right)\boldsymbol{p}_i+{}^{W}\boldsymbol{d}+{}^{T}d_z\boldsymbol{n}_i-\boldsymbol{p}_{is}\right)^{\mathrm{T}}\boldsymbol{n}_i\\&=\left(\boldsymbol{p}_i-\boldsymbol{p}_{is}\right)^{\mathrm{T}}\boldsymbol{n}_i+\left(\left[{}^{W}\boldsymbol{\delta}\right]\boldsymbol{p}_i\right)^{\mathrm{T}}\boldsymbol{n}_i+\left({}^{W}\boldsymbol{d}^{\mathrm{T}}\right)\boldsymbol{n}_i+{}^{T}d_z\boldsymbol{n}_i^{\mathrm{T}}\boldsymbol{n}_i\\&=d_{i0}+\left(\left[{}^{W}\boldsymbol{\delta}\right]\boldsymbol{p}_i\right)^{\mathrm{T}}\boldsymbol{n}_i+\left(\boldsymbol{n}_i^{\mathrm{T}}\right){}^{W}\boldsymbol{d}+{}^{T}d_z\end{aligned} \tag{5-35}$$

单位法矢$\boldsymbol{n}_i$满足$\boldsymbol{n}_i^{\mathrm{T}}\boldsymbol{n}_i=1$，残差$\varepsilon_i$中第二项可表示为

$$\begin{aligned}\left(\left[{}^{W}\boldsymbol{\delta}\right]\boldsymbol{p}_i\right)^{\mathrm{T}}\boldsymbol{n}_i&=\boldsymbol{n}_i^{\mathrm{T}}\left(\left[{}^{W}\boldsymbol{\delta}\right]\boldsymbol{p}_i\right)=-\boldsymbol{n}_i^{\mathrm{T}}\left(\boldsymbol{p}_i\times{}^{W}\boldsymbol{\delta}\right)=-\boldsymbol{n}_i^{\mathrm{T}}\left[\boldsymbol{p}_i\right]{}^{W}\boldsymbol{\delta}\\&=\left(-\left[\boldsymbol{p}_i\right]^{\mathrm{T}}\boldsymbol{n}_i\right)^{\mathrm{T}}{}^{W}\boldsymbol{\delta}=\left(\left[\boldsymbol{p}_i\right]\boldsymbol{n}_i\right)^{\mathrm{T}}{}^{W}\boldsymbol{\delta}=\left(\boldsymbol{p}_i\times\boldsymbol{n}_i\right)^{\mathrm{T}}{}^{W}\boldsymbol{\delta}\end{aligned} \tag{5-36}$$

代入式(5-35)可得

$$\varepsilon_i=d_{i0}+\left(\boldsymbol{p}_i\times\boldsymbol{n}_i\right)^{\mathrm{T}}{}^{W}\boldsymbol{\delta}+\boldsymbol{n}_i^{\mathrm{T}}{}^{W}\boldsymbol{d}+{}^{T}d_z=d_{i0}+\begin{bmatrix}\boldsymbol{p}_i\times\boldsymbol{n}_i\\\boldsymbol{n}_i\\1\end{bmatrix}^{\mathrm{T}}\begin{bmatrix}{}^{W}\boldsymbol{\delta}\\{}^{W}\boldsymbol{d}\\{}^{T}d_z\end{bmatrix}=d_{i0}+\boldsymbol{A}_i\boldsymbol{\xi} \tag{5-37}$$

式中，$\boldsymbol{\xi}=\begin{bmatrix} {}^W\boldsymbol{\delta} & {}^W\boldsymbol{d} & {}^Td_z \end{bmatrix}^{\mathrm{T}}$ 为需辨识的工件/工具位姿误差合成矢量，工件位姿误差（${}^W\boldsymbol{d}$ 、${}^W\boldsymbol{\delta}$）等价于刚体变换的微分运动矢量，工具位置误差 ${}^Td_z$ 等价于刚体上任意点的法向偏置。因此，包含 7 个变量的工件/工具位姿误差参数辨识等价于基于最小二乘估计的大规模点云匹配问题，将式(5-37)代入式(5-34)可得[5,6]

$$\min\ F=\sum_{i=1}^{n}\varepsilon_i^2=\sum_{i=1}^{n}\left(d_{i0}+\boldsymbol{A}_i\boldsymbol{\xi}\right)^2=\sum_{i=1}^{n}\left(d_{i0}^2+2d_{i0}\boldsymbol{A}_i\boldsymbol{\xi}+\boldsymbol{\xi}^{\mathrm{T}}\boldsymbol{A}_i\boldsymbol{A}_i^{\mathrm{T}}\boldsymbol{\xi}\right) \tag{5-38}$$

对式(5-38)求导并置零，可计算如下位姿误差矢量：

$$\boldsymbol{\xi}=-\left(\sum_{i=1}^{n}\boldsymbol{A}_i\boldsymbol{A}_i^{\mathrm{T}}\right)^{-1}\sum_{i=1}^{n}d_{i0}\boldsymbol{A}_i \tag{5-39}$$

由 $\boldsymbol{\xi}$ 可求解工件/工具位姿误差（${}^W\boldsymbol{\delta}$ 、${}^W\boldsymbol{d}$ 、${}^Td_z$）。由于该位姿误差是根据实际加工误差得到的，一方面反映了工具在加工时因抖动、受力变形、回转轴误差引起的位姿变化，另一方面反映了工件受力变形或者抖动需要的工件坐标系微调量，以此可校正工件/工具在实际加工状态的位姿参数，从而降低后续同批次零件的加工误差。该方法可以迭代执行，具体步骤如下：

(1) 由构造法获得工具的初始姿态 ${}_T^B\boldsymbol{T}$ ，并用视觉传感器对加工后的工件进行非接触式测量。

(2) 获取加工区域实测值 $\boldsymbol{p}_{is}$ 。设工件加工后在视觉传感器坐标系 $\{S\}$ 下的测量点云为 ${}^SP$ ，包括未参与加工区域 ${}^SP_1$ 和加工区域 ${}^SP_2$ ， ${}^SP_1$ 由夹持面、加工基准区域构成，其形状已达到设计要求。首先将测量点云 ${}^SP_1$ 与设计模型进行三维匹配，得到相对位姿 ${}_S^W\boldsymbol{T}$ ，然后通过公式 ${}^WP={}_S^W\boldsymbol{T}\,{}^SP$ 获取坐标系 $\{W\}$ 下的测量点云 ${}^WP$ ， ${}^WP$ 包括未加工区域 ${}^WP_1$ 与加工区域 ${}^WP_2$ ， ${}^WP_2$ 即实测值集合 ${}^WP_2=\{\boldsymbol{p}_{1s},\cdots,\boldsymbol{p}_{is},\cdots,\boldsymbol{p}_{ns}\}$。

(3) 第 k 次迭代时，通过 k-d 树算法[7]或改进 k-d 树算法[8]寻找实测值 $\boldsymbol{p}_{is}$ 在设计模型中的最近点 $\boldsymbol{p}_i$ ，并将点 $\boldsymbol{p}_i$ 作为理论目标点。

(4) 求解位姿误差矢量 $\boldsymbol{\xi}$ 。根据式(5-37)求解初始距离 d_{i0} 与系数矩阵 $\boldsymbol{A}_i$ ，然后根据式(5-39)求解第 k 次迭代的误差矢量 $\boldsymbol{\xi}^k=\begin{bmatrix}\left({}^W\boldsymbol{d}^k\right)^{\mathrm{T}} & \left({}^W\boldsymbol{\delta}^k\right)^{\mathrm{T}} & {}^Td_z^k\end{bmatrix}^{\mathrm{T}}$，多次迭代合成的误差矢量为

$$\boldsymbol{\xi}^*=\begin{bmatrix}\left({}^W\boldsymbol{\delta}^*+{}^W\boldsymbol{\delta}^k\right)^{\mathrm{T}} & \left(\boldsymbol{R}\left({}^W\boldsymbol{\delta}^k\right){}^W\boldsymbol{d}^*+{}^W\boldsymbol{d}^k\right)^{\mathrm{T}} & \left({}^Td_z^*+{}^Td_z^k\right)\end{bmatrix}^{\mathrm{T}} \tag{5-40}$$

式中，$\boldsymbol{\xi}^*$ 迭代前的初始解可设为 $\boldsymbol{\xi}^*=\mathbf{0}_{7\times1}$。

(5) 根据式(5-33)计算估计值 $\boldsymbol{p}_i'$。若式(5-33)中 $\left[{}^{W}\boldsymbol{\delta}\right]$ 过大，则迭代时可能会发散，此时可用精确值 $\boldsymbol{R}\left({}^{W}\boldsymbol{\delta}_x\right)-\boldsymbol{I}$ 或 $\mathrm{e}^{\left[{}^{W}\boldsymbol{\delta}\right]}-\boldsymbol{I}_{3\times3}$ 代替。

(6) 将实测值 $\boldsymbol{p}_{is}$ 替换为估计值 $\boldsymbol{p}_i'\left(\boldsymbol{p}_{is}=\boldsymbol{p}_i'\right)$。根据目标函数(5-34)计算误差：

$$\mathrm{Ave}=\frac{1}{n}\sum_{i=1}^{n}\left|\varepsilon_i\right|,\quad \mathrm{RMSE}=\sqrt{\frac{1}{n}\sum_{i=1}^{n}\varepsilon_i^2} \tag{5-41}$$

令 $k=k+1$，返回步骤(3)并继续迭代，直到上述 Ave 和 RMSE 值小于给定阈值或迭代次数大于给定阈值，终止迭代并输出最优位姿误差矢量 $\boldsymbol{\xi}^*=\left[{}^{W}\boldsymbol{d}^*\quad {}^{W}\boldsymbol{\delta}^*\quad {}^{T}d_z^*\right]$，其中参数 ${}^{W}\boldsymbol{d}^*$、${}^{W}\boldsymbol{\delta}^*$ 可用于指导工件受力变形或者抖动需要工件坐标系做出的微调，${}^{T}d_z^*$ 可用于校正工具位姿误差。

本节所提位姿误差辨识方法对工件形状没有特定要求，适用于一般曲面(型面磨抛/铣削、蒙皮切边等)的加工。对于给定的曲面(叶片、蒙皮等)，加工完后通常会将测量数据与设计模型对比，检测曲面加工质量。采用本节方法，还可根据已有测量数据与设计模型进一步定量追溯误差源(工件/工具位姿误差)对加工质量的影响，然后通过辨识位姿误差校正初始工件/工具位姿，从而降低后续同批次零件的加工误差。如果对同批次首个工件加工质量要求较高，则可先加工曲面的局部特征，获得该局部特征的测量点并与设计模型对比，分析工件/工具位姿误差对加工质量的影响。虽然工件位姿误差与工件相关，但工具位姿误差不受工件形状影响，此时可通过上述方法辨识并校正工具位姿误差。

5.4 典型曲面工具位姿误差辨识

5.4.1 柱面

设柱面参数表达式为 $\boldsymbol{p}=[r\cos\theta\quad r\sin\theta\quad h]^{\mathrm{T}}$，其中 r 为半径，h 为高度，则点 $\boldsymbol{p}$ 的法矢为 $\boldsymbol{n}=[\cos\theta\ \sin\theta\ 0]^{\mathrm{T}}$。考虑工件位置误差 ${}^{W}\boldsymbol{d}=\left[{}^{W}d_x\quad {}^{W}d_y\quad {}^{W}d_z\right]^{\mathrm{T}}$，则点 $\boldsymbol{p}$ 的法向深度误差为位置误差 ${}^{W}\boldsymbol{d}$ 在法向上的投影 ${}^{P}d_z=\left(\boldsymbol{n}^{\mathrm{T}}\right){}^{W}\boldsymbol{d}={}^{W}d_x\cos\theta+{}^{W}d_y\sin\theta$，因此当只有横向偏移误差 ${}^{W}d_x\left({}^{W}d_y=0\right)$ 时可得到 ${}^{P}d_z={}^{W}d_x\cos\theta$，则目标点 $\boldsymbol{p}$ 的位置变为

$$\boldsymbol{p}'=\boldsymbol{p}+{}^{P}d_z\boldsymbol{n}=\left[r\cos\theta+{}^{W}d_x\cos\theta\cos\theta\quad r\sin\theta+{}^{W}d_x\sin\theta\cos\theta\quad h\right]^{\mathrm{T}} \tag{5-42}$$

整理可得柱面加工后的曲面表达式：

$$\left(x-{}^{W}d_x\right)^2+y^2=r^2+{}^{W}d_x^2\sin^2\theta \tag{5-43}$$

由于${}^{W}d_x \ll r$，得$\frac{{}^{W}d_x}{r}{}^{W}d_x \ll {}^{W}d_x$，则式(5-43)右边满足：

$$r^2 \leqslant r^2+{}^{W}d_x^2\sin^2\theta \leqslant r^2+2{}^{W}d_x^2 \leqslant \left(r+\frac{{}^{W}d_x}{r}{}^{W}d_x\right)^2=\left(r+o\left({}^{W}d_x\right)\right)^2 \tag{5-44}$$

所以当出现横向误差${}^{W}d_x$时，加工后曲面形状是以$\left({}^{W}d_x,0\right)$为中心、r为半径的偏心圆。当同时存在横向误差和纵向误差时，曲面表达式为

$$\left(x-{}^{W}d_x\right)^2+\left(y-{}^{W}d_y\right)^2=r^2+\left({}^{W}d_x\cos\theta+{}^{W}d_y\sin\theta\right)^2\approx\left(r+o\left({}^{W}d_x+{}^{W}d_y\right)\right)^2 \tag{5-45}$$

考虑工件姿态误差${}^{W}\boldsymbol{\delta}=\begin{bmatrix}{}^{W}\delta_x & {}^{W}\delta_y & {}^{W}\delta_z\end{bmatrix}^{\mathrm{T}}$，由式(5-16)得点$\boldsymbol{p}$的法向深度误差为${}^{P}d_z=-h\left({}^{W}\delta_x\sin\theta-{}^{W}\delta_y\cos\theta\right)$，再由式(5-17)可得目标点的实际坐标：

$$\begin{cases}x=r\cos\theta-h{}^{W}\delta_x\sin\theta\cos\theta+h{}^{W}\delta_y\cos\theta\cos\theta\\ y=r\sin\theta-h{}^{W}\delta_x\sin\theta\sin\theta+h{}^{W}\delta_y\sin\theta\cos\theta\end{cases} \tag{5-46}$$

化简后为

$$\left(x-h{}^{W}\delta_y\right)^2+\left(y+h{}^{W}\delta_x\right)^2=r^2+\left(h{}^{W}\delta_x\cos\theta+h{}^{W}\delta_y\sin\theta\right)^2\approx r^2 \tag{5-47}$$

对应曲面在高度h处是中心为$\left(h{}^{W}\delta_y,-{}^{W}\delta_x\right)$、半径为 r 的圆。当存在工具位姿误差${}^{T}\boldsymbol{D}$时，由式(5-17)可得目标点$\boldsymbol{p}$的位置：

$$\boldsymbol{p}'=\boldsymbol{p}+{}^{T}d_z\boldsymbol{n}=\left(\left(r+{}^{T}d_z\right)\cos\theta,\left(r+{}^{T}d_z\right)\sin\theta,h\right) \tag{5-48}$$

对应柱面表达式如下：

$$x^2+y^2=\left(r+{}^{T}d_z\right)^2 \tag{5-49}$$

只有位置误差${}^{T}d_z$时，加工后的形状是半径为$r+{}^{T}d_z$的圆柱。

上述过程是基于点接触加工，若考虑线接触加工，还需考虑工具轴向误差${}^{T}\boldsymbol{\delta}$，

假设工具轴线为 y 轴，轴线上的一点对应坐标系 $\{H\}$，坐标系 $\{H\}$ 到工具原点的距离为 h，得坐标系 $\{H\}$ 的法向深度误差为 ${}^{T}d_z - {}^{T}\delta_y h$，对应圆柱面表达式如下：

$$x^2 + y^2 = \left(r + {}^{T}d_z - {}^{T}\delta_y h\right)^2 \tag{5-50}$$

因此，柱面加工后的实际形状为圆锥，圆锥轴线高度 h 处的截面半径为 $r + {}^{T}d_z - {}^{T}\delta_y h$，可见锥度反映了工具姿态误差 ${}^{T}\delta_y$。位姿误差(${}^{W}\boldsymbol{d}$、${}^{W}\boldsymbol{\delta}$、${}^{T}\boldsymbol{d}$、${}^{T}\boldsymbol{\delta}$)对柱面加工的影响如表 5-1 所示。

表 5-1　工件/工具位姿误差对柱面加工误差的影响

误差	目标点加工误差	形位变化	表达式	示意图
${}^{W}\boldsymbol{d}$	${}^{W}d_x \cos\theta + {}^{W}d_y \sin\theta$	偏移	$\left(x - {}^{W}d_x\right)^2 + \left(y - {}^{W}d_y\right)^2 \approx r^2$	
${}^{W}\boldsymbol{\delta}$	$-h{}^{W}\delta_x \sin\theta + h{}^{W}\delta_y \cos\theta$	倾斜	$\left(x - h{}^{W}\delta_y\right)^2 + \left(y + h{}^{W}\delta_x\right)^2 \approx r^2$	
${}^{T}\boldsymbol{d}$	${}^{T}d_z$	径变	$x^2 + y^2 = \left(r + {}^{T}d_z\right)^2$	
${}^{T}\boldsymbol{\delta}$	$-{}^{T}\delta_y h$	圆锥	$x^2 + y^2 = \left(r - {}^{T}\delta_y h\right)^2$	

表 5-1 中四个位姿误差对工件加工误差的影响均不相同，以此可同时辨识上述位姿误差，方法如下：假定柱面设计模型的表达式为 $\left(x - x_w\right)^2 + \left(y - y_w\right)^2 \approx r^2$，

其中$\begin{pmatrix} x_w & y_w \end{pmatrix}^{\mathrm{T}}$表示中心，$r$表示半径。若工件存在姿态误差${}^{W}\boldsymbol{\delta}$，则加工后的工件形状为斜圆柱；若存在位置误差${}^{W}\boldsymbol{d}$，则还会导致斜圆柱轴线存在位置偏移。首先获取工件加工后的三维测量点云，将未加工区域的测量点云与设计模型匹配，得到工件坐标系$\{W\}$下的测量点云。然后圆柱拟合测量点云，通过式(5-45)和式(5-47)计算圆柱在高度h处的中心$\begin{bmatrix} x_w + {}^{W}d_x + h{}^{W}\delta_y & y_w + {}^{W}d_y + h{}^{W}\delta_x \end{bmatrix}^{\mathrm{T}}$，则轴线上的三个中心点$\begin{bmatrix} x_0 & y_0 & 0 \end{bmatrix}^{\mathrm{T}}$、$\begin{bmatrix} x_1 & y_1 & h_1 \end{bmatrix}^{\mathrm{T}}$、$\begin{bmatrix} x_2 & y_2 & h_2 \end{bmatrix}^{\mathrm{T}}$可表示为

$$\begin{aligned}
\begin{bmatrix} x_0 & y_0 \end{bmatrix}^{\mathrm{T}} &= \begin{bmatrix} x_w + {}^{W}d_x + 0\times{}^{W}\delta_y & y_w + {}^{W}d_y - 0\times{}^{W}\delta_x \end{bmatrix}^{\mathrm{T}} \\
\begin{bmatrix} x_1 & y_1 \end{bmatrix}^{\mathrm{T}} &= \begin{bmatrix} x_w + {}^{W}d_x + h_1{}^{W}\delta_y & y_w + {}^{W}d_y - h_1{}^{W}\delta_x \end{bmatrix}^{\mathrm{T}} \\
\begin{bmatrix} x_2 & y_2 \end{bmatrix}^{\mathrm{T}} &= \begin{bmatrix} x_w + {}^{W}d_x + h_2{}^{W}\delta_y & y_w + {}^{W}d_y - h_2{}^{W}\delta_x \end{bmatrix}^{\mathrm{T}}
\end{aligned} \tag{5-51}$$

由此可反算工件位置误差和姿态误差分别为

$$\begin{aligned}
\begin{bmatrix} {}^{W}d_x & {}^{W}d_y \end{bmatrix}^{\mathrm{T}} &= \begin{bmatrix} x_0 - x_w & y_0 - y_w \end{bmatrix}^{\mathrm{T}} \\
\begin{bmatrix} {}^{W}\delta_x & {}^{W}\delta_y \end{bmatrix}^{\mathrm{T}} &= \begin{bmatrix} -(y_2 - y_1)/(h_2 - h_1) & (x_2 - x_1)/(h_2 - h_1) \end{bmatrix}^{\mathrm{T}}
\end{aligned} \tag{5-52}$$

若拟合圆柱轴线为$\boldsymbol{n} = \begin{bmatrix} n_x & n_y & n_z \end{bmatrix}^{\mathrm{T}}$，则中心线上的两点可表示为

$$\begin{aligned}
\begin{bmatrix} x_1 & y_1 \end{bmatrix}^{\mathrm{T}} &= \begin{bmatrix} x_0 + n_x h_1 & y_0 + n_y h_1 & z_0 + n_z h_1 \end{bmatrix}^{\mathrm{T}} \\
\begin{bmatrix} x_2 & y_2 \end{bmatrix}^{\mathrm{T}} &= \begin{bmatrix} x_0 + n_x h_2 & y_0 + n_y h_2 & z_0 + n_z h_2 \end{bmatrix}^{\mathrm{T}}
\end{aligned} \tag{5-53}$$

根据式(5-53)也可计算姿态误差：

$$\begin{bmatrix} {}^{W}\delta_x & {}^{W}\delta_y \end{bmatrix} = \begin{bmatrix} -n_y/n_z & n_x/n_z \end{bmatrix}^{\mathrm{T}} \tag{5-54}$$

设拟合圆柱的半径为r'，由理论公式$r' = r + {}^{T}d_z$可计算工具坐标系$\{T\}$的z轴偏移误差：

$${}^{T}\delta_z = r' - r \tag{5-55}$$

若进一步考虑工具轴线的方向误差${}^{T}\delta_y$，则需圆锥拟合加工部位的测量点云，假设轴线方向高度为h_1和h_2处的半径分别为r_1和r_2，由圆锥公式$x^2 + y^2 = r + {}^{T}d_z - {}^{T}\delta_y h$可得

$$\begin{cases} r_1 = r + {}^T d_z - {}^T\delta_y h_1 \\ r_2 = r + {}^T d_z - {}^T\delta_y h_2 \end{cases} \tag{5-56}$$

则工具姿态误差为

$${}^T\delta_y = -(r_2 - r_1)/(h_2 - h_1) \tag{5-57}$$

工件姿态误差 ${}^W\boldsymbol{\delta}$ 使圆锥的轴线偏离工件坐标系 $\{W\}$ 的 z 轴，而与工件实际轴向 $\boldsymbol{n}$ 相同，因此通过最小二乘拟合圆锥求解工具姿态误差 ${}^T\delta_y$ 时需添加轴向约束。含轴向约束的圆锥拟合方法计算过程复杂，可采用如下方法：沿已知轴向 $\boldsymbol{n}$ 等距分割点云，将分割的测点投影到二维平面并圆弧拟合每段二维测点，通过圆弧半径与轴线高度的线性关系计算圆锥锥度，该锥度即工件姿态误差 ${}^W\boldsymbol{\delta}$。

5.4.2　球面

球面表达式为 $(\boldsymbol{p}-\boldsymbol{C}_0)^{\mathrm{T}}(\boldsymbol{p}-\boldsymbol{C}_0)=r^2$，其中 $\boldsymbol{C}_0 \in \Re^3$ 为球心，$\boldsymbol{p} \in \Re^3$ 为球面上任意点。当存在工件姿态误差 ${}^W\boldsymbol{\delta}$ 时，由式(5-24)可得加工后的球面方程：

$$\left(\left(\boldsymbol{I}_{3\times3}-\left[{}^W\boldsymbol{\delta}\right]\right)\boldsymbol{p}-\boldsymbol{C}_0\right)^{\mathrm{T}}\left(\left(\boldsymbol{I}_{3\times3}-\left[{}^W\boldsymbol{\delta}\right]\right)\boldsymbol{p}-\boldsymbol{C}_0\right)=r^2 \tag{5-58}$$

式中，$\boldsymbol{I}_{3\times3}-\left[{}^W\boldsymbol{\delta}\right]$ 是旋转矩阵 $\boldsymbol{R}\left(-{}^W\boldsymbol{\delta}\right)$ 的近似，式(5-58)等于

$$\begin{aligned} r^2 &= \left(\boldsymbol{R}\left(-{}^W\boldsymbol{\delta}\right)\boldsymbol{p}-\boldsymbol{C}_0\right)^{\mathrm{T}}\left(\boldsymbol{R}\left(-{}^W\boldsymbol{\delta}\right)\boldsymbol{p}-\boldsymbol{C}_0\right)=\left(\boldsymbol{R}^{\mathrm{T}}\left({}^W\boldsymbol{\delta}\right)\boldsymbol{p}-\boldsymbol{C}_0\right)^{\mathrm{T}}\left(\boldsymbol{R}^{\mathrm{T}}\left({}^W\boldsymbol{\delta}\right)-\boldsymbol{C}_0\right) \\ &= \left(\boldsymbol{R}^{\mathrm{T}}\left({}^W\boldsymbol{\delta}\right)\boldsymbol{p}-\boldsymbol{C}_0\right)^{\mathrm{T}}\boldsymbol{R}^{\mathrm{T}}\left({}^W\boldsymbol{\delta}\right)\boldsymbol{R}\left({}^W\boldsymbol{\delta}\right)\left(\boldsymbol{R}^{\mathrm{T}}\left({}^W\boldsymbol{\delta}\right)\boldsymbol{p}-\boldsymbol{C}_0\right) \\ &= \left(\boldsymbol{p}^{\mathrm{T}}\boldsymbol{R}\left({}^W\boldsymbol{\delta}\right)\boldsymbol{R}^{\mathrm{T}}\left({}^W\boldsymbol{\delta}\right)-\boldsymbol{C}_0^{\mathrm{T}}\boldsymbol{R}^{\mathrm{T}}\left({}^W\boldsymbol{\delta}\right)\right)\left(\boldsymbol{R}\left({}^W\boldsymbol{\delta}\right)\boldsymbol{R}^{\mathrm{T}}\left({}^W\boldsymbol{\delta}\right)\boldsymbol{p}-\boldsymbol{R}\left({}^W\boldsymbol{\delta}\right)\boldsymbol{C}_0\right) \\ &= \left(\boldsymbol{p}^{\mathrm{T}}-\boldsymbol{C}_0^{\mathrm{T}}\boldsymbol{R}^{\mathrm{T}}\left({}^W\boldsymbol{\delta}\right)\right)\left(\boldsymbol{p}-\boldsymbol{R}\left({}^W\boldsymbol{\delta}\right)\boldsymbol{C}_0\right) \\ &= \left(\boldsymbol{p}-\boldsymbol{R}\left({}^W\boldsymbol{\delta}\right)\boldsymbol{C}_0\right)^{\mathrm{T}}\left(\boldsymbol{p}-\boldsymbol{R}\left({}^W\boldsymbol{\delta}\right)\boldsymbol{C}_0\right) \end{aligned} \tag{5-59}$$

整理后可得

$$\left(\boldsymbol{p}-\boldsymbol{R}\left({}^W\boldsymbol{\delta}\right)\boldsymbol{C}_0\right)^{\mathrm{T}}\left(\boldsymbol{p}-\boldsymbol{R}\left({}^W\boldsymbol{\delta}\right)\boldsymbol{C}_0\right)=r^2 \tag{5-60}$$

因此工件姿态误差 ${}^W\boldsymbol{\delta}$ 将使球心 $\boldsymbol{C}_0$ 进行微分旋转 $\boldsymbol{R}\left({}^W\boldsymbol{\delta}\right)\boldsymbol{C}_0$，而半径 r 不受影响。

当同时存在姿态误差 ${}^{W}\boldsymbol{\delta}$ 和位置误差 ${}^{W}\boldsymbol{d}$ 时，由式(5-24)可得加工后的球面方程为

$$\left(\left(\boldsymbol{I}-\left[{}^{W}\boldsymbol{\delta}\right]\right)\left(\boldsymbol{p}-{}^{W}\boldsymbol{d}\right)-\boldsymbol{C}_0\right)^{\mathrm{T}}\left(\left(\boldsymbol{I}-\left[{}^{W}\boldsymbol{\delta}\right]\right)\left(\boldsymbol{p}-{}^{W}\boldsymbol{d}\right)-\boldsymbol{C}_0\right)=r^2 \tag{5-61}$$

展开后可得

$$\left(\left(\boldsymbol{I}-\left[{}^{W}\boldsymbol{\delta}\right]\right)\boldsymbol{p}-{}^{W}\boldsymbol{d}+\left[{}^{W}\boldsymbol{\delta}\right]{}^{W}\boldsymbol{d}-\boldsymbol{C}_0\right)^{\mathrm{T}}\left(\left(\boldsymbol{I}-\left[{}^{W}\boldsymbol{\delta}\right]\right)\boldsymbol{p}-{}^{W}\boldsymbol{d}+\left[{}^{W}\boldsymbol{\delta}\right]{}^{W}\boldsymbol{d}-\boldsymbol{C}_0\right)=r^2 \tag{5-62}$$

忽略二阶误差项 $\left[{}^{W}\boldsymbol{\delta}\right]{}^{W}\boldsymbol{d}$ 并将 $\boldsymbol{I}_{3\times3}-\left[{}^{W}\boldsymbol{\delta}\right]$ 替换为精确值 $\boldsymbol{R}\left(-{}^{W}\boldsymbol{\delta}\right)$，则式(5-62)可写为

$$\left(\boldsymbol{p}-\boldsymbol{R}\left({}^{W}\boldsymbol{\delta}\right)\left({}^{W}\boldsymbol{d}+\boldsymbol{C}_0\right)\right)^{\mathrm{T}}\left(\boldsymbol{p}-\boldsymbol{R}\left({}^{W}\boldsymbol{\delta}\right)\left({}^{W}\boldsymbol{d}+\boldsymbol{C}_0\right)\right)=r^2 \tag{5-63}$$

式中，$\boldsymbol{R}\left({}^{W}\boldsymbol{\delta}\right){}^{W}\boldsymbol{d}=\left(\boldsymbol{I}+\left[{}^{W}\boldsymbol{\delta}\right]\right){}^{W}\boldsymbol{d}={}^{W}\boldsymbol{d}+\left[{}^{W}\boldsymbol{\delta}\right]{}^{W}\boldsymbol{d}$，进一步忽略二阶误差项 $\left[{}^{W}\boldsymbol{\delta}\right]{}^{W}\boldsymbol{d}$ 可得

$$\left(\boldsymbol{p}-\left(\boldsymbol{R}\left({}^{W}\boldsymbol{\delta}\right)\boldsymbol{C}_0+{}^{W}\boldsymbol{d}\right)\right)^{\mathrm{T}}\left(\boldsymbol{p}-\left(\boldsymbol{R}\left({}^{W}\boldsymbol{\delta}\right)\boldsymbol{C}_0+{}^{W}\boldsymbol{d}\right)\right)=r^2 \tag{5-64}$$

因此，工件位姿误差(${}^{W}\boldsymbol{d}$、${}^{W}\boldsymbol{\delta}$)将加工后的球心变为 $\boldsymbol{C}_0'=\boldsymbol{R}\left({}^{W}\boldsymbol{\delta}\right)\boldsymbol{C}_0+{}^{W}\boldsymbol{d}$，即球心会进行微分旋转 $\boldsymbol{R}\left({}^{W}\boldsymbol{\delta}\right)$ 和微分平移 ${}^{W}\boldsymbol{d}$，但半径不变。而存在工具位姿误差 ${}^{T}\boldsymbol{D}$ 时，由式(5-26)可得加工后的球面方程为

$$\begin{aligned} r^2 &= \left(\boldsymbol{p}-{}^{T}d_z\boldsymbol{n}-\boldsymbol{C}_0\right)^{\mathrm{T}}\left(\boldsymbol{p}-{}^{T}d_z\boldsymbol{n}-\boldsymbol{C}_0\right) \\ &= \left(\boldsymbol{p}-\boldsymbol{C}_0\right)^{\mathrm{T}}\left(\boldsymbol{p}-\boldsymbol{C}_0\right)+{}^{T}d_z^2-2{}^{T}d_z\boldsymbol{n}^{\mathrm{T}}\left(\boldsymbol{p}-\boldsymbol{C}_0\right) \\ &= \left(\boldsymbol{p}-\boldsymbol{C}_0\right)^{\mathrm{T}}\left(\boldsymbol{p}-\boldsymbol{C}_0\right)+{}^{T}d_z^2-2{}^{T}d_z\left(r+{}^{T}d_z\right) \end{aligned} \tag{5-65}$$

式中，$\boldsymbol{p}-\boldsymbol{C}_0$ 是球心到球面的矢量，与法矢 $\boldsymbol{n}$ 方向相同，因此有 $\boldsymbol{n}^{\mathrm{T}}\left(\boldsymbol{p}-\boldsymbol{C}_0\right)=r+{}^{T}d_z$，则式(5-65)等价于

$$\left(\boldsymbol{p}-\boldsymbol{C}_0\right)^{\mathrm{T}}\left(\boldsymbol{p}-\boldsymbol{C}_0\right)=\left(r+{}^{T}d_z\right)^2 \tag{5-66}$$

即半径由 r 变为 $r+{}^{T}d_z$，但球心 $\boldsymbol{C}_0$ 保持不变。工件/工具位姿误差对球面加工误差

的影响总结见表 5-2。当同时存在工件/工具位姿误差时，综合式(5-64)和式(5-66)可得

$$\left(\boldsymbol{p}-\left({}^{W}\boldsymbol{d}+\boldsymbol{R}\left({}^{W}\boldsymbol{\delta}\right)\boldsymbol{C}_0\right)\right)^{\mathrm{T}}\left(\boldsymbol{p}-\left(\boldsymbol{R}\left({}^{W}\boldsymbol{\delta}\right)\boldsymbol{C}_0+{}^{W}\boldsymbol{d}\right)\right)=\left(r+{}^{T}d_z\right)^2 \tag{5-67}$$

表 5-2　工件/工具位姿误差对球面加工误差的影响

误差	${}^{W}\boldsymbol{d}$	${}^{W}\boldsymbol{\delta}$	${}^{T}\boldsymbol{d}$
变化	偏移	倾斜	径变
表达式	$\left(\boldsymbol{p}-\left(\boldsymbol{C}_0+{}^{W}\boldsymbol{d}\right)\right)^{\mathrm{T}}\left(\boldsymbol{p}-\left(\boldsymbol{C}_0+{}^{W}\boldsymbol{d}\right)\right)=r^2$	$\left(\boldsymbol{p}-\boldsymbol{R}\left({}^{W}\boldsymbol{\delta}\right)\boldsymbol{C}_0\right)^{\mathrm{T}}\left(\boldsymbol{p}-\boldsymbol{R}\left({}^{W}\boldsymbol{\delta}\right)\boldsymbol{C}_0\right)=r^2$	$\left(r+{}^{T}d_z\right)^2=\left(\boldsymbol{p}-\boldsymbol{C}_0\right)^{\mathrm{T}}\left(\boldsymbol{p}-\boldsymbol{C}_0\right)$
示意图	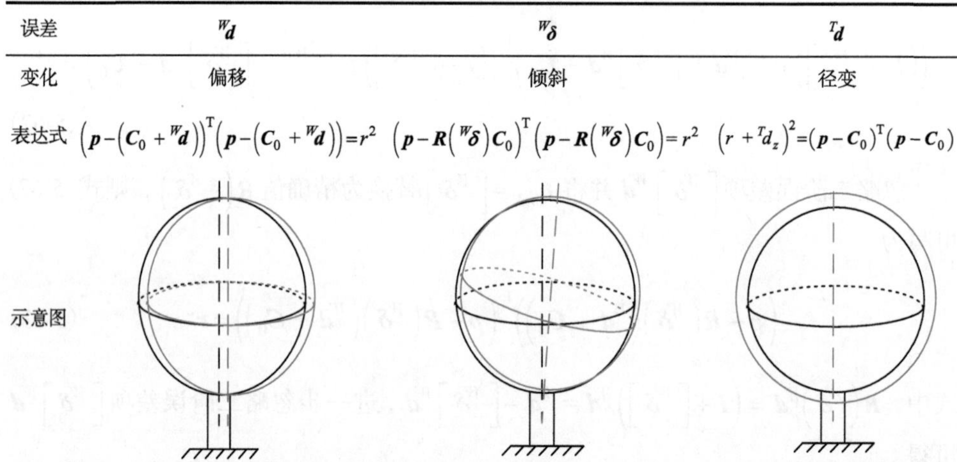		

因此，工具位置误差 ${}^{T}d_z$ 可通过半径偏差计算，但是由于工件位姿误差(${}^{W}\boldsymbol{d}$、${}^{W}\boldsymbol{\delta}$)只影响球心位置 $\boldsymbol{C}_0'=\boldsymbol{R}\left({}^{W}\boldsymbol{\delta}\right)\boldsymbol{C}_0+{}^{W}\boldsymbol{d}$，单个球心无法解耦误差 ${}^{W}\boldsymbol{d}$ 和 ${}^{W}\boldsymbol{\delta}$，需结合多个特征点。对任意两个特征点 $\boldsymbol{C}_{01}$ 和 $\boldsymbol{C}_{02}$，加工后的位置变化为 $\boldsymbol{C}_{01}'=\boldsymbol{R}\left({}^{W}\boldsymbol{\delta}\right)\boldsymbol{C}_{01}+{}^{W}\boldsymbol{d}$ 和 $\boldsymbol{C}_{02}'=\boldsymbol{R}\left({}^{W}\boldsymbol{\delta}\right)\boldsymbol{C}_{02}+{}^{W}\boldsymbol{d}$，作差后可得

$$\left(\boldsymbol{C}_{01}'-\boldsymbol{C}_{02}'\right)-\left(\boldsymbol{C}_{01}-\boldsymbol{C}_{02}\right)=\left[{}^{W}\boldsymbol{\delta}\right]\left(\boldsymbol{C}_{01}-\boldsymbol{C}_{02}\right) \tag{5-68}$$

式中，$\left[{}^{W}\boldsymbol{\delta}\right]\left(\boldsymbol{C}_{01}-\boldsymbol{C}_{02}\right)$ 等价于 ${}^{W}\boldsymbol{\delta}\times\left(\boldsymbol{C}_{01}-\boldsymbol{C}_{02}\right)$。由于叉乘的逆运算有无穷多解，上述方程无法求得唯一解，可引入多个外部特征点，得如下方程组：

$$\begin{bmatrix}\left(\boldsymbol{C}_{01}'-\boldsymbol{C}_{02}'\right)-\left(\boldsymbol{C}_{01}-\boldsymbol{C}_{02}\right)\\ \vdots \\ \left(\boldsymbol{C}_{01}'-\boldsymbol{C}_{0n}'\right)-\left(\boldsymbol{C}_{01}-\boldsymbol{C}_{0n}\right)\end{bmatrix}=\left[{}^{W}\boldsymbol{\delta}\right]\begin{bmatrix}\left(\boldsymbol{C}_{01}-\boldsymbol{C}_{02}\right)\\ \vdots \\ \left(\boldsymbol{C}_{01}-\boldsymbol{C}_{0n}\right)\end{bmatrix} \tag{5-69}$$

式(5-69)通过伪逆可求解$\left[{}^{W}\boldsymbol{\delta}\right]$，再通过 3.4 节的微分迭代法求解最佳工件姿态误差 ${}^{W}\boldsymbol{\delta}$，并将 ${}^{W}\boldsymbol{\delta}$ 代入球心位置变化方程即可求解工件位置误差 ${}^{W}\boldsymbol{d}$。

5.5　工具位姿误差辨识实验验证

本节以柱面加工为例辨识工件/工具位姿误差，工件和工具坐标系分别位于末端坐标系 $\{E\}$ 和基坐标系 $\{B\}$ 下，工件位姿 ${}_W^E\boldsymbol{T}$ 与工具位姿 ${}_T^B\boldsymbol{T}$ 对应的位姿矢量理论值为

$$ {}^E\boldsymbol{t}_W^* = [0 \quad 0 \quad 20]^{\mathrm{T}}\ \mathrm{mm}, \quad {}^E\boldsymbol{E}_W^* = [0 \quad 0 \quad 0]^{\mathrm{T}}\ \mathrm{rad} $$

$$ {}^B\boldsymbol{t}_T^* = [20.1 \quad 10.2 \quad 100.5]^{\mathrm{T}}\ \mathrm{mm}, \quad {}^B\boldsymbol{E}_T^* = [0 \quad 30.7 \quad 20.1]^{\mathrm{T}}\ \mathrm{rad} $$

式中，${}^E\boldsymbol{t}_W^*$ 和 ${}^B\boldsymbol{t}_T^*$ 为平移矢量；${}^E\boldsymbol{E}_W^*$ 和 ${}^B\boldsymbol{E}_T^*$ 为欧拉角矢量。

噪声 $\sigma = 0\mathrm{mm}$ 时的位姿辨识结果如表 5-3 所示。构造法[1]得到的初始位姿与理论值存在较大差异，可采用本章所提辨识方法进一步校正。

表 5-3　噪声 $\sigma = 0\mathrm{mm}$ 时的位姿辨识结果

参数	构造法	本章所提辨识方法
${}^B\boldsymbol{t}_T$ /mm	$[20.1050 \quad 10.1960 \quad 100.515]^{\mathrm{T}}$	$[20.1050 \quad 10.1960 \quad 100.495]^{\mathrm{T}}$
${}^B\boldsymbol{t}_T$ 辨识误差/mm	0.0164	0.0080
${}^B\boldsymbol{E}_T$ /rad	$[0.0021 \quad 30.7077 \quad 20.1022]^{\mathrm{T}}$	$[0.0021 \quad 30.7000 \quad 20.1022]^{\mathrm{T}}$
${}^B\boldsymbol{E}_T$ 辨识误差/rad	0.0083	0.0030
${}^E\boldsymbol{t}_W$ /mm	$[0.0120 \quad 0.0090 \quad 19.9950]^{\mathrm{T}}$	$[0.0014 \quad -0.0012 \quad 19.9950]^{\mathrm{T}}$
${}^E\boldsymbol{t}_W$ 辨识误差/mm	0.0158	0.0053
${}^E\boldsymbol{E}_W$ /rad	$[0.0040 \quad -0.0030 \quad -0.0010]^{\mathrm{T}}$	$[-0.0022 \quad 0.0013 \quad -0.0010]^{\mathrm{T}}$
${}^E\boldsymbol{E}_W$ 辨识误差/rad	0.0051	0.0027
加工误差 ε /mm	0.4935	0.0957

柱面设计模型的表达式为 ${}^W\boldsymbol{p} = [30\cos\theta \quad 30\sin\theta \quad h]^{\mathrm{T}}$，轴线高度为 180mm，加工轨迹为绕轴线的圆弧，考虑线接触加工方式，接触方向为工具与柱面的轴线方向，接触长度为 30mm。根据构造法的辨识结果加工柱面，加工后将工件整体轮廓离散成测量点云 ${}^SP$，测点规模为 25.2 万。将测量点云 ${}^SP$ 的未加工区域与设计模型进行三维匹配，从而将点云 ${}^SP$ 统一到设计模型坐标系。加工区域与设计模型之间理论上不应存在形状与位姿误差，但构造法的位姿误差将导致柱面直径、轴线方位与理论值存在差异。根据该差异，可采用本章所提方法辨识位姿误差，计算结果如下：

$$^{T}\delta_y = 0.0077\text{rad}, \quad ^{T}d_z = 0.0199\text{mm}$$

$$^{W}\boldsymbol{\delta} = [-0.0062 \quad 0.0043 \quad 0]^{\mathrm{T}}\ \text{rad}, \quad ^{W}\boldsymbol{d} = [-0.0106 \quad -0.0102 \quad 0]^{\mathrm{T}}\ \text{mm}$$

根据上述位姿误差校正初始位姿，得到新的工件位姿 ${}_{W}^{E}\boldsymbol{T}' = {}_{W}^{E}\boldsymbol{T} \cdot \text{Rot}\left({}^{W}\boldsymbol{\delta}\right)\text{Trans}\left({}^{W}\boldsymbol{d}\right)$ 和工具位姿 ${}_{T}^{B}\boldsymbol{T}' = {}_{T}^{B}\boldsymbol{T} \cdot \text{Rot}\left(y, {}^{T}\delta_y\right)\text{Trans}\left(z, {}^{T}d_z\right)$，计算结果见表 5-3 最右边一列。定义辨识误差 $\varepsilon(\boldsymbol{\chi}) = \left\|\boldsymbol{\chi} - \boldsymbol{\chi}^*\right\|$ 作为评价指标，其中 $\boldsymbol{\chi}$ 表示位姿矢量 $\left({}^{E}\boldsymbol{t}_W、{}^{E}\boldsymbol{E}_W、{}^{B}\boldsymbol{t}_T、{}^{B}\boldsymbol{E}_T\right)$。位姿校正后，四种辨识误差 $\varepsilon(\boldsymbol{\chi})$ 都明显降低，如工具位置辨识误差 $\varepsilon\left({}^{B}\boldsymbol{t}_T\right)$ 从 0.0164mm 减小到 0.0080mm，再根据校正的位姿加工新的工件，实验中加工误差从 0.4953mm 降低到 0.0957mm。

为验证本章所提方法对测量噪声的稳定性，对 5 组添加高斯噪声 $\varepsilon_n \sim \left(\mu, \sigma^2\right)$ 的测量点云进行位姿辨识实验，标准差 σ 范围设定为[0mm, 0.4mm]。对比测量点云与设计模型，然后校正位姿误差，结果如图 5-7 所示。可以看到构造法的误差 $\varepsilon(\boldsymbol{\chi})$ 不受噪声 σ 影响，这是因为构造法是通过识别特征点构造坐标系的原点与坐标轴，无须获取加工后的工件测量点云，但是当 σ 增加从 0mm 到 0.4mm 时，构

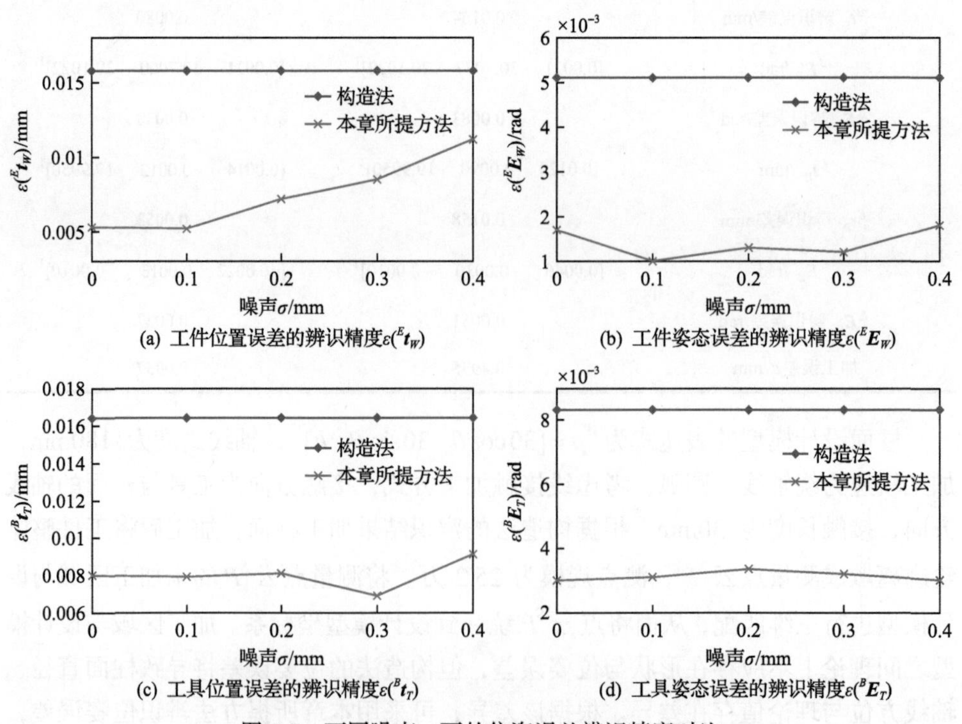

(a) 工件位置误差的辨识精度 $\varepsilon({}^{E}\boldsymbol{t}_W)$
(b) 工件姿态误差的辨识精度 $\varepsilon({}^{E}\boldsymbol{E}_W)$
(c) 工具位置误差的辨识精度 $\varepsilon({}^{B}\boldsymbol{t}_T)$
(d) 工具姿态误差的辨识精度 $\varepsilon({}^{B}\boldsymbol{E}_T)$

图 5-7 不同噪声 σ 下的位姿误差辨识精度对比

造法的误差 $\varepsilon(\boldsymbol{\chi})$ 始终大于本章所提方法，如构造法的误差 $\varepsilon\left({}^{E}\boldsymbol{E}_{W}\right)$ 为 0.0051rad，而本章所提方法的误差 $\varepsilon\left({}^{E}\boldsymbol{E}_{W}\right)$ 的波动范围仅为[0.0010, 0.0018]rad，该值基本维持在低水平，说明本章所提方法对测量噪声不敏感，主要原因如下：

(1) 工件位姿误差（${}^{W}\boldsymbol{d}$、${}^{W}\boldsymbol{\delta}$）。对所有测点进行最小二乘柱面拟合，然后根据柱面轴线方向与位置求解工件位姿误差。大规模的测量点云(>20万)与最小二乘拟合策略可有效降低拟合轴线对噪声的敏感性。如图 5-7(a)所示，工件位置的辨识误差 $\varepsilon\left({}^{E}\boldsymbol{t}_{W}\right)$ 虽与噪声 σ 正相关，但是当 σ 达到 0.4mm 时，所提方法的误差 $\varepsilon\left({}^{E}\boldsymbol{t}_{W}\right)$ 依旧小于构造法。通常情况下高精度视觉传感器的测量噪声 σ 低于 0.04mm，此时误差 $\varepsilon\left({}^{E}\boldsymbol{t}_{W}\right)$ 几乎不受噪声影响。

(2) 工具位姿误差（${}^{T}d_{z}$、${}^{T}\delta_{y}$）。辨识过程如图 5-8 所示，其中 r 表示高度为 h 时的截面半径，r 的波动周期为 30mm，对应工具与工件的接触长度。在每个周期内线性拟合 (h,r)，由式(5-57)可得直线斜率等于工具姿态误差 ${}^{T}\delta_{y}$，通过对 6 个周期的斜率求平均值可求得最终的误差 ${}^{T}\delta_{y}$。对所有半径取平均值 $\bar{r}$，由式(5-55)可得半径偏差等于工具位置误差 ${}^{T}d_{z}=\bar{r}-r_{0}$。从图 5-8 可得随着噪声 σ 的增大，半径 r 的波动幅度增大，但辨识的姿态误差 ${}^{T}\delta_{y}$ 几乎不受影响(表 5-4)，主要原因是本章所提方法整体分析大规模测量点云的加工误差，再通过综合平均值法与最小二乘拟合法辨识 ${}^{T}d_{z}$ 和 ${}^{T}\delta_{y}$，该过程降低了对测量噪声的敏感性。

与传统的构造法相比，本章所提方法的优点：构造法是辨识工具在静止状态时的位姿；而本章所提方法是根据加工误差辨识工具在加工状态时的位姿，考虑了工具在加工时因抖动、受力变形、回转轴误差产生的位姿变化。构造法是通过选取三个点或多个特征点构造坐标系，特征点选取精度低与特征点数量较少限制

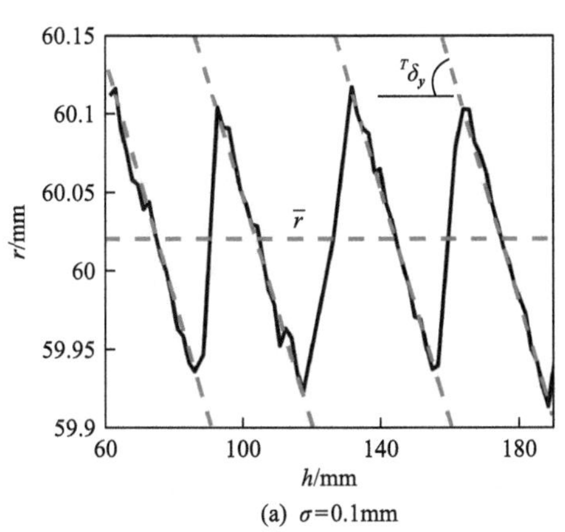

(a) σ=0.1mm

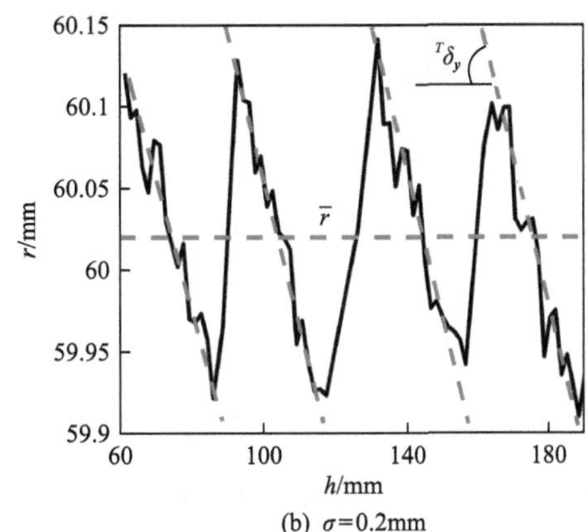

(b) σ=0.2mm

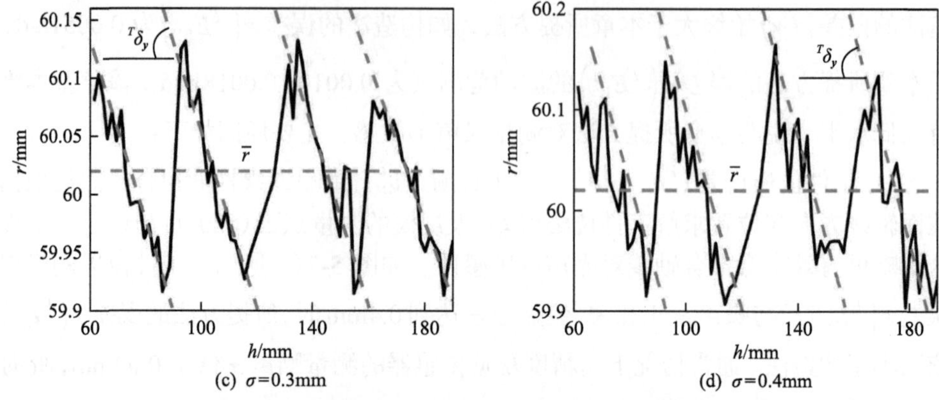

图 5-8　不同噪声 σ 下的工具位姿误差辨识过程

表 5-4　不同噪声 σ 下的工具位姿误差辨识结果

位姿参数	标准值	$\sigma = 0$mm	$\sigma = 0.1$mm	$\sigma = 0.2$mm	$\sigma = 0.3$mm	$\sigma = 0.4$mm
$^T\delta_y$ /rad	0.0077	0.0077	0.0073	0.0078	0.0067	0.0079
^Td_z /mm	0.0151	0.0199	0.0198	0.0203	0.0177	0.0215

了辨识精度；而本章所提方法避免了选取特定的特征点，且针对大规模的工件测量数据(>20 万)进行整体分析，可提高位姿参数辨识的稳定性。

参 考 文 献

[1] Wang W, Yun C, Sun K. An experimental method to calibrate the robotic grinding tool. Proceedings of the IEEE International Conference on Automation and Logistics, Qingdao, 2008: 2460-2465.

[2] Cakir M, Deniz C. High precise and zero-cost solution for fully automatic industrial robot TCP calibration. Industrial Robot: The International Journal of Robotics Research and Application, 2019, 46(5): 650-659.

[3] Xu X H, Zhu D H, Wang J S, et al. Calibration and accuracy analysis of robotic belt grinding system using the ruby probe and criteria sphere. Robotics and Computer-Integrated Manufacturing, 2018, 51: 189-201.

[4] 熊有伦, 李文龙, 陈文斌, 等. 机器人学: 建模、控制与视觉. 2 版. 武汉: 华中科技大学出版社, 2020.

[5] 李文龙, 谢核, 尹周平, 等. 机器人加工几何误差建模研究: II 参数辨识与位姿优化. 机械工程学报, 2021, 57(7): 169-184.

[6] Xie H, Li W L, Jiang C, et al. Pose error estimation using a cylinder in scanner-based robotic belt grinding. IEEE/ASME Transactions on Mechatronics, 2021, 26(1): 515-526.

[7] Bentley J L. Multidimensional binary search trees used for associative searching. Communications of the ACM, 1975, 18(9): 509-517.

[8] Panigrahy R. An improved algorithm finding nearest neighbor using kd-trees. Proceedings of the 8th Theoretical Informatics Latin American Symposium, Buzios, 2008: 387-398.

第 6 章　加工误差补偿与整体位姿优化

6.1　引　　言

第 3～5 章分别介绍了手眼位姿参数、工件位姿参数、工具位姿参数辨识的新方法，提升了视觉引导的机器人加工系统参数辨识精度和加工精度，但是由关节运动学误差、关节弱刚度变形引起的加工点位姿误差依然存在，通过构建目标函数求解最优的工件、工具、机器人位姿是进一步控制机器人加工误差的有效手段。刚度椭球法是机器人位姿优化的常见方法，但是该方法未综合考虑关节运动学误差、切削力力矩、姿态误差等因素对加工误差的影响。

本章在分析机器人关节运动学参数辨识与误差补偿的基础上，建立机器人加工误差与关节运动学误差、弱刚度变形误差(由关节刚度和切削力旋量引起)等多因素映射模型，以关节极限、运动灵巧性、碰撞避免、可达工作空间为约束条件，提出工件、工具、机器人位姿优化与加工误差控制方法，具体技术路线如图 6-1 所示。该方法具有较好的通用性，可推广应用于法向深度(磨抛、铣削)、切向滑移(制孔)、角度倾斜(切边、制孔)等多种机器人加工误差的控制。

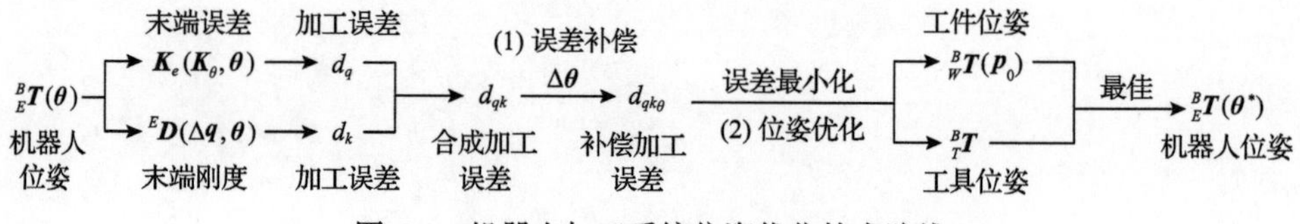

图 6-1　机器人加工系统位姿优化技术路线

6.2　常见机器人关节运动学误差补偿方法

工业机器人关节运动学参数误差是影响机器人定位精度和重复定位精度的主要误差来源，约占总误差的 90%，对机器人的关节运动学参数进行精确辨识与误差补偿能有效提高机器人的作业精度。下面重点介绍最小二乘求解和非线性迭代求解两种常见的关节运动学误差补偿方法。

6.2.1　运动学误差建模

工业机器人常用的运动学模型是 D-H 模型，该模型在工业机器人相邻两关节轴线理论上平行或接近平行时，关节轴线的微小偏转会引起关节距离 d_i 的突变，此时 D-H 模型出现奇异。为解决这一问题，引入一个绕坐标系 y 轴的旋转参数 β_j，则相邻关节的名义位姿为

$$
\begin{aligned}
{}^{j-1}_{j}\boldsymbol{T} &= \mathrm{Rot}\left(z,\theta_j\right)\mathrm{Trans}\left(z,d_j\right)\mathrm{Trans}\left(x,a_j\right)\mathrm{Rot}\left(x,\alpha_j\right)\mathrm{Rot}\left(y,\beta_j\right) \\
&= \begin{bmatrix} \mathrm{c}\theta_j\mathrm{c}\beta_j - \mathrm{s}\theta_j\mathrm{s}\alpha_j\mathrm{s}\beta_j & -\mathrm{s}\theta_j\mathrm{c}\alpha_j & \mathrm{c}\theta_j\mathrm{s}\beta_j + \mathrm{s}\theta_j\mathrm{s}\alpha_j\mathrm{c}\beta_j & a_j\mathrm{c}\theta_j \\ \mathrm{s}\theta_j\mathrm{c}\beta_j + \mathrm{c}\theta_j\mathrm{s}\alpha\mathrm{s}\beta_j & \mathrm{c}\theta_j\mathrm{c}\alpha_j & \mathrm{s}\theta_j\mathrm{s}\beta_j - \mathrm{c}\theta_j\mathrm{s}\alpha_j\mathrm{c}\beta_j & a_j\mathrm{s}\theta_j \\ -\mathrm{c}\alpha_j\mathrm{s}\beta_j & \mathrm{s}\alpha_j & \mathrm{c}\alpha_j\mathrm{c}\beta_j & d_j \\ 0 & 0 & 0 & 1 \end{bmatrix}
\end{aligned} \tag{6-1}
$$

式中，s 表示 sin；c 表示 cos。

根据式(6-1)，连杆坐标系 $\{j\}$ 相对于连杆坐标系 $\{j-1\}$ 的刚体变换矩阵为 ${}^{j-1}_{j}\boldsymbol{T}$，当关节存在参数误差时，实际刚体变换为 ${}^{j-1}_{j}\boldsymbol{T} + \Delta\,{}^{j-1}_{j}\boldsymbol{T}$，其中 $\Delta\,{}^{j-1}_{j}\boldsymbol{T}$ 表示连杆坐标系 $\{j\}$ 相对于连杆坐标系 $\{j-1\}$ 的微分变化量，$\Delta\,{}^{j-1}_{j}\boldsymbol{T}$ 可近似表示为 ${}^{j-1}_{j}\boldsymbol{T}$ 的全微分：

$$
\Delta\,{}^{j-1}_{j}\boldsymbol{T} = \frac{\partial\,{}^{j-1}_{j}\boldsymbol{T}}{\partial a_j}\Delta a_j + \frac{\partial\,{}^{j-1}_{j}\boldsymbol{T}}{\partial \alpha_j}\Delta \alpha_j + \frac{\partial\,{}^{j-1}_{j}\boldsymbol{T}}{\partial d_j}\Delta d_j + \frac{\partial\,{}^{j-1}_{j}\boldsymbol{T}}{\partial \theta_j}\Delta \theta_j + \frac{\partial\,{}^{j-1}_{j}\boldsymbol{T}}{\partial \beta_j}\Delta \beta_j \tag{6-2}
$$

参考 3.3.2 节的推导，对式(6-2)求偏导数，可得 $\dfrac{\partial\,{}^{j-1}_{j}\boldsymbol{T}}{\partial a_j} = \boldsymbol{\varDelta}_{a_j}\,{}^{j-1}_{j}\boldsymbol{T}$，$\dfrac{\partial\,{}^{j-1}_{j}\boldsymbol{T}}{\partial \alpha_j} = \boldsymbol{\varDelta}_{\alpha_j}\,{}^{j-1}_{j}\boldsymbol{T}$，$\dfrac{\partial\,{}^{j-1}_{j}\boldsymbol{T}}{\partial d_j} = \boldsymbol{\varDelta}_{d_j}\,{}^{j-1}_{j}\boldsymbol{T}$，$\dfrac{\partial\,{}^{j-1}_{j}\boldsymbol{T}}{\partial \theta_j} = \boldsymbol{\varDelta}_{\theta_j}\,{}^{j-1}_{j}\boldsymbol{T}$，$\dfrac{\partial\,{}^{j-1}_{j}\boldsymbol{T}}{\partial \beta_j} = \boldsymbol{\varDelta}_{\beta_j}\,{}^{j-1}_{j}\boldsymbol{T}$，式(6-2)可表示为

$$
\begin{aligned}
\Delta\,{}^{j-1}_{j}\boldsymbol{T} &= \left(\boldsymbol{\varDelta}_{a_j}\Delta a_j + \boldsymbol{\varDelta}_{\alpha_j}\Delta \alpha_j + \boldsymbol{\varDelta}_{d_j}\Delta d_j + \boldsymbol{\varDelta}_{\theta_j}\Delta \theta_j + \boldsymbol{\varDelta}_{\beta_j}\Delta \beta_j\right){}^{j-1}_{j}\boldsymbol{T} \\
&= \boldsymbol{\varDelta}_j\,{}^{j-1}_{j}\boldsymbol{T}
\end{aligned} \tag{6-3}
$$

式中，微分算子 $\boldsymbol{\varDelta}_j$ 表示由关节运动学误差引起的相对基坐标系的位姿误差矩阵。

假定 $\boldsymbol{\varDelta}_j$ 对应的微分平移为 $\mathrm{d}x_j$、$\mathrm{d}y_j$ 和 $\mathrm{d}z_j$，微分旋转为 δx_j、δy_j 和 δz_j，则有

$$
\boldsymbol{\varDelta}_j = \begin{bmatrix} 0 & -\delta z_j & \delta y_j & \mathrm{d}x_j \\ \delta z_j & 0 & -\delta x_j & \mathrm{d}y_j \\ -\delta y_j & \delta x_j & 0 & \mathrm{d}z_j \\ 0 & 0 & 0 & 0 \end{bmatrix} \tag{6-4}
$$

记位姿误差矢量$\left(\boldsymbol{\Delta}_j\right)^{\vee}=\left[\mathrm{d}x_j \quad \mathrm{d}y_j \quad \mathrm{d}z_j \quad \delta x_j \quad \delta y_j \quad \delta z_j\right]^{\mathrm{T}}$，运动学参数误差矢量$\Delta\boldsymbol{q}_j=\left[\Delta a_j \quad \Delta\alpha_j \quad \Delta d_j \quad \Delta\theta_j \quad \Delta\beta_j\right]^{\mathrm{T}}$，则有

$$\left(\boldsymbol{\Delta}_j\right)^{\vee}=\boldsymbol{G}_j\Delta\boldsymbol{q}_j \tag{6-5}$$

式中，$\boldsymbol{G}_j$表示关节运动学参数误差到位姿误差矢量的传递矩阵，本质上为一雅可比矩阵，可根据式(6-1)和式(6-3)求得。

对于m自由度串联机器人，当各关节均存在关节运动学误差时，相邻关节的刚体变换矩阵均含有微分算子项，机器人末端相对于机器人基坐标系的位姿为

$${}_{E}^{B}\boldsymbol{T}+\Delta{}_{E}^{B}\boldsymbol{T}=\prod_{j=1}^{m}\left({}_{j}^{j-1}\boldsymbol{T}+\Delta{}_{j}^{j-1}\boldsymbol{T}\right) \tag{6-6}$$

展开并忽略二阶以上微分项，可得

$$\Delta{}_{E}^{B}\boldsymbol{T}=\sum_{j=1}^{m}\left({}_{j-1}^{0}\boldsymbol{T}\Delta{}_{j}^{j-1}\boldsymbol{T}\,{}_{m}^{j}\boldsymbol{T}\right) \tag{6-7}$$

展开后可得

$$\begin{aligned}
{}^{B}\boldsymbol{\Delta}&=\left(\Delta{}_{E}^{B}\boldsymbol{T}\right){}_{E}^{B}\boldsymbol{T}^{-1}=\sum_{j=1}^{m}\left({}_{1}^{0}\boldsymbol{T}\cdots{}_{j-1}^{j-2}\boldsymbol{T}\Delta{}_{j}^{j-1}\boldsymbol{T}\,{}_{j+1}^{j}\boldsymbol{T}\cdots{}_{m}^{m-1}\boldsymbol{T}\right){}_{E}^{B}\boldsymbol{T}^{-1}\\
&=\sum_{j=1}^{m}\left(\left({}_{1}^{0}\boldsymbol{T}\cdots{}_{j-1}^{j-2}\boldsymbol{T}\right)\boldsymbol{\Delta}_j\left({}_{j}^{j-1}\boldsymbol{T}\cdots{}_{m}^{m-1}\boldsymbol{T}\right)\right){}_{E}^{B}\boldsymbol{T}^{-1}\\
&=\sum_{j=1}^{m}\left(\left({}_{1}^{0}\boldsymbol{T}\cdots{}_{j-1}^{j-2}\boldsymbol{T}\right)\boldsymbol{\Delta}_j\left({}_{1}^{0}\boldsymbol{T}\cdots{}_{j-1}^{j-2}\boldsymbol{T}\right)^{-1}{}_{m}^{0}\boldsymbol{T}\right){}_{E}^{B}\boldsymbol{T}^{-1}\\
&=\sum_{j=1}^{m}\left(\left({}_{1}^{0}\boldsymbol{T}\cdots{}_{j-1}^{j-2}\boldsymbol{T}\right)\boldsymbol{\Delta}_j\left({}_{1}^{0}\boldsymbol{T}\cdots{}_{j-1}^{j-2}\boldsymbol{T}\right)^{-1}\right)\\
&=\sum_{j=1}^{m}\left({}_{j-1}^{0}\boldsymbol{T}\left(\boldsymbol{\Delta}_{a_j}\Delta a_j+\boldsymbol{\Delta}_{\alpha_j}\Delta\alpha_j+\boldsymbol{\Delta}_{d_j}\Delta d_j+\boldsymbol{\Delta}_{\theta_j}\Delta\theta_j+\boldsymbol{\Delta}_{\beta_j}\Delta\beta_j\right){}_{j-1}^{0}\boldsymbol{T}^{-1}\right)\\
&=\sum_{j=1}^{m}\left(\left({}_{j-1}^{0}\boldsymbol{T}\boldsymbol{\Delta}_{a_j}\,{}_{j-1}^{0}\boldsymbol{T}^{-1}\right)\Delta a_j+\left({}_{j-1}^{0}\boldsymbol{T}\boldsymbol{\Delta}_{\alpha_j}\,{}_{j-1}^{0}\boldsymbol{T}^{-1}\right)\Delta\alpha_j+\left({}_{j-1}^{0}\boldsymbol{T}\boldsymbol{\Delta}_{d_j}\,{}_{j-1}^{0}\boldsymbol{T}^{-1}\right)\Delta d_j\right.\\
&\quad\left.+\left({}_{j-1}^{0}\boldsymbol{T}\boldsymbol{\Delta}_{\theta_j}\,{}_{j-1}^{0}\boldsymbol{T}^{-1}\right)\Delta\theta_j+\left({}_{j-1}^{0}\boldsymbol{T}\boldsymbol{\Delta}_{\beta_j}\,{}_{j-1}^{0}\boldsymbol{T}^{-1}\right)\Delta\beta_j\right)
\end{aligned} \tag{6-8}$$

对式(6-8)微分算子取逆算子符(˅)操作：

$$
\begin{aligned}
\left({}^{B}\boldsymbol{\Delta}\right)^{\vee} &= \sum_{i=1}^{n}\Bigg[\left({}_{i-1}^{0}\boldsymbol{T}\boldsymbol{\Delta}_{a_i}\,{}_{i-1}^{0}\boldsymbol{T}^{-1}\right)^{\vee}\Delta a_i + \left({}_{i-1}^{0}\boldsymbol{T}\boldsymbol{\Delta}_{\alpha_i}\,{}_{i-1}^{0}\boldsymbol{T}^{-1}\right)^{\vee}\Delta \alpha_i + \left({}_{i-1}^{0}\boldsymbol{T}\boldsymbol{\Delta}_{d_i}\,{}_{i-1}^{0}\boldsymbol{T}^{-1}\right)^{\vee}\Delta d_j \\
&\quad + \left({}_{i-1}^{0}\boldsymbol{T}\boldsymbol{\Delta}_{\theta_i}\,{}_{i-1}^{0}\boldsymbol{T}^{-1}\right)^{\vee}\Delta \theta_i + \left({}_{i-1}^{0}\boldsymbol{T}\boldsymbol{\Delta}_{\beta_i}\,{}_{i-1}^{0}\boldsymbol{T}^{-1}\right)^{\vee}\Delta \beta_i\Bigg] \\
&= \sum_{j=1}^{m}\left(\boldsymbol{M}_{a_i}\Delta a_i + \boldsymbol{M}_{\alpha_i}\Delta \alpha_i + \boldsymbol{M}_{d_i}\Delta d_i + \boldsymbol{M}_{\theta_i}\Delta \theta_i + \boldsymbol{M}_{\beta_i}\Delta \beta_i\right) \\
&= \boldsymbol{G}_{6\times 5m}\Delta \boldsymbol{q}_{5m\times 1}
\end{aligned}
\tag{6-9}
$$

式中，$\boldsymbol{G}$ 为关节运动学参数误差到位姿误差矢量的传递矩阵，描述了各运动学参数误差对机器人末端位姿的影响；$\Delta\boldsymbol{q}$ 为关节运动学参数误差矢量。

6.2.2　最小二乘求解法

为实现机器人关节运动学参数辨识与误差补偿，通常在机器人系统外部放置一个测量系统，如图 6-2 所示，机器人基坐标系为 $\{B\}$，末端坐标系 $\{E\}$ 上刚性固接工具坐标系 $\{T\}$，通过一外部测量系统 $\{S\}$ 对工具坐标系上的特征点(或中心点)进行精密测量。

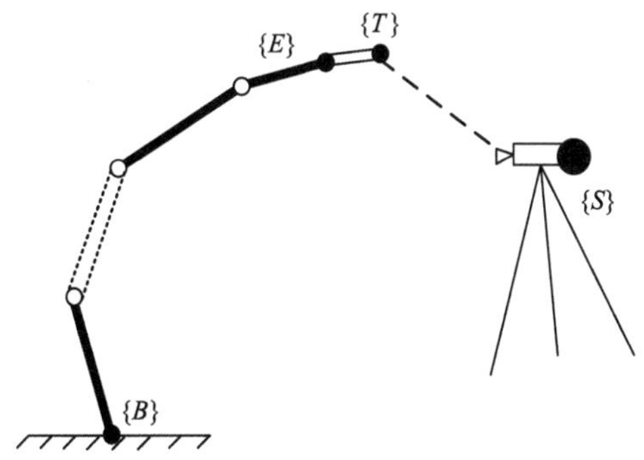

图 6-2　机器人关节运动学参数误差补偿示意图

假定工具中心点在机器人末端坐标系表示为 ${}^{E}\boldsymbol{p}_t$，则其在测量坐标系下的三维坐标 ${}^{S}\boldsymbol{p}_t$ 表示为

$$
{}^{S}\boldsymbol{p}_t = \left({}_{B}^{S}\boldsymbol{T} + \Delta\,{}_{B}^{S}\boldsymbol{T}\right)\left({}_{E}^{B}\boldsymbol{T} + \Delta\,{}_{E}^{B}\boldsymbol{T}\right)\left({}^{E}\boldsymbol{p}_t + \Delta\,{}^{E}\boldsymbol{p}_t\right) \tag{6-10}
$$

式中，$\Delta\,{}_{B}^{S}\boldsymbol{T}$ 表示机器人基坐标系相对测量坐标系位姿的微分变化量；$\Delta\,{}_{E}^{B}\boldsymbol{T}$ 表示末端坐标系相对机器人基坐标系位姿的微分变化量；$\Delta\,{}^{E}\boldsymbol{p}_t$ 表示工具坐标系中心点在末端坐标系的位置误差。

将式(6-10)忽略二阶以上微分项，可得

$$ {}^{S}\boldsymbol{p}_t - {}^{S}\boldsymbol{p}_{tm} = {}_{B}^{S}\boldsymbol{T}\Delta {}_{E}^{B}\boldsymbol{T}\,{}^{E}\boldsymbol{p}_t + \Delta {}_{B}^{S}\boldsymbol{T}\,{}_{E}^{B}\boldsymbol{T}\,{}^{E}\boldsymbol{p}_t + {}_{B}^{S}\boldsymbol{T}\,{}_{E}^{B}\boldsymbol{T}\Delta {}^{E}\boldsymbol{p}_t \tag{6-11} $$

式中，${}^{S}\boldsymbol{p}_t$ 表示工具坐标系中心点理论位置；${}^{S}\boldsymbol{p}_{tm}$ 表示工具坐标系中心点实际位置。

根据式(2-6)，存在如下关系：

$$ \Delta {}_{B}^{S}\boldsymbol{T} = {}^{S}\boldsymbol{\Delta}\,{}_{B}^{S}\boldsymbol{T} \tag{6-12} $$

假定工具坐标系中心点相对机器人末端坐标系的位置误差为 $\Delta {}^{E}\boldsymbol{p}_t = \begin{bmatrix} d_{tx} & d_{ty} & d_{tz} & 0 \end{bmatrix}^{\mathrm{T}}$，将式(6-11)右边第一项展开，可得

$$ \begin{aligned} {}_{B}^{S}\boldsymbol{T}\Delta {}_{E}^{B}\boldsymbol{T}\,{}^{E}\boldsymbol{p}_t &= {}_{B}^{S}\boldsymbol{T}\,{}^{B}\boldsymbol{\Delta}\,{}_{E}^{B}\boldsymbol{T}\,{}^{E}\boldsymbol{p}_t \\ &= {}_{B}^{S}\boldsymbol{T}\,{}^{B}\boldsymbol{\Delta}\,{}^{B}\boldsymbol{p}_t \\ &= {}_{B}^{S}\boldsymbol{T} \begin{bmatrix} 1 & 0 & 0 & 0 & {}^{B}z_t & -{}^{B}y_t \\ 0 & 1 & 0 & -{}^{B}z_t & 0 & {}^{B}x_t \\ 0 & 0 & 1 & {}^{B}y_t & -{}^{B}x_t & 0 \\ 0 & 0 & 0 & 0 & 0 & 0 \end{bmatrix} \left({}^{B}\boldsymbol{\Delta} \right)^{\vee} \\ &= \boldsymbol{N} \left({}^{B}\boldsymbol{\Delta} \right)^{\vee} \end{aligned} \tag{6-13} $$

将式(6-9)代入式(6-13)，可得

$$ {}_{B}^{S}\boldsymbol{T}\Delta {}_{E}^{B}\boldsymbol{T}\,{}^{E}\boldsymbol{p}_t = \boldsymbol{N}\boldsymbol{G}\Delta\boldsymbol{q} \tag{6-14} $$

将式(6-11)右边第二项展开，可得

$$ \begin{aligned} \Delta {}_{B}^{S}\boldsymbol{T}\,{}_{E}^{B}\boldsymbol{T}\,{}^{E}\boldsymbol{p}_t &= {}^{S}\boldsymbol{\Delta}\,{}_{B}^{S}\boldsymbol{T}\,{}^{B}\boldsymbol{p}_t \\ &= {}^{S}\boldsymbol{\Delta}\,{}^{S}\boldsymbol{p}_t \\ &= \begin{bmatrix} 1 & 0 & 0 & 0 & {}^{S}z_t & -{}^{S}y_t \\ 0 & 1 & 0 & -{}^{S}z_t & 0 & {}^{S}x_t \\ 0 & 0 & 1 & {}^{S}y_t & -{}^{S}x_t & 0 \\ 0 & 0 & 0 & 0 & 0 & 0 \end{bmatrix} \left({}^{S}\boldsymbol{\Delta} \right)^{\vee} \\ &= \boldsymbol{M} \left({}^{S}\boldsymbol{\Delta} \right)^{\vee} \end{aligned} \tag{6-15} $$

将式(6-11)右边第三项化简，可得

$$ {}_{B}^{S}\boldsymbol{T}\,{}_{E}^{B}\boldsymbol{T}\Delta {}^{E}\boldsymbol{p}_t = {}_{E}^{S}\boldsymbol{T}\Delta {}^{E}\boldsymbol{p}_t = \boldsymbol{L}\Delta {}^{E}\boldsymbol{p}_t \tag{6-16} $$

综合式(6-14)～式(6-16)，可得

$$
\begin{aligned}
{}^{S}\boldsymbol{p}_t - {}^{S}\boldsymbol{p}_{tm} &= \boldsymbol{NG}\Delta\boldsymbol{q} + \boldsymbol{M}\left({}^{S}\boldsymbol{\varDelta}\right)^{\vee} + \boldsymbol{L}\Delta{}^{E}\boldsymbol{p}_t \\
&= [\boldsymbol{NG} \quad \boldsymbol{M} \quad \boldsymbol{L}]\begin{bmatrix} \Delta\boldsymbol{q} \\ \left({}^{S}\boldsymbol{\varDelta}\right)^{\vee} \\ \Delta{}^{E}\boldsymbol{p}_t \end{bmatrix}
\end{aligned} \tag{6-17}
$$

记 $\boldsymbol{y} = {}^{S}\boldsymbol{p}_t - {}^{S}\boldsymbol{p}_{tm}$， $\boldsymbol{K} = [\boldsymbol{NG} \quad \boldsymbol{M} \quad \boldsymbol{L}]$， $\Delta\boldsymbol{x} = \begin{bmatrix} \Delta\boldsymbol{q} & \left({}^{S}\boldsymbol{\varDelta}\right)^{\vee} & \Delta{}^{E}\boldsymbol{p}_t \end{bmatrix}^{\mathrm{T}}$，式(6-17)可表示为如下线性方程：

$$
\boldsymbol{y} = \boldsymbol{K}\Delta\boldsymbol{x} \tag{6-18}
$$

测量系统 $\{S\}$ 在不同机器人位姿下测量工具中心点(或特征点)，可得到对应上述关系的超定方程组，其最小二乘解 $\Delta\boldsymbol{x} = \left(\boldsymbol{K}^{\mathrm{T}}\boldsymbol{K}\right)^{-1}\boldsymbol{K}^{\mathrm{T}}\boldsymbol{y}$。最小二乘法求解简单，易于实现，但若各关节运动学参数误差数量级不同，则补偿效果会受到影响，且当 $\boldsymbol{K}^{\mathrm{T}}\boldsymbol{K}$ 接近奇异时，可能出现无解或病态求解问题。

6.2.3　非线性迭代求解法

非线性迭代求解是在 6.2.2 节介绍的最小二乘求解基础上构建非线性优化目标函数，通过迭代策略寻找近似的最优解。常用的非线性迭代求解法有梯度下降法、高斯-牛顿(Gauss-Newton)法、L-M 法等，其中 L-M 法通过引入自适应阻尼因子，改变迭代步长，解决了奇异状态下无法求解或求解结果对初值敏感的问题，兼具梯度下降法稳定收敛和高斯-牛顿法二阶收敛的特点。下面重点介绍采用 L-M 模型的非线性迭代求解法。

根据机器人内部结构参数和理论关节参数，对矩阵 $\boldsymbol{K}$ 进行初始化；根据现场实际测量值对工具坐标系中心点(或特征点)位置误差矢量 $\boldsymbol{y}$ 进行初始化；计算第 k 次迭代对应的矩阵 $\boldsymbol{K}_k$ 和矢量 $\boldsymbol{y}_k$。此时，参数误差矢量的增量可表示为

$$
\Delta\boldsymbol{x}_k = -\left(\boldsymbol{K}_k^{\mathrm{T}}\boldsymbol{K}_k + \lambda_k\boldsymbol{I}\right)^{-1}\boldsymbol{K}_k^{\mathrm{T}}\boldsymbol{y}_k \tag{6-19}
$$

式中， λ_k 表示第 k 次迭代的阻尼因子，可根据式(6-20)进行调节：

$$
\lambda_k = \alpha_k\left(\rho\|\boldsymbol{y}_k\| + (1-\rho)\|\boldsymbol{K}_k\boldsymbol{y}_k\|\right), \quad \rho \in [0,1] \tag{6-20}
$$

α_k 为优化因子，可根据信赖域处理的方法进行修正。

计算第 k 次迭代时实际下降量 $d_{Ak}=\left\|\boldsymbol{y}_k\right\|^2-\left\|\boldsymbol{y}_k\left(\boldsymbol{x}_k+\Delta\boldsymbol{x}_k\right)\right\|^2$ 和预估下降量 $d_{Pk}=\left\|\boldsymbol{y}_k\right\|^2-\left\|\boldsymbol{y}_k+\boldsymbol{K}_k\Delta\boldsymbol{x}_k\right\|^2$ 的比值 r_k：

$$r_k=\frac{d_{Ak}}{d_{Pk}} \tag{6-21}$$

根据式(6-19)，更新第 k+1 次迭代时的参数误差矢量和优化因子 α_{k+1}：

$$\boldsymbol{x}_k=\begin{cases}\boldsymbol{x}_k+\Delta\boldsymbol{x}_k, & r_k>p_0\\ \boldsymbol{x}_k, & r_k\leqslant p_0\end{cases} \tag{6-22}$$

$$\alpha_{k+1}=\begin{cases}4\alpha_k, & r_k<p_1\\ \alpha_k, & r_k\in\left[p_1,p_2\right]\\ \max\left(\alpha_k/4,r\right), & r_k>p_2\end{cases} \tag{6-23}$$

式中，相关因子可按照 $\varepsilon\geqslant 0$、$0<r<\alpha_1$、$0\leqslant p_0\leqslant p_1\leqslant p_2<1$ 的规则进行初始化处理。

更新后返回式(6-19)进行迭代，当 $\left\|\boldsymbol{K}_k^{\mathrm{T}}\boldsymbol{y}_k\right\|\leqslant\varepsilon$ 或者迭代次数大于设定值时终止迭代，输出参数误差矢量 $\boldsymbol{x}^*$、$\Delta\boldsymbol{q}^*$ 和位置误差矢量 $\boldsymbol{y}^*$。

6.3 考虑关节运动学误差/弱刚度变形的补偿模型

6.2 节介绍的方法考虑了机器人关节运动学误差补偿，但未考虑弱刚度变形引起的加工误差补偿问题。根据第 2 章介绍的加工误差传递公式(2-27)和(2-34)，由关节运动学误差/关节刚度共同引起目标点 $\boldsymbol{p}_i$ 的误差为

$$\begin{aligned}{}^{P_i}\boldsymbol{D}_{qk}\left(\boldsymbol{\theta}_i\right)&={}^{P_i}\boldsymbol{D}_q\left(\boldsymbol{\theta}_i\right)+{}^{P_i}\boldsymbol{D}_k\left(\boldsymbol{\theta}_i\right)\\ {}^{P_i}d_{qkz}&={}^{P_i}d_{qz}+{}^{P_i}d_{kz}\end{aligned} \tag{6-24}$$

式中，$\boldsymbol{\theta}_i$ 为加工目标点 $\boldsymbol{p}_i$ 时的机器人关节变量；${}^{P_i}\boldsymbol{D}_{qk}$ 为位姿误差矢量；${}^{P_i}d_{qkz}$ 为法向深度误差，其包括由运动学误差引起的误差 ${}^{P_i}d_{qz}$ 和由关节刚度引起的误差 ${}^{P_i}d_{kz}$。误差 ${}^{P_i}d_{qz}$ 反映了机器人的绝对定位精度，对于工业机器人，该值通常为 0.1～0.5mm；误差 ${}^{P_i}d_{kz}$ 反映了机器人因刚度引起的几何变形，对于工业机器人，50N 外力产生的误差 ${}^{P_i}d_{kz}$ 通常大于 0.05mm。

为减小加工误差，可通过下述方法进行整体补偿：已知点 $\boldsymbol{p}_0$ 为工件上一点，通过微调工件/工具坐标系，使该点处的加工误差置零，以此实现自动调整所有目

标点 $\boldsymbol{p}_i$ 加工时的机器人位姿。为计算每个目标点 $\boldsymbol{p}_i$ 的位姿变化矢量 ${}^{P_i}\boldsymbol{D}_{\Delta\theta}$，需先计算点 $\boldsymbol{p}_0$ 在补偿前的位姿误差矢量 ${}^{P_0}\boldsymbol{D}_{qk}(\boldsymbol{\theta}_0)$，具体操作步骤如下：①根据第 3 章的辨识结果计算关节运动学误差 $\Delta\boldsymbol{q}$；②根据运动链方程(2-1)计算加工目标点 $\boldsymbol{p}_0$ 时的机器人名义位姿 ${}_E^B\boldsymbol{T}(\boldsymbol{q},\boldsymbol{\theta}_0)={}_T^B\boldsymbol{T}\left({}_W^E\boldsymbol{T}\,{}_{P_0}^W\boldsymbol{T}\right)^{-1}$，其中 $\boldsymbol{\theta}_0$ 是关节参数 $\boldsymbol{q}$ 中的关节变量；③通过逆运动学计算关节变量 $\boldsymbol{\theta}_0$；④根据运动学参数 $\boldsymbol{q}+\Delta\boldsymbol{q}$ 计算机器人实际位姿 ${}_E^B\boldsymbol{T}(\boldsymbol{q}+\Delta\boldsymbol{q},\boldsymbol{\theta}_0)$；⑤根据式(6-24)计算位姿误差矢量 ${}^{P_0}\boldsymbol{D}_{qk}(\boldsymbol{\theta}_0)$。

加工目标点 $\boldsymbol{p}_0$ 时调整后的机器人关节变量为 $\boldsymbol{\theta}_0^*=\boldsymbol{\theta}_0+\Delta\boldsymbol{\theta}_0$，由变化量 $\Delta\boldsymbol{\theta}_0$ 引起点 $\boldsymbol{p}_0$ 的位姿变化矢量为 ${}^{P_0}\boldsymbol{D}_{\Delta\theta}$，调整后点 $\boldsymbol{p}_0$ 在 $\boldsymbol{\theta}_0^*$ 处的位姿误差矢量 ${}^{P_0}\boldsymbol{D}_{qk}(\boldsymbol{\theta}_0^*)$ 与位姿变化矢量 ${}^{P_0}\boldsymbol{D}_{\Delta\theta}$ 相互抵消，即存在如下方程[1]：

$$
{}^{P_0}\boldsymbol{D}_{qk\theta}={}^{P_0}\boldsymbol{D}_{qk}\left(\boldsymbol{\theta}_0^*\right)+{}^{P_0}\boldsymbol{D}_{\Delta\theta}=\boldsymbol{0}_{6\times1} \tag{6-25}
$$

对式(6-25)进行一阶泰勒级数展开：

$$
{}^{P_0}\boldsymbol{D}_{\Delta\theta}=-{}^{P_0}\boldsymbol{D}_{qk}\left(\boldsymbol{\theta}_0^*\right)=-{}^{P_0}\boldsymbol{D}_{qk}\left(\boldsymbol{\theta}_0+\Delta\boldsymbol{\theta}_0\right)=-\left({}^{P_0}\boldsymbol{D}_{qk}(\boldsymbol{\theta}_0)+\left.\frac{\partial\,{}^{P_0}\boldsymbol{D}_{qk}(\boldsymbol{\theta})}{\partial\boldsymbol{\theta}}\right|_{\boldsymbol{\theta}_0}\Delta\boldsymbol{\theta}_0\right) \tag{6-26}
$$

由于 $\Delta\boldsymbol{\theta}_0=o(\boldsymbol{\theta}_0)$ 为 $\boldsymbol{\theta}_0$ 的一阶无穷小，式(6-26)可简写为

$$
{}^{P_0}\boldsymbol{D}_{\Delta\theta}=-{}^{P_0}\boldsymbol{D}_{qk}(\boldsymbol{\theta}_0)+o\left({}^{P_0}\boldsymbol{D}_{qk}(\boldsymbol{\theta}_0)\right)\approx-{}^{P_0}\boldsymbol{D}_{qk}(\boldsymbol{\theta}_0) \tag{6-27}
$$

说明在进行位姿微调 $(\Delta\boldsymbol{\theta}_0)$ 时，由关节运动学误差/关节刚度引起的一阶位姿变化矢量 $\left.\frac{\partial\,{}^{P_0}\boldsymbol{D}_{qk}(\boldsymbol{\theta})}{\partial\boldsymbol{\theta}}\right|_{\boldsymbol{\theta}_0}\Delta\boldsymbol{\theta}_0$ 可忽略不计，但由 $\Delta\boldsymbol{\theta}_0$ 引起的位姿变化矢量 ${}^{P_0}\boldsymbol{D}_{\Delta\theta}$ 不能忽略。

由 $\Delta\boldsymbol{\theta}_0$ 引起末端坐标系 $\{E\}$ 的位姿变化矢量 ${}^{E}\boldsymbol{D}_{\Delta\theta}$ 与点 $\boldsymbol{p}_0$ 的位姿变化矢量 ${}^{P_0}\boldsymbol{D}_{\Delta\theta}$ 满足速度伴随变换：

$$
{}^{E}\boldsymbol{D}_{\Delta\theta}=\mathrm{Ad}_V\left({}_{P_0}^{E}\boldsymbol{T}\right){}^{P_0}\boldsymbol{D}_{\Delta\theta} \tag{6-28}
$$

该矢量对应机器人位姿变化矩阵为

$$
\Delta{}_E^B\boldsymbol{T}_{\Delta\theta}={}_E^B\boldsymbol{T}(\boldsymbol{q},\boldsymbol{\theta}_0)\left[{}^{E}\boldsymbol{D}_{\Delta\theta}\right] \tag{6-29}
$$

根据式(6-28)与式(6-29)，可得加工目标点 $\boldsymbol{p}_0$ 时调整后的机器人位姿为

$$\begin{aligned} {}_E^B\boldsymbol{T}\left(\boldsymbol{q},\boldsymbol{\theta}_0^*\right) &= {}_E^B\boldsymbol{T}\left(\boldsymbol{q},\boldsymbol{\theta}_0\right) + \Delta {}_E^B\boldsymbol{T}_{\Delta\theta} \\ &= {}_E^B\boldsymbol{T}\left(\boldsymbol{q},\boldsymbol{\theta}_0\right) + {}_E^B\boldsymbol{T}\left(\boldsymbol{q},\boldsymbol{\theta}_0\right)\left[{}^E\boldsymbol{D}_{\Delta\theta} \right] \\ &= {}_E^B\boldsymbol{T}\left(\boldsymbol{q},\boldsymbol{\theta}_0\right)\left(\boldsymbol{I} - \left[\mathrm{Ad}_V\left({}_{P_0}^E\boldsymbol{T}\right) {}^{P_0}\boldsymbol{D}_{qk}\left(\boldsymbol{\theta}_0\right) \right]\right) \end{aligned} \tag{6-30}$$

因此，对目标点 $\boldsymbol{p}_0$ 进行误差补偿时需将机器人名义位姿由 ${}_E^B\boldsymbol{T}\left(\boldsymbol{q},\boldsymbol{\theta}_0\right)$ 调整为 ${}_E^B\boldsymbol{T}\left(\boldsymbol{q},\boldsymbol{\theta}_0^*\right)$，这一过程可通过在控制器中调整工具位姿 ${}_E^B\boldsymbol{T}$ 或工件位姿 ${}_W^E\boldsymbol{T}$ 实现，而其他目标点 $\boldsymbol{p}_i$ 的加工误差则根据调整后的工具或工件位姿自动补偿。虽然通过调整每个目标点对应的工具(或工件)坐标系可以使每个目标点的加工误差为零，但是在加工时需要不断切换工具坐标系或工件坐标系，此时难以实现复杂曲面连续加工和保证路径光顺性。下面分别介绍通过调整工具坐标系和工件坐标系实现加工误差整体补偿的方法。

6.3.1　工具位姿补偿

假设通过调整工具坐标系 $\{T\}$ 补偿加工误差，定义工具坐标系的位姿调整量 $\Delta {}_T^B\boldsymbol{T}$ 对应的位姿变化矢量为 ${}^T\boldsymbol{D}$，根据式(2-8)可得调整后的工具位姿为 ${}_T^B\boldsymbol{T}' = {}_T^B\boldsymbol{T} + \Delta {}_T^B\boldsymbol{T} = {}_T^B\boldsymbol{T}\left(\boldsymbol{I} + \left[{}^T\boldsymbol{D} \right]\right)$，则调整前后机器人加工的运动链方程为

$$\begin{aligned} &{}_E^B\boldsymbol{T}\left(\boldsymbol{q},\boldsymbol{\theta}_0\right) {}_W^E\boldsymbol{T} {}_{P_0}^W\boldsymbol{T} = {}_T^B\boldsymbol{T} \\ &{}_E^B\boldsymbol{T}\left(\boldsymbol{q},\boldsymbol{\theta}_0^*\right) {}_W^E\boldsymbol{T} {}_{P_0}^W\boldsymbol{T} = {}_T^B\boldsymbol{T}\left(\boldsymbol{I} + \left[{}^T\boldsymbol{D} \right]\right) = {}_T^B\boldsymbol{T}' \end{aligned} \tag{6-31}$$

将调整后的机器人位姿即式(6-30)代入上述方程，可求解工具位姿调整对应的位姿变化矢量：

$$\begin{aligned} {}^T\boldsymbol{D} &= \left({}_T^B\boldsymbol{T}^{-1}\left({}_T^B\boldsymbol{T}' - {}_T^B\boldsymbol{T}\right)\right)^{\vee} = \left({}_T^B\boldsymbol{T}^{-1}\left({}_E^B\boldsymbol{T}\left(\boldsymbol{q},\boldsymbol{\theta}_0^*\right) {}_W^E\boldsymbol{T} {}_{P_0}^W\boldsymbol{T} - {}_T^B\boldsymbol{T}\right)\right)^{\vee} \\ &= \left({}_T^B\boldsymbol{T}^{-1}\left(\left({}_E^B\boldsymbol{T}\left(\boldsymbol{q},\boldsymbol{\theta}_0\right)\left[\boldsymbol{I} - \mathrm{Ad}_V\left({}_{P_0}^E\boldsymbol{T}\right) {}^{P_0}\boldsymbol{D}_{qk}\left(\boldsymbol{\theta}_0\right)\right]\right) {}_W^E\boldsymbol{T} {}_{P_0}^W\boldsymbol{T} - {}_T^B\boldsymbol{T}\right)\right)^{\vee} \\ &= \left({}_{P_0}^E\boldsymbol{T}^{-1}\left[-\mathrm{Ad}_V\left({}_{P_0}^E\boldsymbol{T}\right) {}^{P_0}\boldsymbol{D}_{qk}\left(\boldsymbol{\theta}_0\right)\right] {}_{P_0}^E\boldsymbol{T}\right)^{\vee} \\ &= \left[-\mathrm{Ad}_V\left({}_{P_0}^E\boldsymbol{T}\right)^{-1} \mathrm{Ad}_V\left({}_{P_0}^E\boldsymbol{T}\right) {}^{P_0}\boldsymbol{D}_{qk}\left(\boldsymbol{\theta}_0\right)\right]^{\vee} \\ &= -\left[{}^{P_0}\boldsymbol{D}_{qk}\left(\boldsymbol{\theta}_0\right) \right]^{\vee} = -{}^{P_0}\boldsymbol{D}_{qk}\left(\boldsymbol{\theta}_0\right) \end{aligned} \tag{6-32}$$

因此，工具坐标系 $\{T\}$ 的位姿变化矢量 ${}^{T}\boldsymbol{D}$ 与点 $\boldsymbol{p}_0$ 的位姿误差矢量 ${}^{P_0}\boldsymbol{D}_{qk}(\boldsymbol{\theta}_0)$ 互为相反数。位姿调整后工件上点 $\boldsymbol{p}_i$ 和 $\boldsymbol{p}_0$ 在加工时都应与工具坐标系 $\{T\}$ 重合(零点与坐标轴)，即满足空间运动链约束：

$$
{}_{E}^{B}\boldsymbol{T}\left(\boldsymbol{q},\boldsymbol{\theta}_0^*\right){}_{W}^{E}\boldsymbol{T}\,{}_{P_0}^{W}\boldsymbol{T} = {}_{E}^{B}\boldsymbol{T}\left(\boldsymbol{q},\boldsymbol{\theta}_i^*\right){}_{W}^{E}\boldsymbol{T}\,{}_{P_i}^{W}\boldsymbol{T} = {}_{T}^{B}\boldsymbol{T}' \tag{6-33}
$$

目标点 $\boldsymbol{p}_i$ 在工件坐标系 $\{W\}$ 中的位姿 ${}_{P_i}^{W}\boldsymbol{T}$ 不受工具位姿调整的影响，但对应的机器人名义位姿会根据运动链约束进行调整，调整公式为

$$
{}_{E}^{B}\boldsymbol{T}\left(\boldsymbol{q},\boldsymbol{\theta}_i^*\right) = {}_{E}^{B}\boldsymbol{T}\left(\boldsymbol{q},\boldsymbol{\theta}_0^*\right){}_{P_0}^{E}\boldsymbol{T}\,{}_{P_i}^{E}\boldsymbol{T}^{-1} \tag{6-34}
$$

为进一步计算误差补偿后每个目标点 $\boldsymbol{p}_i$ 的加工误差，需先计算点 $\boldsymbol{p}_i$ 的位姿补偿矢量 ${}^{P_i}\boldsymbol{D}_{\Delta\theta}$，由式(6-34)得补偿前后目标点坐标系 $\{P_i\}$ 的位姿变化矩阵为

$$
\begin{aligned}
\Delta\,{}_{P_i}^{B}\boldsymbol{T}_{\Delta\theta} &= \left({}_{E}^{B}\boldsymbol{T}\left(\boldsymbol{q},\boldsymbol{\theta}_i^*\right) - {}_{E}^{B}\boldsymbol{T}\left(\boldsymbol{q},\boldsymbol{\theta}_i\right)\right){}_{P_i}^{E}\boldsymbol{T} \\
&= {}_{E}^{B}\boldsymbol{T}\left(\boldsymbol{q},\boldsymbol{\theta}_i^*\right){}_{P_i}^{E}\boldsymbol{T} - {}_{T}^{B}\boldsymbol{T}
\end{aligned} \tag{6-35}
$$

式中，工具位姿 ${}_{T}^{B}\boldsymbol{T} = {}_{E}^{B}\boldsymbol{T}\left(\boldsymbol{q},\boldsymbol{\theta}_i\right){}_{P_i}^{E}\boldsymbol{T} = {}_{P_i}^{B}\boldsymbol{T}$，$\Delta\,{}_{P_i}^{B}\boldsymbol{T}_{\Delta\theta}$ 对应的微分算子和位姿变化矢量为

$$
\begin{aligned}
&{}^{P_i}\boldsymbol{\Delta}_{\Delta\theta} = \left({}_{P_i}^{B}\boldsymbol{T}^{-1}\right)\Delta\,{}_{P_i}^{B}\boldsymbol{T}_{\Delta\theta} = {}_{B}^{T}\boldsymbol{T}\,{}_{E}^{B}\boldsymbol{T}\left(\boldsymbol{q},\boldsymbol{\theta}_i^*\right){}_{P_i}^{E}\boldsymbol{T} - \boldsymbol{I}_{4\times4} \\
&{}^{P_i}\boldsymbol{D}_{\Delta\theta} = \left({}^{P_i}\boldsymbol{\Delta}_{\Delta\theta}\right)^{\vee}
\end{aligned} \tag{6-36}
$$

推论 6.1　工具坐标系微调后各目标点的位姿变化矢量满足定量关系式 ${}^{P_i}\boldsymbol{D}_{\Delta\theta} = {}^{P_0}\boldsymbol{D}_{\Delta\theta} = {}^{T}\boldsymbol{D} = -{}^{P_0}\boldsymbol{D}_{qk}\left(\boldsymbol{\theta}_0\right)$，即补偿后各目标点的位姿变化量等于工具位姿微调量。

证明　根据式(2-6)，对于任意齐次变换矩阵 ${}_{N}^{M}\boldsymbol{T}$，误差矩阵为 $\Delta\,{}_{N}^{M}\boldsymbol{T}$、微分算子为 ${}^{M}\boldsymbol{\Delta}$ 与 ${}^{N}\boldsymbol{\Delta}$。微分算子满足约束关系 ${}^{M}\boldsymbol{\Delta} = \left(\Delta\,{}_{N}^{M}\boldsymbol{T}\right){}_{M}^{N}\boldsymbol{T}$ 和 ${}^{N}\boldsymbol{\Delta} = {}_{M}^{N}\boldsymbol{T}\left(\Delta\,{}_{N}^{M}\boldsymbol{T}\right)$，通过消去矩阵 $\Delta\,{}_{N}^{M}\boldsymbol{T}$ 可得

$$
{}^{M}\boldsymbol{\Delta} = {}_{N}^{M}\boldsymbol{T}\left({}^{N}\boldsymbol{\Delta}\right){}_{M}^{N}\boldsymbol{T} = {}_{N}^{M}\boldsymbol{T}\left[{}^{N}\boldsymbol{D}\right]{}_{M}^{N}\boldsymbol{T} \tag{6-37}
$$

另由速度伴随变换公式可得

$$
{}^{M}\boldsymbol{\Delta} = \left[{}^{M}\boldsymbol{D}\right] = \left[\mathrm{Ad}_V\left({}_{N}^{M}\boldsymbol{T}\right){}^{N}\boldsymbol{D}\right] \tag{6-38}
$$

对比式(6-37)和式(6-38)，可得 ${}^{N}\boldsymbol{D}$ 满足伴随公式：

$$\left[\mathrm{Ad}_V\left({}^{M}_{N}\boldsymbol{T}\right){}^{N}\boldsymbol{D}\right]={}^{M}_{N}\boldsymbol{T}\left[{}^{N}\boldsymbol{D}\right]{}^{N}_{M}\boldsymbol{T} \tag{6-39}$$

将上述公式应用于式(6-30)，得误差补偿后加工目标点 $\boldsymbol{p}_0$ 时的机器人位姿可重写为

$$ {}^{B}_{E}\boldsymbol{T}\left(\boldsymbol{q},\boldsymbol{\theta}_0^*\right)={}^{B}_{E}\boldsymbol{T}\left(\boldsymbol{q},\boldsymbol{\theta}_0\right)\left(\boldsymbol{I}-{}^{E}_{P_0}\boldsymbol{T}\left[{}^{P_0}\boldsymbol{D}_{qk}\left(\boldsymbol{\theta}_0\right)\right]{}^{P_0}_{E}\boldsymbol{T}\right) \tag{6-40}$$

根据式(6-40)反求点 $\boldsymbol{p}_0$ 的位姿误差矢量：

$$ {}^{P_0}\boldsymbol{D}_{qk}\left(\boldsymbol{\theta}_0\right)=\left(\boldsymbol{I}-{}^{P_0}_{E}\boldsymbol{T}\,{}^{B}_{E}\boldsymbol{T}^{-1}\left(\boldsymbol{q},\boldsymbol{\theta}_0\right){}^{B}_{E}\boldsymbol{T}\left(\boldsymbol{q},\boldsymbol{\theta}_0^*\right){}^{E}_{P_0}\boldsymbol{T}\right)^{\vee} \tag{6-41}$$

结合误差补偿式(6-27)，可得点 $\boldsymbol{p}_0$ 在工具坐标系 $\{T\}$ 调整后的位姿变化矢量：

$$ {}^{P_0}\boldsymbol{D}_{\Delta\theta}=-{}^{P_0}\boldsymbol{D}_{qk}\left(\boldsymbol{\theta}_0\right)=\left({}^{P_0}_{E}\boldsymbol{T}\,{}^{B}_{E}\boldsymbol{T}^{-1}\left(\boldsymbol{q},\boldsymbol{\theta}_0\right){}^{B}_{E}\boldsymbol{T}\left(\boldsymbol{q},\boldsymbol{\theta}_0^*\right){}^{E}_{P_0}\boldsymbol{T}-\boldsymbol{I}\right)^{\vee} \tag{6-42}$$

将加工目标点 $\boldsymbol{p}_i$ 时的机器人位姿调整式(6-34)代入式(6-36)，可得点 $\boldsymbol{p}_i$ 的位姿变化矢量：

$$\begin{aligned}{}^{P_i}\boldsymbol{D}_{\Delta\theta}&=\left({}^{T}_{B}\boldsymbol{T}\,{}^{B}_{E}\boldsymbol{T}\left(\boldsymbol{q},\boldsymbol{\theta}_i^*\right){}^{E}_{P_i}\boldsymbol{T}-\boldsymbol{I}\right)^{\vee}\\&=\left({}^{P_0}_{E}\boldsymbol{T}\,{}^{B}_{E}\boldsymbol{T}^{-1}\left(\boldsymbol{q},\boldsymbol{\theta}_0\right){}^{B}_{E}\boldsymbol{T}\left(\boldsymbol{q},\boldsymbol{\theta}_0^*\right){}^{E}_{P_0}\boldsymbol{T}\,{}^{P_i}_{E}\boldsymbol{T}\,{}^{E}_{P_i}\boldsymbol{T}-\boldsymbol{I}\right)^{\vee}\\&=\left({}^{P_0}_{E}\boldsymbol{T}\,{}^{B}_{E}\boldsymbol{T}^{-1}\left(\boldsymbol{q},\boldsymbol{\theta}_0\right){}^{B}_{E}\boldsymbol{T}\left(\boldsymbol{q},\boldsymbol{\theta}_0^*\right){}^{E}_{P_0}\boldsymbol{T}-\boldsymbol{I}\right)^{\vee}\end{aligned} \tag{6-43}$$

对比式(6-42)和式(6-43)，可得

$$ {}^{P_0}\boldsymbol{D}_{\Delta\theta}={}^{P_i}\boldsymbol{D}_{\Delta\theta} \tag{6-44}$$

根据式(6-32)和式(6-27)，可得加工目标点 $\boldsymbol{p}_0$ 时调整后的机器人位姿为

$$ {}^{P_i}\boldsymbol{D}_{\Delta\theta}={}^{P_0}\boldsymbol{D}_{\Delta\theta}={}^{T}\boldsymbol{D}=-{}^{P_0}\boldsymbol{D}_{qk}\left(\boldsymbol{\theta}_0\right) \tag{6-45}$$

推论 6.1 得证。

该推论说明：当通过微调工具坐标系对目标点 $\boldsymbol{p}_0$ 对应的位姿误差矢量置零时，工具坐标系微调的位姿变化矢量 ${}^{T}\boldsymbol{D}$ 等于目标点 $\boldsymbol{p}_0$ 的位姿误差矢量 ${}^{P_0}\boldsymbol{D}_{qk}\left(\boldsymbol{\theta}_0\right)$ 的负值；由工具坐标系微调引起每个目标点坐标系 $\left\{P_i\right\}$ 的位姿变化矢量 ${}^{P_i}\boldsymbol{D}_{\Delta\theta}$ 与 ${}^{T}\boldsymbol{D}$ 相等，即当微调工具坐标系时，每个目标点加工误差的变化量相等。这一特点

证明，通过工具坐标系微调进行位姿误差补偿，可自动调整所有目标点的机器人加工位姿，从而实现对所有目标点的加工误差补偿。注意这个补偿反映在工件上就是加工余量的整体偏置，因此工具坐标系微调更适合位置类加工误差补偿，如控制机器人磨抛深度误差。

6.3.2　工件位姿补偿

推论 6.2　工件坐标系微调后各目标点的位姿变化矢量满足如下定量关系式：

$$ {}^{P_i}\boldsymbol{D}_{\Delta\theta} = -\mathrm{Ad}_V\left({}^{P_i}_{W}\boldsymbol{T}\right){}^{W}\boldsymbol{D} = \mathrm{Ad}_V\left({}^{P_i}_{P_0}\boldsymbol{T}\right){}^{P_0}\boldsymbol{D}_{\Delta\theta} = -\mathrm{Ad}_V\left({}^{P_i}_{P_0}\boldsymbol{T}\right){}^{P_0}\boldsymbol{D}_{qk}(\boldsymbol{\theta}_0) $$

即各目标点位姿变化量与工件位姿微调量服从速度伴随变换。

证明　假设通过调整工件坐标系 $\{W\}$ 补偿加工误差，定义坐标系 $\{W\}$ 调整的位姿变化矢量为 ${}^{W}\boldsymbol{D}$，则调整后的工件位姿为 ${}^{E}_{W}\boldsymbol{T}\left(\boldsymbol{I}+\left[{}^{W}\boldsymbol{D}\right]\right)$，由工具位姿 ${}^{B}_{T}\boldsymbol{T}$ 的不变性可得位姿调整前后的运动链方程：

$$ \begin{aligned} &{}^{B}_{E}\boldsymbol{T}(\boldsymbol{q},\boldsymbol{\theta}_0)\,{}^{E}_{W}\boldsymbol{T}\,{}^{W}_{P_0}\boldsymbol{T} = {}^{B}_{T}\boldsymbol{T} \\ &{}^{B}_{E}\boldsymbol{T}(\boldsymbol{q},\boldsymbol{\theta}_0^*)\,{}^{E}_{W}\boldsymbol{T}\left(\boldsymbol{I}+\left[{}^{W}\boldsymbol{D}\right]\right){}^{W}_{P_0}\boldsymbol{T} = {}^{B}_{T}\boldsymbol{T} \end{aligned} \tag{6-46} $$

将点 $\boldsymbol{p}_0$ 的机器人位姿调整式(6-30)代入式(6-46)，可反求工件坐标系 $\{W\}$ 的位姿变化矢量：

$$ \begin{aligned} \left[{}^{W}\boldsymbol{D}\right] &= {}^{E}_{W}\boldsymbol{T}^{-1}\,{}^{B}_{E}\boldsymbol{T}(\boldsymbol{q},\boldsymbol{\theta}_0^*)^{-1}\,{}^{B}_{E}\boldsymbol{T}(\boldsymbol{q},\boldsymbol{\theta}_0)\,{}^{E}_{W}\boldsymbol{T} - \boldsymbol{I} \\ &= {}^{E}_{W}\boldsymbol{T}^{-1}\left({}^{B}_{E}\boldsymbol{T}(\boldsymbol{q},\boldsymbol{\theta}_0)\left(\boldsymbol{I}-\left[\mathrm{Ad}_V\left({}^{E}_{P_0}\boldsymbol{T}\right){}^{P_0}\boldsymbol{D}_{qk}(\boldsymbol{\theta}_0)\right]\right)\right)^{-1}{}^{B}_{E}\boldsymbol{T}(\boldsymbol{q},\boldsymbol{\theta}_0)\,{}^{E}_{W}\boldsymbol{T} - \boldsymbol{I} \\ &= {}^{E}_{W}\boldsymbol{T}^{-1}\left(\boldsymbol{I}-\left[\mathrm{Ad}_V\left({}^{E}_{P_0}\boldsymbol{T}\right){}^{P_0}\boldsymbol{D}_{qk}(\boldsymbol{\theta}_0)\right]\right)^{-1}{}^{B}_{E}\boldsymbol{T}^{-1}(\boldsymbol{q},\boldsymbol{\theta}_0)\,{}^{B}_{E}\boldsymbol{T}(\boldsymbol{q},\boldsymbol{\theta}_0)\,{}^{E}_{W}\boldsymbol{T} - \boldsymbol{I} \\ &\approx {}^{E}_{W}\boldsymbol{T}^{-1}\left(\boldsymbol{I}+\left[\mathrm{Ad}_V\left({}^{E}_{P_0}\boldsymbol{T}\right){}^{P_0}\boldsymbol{D}_{qk}(\boldsymbol{\theta}_0)\right]\right){}^{E}_{W}\boldsymbol{T} - \boldsymbol{I} = {}^{E}_{W}\boldsymbol{T}^{-1}\left[\mathrm{Ad}_V\left({}^{E}_{P_0}\boldsymbol{T}\right){}^{P_0}\boldsymbol{D}_{qk}(\boldsymbol{\theta}_0)\right]{}^{E}_{W}\boldsymbol{T} \\ &= \left[\mathrm{Ad}_V\left({}^{E}_{W}\boldsymbol{T}^{-1}\right)\mathrm{Ad}_V\left({}^{E}_{P_0}\boldsymbol{T}\right){}^{P_0}\boldsymbol{D}_{qk}(\boldsymbol{\theta}_0)\right] = \left[\mathrm{Ad}_V\left({}^{W}_{P_0}\boldsymbol{T}\right){}^{P_0}\boldsymbol{D}_{qk}(\boldsymbol{\theta}_0)\right] \end{aligned} \tag{6-47} $$

其中，$\boldsymbol{\Delta} = \left[\mathrm{Ad}_V\left({}^{E}_{P_0}\boldsymbol{T}\right){}^{P_0}\boldsymbol{D}_{qk}(\boldsymbol{\theta}_0)\right]$ 已通过公式 $(\boldsymbol{I}-\boldsymbol{\Delta})^{-1} \approx \boldsymbol{I}+\boldsymbol{\Delta}$ 简化。

对式(6-47)逆运算可得

$$ {}^{W}\boldsymbol{D} = \left(\left[{}^{W}\boldsymbol{D}\right]\right)^{\vee} = \mathrm{Ad}_V\left({}^{W}_{P_0}\boldsymbol{T}\right){}^{P_0}\boldsymbol{D}_{qk}(\boldsymbol{\theta}_0) = -\mathrm{Ad}_V\left({}^{W}_{P_0}\boldsymbol{T}\right){}^{P_0}\boldsymbol{D}_{\Delta\theta} \tag{6-48} $$

因此，工件坐标系 $\{W\}$ 的位姿变化矢量 ${}^{W}\boldsymbol{D}$ 与点 $\boldsymbol{p}_0$ 的位姿变化矢量 ${}^{P_0}\boldsymbol{D}_{\Delta\theta}$ 服从负向的速度伴随变换。对于工件上的任意目标点 $\boldsymbol{p}_i$，位姿调整前后目标点坐标系 $\{P_i\}$ 都应与工具坐标系 $\{T\}$ 重合(零点与坐标轴)，即满足运动链约束：

$$
{}_{E}^{B}\boldsymbol{T}\left(\boldsymbol{q},\boldsymbol{\theta}_i\right){}_{W}^{E}\boldsymbol{T}\,{}_{P_i}^{W}\boldsymbol{T}={}_{E}^{B}\boldsymbol{T}\left(\boldsymbol{q},\boldsymbol{\theta}_i^*\right){}_{W}^{E}\boldsymbol{T}\left(\boldsymbol{I}+\left[{}^{W}\boldsymbol{D}\right]\right){}_{P_i}^{W}\boldsymbol{T}={}_{T}^{B}\boldsymbol{T} \tag{6-49}
$$

当工件坐标系调整后，加工目标点 $\boldsymbol{p}_i$ 时的机器人名义位姿为

$$
{}_{E}^{B}\boldsymbol{T}\left(\boldsymbol{q},\boldsymbol{\theta}_i^*\right)={}_{T}^{B}\boldsymbol{T}\,{}_{P_i}^{W}\boldsymbol{T}^{-1}\left(\boldsymbol{I}+\left[{}^{W}\boldsymbol{D}\right]\right)^{-1}{}_{W}^{E}\boldsymbol{T}^{-1}={}_{T}^{B}\boldsymbol{T}\,{}_{P_i}^{W}\boldsymbol{T}^{-1}\left(\boldsymbol{I}-\left[{}^{W}\boldsymbol{D}\right]\right){}_{W}^{E}\boldsymbol{T}^{-1} \tag{6-50}
$$

工件坐标系调整后的工件名义位姿虽然变为 ${}_{W}^{E}\boldsymbol{T}\left(\boldsymbol{I}+\left[{}^{W}\boldsymbol{D}\right]\right)$，但工件真实位姿依旧为 ${}_{W}^{E}\boldsymbol{T}$，因此调整后点 $\boldsymbol{p}_i$ 的位姿为 ${}_{E}^{B}\boldsymbol{T}\left(\boldsymbol{q},\boldsymbol{\theta}_i^*\right){}_{W}^{E}\boldsymbol{T}\,{}_{P_i}^{W}\boldsymbol{T}$，则可得点 $\boldsymbol{p}_i$ 的位姿变化矩阵：

$$
\begin{aligned}
\Delta\,{}_{P_i}^{B}\boldsymbol{T}_{\Delta\theta}&={}_{E}^{B}\boldsymbol{T}\left(\boldsymbol{q},\boldsymbol{\theta}_i^*\right){}_{W}^{E}\boldsymbol{T}\,{}_{P_i}^{W}\boldsymbol{T}-{}_{E}^{B}\boldsymbol{T}\left(\boldsymbol{q},\boldsymbol{\theta}_i\right){}_{W}^{E}\boldsymbol{T}\,{}_{P_i}^{W}\boldsymbol{T}\\
&={}_{E}^{B}\boldsymbol{T}\left(\boldsymbol{q},\boldsymbol{\theta}_i^*\right){}_{W}^{E}\boldsymbol{T}\,{}_{P_i}^{W}\boldsymbol{T}-{}_{T}^{B}\boldsymbol{T}
\end{aligned} \tag{6-51}
$$

根据式(6-50)和式(6-51)，可计算点 $\boldsymbol{p}_i$ 的位姿变化矢量：

$$
\begin{aligned}
{}^{P_i}\boldsymbol{D}_{\Delta\theta}&=\left({}^{P_i}\boldsymbol{\Delta}\right)^{\vee}=\left({}_{P_i}^{B}\boldsymbol{T}^{-1}\left(\boldsymbol{\Delta}\,{}_{P_i}^{B}\boldsymbol{T}_{\Delta\theta}\right)\right)^{\vee}\\
&=\left({}_{T}^{B}\boldsymbol{T}^{-1}\left({}_{T}^{B}\boldsymbol{T}\,{}_{P_i}^{W}\boldsymbol{T}^{-1}\left(\boldsymbol{I}-\left[{}^{W}\boldsymbol{D}\right]\right){}_{W}^{E}\boldsymbol{T}^{-1}\,{}_{W}^{E}\boldsymbol{T}\,{}_{P_i}^{W}\boldsymbol{T}-{}_{T}^{B}\boldsymbol{T}\right)\right)^{\vee}\\
&=-\left({}_{P_i}^{W}\boldsymbol{T}^{-1}\left[{}^{W}\boldsymbol{D}\right]{}_{P_i}^{W}\boldsymbol{T}\right)^{\vee}=-\left[\mathrm{Ad}_V\left({}_{P_i}^{W}\boldsymbol{T}^{-1}\right){}^{W}\boldsymbol{D}\right]^{\vee}=-\mathrm{Ad}_V\left({}_{P_i}^{W}\boldsymbol{T}^{-1}\right){}^{W}\boldsymbol{D}
\end{aligned} \tag{6-52}
$$

因此，工件坐标系 $\{W\}$ 的位姿变化矢量 ${}^{W}\boldsymbol{D}$ 与点 $\boldsymbol{p}_i$ 的位姿变化矢量 ${}^{P_i}\boldsymbol{D}_{\Delta\theta}$ 服从负向的速度伴随变换。对比式(6-52)和式(6-48)可得点 $\boldsymbol{p}_0$、$\boldsymbol{p}_i$ 位姿变化矢量满足：

$$
{}^{P_i}\boldsymbol{D}_{\Delta\theta}=-\mathrm{Ad}_V\left({}_{P_i}^{W}\boldsymbol{T}\right){}^{W}\boldsymbol{D}=-\mathrm{Ad}_V\left({}_{P_0}^{P_i}\boldsymbol{T}\right){}^{P_0}\boldsymbol{D}_{qk}\left(\boldsymbol{\theta}_0\right)=\mathrm{Ad}_V\left({}_{P_0}^{P_i}\boldsymbol{T}\right){}^{P_0}\boldsymbol{D}_{\Delta\theta} \tag{6-53}
$$

式(6-53)给出了当通过微调工件坐标系进行误差补偿时各目标点加工误差变化量的理论计算公式，可见各目标点的加工误差变化量并不相等，工件坐标系的微调量、补偿点的位姿变化量与任意点的位姿变化量是服从速度伴随变换的。注意上述关系反映在工件上就是工件补偿前后的姿态倾斜，因此工件坐标系微调更适合方向类加工误差补偿，如控制机器人切边/制孔的倾斜误差。

6.4　工件/工具/机器人位姿优化模型

6.3节介绍通过调整目标点$\boldsymbol{p}_0$处对应的工具坐标系或工件坐标系，可以自动调整所有目标点$\boldsymbol{p}_i$的机器人加工位姿，这种调整降低了目标点$\boldsymbol{p}_i$的加工误差，但整体加工误差的最小化与目标点$\boldsymbol{p}_0$的选取位置有关，下面介绍如何优选$\boldsymbol{p}_0$。

已知由关节运动学误差、关节刚度、误差补偿引起点$\boldsymbol{p}_i$的位姿变化矢量分别为${}^{P_i}\boldsymbol{D}_q$、${}^{P_i}\boldsymbol{D}_k$、${}^{P_i}\boldsymbol{D}_{\Delta\theta}$，则最终的位姿误差矢量为[2]

$$
{}^{P_i}\boldsymbol{D}_{qk\theta} = {}^{P_i}\boldsymbol{D}_q + {}^{P_i}\boldsymbol{D}_k + {}^{P_i}\boldsymbol{D}_{\Delta\theta} \tag{6-54}
$$

对式(6-54)引入二进制权重系数$\lambda_q, \lambda_k, \lambda_{\Delta\theta} \in \{0,1\}$，可得

$$
{}^{P_i}\boldsymbol{D}_{qk\theta} = \lambda_q\, {}^{P_i}\boldsymbol{D}_q + \lambda_k\, {}^{P_i}\boldsymbol{D}_k + \lambda_{\Delta\theta}\, {}^{P_i}\boldsymbol{D}_{\Delta\theta} \tag{6-55}
$$

上述位姿误差矢量${}^{P_i}\boldsymbol{D}_{qk\theta}$适用于多种机器人加工应用场景。当运动学参数已精确辨识时，可令$\lambda_q = 0$；当机器人轻载工作时，可令$\lambda_k = 0$；当需获得机器人加工时的最大刚度时，可令$\lambda_{\Delta\theta} = \lambda_q = 0$。当$\lambda_{\Delta\theta} = 0$时，${}^{P_i}\boldsymbol{D}_{qk\theta}$反映受运动学误差/关节刚度影响的绝对定位误差。$\lambda_{\Delta\theta} = 1$则表示通过调整机器人位姿对工件上某点$\boldsymbol{p}_0$的位置误差置零，加工目标点$\boldsymbol{p}_i$时的机器人位姿则通过点$\boldsymbol{p}_0$与$\boldsymbol{p}_i$相对位姿的不变性进行调整，此时${}^{P_i}\boldsymbol{D}_{qk\theta}$反映了机器人的重复定位误差。

根据式(2-32)和式(2-39)可得，位姿误差矢量${}^{P_i}\boldsymbol{D}_q$和${}^{P_i}\boldsymbol{D}_k$与机器人位姿${}_E^B\boldsymbol{T}$相关，根据式(6-45)可得，补偿量${}^{P_i}\boldsymbol{D}_{\Delta\theta}$与补偿点$\boldsymbol{p}_0$相关。因此，目标点$\boldsymbol{p}_i$的整体位姿误差矢量${}^{P_i}\boldsymbol{D}_{qk\theta}\left({}_E^B\boldsymbol{T}, \boldsymbol{p}_0, \boldsymbol{p}_i\right)$为机器人位姿${}_E^B\boldsymbol{T}$与补偿点$\boldsymbol{p}_0$的函数，由于机器人位姿${}_E^B\boldsymbol{T}$又与工件位姿${}_W^E\boldsymbol{T}$、工具位姿${}_T^B\boldsymbol{T}$相关(式(2-1))，点$\boldsymbol{p}_i$的位姿误差矢量可表示为

$$
{}^{P_i}\boldsymbol{D}_{qk\theta} = {}^{P_i}\boldsymbol{D}_{qk\theta}\left({}_W^E\boldsymbol{T}, {}_T^B\boldsymbol{T}, \boldsymbol{p}_0, \boldsymbol{p}_i\right) \tag{6-56}
$$

即位姿误差矢量${}^{P_i}\boldsymbol{D}_{qk\theta}$与工具位姿${}_T^B\boldsymbol{T}$、工件位姿${}_W^E\boldsymbol{T}$和补偿点$\boldsymbol{p}_0$三因素相关。根据式(2-28)可得法向深度误差为${}^{P_i}d_\gamma\left({}_T^B\boldsymbol{T}, {}_W^E\boldsymbol{T}, \boldsymbol{p}_i, \boldsymbol{p}_0\right) = \boldsymbol{D}_\gamma^{\mathrm{T}}\, {}^{P_i}\boldsymbol{D}_{qk\theta}$，其中系数矩阵$\boldsymbol{D}_\gamma$与加工误差类型有关(表2-1)。为使整体目标点$\{\boldsymbol{p}_1, \cdots, \boldsymbol{p}_i, \cdots, \boldsymbol{p}_n\}$的加工误差最小，可定义如下目标函数：

$$\min F\left({}_{T}^{B}\boldsymbol{T}, {}_{W}^{E}\boldsymbol{T}, \boldsymbol{p}_0\right) = \sum_{i=1}^{n}\left(\left(\boldsymbol{D}_{\gamma} \circ {}^{P_i}\boldsymbol{D}_{qk\theta}\right)^{\mathrm{T}}\ {}^{P_i}\boldsymbol{D}_{qk\theta}\right) \tag{6-57}$$

式中，符号∘表示 Hadamard 积；对于单点离散加工(如制孔)，有$n=1$。该方程通过$\boldsymbol{D}_{\gamma}$和${}^{P_i}\boldsymbol{D}_{qk\theta}=\left[{}^{P_i}d_x \quad {}^{P_i}d_y \quad {}^{P_i}d_z \quad {}^{P_i}\delta_x \quad {}^{P_i}\delta_y \quad {}^{P_i}\delta_z\right]^{\mathrm{T}}$统一了不同类型加工误差的目标函数。下面以磨抛/铣削、制孔、切边三种常见加工方式为例进行介绍。

加工类型 1　对于磨抛/铣削，为控制型面整体加工余量误差，此时$\boldsymbol{D}_{\gamma}=[0\quad 0\quad 1\quad 0\quad 0\quad 0]^{\mathrm{T}}$，将$\boldsymbol{D}_{\gamma}$代入式(6-57)可得如下目标函数：

$$F\left({}_{T}^{B}\boldsymbol{T}, {}_{W}^{E}\boldsymbol{T}, \boldsymbol{p}_0\right) = \sum_{i=1}^{n} {}^{P_i}d_z^2 \tag{6-58}$$

法向深度误差${}^{P_i}d_z$是最常见的加工误差，它表示点$\boldsymbol{p}_i$在法矢方向上的位置误差，即理论余量与实际余量的偏差,因此目标函数F主要用于控制整体加工余量偏差，如使工件曲面实际形状与设计模型紧密贴合。

式(6-58)也可以替换成绝对值求和的形式：

$$F\left({}_{T}^{B}\boldsymbol{T}, {}_{W}^{E}\boldsymbol{T}, \boldsymbol{p}_0\right) = \sum_{i=1}^{n} \left|{}^{P_i}d_z\right| \tag{6-59}$$

加工类型 2　对于制孔，孔在所处表面的加工位置误差会影响后续孔的装配精度，该误差在几何上表示为切向滑移误差，此时$\boldsymbol{D}_{\gamma}=[1\quad 1\quad 0\quad 0\quad 0\quad 0]^{\mathrm{T}}$，将$\boldsymbol{D}_{\gamma}$代入式(6-57)可得如下目标函数：

$$F\left({}_{T}^{B}\boldsymbol{T}, {}_{W}^{E}\boldsymbol{T}, \boldsymbol{p}_0\right) = \sum_{i=1}^{n}\left({}^{P_i}d_x^2 + {}^{P_i}d_y^2\right) \tag{6-60}$$

式中，${}^{P_i}d_x$、${}^{P_i}d_y$分别表示坐标系$\{P_i\}$在x、y轴上的微分平移误差，而x、y轴对应目标点$\boldsymbol{p}_i$两个相互垂直的切向方向。

因此，目标函数F主要用于控制制孔时刀具沿工件表面的切向滑移误差，从而提高孔的后续装配精度。目前已有的滑移抑制方法[3]是通过有限元仿真输出切向滑移量最小时的机器人姿态,或基于刚度椭球寻找切向刚度最大的机器人位姿，这属于间接评价方法，并未考虑工件受力。式(6-60)可以直接建立切向位置精度与关节刚度、受力、运动学误差等多种因素之间的数学关系。

加工类型 3　对于切边/制孔，为控制轴向倾斜误差时有$\boldsymbol{D}_{\gamma}=[0\quad 0\quad 0\quad 1\quad 1\quad 0]^{\mathrm{T}}$，将系数矩阵$\boldsymbol{D}_{\gamma}$代入式(6-57)可得如下目标函数：

$$F\left({}_{T}^{B}\boldsymbol{T}, {}_{W}^{E}\boldsymbol{T}, \boldsymbol{p}_0\right) = \sum_{i=1}^{n}\left({}^{P_i}\delta_x^2 + {}^{P_i}\delta_y^2\right) \tag{6-61}$$

式中，${}^{P_i}\delta_x$、${}^{P_i}\delta_y$ 分别表示坐标系 $\{P_i\}$ 绕自身 x、y 轴的微分旋转误差，可用于评估刀具理论与实际轴线方向 (z 轴) 的角度偏差。

因此，目标函数 F 主要用于对刀具轴向(蒙皮切边与机翼制孔)倾斜度的控制，例如，蒙皮切边后需将多块蒙皮在边缘区域装配成大型壁板，而刀具的倾斜误差会影响相邻蒙皮边缘横截面的贴合程度，加大对缝间隙误差。目前基于倾斜误差控制的姿态优化研究较少，而对位置误差控制的方法主要基于刚度椭球法[4]，见表6-1，刚度椭球简单直观，可表示力 ${}^{P_i}\boldsymbol{f}$ 与位置误差 ${}^{P_i}\boldsymbol{d}$ 的映射，但没有考虑外力矩 ${}^{P_i}\boldsymbol{m}$ 与姿态误差 ${}^{P_i}\boldsymbol{\delta}$，此时刚度椭球无法直接应用于刀具轴向精度的控制。本节所提的目标函数是一种位姿优化通用方法，根据式(2-35)可知其考虑的是六维广义力 ${}^{P_i}\boldsymbol{F}$ (包括纯力与力矩)与位姿误差矢量 ${}^{P_i}\boldsymbol{D}_{qk\theta}$ (包括位置误差与姿态误差)，可实现法向深度(磨抛/铣削)、切向滑移(制孔)、角度倾斜(切边/制孔)等多种加工误差的控制。

表 6-1　刚度椭球法与本节方法的刚度矩阵

方法	刚度矩阵公式
刚度椭球法	${}^{P_i}\boldsymbol{f} = \boldsymbol{K}_{fd}{}^{P_i}\boldsymbol{d}$
本节方法	$\begin{bmatrix} {}^{P_i}\boldsymbol{f} \\ {}^{P_i}\boldsymbol{m} \end{bmatrix} = \begin{bmatrix} \boldsymbol{K}_{fd} & \boldsymbol{K}_{f\delta} \\ \boldsymbol{K}_{md} & \boldsymbol{K}_{m\delta} \end{bmatrix} \begin{bmatrix} {}^{P_i}\boldsymbol{d} \\ {}^{P_i}\boldsymbol{\delta} \end{bmatrix}$

以加工类型 1 为例，根据函数 $F\left({}_{T}^{B}\boldsymbol{T}, {}_{W}^{E}\boldsymbol{T}, \boldsymbol{p}_0\right)$ 求解最佳的补偿点 $\boldsymbol{p}_0$、工件位姿 ${}_{W}^{E}\boldsymbol{T}$ 与工具位姿 ${}_{T}^{B}\boldsymbol{T}$。对于位置矢量 $\boldsymbol{p}_0$ 的优化，定义矢量 ${}^{P_i}\boldsymbol{D}_{\chi} = \left[{}^{P_i}d_{\chi x} \quad {}^{P_i}d_{\chi y} \quad {}^{P_i}d_{\chi z} \quad {}^{P_i}\delta_{\chi x} \quad {}^{P_i}\delta_{\chi y} \quad {}^{P_i}\delta_{\chi z}\right]^{\mathrm{T}}$，其中 $\chi = q,k,\Delta\theta$，则法向深度误差可表示为

$$\begin{aligned} {}^{P_i}d_z &= \left(\boldsymbol{D}_{\gamma}^{\mathrm{T}}\right){}^{P_i}\boldsymbol{D}_{qk\theta} = \left(\boldsymbol{D}_{\gamma}^{\mathrm{T}}\right)\left({}^{P_i}\boldsymbol{D}_q + {}^{P_i}\boldsymbol{D}_k + {}^{P_i}\boldsymbol{D}_{\Delta\theta}\right) \\ &= {}^{P_i}d_{qz} + {}^{P_i}d_{kz} + {}^{P_i}d_{\Delta\theta z} \end{aligned} \tag{6-62}$$

若通过工具坐标系调整进行整体误差补偿，则根据式(6-45)得点 $\boldsymbol{p}_i$ 与点 $\boldsymbol{p}_0$ 具有相同的法向深度误差 ${}^{P_i}d_{\Delta\theta z} = {}^{P_0}d_{\Delta\theta z} = -\left({}^{P_0}d_{qz} + {}^{P_0}d_{kz}\right) = -{}^{P_0}d_{qkz}$，则目标函数(6-58)变为

$$F\left({}_{T}^{B}\boldsymbol{T},{}_{W}^{E}\boldsymbol{T},\boldsymbol{p}_0\right)=\sum_{i=1}^{n}\left({}^{P_i}d_{qkz}-{}^{P_0}d_{qkz}\right)^2 \tag{6-63}$$

对式(6-63)求偏导并置零($\partial F/\partial {}^{P_0}d_{qkz}=0$)可得函数 F 处于最小值时 ${}^{P_0}d_{qkz}$ 为 ${}^{P_i}d_{qkz}$ 的平均值，即当点 $\boldsymbol{p}_0$ 的法向深度误差为所有目标点法向深度误差的平均值时，整体加工误差最小。若选取式(6-59)作为目标函数，则目标函数变为 $F=\sum_{i=1}^{n}\left|{}^{P_i}d_{qkz}-{}^{P_0}d_{qkz}\right|$，当 ${}^{P_0}d_{qkz}$ 为所有目标点法向深度误差的中位数时，函数 F 取最小值。当点 $\boldsymbol{p}_0$ 位于加工区域中间时，其误差接近整体误差的平均值或中位数，此时整体加工误差最小；相反，当点 $\boldsymbol{p}_0$ 向加工区域两端靠近时，函数 F 会相应增大，从而导致整体加工误差变大。从上述推导过程可知点 $\boldsymbol{p}_0$ 的优化不受工件位姿和工具位姿影响，为进一步优化工件、工具、机器人位姿，需要考虑机器人的可操作性、碰撞避免、关节极限约束等。

1. 可操作性

为保证机器人加工的灵巧性，需约束操作性度量指标 $\kappa(\boldsymbol{J})$[5]：

$$\begin{aligned}&\kappa(\boldsymbol{J})=\left\|\boldsymbol{J}(\boldsymbol{q})\right\|\times\left\|\boldsymbol{J}^{+}(\boldsymbol{q})\right\|,\quad 1\leqslant\kappa\leqslant\infty\\&\kappa_{\max}=\max\left(\kappa_1,\kappa_2,\cdots,\kappa_n\right)\leqslant\kappa_0\end{aligned} \tag{6-64}$$

式中，κ_0 为操作性度量的阈值；$\kappa_i(i=1,2,\cdots,n)$ 为加工目标点 $\boldsymbol{p}_i$ 时的操作性度量指标；n 为目标点数目。

式(6-64)表明所有目标点的 κ_i 均需在合理范围内。

2. 碰撞避免

机器人加工时需避免机器人与工具之间的碰撞。假定机器人各关节与工具在水平面上的投影均为矩形，则碰撞可通过关节矩形 A_{ij} 与工具矩形 A_T 之间的交点数目判断：

$$\mathrm{Num}\left(A_{ij},A_T\right)=0,\quad i=1,2,\cdots,n;\ j=1,2,\cdots,m \tag{6-65}$$

式中，m 为关节数目；Num 为交点数目。

这表明任意点 $\boldsymbol{p}_i$ 不允许与 m 个关节碰撞，当 Num>0 时存在碰撞，如工具位于基坐标与工件中间时易碰撞。

3. 关节极限约束

所有关节变量需在机器人控制器允许的范围内：

$$\theta_{j\text{low}} \leqslant \theta_{ij} \leqslant \theta_{j\text{up}}, \quad i=1,2,\cdots,n; \ j=1,2,\cdots,m \tag{6-66}$$

式中，θ_{ij} 为点 $\boldsymbol{p}_i$ 的第 j 个关节变量；$\theta_{j\text{low}}$ 和 $\theta_{j\text{up}}$ 分别为关节变量 θ_{ij} 的下限和上限。

在满足上述三个约束的条件下，最佳工件、工具、机器人位姿可通过遗传算法求解。首先确定工件、工具位姿的变量与范围，无约束条件下的位姿包括 3 个位置和 3 个旋转变量，而工件、工具形状与加工现场等因素则会限制变量的实际数量；然后根据操作性度量、碰撞避免与关节极限约束缩小工具和工件位姿的范围；最后用目标函数(6-57)作为适应度函数 F，在确定优化变量、变量范围与适应度函数后，即可用遗传算法求解最佳机器人位姿。

求解过程中需要计算函数 F，具体步骤如下：

(1)已知机器人运动学参数、关节刚度 K、工件设计模型、工艺参数与目标点 $\boldsymbol{p}_i$，根据式(2-32)计算运动学误差引起的位姿误差矢量 ${}^{P_i}\boldsymbol{D}_q$，根据式(2-39)计算关节刚度引起的位姿误差矢量 ${}^{P_i}\boldsymbol{D}_k$。

(2)选取加工区域中间的目标点作为 $\boldsymbol{p}_0$，根据步骤(1)的方法计算点 $\boldsymbol{p}_0$ 的位姿误差矢量 ${}^{P_0}\boldsymbol{D}_q$、${}^{P_0}\boldsymbol{D}_k$。

(3)根据式(6-45)或式(6-53)计算补偿误差矢量 ${}^{P_i}\boldsymbol{D}_{\Delta\theta}$。

(4)确定系数 λ_q、λ_k 和 $\lambda_{\Delta\theta}$，根据式(6-55)计算综合位姿误差矢量 ${}^{P_i}\boldsymbol{D}_{qk\theta}$。

(5)根据加工类型确定系数矩阵 $\boldsymbol{D}_\gamma$，根据式(6-57)计算适应度函数 F。

(6)用遗传算法求解最优工件位姿和工具位姿，并通过视觉引导的机器人加工系统空间运动链方程(2-1)自动得到最优的机器人位姿。

机器人关节运动学误差、关节刚度通过空间运动链的传递引起加工误差，因此本节在建立关节运动学误差、关节刚度与加工误差传递模型的基础上，通过微调工具(或工件)坐标系实现加工误差的整体补偿，并通过整体加工误差最小化优化补偿点位置、工件位姿和工具位姿，最终通过空间运动链自动得到优化后的机器人位姿。需要注意的是：虽然通过调整每个目标点对应的工具(或工件)坐标系可以使每个目标点的加工误差为零，但是在加工时需要不断切换工具(或工件)坐标系，此时难以实现曲面连续加工和保证路径光顺性；本节中加工误差整体补偿方法仅改变工具(或工件)坐标系，并未改变工具(或工件)的实际位姿，现场操作易于实现；补偿点的位置优化与工件位姿、工具位姿无关，而通过遗传算法优化的工件位姿和工具位姿最终是为了获得最佳的机器人加工位姿，以降低机器人关节运动学误差、关节刚度对整体加工误差的影响。

6.5 加工误差整体补偿方法实验验证

本节以图 6-3(a)所示的机器人磨抛系统为例，验证本章加工误差整体补偿方法的效果。系统采用 ABB IRB 6660 工业机器人，工件装夹在机器人末端，工件位姿不适合调整，因此仅优化工具位姿，工具坐标系 $\{T\}$ 距地面高度为 1000mm，由于坐标轴 x_B - y_B 和 y_T - z_T 位于水平方向，工具位姿可表示为

$$ {}_T^B\boldsymbol{T}(r,\alpha)=\text{Trans}\left(r\cos\gamma_0, r\sin\gamma_0, z_{To}\right)\text{Rot}\left(z_B,\alpha\right)\text{Rot}\left(y_B,-90°\right)\text{Rot}\left(x_B,-90°\right) \tag{6-67} $$

式中，极坐标 (r,γ) 表示工具坐标系 $\{T\}$ 在 x_B - y_B 平面的位置；z_{To} 表示工具坐标系 $\{T\}$ 在竖直方向 z_B 上的高度；角度 α 表示工具坐标系 $\{T\}$ 的水平方位。

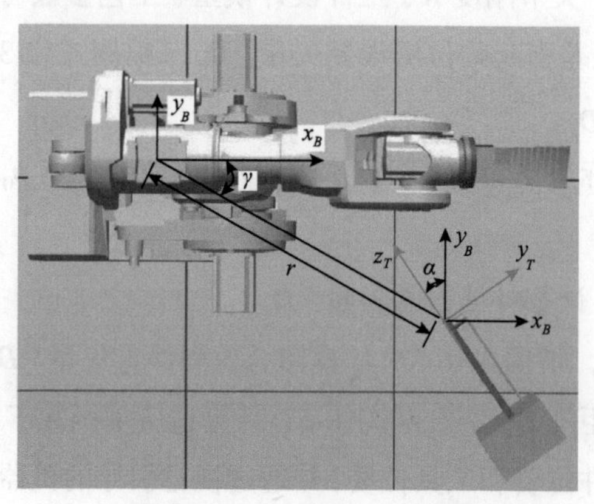

(a) 磨抛系统与工具姿态 (γ, r, α) 示意图

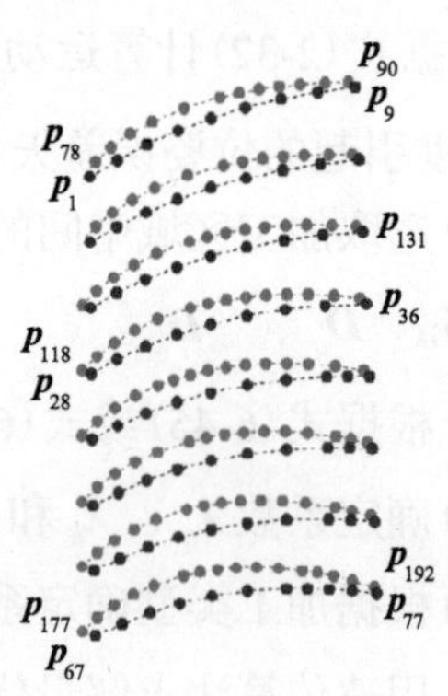

(b) 目标点 p_i

图 6-3 机器人磨抛示意图

由于角度 γ 与第一关节角 θ_1 存在冗余，可设定 $\gamma=0°$，通常磨抛机位于水平面 x_B - y_B 上，因此高度 z_{To} 为常数。综上，工具位姿 ${}_T^B\boldsymbol{T}(r,\alpha)$ 可表示为位置 r 和角度 α 的函数。工具位姿与运动学参数的初始范围如表 6-2 所示，操作性度量 $\kappa_{\max}$ 与工具位姿变量 (r,α) 的关系如图 6-4 所示，磨抛机(尺寸为 1300mm×300mm×1600mm)与机器人的碰撞示意图如图 6-5 所示。由图 6-4 可知，奇异形位附近 $\kappa_{\max}$ 急剧上升至 100 以上，而初始位置 $(\boldsymbol{\theta}_0=\boldsymbol{0}_{6\times1})$ 的操作性度量值仅为 10.6。为保证机器人的可操作性，设操作性度量值小于等于 25，可作为约束条件用于优化工具位姿。

表 6-2　工具位姿和关节极限约束

变量	工具位姿		关节角/(°)					
	r/mm	α/(°)	θ_1	θ_2	θ_3	θ_4	θ_5	θ_6
下限	500	−180	−180	−42	−20	−300	−120	−360
上限	2500	180	180	85	120	300	120	360

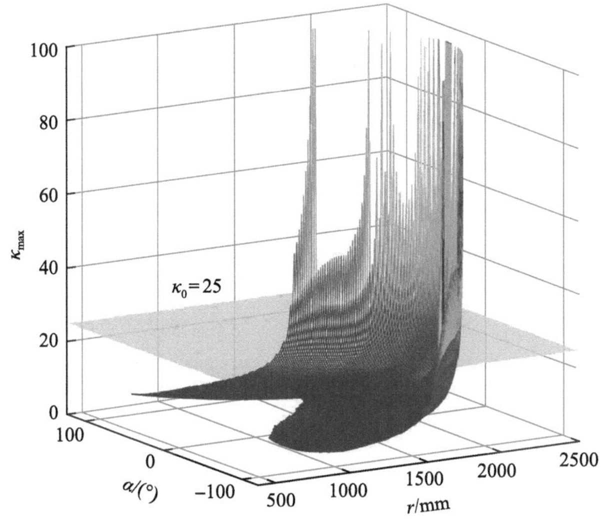

图 6-4　操作性度量与工具位姿关系图

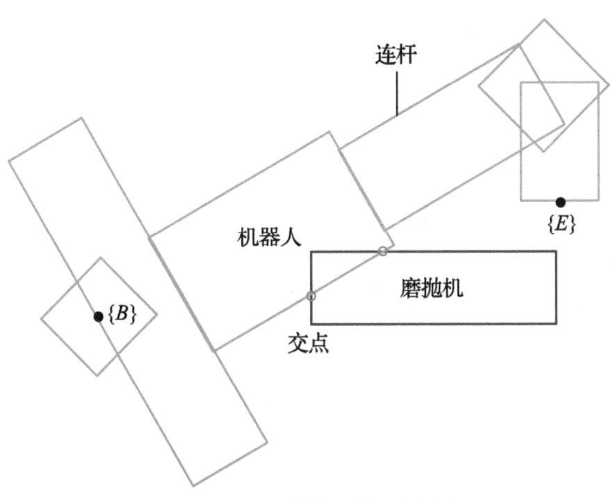

图 6-5　机器人碰撞示意图

实验一验证运动学误差/关节刚度引起的加工误差模型。如图 6-3(b)所示，通过加工轨迹规划生成 16 段路径与 192 个目标点位姿 ${}^{W}_{P_i}\boldsymbol{T}$ ；对特定的工具位姿，计算所有目标点的机器人位姿与关节变量，然后计算法向深度误差（${}^{P_i}d_{qz}$、${}^{P_i}d_{kz}$、${}^{P_i}d_{qkz}$），并采用平均误差（$\overline{d}_{qz}=\frac{1}{n}\sum_{i=1}^{n}{}^{P_i}d_{qz}$、$\overline{d}_{kz}=\frac{1}{n}\sum_{i=1}^{n}{}^{P_i}d_{kz}$、$\overline{d}_{qkz}=\frac{1}{n}\sum_{i=1}^{n}{}^{P_i}d_{qkz}$）作为评价指标，计算结果如图 6-6 所示。对于图 6-6(a)关节运动学误差引起的误差$\overline{d}_{qz}$，可得如下结论：受机器人运动学逆解限制，工具角度α 的有效范围为[−101°, 112°]；误差$\overline{d}_{qz}$对工具角度α 相对敏感，而对位置 r 相对不敏感，因为当α 变化时，关节变化幅度更大且更难调整；在有效工具位姿范围内，图 6-6(a)中所有$\overline{d}_{qz}$的平均值为−0.522mm，该值反映了机器人的绝对定位精度，这一结论与文献[6]相符；在小范围$\alpha\in[60°,100°]$所有$\overline{d}_{qkz}$的平均值为 0.122mm，因此优化工具姿态有助于提高机器人加工精度。

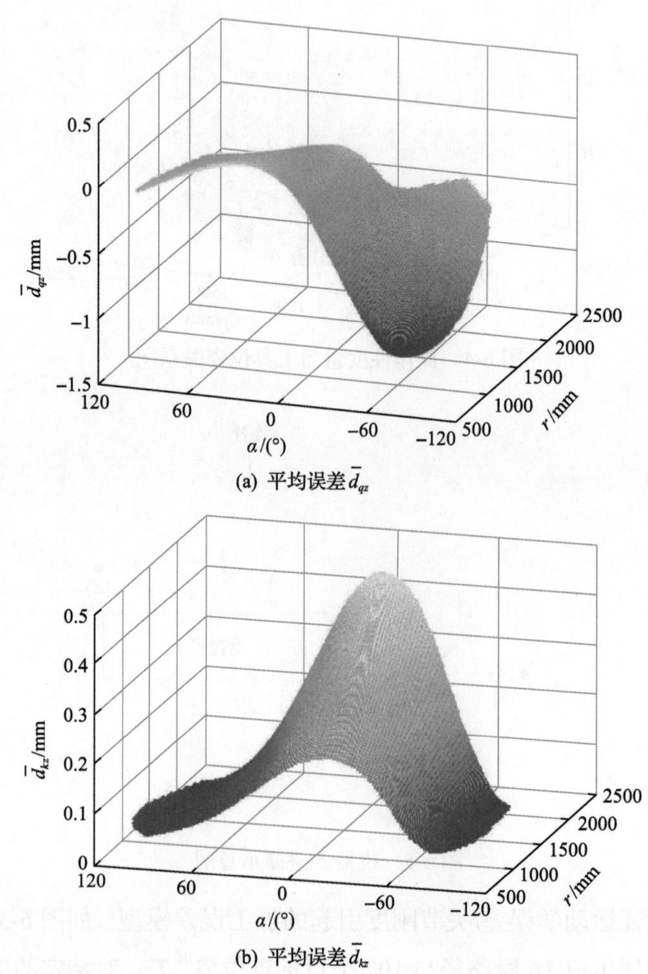

(a) 平均误差$\overline{d}_{qz}$

(b) 平均误差$\overline{d}_{kz}$

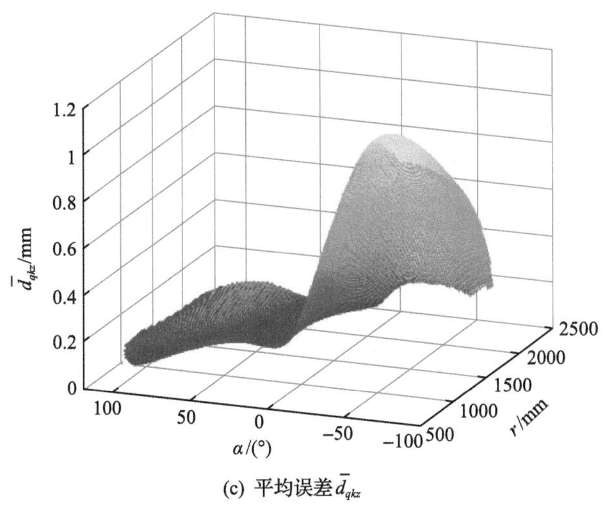

(c) 平均误差 $\bar{d}_{qkz}$

图 6-6　未考虑补偿时加工误差与工具位姿的关系

设定工件的加工余量为 0.5mm，外力旋量为 ${}^{P_i}\boldsymbol{F}=(20\text{N}\ \ 3\text{N}\ \ 80\text{N}\ \ 1\text{N}\cdot\text{m}\ \ 0.5\text{N}\cdot\text{m}\ \ 2\text{N}\cdot\text{m})^{\text{T}}$，通过式(2-40)可计算由刚度引起的误差 ${}^{P_i}d_{kz}$ 及其平均误差 $\bar{d}_{kz}$，具体计算结果如图 6-6(b)所示。不同于误差 ${}^{P_i}d_{qz}$，误差 ${}^{P_i}d_{kz}$ 恒为正，说明实际加工余量小于设计余量，因为力 ${}^{P_i}\boldsymbol{F}$ 阻碍了机器人在加工深度方向上的进给量，从而引起关节退让。图 6-7 给出了对应图 6-6(b)的三种加工姿态(−90°, 0°, 90°)，可见误差 $\bar{d}_{kz}$ 对工具角度 α 相对敏感。当 $\alpha=0°$时，平均误差为 0.207mm；当 $\alpha=90°$时，平均误差为 0.048mm；当 $\alpha=-90°$时，平均误差为 0.062mm。这是因为当 $\alpha=0°$时，机器人末端受力垂直于机器人连杆平面，会对机器人基坐标产生较大的力矩；而当 $\alpha=90°$或$-90°$时，受力方向靠近机器人连杆平面，力矩相对

(a) $\alpha=-90°$

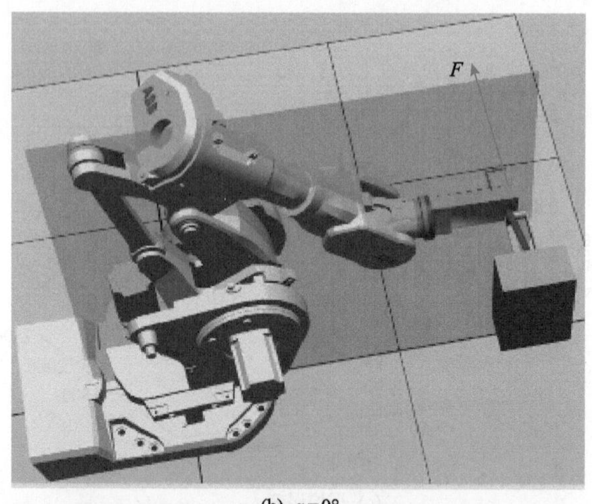

(b) $\alpha=0°$

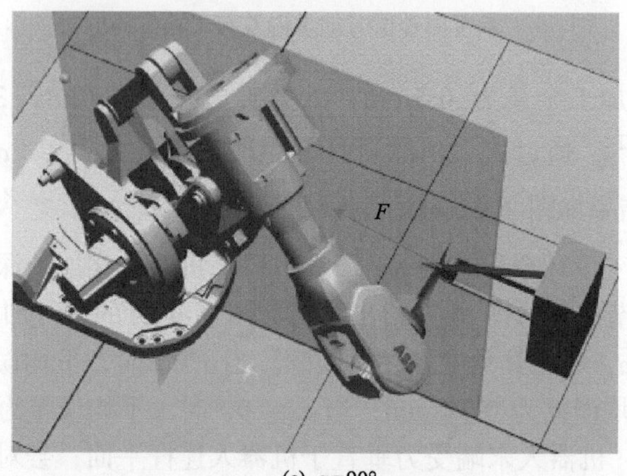

(c) $\alpha=90°$

图 6-7　不同工具位姿下的机器人受力方向

较小。如果同时考虑误差 $\overline{d}_{qz}$ 和 $\overline{d}_{kz}$（考虑关节运动学误差与关节刚度），当选择工具姿态为 α =90°时整体加工误差更小。

图 6-8 给出了未考虑补偿情况下三个工具姿态（α = −90°, 0°, 90°）下某叶片型面加工的误差色谱图。由于叶片的底部区域靠近机器人末端，该区域的误差 ${}^{P_i}d_{qz}$ 和 ${}^{P_i}d_{kz}$ 都较顶部小，这说明底部去除的真实余量更大；从底部到顶部区域，图 6-8(a)中 ${}^{P_i}d_{qz}$ 的最大变化量高达 0.403mm、最大均值绝对值高达 0.726mm，而图 6-8(b)中误差 ${}^{P_i}d_{kz}$ 的最大变化量只有 0.046mm、最大均值绝对值只有 0.207mm，这说明机器人关节运动学误差是造成叶片型面加工误差的主要因素；通过不同工具姿态下的误差色谱图对比可以看到，当选择工具姿态为 α =90°时整体加工误差最小。

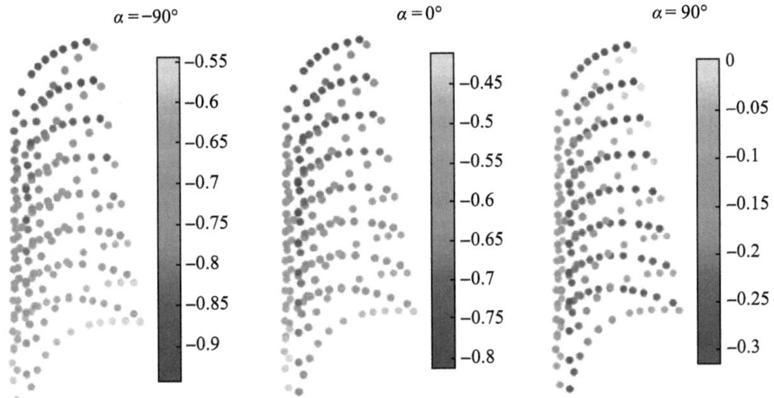

(a) 平均误差 $\bar{d}_{qz}$

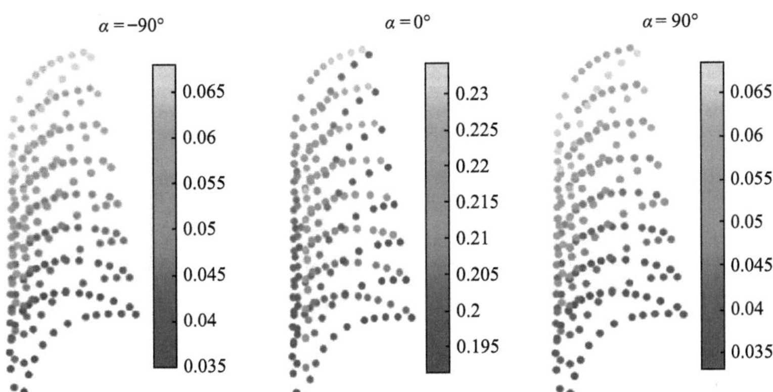

(b) 平均误差 $\bar{d}_{kz}$

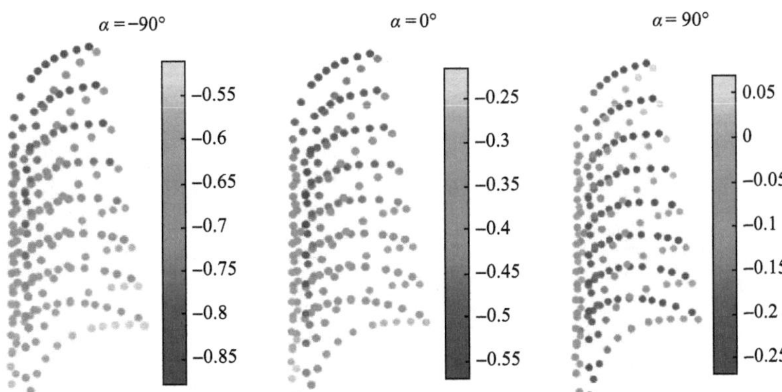

(c) 平均误差 $\bar{d}_{qkz}$

图 6-8　未补偿的加工误差色谱图(单位：mm)

实验二评估补偿点 $\boldsymbol{p}_0$ 的位置优化结果，通过调整工具坐标系位置，使靠近目标点位置 $\boldsymbol{p}_0$ 区域的加工误差为零。以平均补偿误差 $\bar{d}_{|qk\theta|}=\dfrac{1}{n}\sum_{i=1}^{n}\left|{}^{P_i}d_{qz}+{}^{P_i}d_{kz}+{}^{P_i}d_{\Delta\theta z}\right|$ 作为评价指标，对比点 $\boldsymbol{p}_0$ 的三个位置(底部、中部、顶部)对加工误差的影响，计算结果如图 6-9 所示。以 $\alpha=-90°$ 为例，与图 6-8 中未考虑补偿的计算结果相比，平均误差 $\bar{d}_z$ 明显降低(从图 6-8(c)的(0.678mm, 0.410mm, 0.127mm)降低到图 6-9 的(0.201mm, 0.091mm, 0.138mm)，但从底部到顶部的变化幅度不大，因为每个目标点具有相同的补偿量(推论 6.1)；如图 6-9(b)所示，点 $\boldsymbol{p}_0$ 在中部区域时的整体加工误差最小(对应 $\alpha=-90°$ 时为 0.091mm)，这验证了 6.4 节对位置 $\boldsymbol{p}_0$ 的选取方法的有效性，当选取中部区域为工件坐标系位置 $\boldsymbol{p}_0$ 时，可以较好地均衡底部与顶部误差，以此降低整体加工误差。

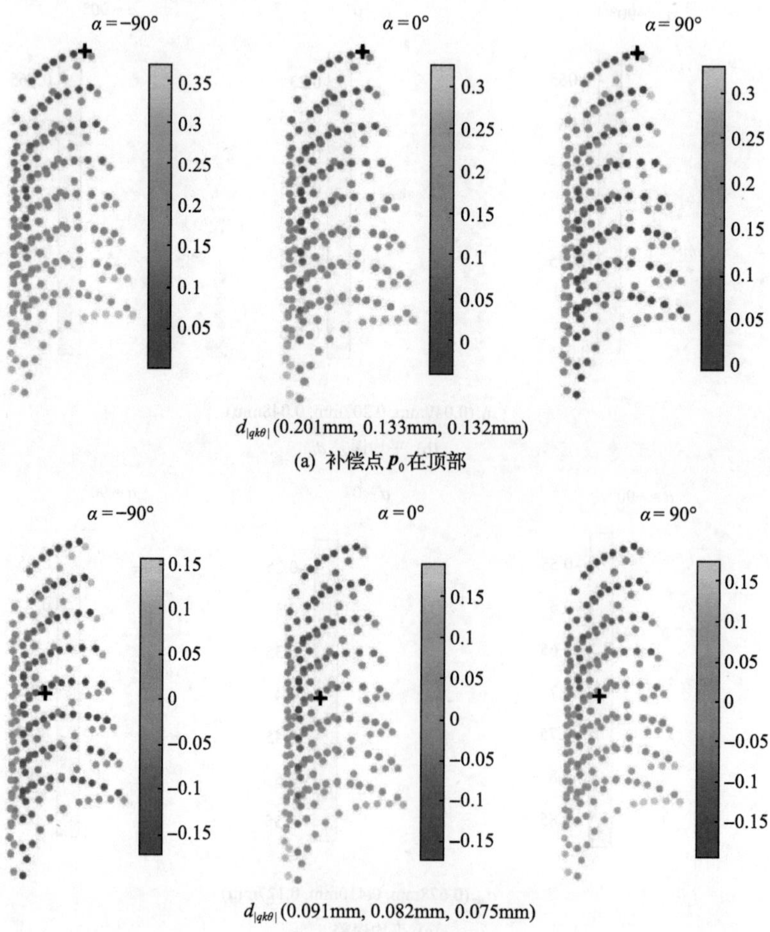

$d_{|qk\theta|}$(0.201mm, 0.133mm, 0.132mm)

(a) 补偿点 $\boldsymbol{p}_0$ 在顶部

$d_{|qk\theta|}$(0.091mm, 0.082mm, 0.075mm)

(b) 补偿点 $\boldsymbol{p}_0$ 在中部

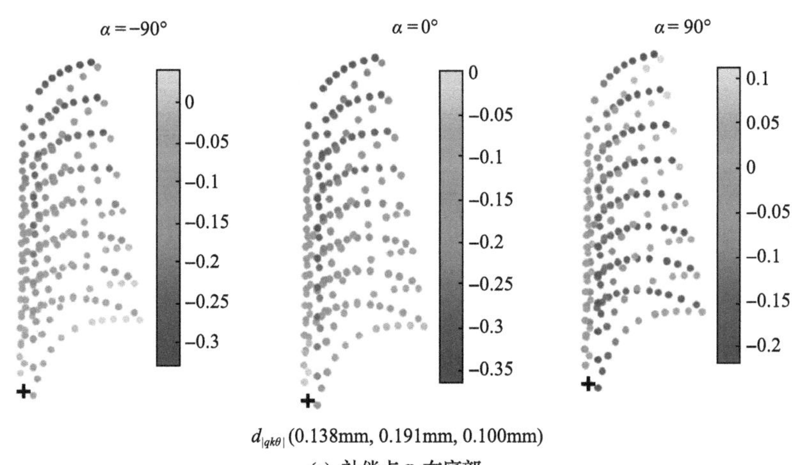

$d_{|qk\theta|}$(0.138mm, 0.191mm, 0.100mm)

(c) 补偿点 $\boldsymbol{p}_0$ 在底部

图 6-9　不同补偿点位置 $\boldsymbol{p}_0$（黑十字）下的加工误差色谱图（单位：mm）

实验三评估工具位姿的优化结果。在机器人逆运动学、可操作性、碰撞避免、关节极限约束下采用遗传算法（种群个体数目定义为 100，最大遗传代数为 50，交叉概率为 0.7，变异概率为 0.7，代沟为 0.9）求解工具最佳位姿为（1550mm, 87°）。为简化布局，工具角度最终定为 90°，对应加工补偿后的平均误差为 $\bar{d}_{|qk\theta|}$=0.061mm（图 6-10）。在确定工具位姿后，可进一步计算优化后的机器人位姿。表 6-3 展示了误差补偿前后的关节角变化，对应加工路径的光顺性在软件 RobotStudio（图 6-11）中进行验证。

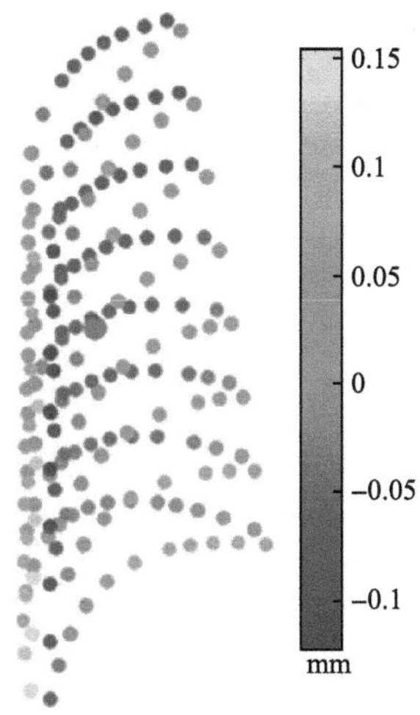

图 6-10　工具位姿优化后的加工误差色谱图（$\bar{d}_{|qk\theta|}$=0.061mm）

表 6-3　部分目标点在误差补偿前后的关节角　　(单位：(°))

p_i	补偿前后的关节角	关节序号					
		1	2	3	4	5	6
p_{10}	θ_i	−2.492	−57.776	15.646	168.461	48.451	−19.286
	θ_i^*	−2.503	−57.823	15.634	168.389	48.383	−19.350
p_{32}	θ_i	−1.233	−57.522	9.628	172.752	42.334	−8.898
	θ_i^*	−1.237	−57.561	9.611	172.689	42.272	−8.969
p_{100}	θ_i	−1.592	−61.319	14.789	169.136	43.987	162.060
	θ_i^*	−1.597	−61.359	14.770	169.068	43.919	161.995
p_{132}	θ_i	−2.794	−52.601	7.615	153.498	48.187	−129.302
	θ_i^*	−2.803	−52.645	7.601	153.406	48.113	−129.337
p_{155}	θ_i	−1.207	−52.315	4.735	168.592	42.989	178.304
	θ_i^*	−1.213	−52.355	4.722	168.521	42.927	178.241
p_{177}	θ_i	−0.636	−51.221	−2.629	169.211	36.636	154.907
	θ_i^*	−0.633	−51.253	−2.649	169.143	36.576	154.845

注：表中 6 个目标点是从叶片凹凸面的 192 个目标点中根据空间的均匀分布抽取的。

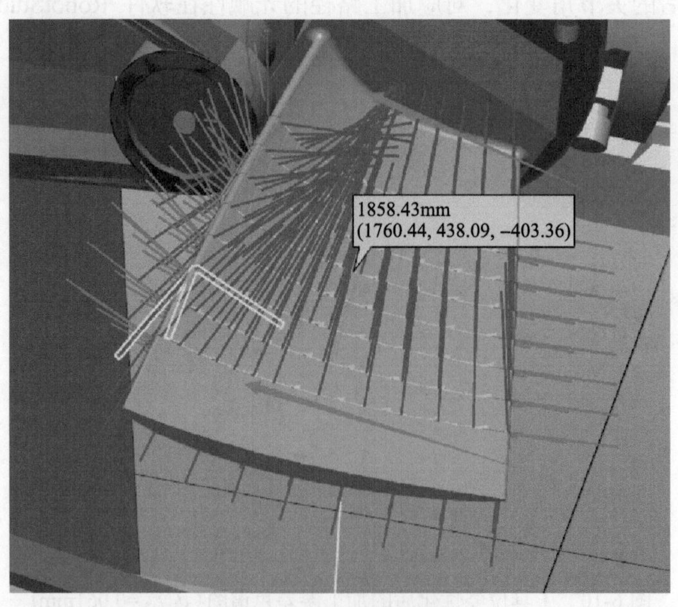

图 6-11　加工路径规划

上述实验通过综合误差补偿、补偿点位置优化与工具位姿优化降低了整体加工误差：初始情况下的平均误差为–0.522mm(图 6-6(a))，综合误差补偿(考虑关节运动学误差和弱刚度变形误差)后的平均误差降低到 0.405mm(取图 6-8(c)中 3 个工具位姿下平均误差的平均值)，优化补偿点位置 $\boldsymbol{p}_0$ 后的误差进一步降低到 0.083mm(取图 6-9(b)中 3 个工具位姿下平均误差的平均值)；通过优化工具位姿得到 $\alpha=90°$，平均误差最终降低到 0.061mm(图 6-10)。

上述实验以工件型机器人磨抛为例验证了本章误差补偿、补偿点位置优化与工具位姿优化方法的有效性。对于工具型机器人加工，如大型飞机蒙皮构件机器人铣削切边系统，工具(刀具及电主轴系统)固定在机器人末端，而工件(如航空蒙皮等)固定在机器人基坐标系中，考虑到工具在机器人末端的位姿调整受限与实际操作难度较大，此时主要以优化工件位姿为主，但不管是优化工件位姿还是工具位姿，最终都是为了获得最佳的机器人位姿。

参 考 文 献

[1] 李文龙, 谢核, 尹周平, 等. 机器人加工几何误差建模研究: II 参数辨识与位姿优化. 机械工程学报, 2021, 57(7): 169-184.

[2] Xie H, Li W L, Zhu D H, et al. A systematic model of machining error reduction in robotic grinding. IEEE/ASME Transactions on Mechatronics, 2020, 25(6): 2961-2972.

[3] Zhu W D, Qu W W, Cao L H, et al. An off-line programming system for robotic drilling in aerospace manufacturing. The International Journal of Advanced Manufacturing Technology, 2013, 68(9-12): 2535-2545.

[4] Bu Y, Liao W H, Tian W, et al. Stiffness analysis and optimization in robotic drilling application. Precision Engineering, 2017, 49: 388-400.

[5] Cardou P, Bouchard S, Gosselin C. Kinematic-sensitivity indices for dimensionally nonhomogeneous Jacobian matrices. IEEE Transactions on Robotics, 2010, 26(1): 166-173.

[6] Wu Y E, Klimchik A, Caro S, et al. Geometric calibration of industrial robots using enhanced partial pose measurements and design of experiments. Robotics and Computer-Integrated Manufacturing, 2015, 35: 151-168.

第7章　机器人加工的自适应轨迹规划

7.1　引　　言

第 2～6 章对视觉测量数据处理、位姿参数精确辨识与加工误差补偿的数学建模与计算方法进行了研究，这些方法可以提升加工型机器人的运动精度。但实际加工时由于机器人-刀具-工件之间的交互作用，机器人高效精密加工需要以机器人进给速度或加工对象的几何形状为调整目标，其研究重点关注加工轨迹规划[1]。现有的机器人加工轨迹规划方法主要基于现有模型的刀位点数据或商业 CAD/CAM 软件包，普遍将轨迹规划视为一个简单的几何问题，或是将曲面的法曲率视为一个接触运动的几何约束条件，缺少对加工动力学的考量，从而影响加工精度[2]。

本章以复杂叶片机器人砂带磨抛为例，在充分考虑叶片曲率特性和接触轮-工件接触面弹性变形的基础上，提出基于材料去除廓形模型的机器人砂带磨抛轨迹规划算法。该算法具有如下特点：①生成的刀具路径充分考虑弹性变形的影响，可以根据工艺参数的变化进行合理的路径间隔规划；②可以自适应地增加曲率变化较大的路径上的磨抛点，防止出现“过切”现象；③具有通用性，可推广应用于其他复杂曲面的轨迹智能规划。实验表明该算法能有效解决叶片前后缘“过切”问题，平均轮廓误差仅为 0.0194mm，前后缘平均轮廓误差分别为 0.0319mm 和 0.0342mm，均小于叶片设计允许的误差 0.08mm。

7.2　复杂曲面机器人加工轨迹生成原理

目前，以机器人加工为代表的多轴加工轨迹生成技术研究主要集中于两方面：轨迹步长控制方法和轨迹行距计算方法。

7.2.1　轨迹步长控制方法

常用的曲面加工轨迹步长控制方法主要有三种：等参数步长法、等距步长法和等弦高误差法[3]。

1. 等参数步长法

等参数步长法是对参数曲线的参数值进行等值分割，每隔相等的间距 Δ 取一个参数值，如图 7-1(a)所示；计算出与每个参数值对应点的坐标值，依次连接这些离散点即可得到该曲线对应的加工轨迹。该方法计算简单、稳定，但等参数变化并不能保证每段直线段的弦高误差都相等。为了保证各段误差都在允许范围以内，通常选取较小的间隔值，导致生成轨迹点密集、编程量大。

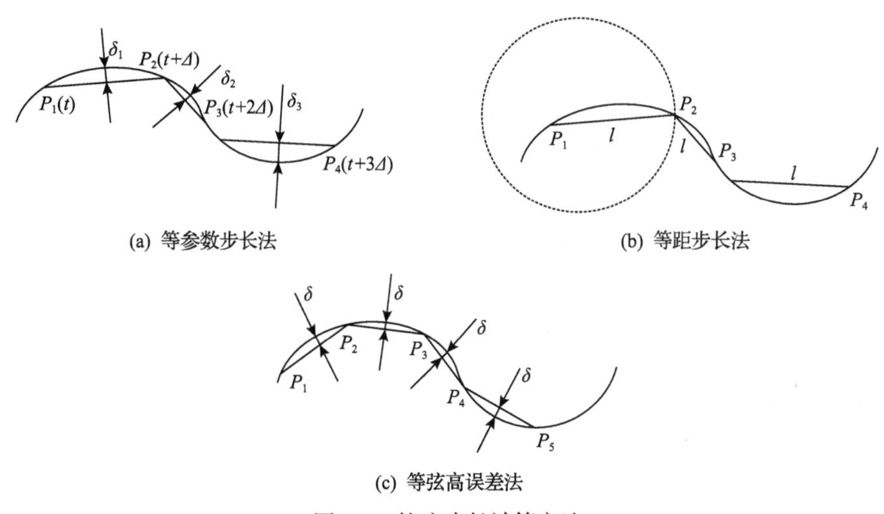

(a) 等参数步长法

(b) 等距步长法

(c) 等弦高误差法

图 7-1　轨迹步长计算方法

2. 等距步长法

等距步长法又称等弦长步长法，它使各离散直线段的长度相等，如图 7-1(b)所示，在当前点处做一半径为 r 的球，通过计算球与曲线的交点确定下一点的位置。由于求交运算过程复杂、计算量大，该算法的效率较低。同时，由于曲线的曲率不断变化，各直线段对应的弦高误差也不断变化，所以只能按照最不利的情况选取直线长度 l 的值，导致程序的质量降低。

3. 等弦高误差法

等弦高误差法是使各离散直线段对应的弦高误差相等，根据工件表面的曲率变化情况分别计算每一个离散点的位置，如图 7-1(c)所示。由于每一段直线段对应的弦高误差都能够取得最大的允许值，极大减少了离散点数目及程序量，很好地兼顾了加工精度和效率两个问题。

7.2.2　轨迹行距计算方法

常用的复杂曲面轨迹行距计算方法主要有三种：等参数线法、等截面法和等残留高度法[4]。

1. 等参数线法

等参数线法的基本思想是利用样条曲线对曲面进行离散。选取自由曲面的一个参数线方向(如 u 向)作为行距进给方向，u 参数每隔一个固定值 Δu 取一条参数线作为一条磨抛轨迹，如图 7-2(a)所示。该方法的特点是计算简单、稳定，缺点是相邻路径之间的残留高度不相等，只能按照保守值对曲面进行离散，增加了走刀次数，加工效率低。同时该方法只适合形状规整、参数线分布均匀的曲面，应用范围受到了限制。

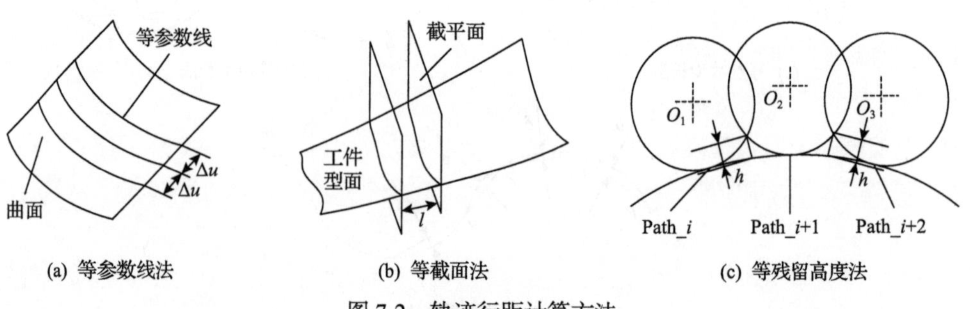

图 7-2　轨迹行距计算方法

2. 等截面法

等截面法是利用一系列距离相等的平面去截取加工曲面，把得到的相交线作为加工轨迹，如图 7-2(b)所示。该方法思想简单，容易理解和实现；不足之处是算法可靠性不高，同时无法对残留高度实现有效控制，截面间距只能选取较小的值，同样增加了走刀次数，降低了加工效率。

3. 等残留高度法

等残留高度法是根据精度要求确定允许的最大残留高度值，在规划路径时使相邻轨迹之间的残留高度都等于该允许值，如图 7-2(c)所示。由于该方法是根据曲面的局部曲率特征，动态地生成每一条加工轨迹，能够使规划路径的残留高度取得最大允许值，从而降低磨抛行数量以提高加工效率。在残留高度允许值和磨抛接触轮尺寸一定的情况下，行距值大小主要由曲面的局部形状决定。

7.2.3　机器人磨抛轨迹规划思路

叶片是带有扭转和弯曲特征的标准自由曲面。以叶片机器人砂带磨抛为例，常采用叶片安装在机器人末端、固定磨抛机的加工形式，其加工方式分为纵磨、横磨、螺旋磨三种，如图 7-3 所示[4]。

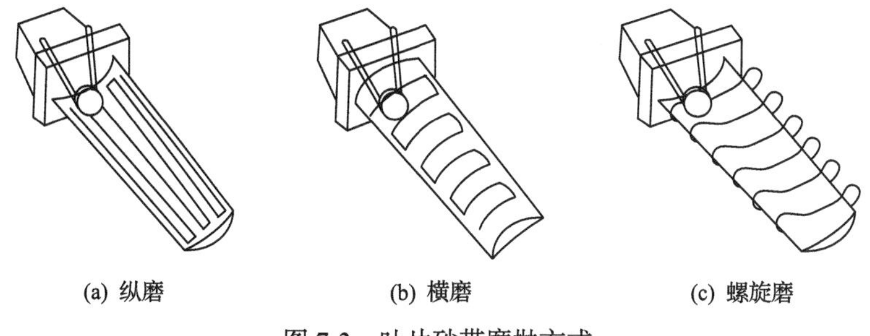

图 7-3　叶片砂带磨抛方式

(1)纵磨：刀具运动轨迹和砂带轮线速度方向垂直。其加工时接触面积较小，因此纵磨刀具路径比较密集，导致加工效率较低，又由于路径方向上的曲率变化较小，精度相对较高。

(2)横磨：刀具运动轨迹和砂带轮线速度方向平行。横磨的单次磨削有效宽度为刀具宽度，因而其加工密集度相对较低，加工效率较高，但产热较为严重，易烧伤，且由于加工误差、标定误差的存在，容易产生深浅不一的切痕。

(3)螺旋磨：类似于螺纹方向的轨迹。螺旋磨的单次磨削有效宽度和横磨一样为刀具宽度，加工带宽较大，但需要不断地旋转叶片达到完整磨削的目的，致使机器人运动姿态变化较大，易超过其 6 轴极限转角，存在叶片进排气边磨削质量较差、磨削颤振等问题。

复杂曲面机器人加工轨迹规划类似于移动机器人在复杂环境中寻找一条从起始状态到目标状态的无碰撞路径，规划方法需适应复杂零件特征区域形状与尺寸不确定的情形[5]。已有的研究普遍将轨迹规划视为一个简单的几何问题，较少考虑加工动力学因素的影响。与刚性机床不同，具有柔性接触的机器人砂带磨抛加工可能会导致加工精度产生偏差，同时影响加工效率，尤其针对薄壁叶片磨抛加工。

因此，通过考虑加工弹性变形的影响，本章提出基于材料去除廓形模型的机器人砂带磨抛轨迹规划算法[6]，该算法主要分为三个步骤，如图 7-4 所示。首先，输入工件与接触轮的材料物理特性参数、工艺参数以及刀具几何形状参数；其次，开发基于材料去除廓形(material removal profile, MRP)模型的等残留高度算法和改进的等弦高误差算法，以分别生成刀具路径和磨抛点，前者充分考虑弹性变形的影响，可以根据工艺参数的变化进行合理的路径间隔规划，而后者可以自适应地增加曲率变化较大的路径上的磨抛点，防止出现“过切”现象；最后，基于生成加工轨迹规划软件 Open CASCADE，根据磨抛点数据生成机器人的操作指令，并通过仿真和实验验证所提出的自适应机器人砂带磨抛轨迹规

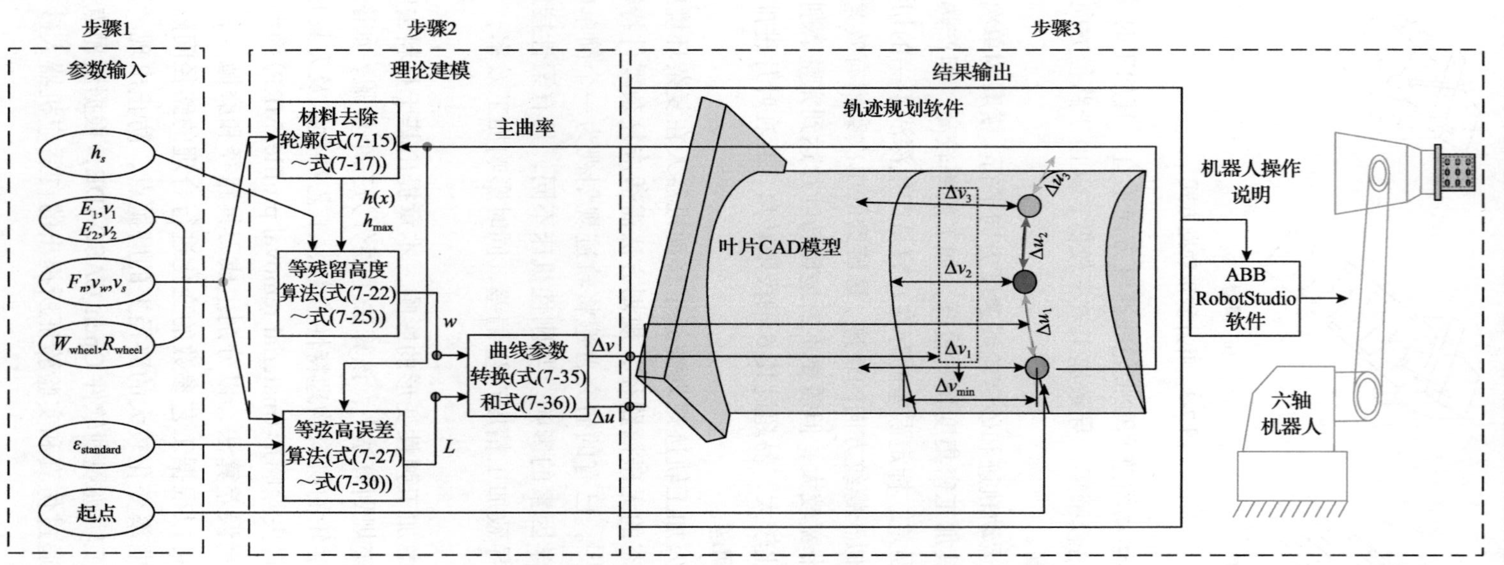

图7-4　机器人砂带磨抛轨迹规划框图

划算法的可行性。

7.3　基于 Preston 方程的材料去除廓形模型

机器人砂带磨抛是一种柔性的材料去除加工方式，其特点主要体现在磨抛过程中接触轮与工件接触后会发生较大的弹性变形，并且随着磨抛力的变化接触轮形变尺寸也会发生改变，因此被加工工件表面的材料去除量不易控制[7,8]。本节建立砂带接触轮的材料去除廓形模型，为后面建立机器人砂带磨抛轨迹规划算法奠定基础。

7.3.1　Preston 方程

Preston方程可用于直观地描述材料去除量与加工过程中各工艺参数之间的影响关系。磨抛过程可以被描述为材料去除量变化与时间变化量之间的线性关系，即单位时间内的材料去除量和加工过程中接触点处磨抛工具与工件间的相对速度和压强的乘积呈正比关系[9]，其表达式为

$$\frac{\mathrm{d}h}{\mathrm{d}t}=k_p P v_m \tag{7-1}$$

式中，P 为接触点处的法向压强；v_m 为接触点处工件与砂带间的相对线速度；$\mathrm{d}t$ 为驻留时间；$\mathrm{d}h$ 为 $\mathrm{d}t$ 时间内材料的去除深度；k_p 为磨损系数，通常与被磨抛工件材料、磨料、磨抛工具等相关。

在接触点处工件与砂带间的相对线速度 v_m 与工件进给速度 v_w 和砂带线速度 v_s 相关，v_m 与 v_s 同向时两者相加，反向时两者相减，即

$$v_m = v_s \pm v_w \tag{7-2}$$

式(7-1)适用于定点驻留磨抛方式，但在实际加工过程中，机器人砂带磨抛通常采用移动磨抛方式，因此需要对其进行改进。设在 $\mathrm{d}t$ 这段时间内，磨抛工具接触点沿着运动轨迹方向走过的长度为 $\mathrm{d}l$ ，则有 $\mathrm{d}t = \mathrm{d}l / v_w$ ，因此式(7-1)可以转换为

$$\frac{\mathrm{d}h}{\mathrm{d}l}=\frac{k_p P v_m}{v_w} \tag{7-3}$$

7.3.2　基于 Hertz 接触理论的接触压力分布计算

Hertz 接触理论最早用于阐述两个相互接触的物体在受到外界压力时产生的局部应变与应力分布情况。对于砂带磨抛加工，由于接触轮橡胶部分的材质为弹性体，其弹性模量和硬度远小于工件材料的弹性模量和硬度，所以接触轮在法向磨抛力的作用下，在与工件接触处易产生明显的弹性变形，并形成具有一定形状的接触区域，材料微观去除便发生在此区域内。接触区域的形状一般为椭圆、圆形或矩形，其变化取决于刀具的几何形状和工件的表面曲率。接触区域内接触轮发生变形的同时伴随着应力产生。本节利用 Hertz 接触理论对机器人砂带磨抛加工中的接触轮与工件间的压力分布进行分析，并对接触模型进行如下假设：①接触模型中两物体不发生刚性运动；②接触点与分离点为同一点，接触表面光滑；③忽略两物体在接触面间的介质；④应力与应变为线性关系，且应变较小。

根据 Hertz 接触理论，机器人砂带磨抛自由曲面表面时，其接触区域近似为椭圆[10]。图 7-5 为砂带轮磨抛自由曲面示意图，该接触区域可表示为

$$\left(\frac{x}{a}\right)^2+\left(\frac{y}{b}\right)^2=1 \tag{7-4}$$

接触区域的压强分布可用式(7-5)表示[11]：

$$p(x,y)=\frac{3F_n}{2\pi ab}\sqrt{1-\left(\frac{x}{a}\right)^2-\left(\frac{y}{b}\right)^2} \tag{7-5}$$

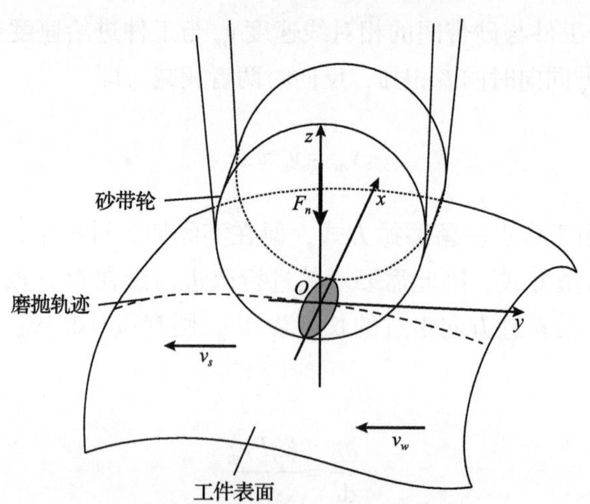

图 7-5　砂带轮磨抛自由曲面示意图

式中，a 和 b 分别为接触椭圆的长半轴和短半轴的长度，通过式(7-6)确定；δ 为接触轮在加工过程中的弹性趋近量，通过式(7-7)确定[12]。

$$a=\left(\frac{3k^2\varepsilon_{(k)}F_n}{\pi E_c(A+B)}\right)^{\frac{1}{3}},\quad b=\left(\frac{3\varepsilon_{(k)}F_n}{\pi kE_c(A+B)}\right)^{\frac{1}{3}} \tag{7-6}$$

$$\delta=\frac{3\xi_{(k)}F_n}{2\pi E_c a} \tag{7-7}$$

式中

$$\frac{1}{E_c}=\frac{1-\nu_1^2}{E_1}+\frac{1-\nu_2^2}{E_2} \tag{7-8}$$

$$k=\frac{a}{b}\approx 1.0339\left(\frac{B}{A}\right)^{0.636} \tag{7-9}$$

$$\xi_{(k)}=1.5277+0.6023\ln\left(\frac{B}{A}\right) \tag{7-10}$$

$$\varepsilon_{(k)}=1.0003+0.5968\left(\frac{A}{B}\right) \tag{7-11}$$

$$\begin{cases}A+B=\dfrac{1}{2}\left(\dfrac{1}{R_1}+\dfrac{1}{R_2}+\dfrac{1}{R_1'}+\dfrac{1}{R_2'}\right)\\[2ex] B-A=\dfrac{1}{2}\left(\left(\dfrac{1}{R_1}-\dfrac{1}{R_1'}\right)^2+\left(\dfrac{1}{R_2}-\dfrac{1}{R_2'}\right)^2+2\left(\dfrac{1}{R_1}-\dfrac{1}{R_1'}\right)\left(\dfrac{1}{R_2}-\dfrac{1}{R_2'}\right)\cos(2\gamma)\right)^{\frac{1}{2}}\end{cases} \tag{7-12}$$

F_n 为接触轮与工件接触面的法向力；E_c 为接触轮与工件之间的相对弹性模量；E_1 和 ν_1 分别为接触轮的杨氏模量和泊松比；E_2 和 ν_2 分别为工件的杨氏模量和泊松比；$\xi_{(k)}$ 和 $\varepsilon_{(k)}$ 分别为第一、第二类椭圆积分；A 和 B 分别为接触点的相对主曲率[13]；R_1 和 R_1' 分别为接触轮在接触点的主曲率半径；R_2 和 R_2' 分别为工件在接触点的主曲率半径；γ 为两曲率半径 R_1 和 R_2 在法平面上的夹角。

7.3.3　材料去除廓形建模

如图 7-6 所示，磨抛加工过程中，以椭圆接触区域内的任一点作为研究对象，分析其材料去除量。以微元 M 为例，砂带接触轮沿磨抛轨迹经过微元 M 时，也就是接触轮与工件接触变形后的接触区域经过微元 M，其路线为从点 $L_1(x,b_1)$ 到点 $L_2(x,-b_1)$。因此，在微元 M 处的材料去除量等价于磨抛带 L_1L_2 上的每个微元通过微元 M 处时产生的材料去除量的累加，即

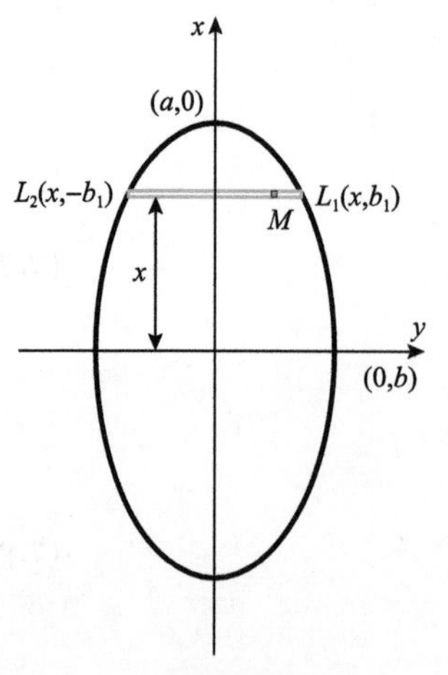

图 7-6　椭圆接触区域微元示意图

$$h(x)=\int_{L_1}^{L_2}\frac{\mathrm{d}h}{\mathrm{d}l}\,\mathrm{d}y \tag{7-13}$$

在图 7-5 建立的 $O\text{-}xy$ 坐标系中，磨抛轨迹与 y 轴重合，x 轴与 y 轴垂直，且与砂带接触轮的轴线方向平行，因此有 $\mathrm{d}l=\mathrm{d}y$。结合式(7-3)～式(7-5)，可得到如下公式：

$$h(x)=\frac{2k_p v_m}{v_w}\int_0^{\sqrt{\left(1-\frac{x^2}{a^2}\right)\times b^2}}P(x,y)\mathrm{d}y \tag{7-14}$$

可简化为

$$h(x)=\frac{3k_p F_n v_m\left(a^2-x^2\right)}{4a^3 v_w} \tag{7-15}$$

将式(7-6)代入式(7-15)，可进一步得到式(7-16)。该公式为砂带接触轮在椭圆接触区域内沿 x 轴方向的材料去除廓形表达式。当 $x=0$ 时，可以得到当前接触点处的最大切削深度 $h_{\max}$，如式(7-17)所示。

$$h(x)=\frac{k_p F_n^{\frac{2}{3}} v_m}{v_w}\left(\frac{9\pi E_c(A+B)}{64k^2\varepsilon(k)}\right)^{\frac{1}{3}}\left(1-\left(\frac{x}{a}\right)^2\right) \tag{7-16}$$

$$h_{\max}=h(0)=\frac{k_p F_n^{\frac{2}{3}} v_m}{v_w}\left(\frac{9\pi E_c(A+B)}{64k^2\varepsilon_{(k)}}\right)^{\frac{1}{3}} \tag{7-17}$$

7.4 视觉引导的自适应轨迹规划算法

针对叶片类自由曲面工件，使用 NURBS(非均匀有理 B 样条)曲面来表示工件型面。NURBS 曲面的数学表达式为[14]

$$S(u,v)=\begin{bmatrix} x(u,v) \\ y(u,v) \\ z(u,v) \end{bmatrix},\quad u,v\in[0,1] \tag{7-18}$$

式中，u、v 是自由曲面参数；x、y 和 z 是参数 u 和 v 的可微函数。为了便于说明，将刀具进给方向和行距方向分别设置为表面的 u 方向和 v 方向。

在 $S(u,v)$ 函数中固定其中一个参数值，如将参数 v 设置为 v_0，可以获得关于参数 u 的 NURBS 曲线路径 $P(u)$：

$$P(u)=S\left(u,v_0\right),\quad u\in[0,1] \tag{7-19}$$

采用等参曲线法生成加工路径，再在加工路径上搜索磨抛点，其本质是离散化曲线并确定每个磨抛点的相应参数 u。

7.4.1 相邻磨抛点计算

1)行距规划

在 v 方向上，以残留高度值作为约束条件，基于 MRP 模型计算磨抛路径间隔，计算分为以下两种情况。

情况 1：当最大磨抛深度小于残留高度 h_s 时，必须保证两条加工路径上的接触椭圆之间不存在间隙，这意味着在两个刀位点处的接触椭圆的长轴相交。因此，在满足加工精度要求的前提下，应提高加工效率。磨抛路径间隔 w 表示为

$$w=\frac{2aR_i}{R_i\pm h_s} \tag{7-20}$$

式中，“+”代表凸面；“−”代表凹面。

情况 2：当最大磨抛深度大于残留高度 h_s 时，单条路径不能满足加工精度要求，并且需要相邻刀具路径重叠。这意味着下一条刀具路径的接触椭圆与当前刀具路径的接触椭圆相交以确保加工精度要求。

对于情况 2，如图 7-7 所示，建立基于 MRP 模型的加工路径间距规划算法。令第 i 条路径的第 n 个磨抛点处的材料去除廓形为 E_{in}，最大切削深度为 $h_{\max}$，满足 $h_{\max}>h_s$，第 i+1 条路径上的第 n 个磨抛点处的材料去除廓形 $E_{(i+1)n}$ 与 E_{in} 重叠，

去除 E_{in} 边缘的多余材料，满足加工精度需求。

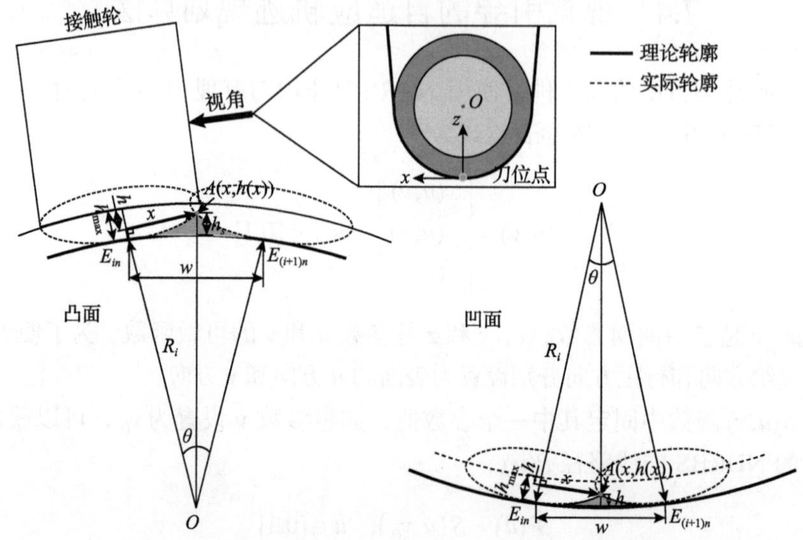

图 7-7　基于 MRP 模型的凹凸面行距计算原理示意图

材料去除廓形交点 A 可表示为在 E_{in} 廓形模型中 x 处切深为 $h(x)$ 的位置。由于相邻刀路间的行距较小，且工件表面的曲率半径 $R_i \gg h(x)$，可令 $h \approx h(x)$，根据图中表示的几何关系，对凸面可以得到如下关系式：

$$\left(R_i + h_{\max} - h(x)\right)^2 + x^2 = \left(R_i + h_s\right)^2 \tag{7-21}$$

解得

$$x = \frac{\sqrt{-\dfrac{a^4}{h_{\max}^2} - \dfrac{2a^2 R_i}{h_{\max}} + \dfrac{a^2\sqrt{a^4 + 4h_s^2 h_{\max}^2 + 4a^2 h_{\max} R_i + 8h_s h_{\max}^2 R_i + 4h_{\max}^2 R_i^2}}{h_{\max}^2}}}{\sqrt{2}} \tag{7-22}$$

则行距 w 为

$$w = \frac{2xR_i}{R_i + h_s} \tag{7-23}$$

同理可计算得到凹面行距 w 为

$$w = \frac{2xR_i}{R_i - h_s} \tag{7-24}$$

式中

$$x=\frac{\sqrt{-\frac{a^4}{h_{\max}^2}+\frac{2a^2R_i}{h_{\max}}-\frac{a^2\sqrt{a^4+4h_s^2h_{\max}^2-4a^2h_{\max}R_i-8h_sh_{\max}^2R_i+4h_{\max}^2R_i^2}}{h_{\max}^2}}}{\sqrt{2}} \tag{7-25}$$

2) 步长规划

在 u 方向上，通过等弦高误差步长法确定下一磨抛点位置。如图 7-8(a)所示，ε 表示弦高误差，L 表示加工步长，R_i 和 R_{i+1} 表示两磨抛点在加工路径曲线上的曲率半径。一般而言，两磨抛点处的曲率半径不相等，但由于加工步长较小，可以近似认为 $P(u_i)P(u_{i+1})$ 段曲线为圆弧，即 $R_i=R_{i+1}=R$，通过勾股定理计算步长 L。假设 $\varepsilon=\varepsilon_{\text{standard}}$，$\varepsilon_{\text{standard}}$ 为标准弦高误差值，则 L 可以通过式(7-27)获得：

$$\left|OP(u_i)\right|^2=\left|OM\right|^2+\left|MP(u_i)\right|^2 \tag{7-26}$$

$$L=2\times\left|MP(u_i)\right|=2\times\sqrt{R_i^2-(R_i-\delta)^2}=2\sqrt{2R_i\varepsilon-\varepsilon^2}\approx2\sqrt{2R_i\varepsilon} \tag{7-27}$$

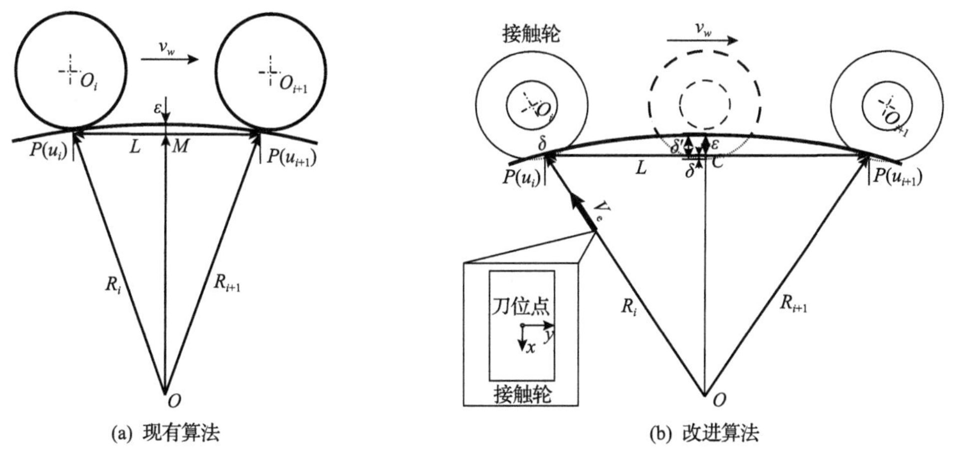

(a) 现有算法　　(b) 改进算法

图 7-8　现有和改进加工步长算法的原理示意图

上述算法通常用于计算刚性接触的加工步长，即工件与刀具间的弹性变形小到可以忽略不计。而在柔性接触的机器人砂带磨抛过程中，实际材料去除深度小于设定的弦高误差。因此，根据砂带磨抛工艺的材料去除特性，可以适当提高弦高标准值，以增加步长。如图 7-8(b)所示，砂带接触轮相对工件在 $P(u_i)$ 和 $P(u_{i+1})$ 之间进行线性运动，$P(u_i)$ 和 $P(u_{i+1})$ 之间的弦高误差 ε 可看成相邻两磨抛点间的弹性变形量差值，即接触轮和工件之间的弹性趋近量 δ (在 $P(u_i)$ 处)变为 δ' (在 C 点处)，表示为

$$\delta'=\delta+\varepsilon \tag{7-28}$$

结合式(7-6)、式(7-7)和式(7-15)，式(7-28)可转换为

$$\varepsilon = \delta' - \delta = \frac{2\xi_{(k)} h_{\max}}{\pi k_p E_c \left(v_m / v_w \right)} - \frac{3\xi_{(k)} F_n}{2\pi E_c a} \tag{7-29}$$

为了满足加工精度要求，假设两个相邻磨抛点之间的最大材料去除深度(在 C 点处) $h_{\max} = \varepsilon_{\text{standard}}$ ，则可以通过式(7-29)得出两个磨抛点之间的弦高误差 ε 。此外，将确定的 ε 值代入式(7-27)，最终得到机器人砂带磨抛步长，见式(7-30)。但此算法目前仅适用于叶片凸面和前后缘，不适用于凹面。

$$L = 2\sqrt{2R_i \left(\frac{2\xi_{(k)} \varepsilon_{\text{standard}}}{\pi k_p E_c \left(v_m / v_w \right)} - \frac{3\xi_{(k)} F_n}{2\pi E_c a} \right)} \tag{7-30}$$

7.4.2 加工轨迹自适应校正

等弦高误差步长法要求相邻磨抛点间的曲率基本一致，以当前磨抛点处的曲率半径代替该段曲线的曲率半径，并依据该点处的曲率半径计算加工步长。由式(7-27)可知，在给定标准弦高误差的情况下，步长正比于当前磨抛点曲率半径，如图 7-9 所示。如果当前磨抛点 $P(u_i)$ 曲率半径大大超出曲线 $P(u_i)P(u_{i+1})$ 中最小的曲率半径，以当前磨抛点曲率半径计算的步长 L_i 会偏大，此时实际加工的弦高误差可能大于精度要求的弦高误差。如图 7-10 所示，等弦高误差步长法应用于叶

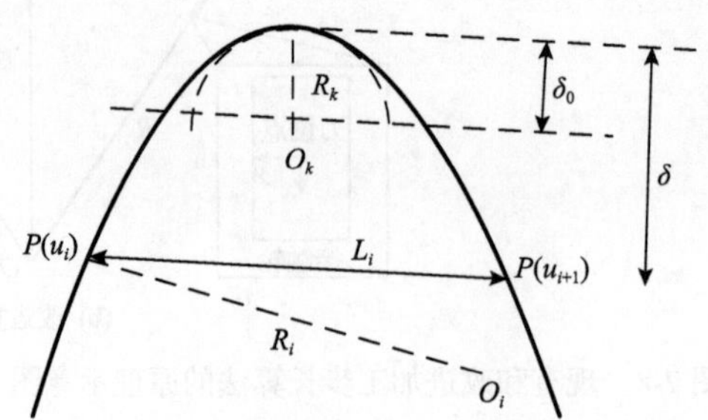

图 7-9 实际弦高误差超过标准误差的情况示意图

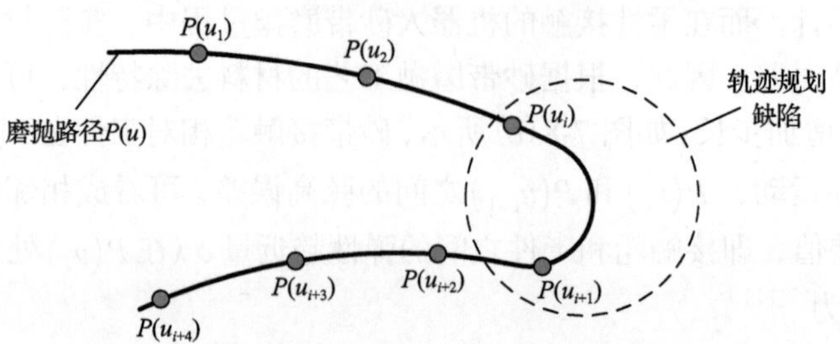

图 7-10 叶片前后缘曲率突变导致磨抛点密度低

片磨抛步长计算时，在叶片前后缘曲率变化较大处，磨抛点密度低，容易出现弦高误差超差，产生“过切”现象，从而影响加工质量。

针对该算法存在的不足，做出以下改进：以等弦高误差算法计算步长及下一磨抛点位置，并判断相邻两点间是否存在弦高误差超差的情况。若出现超差现象，则重新计算磨抛点，使出现弦高误差超差的区域的磨抛点密度自适应地增大以保证加工的轮廓精度。

如图 7-11 所示，首先对两点间的曲线 $P(u_i)P(u_{i+1})$ 在参数域上进行十等分，然后将曲线段九个插补点处的曲率半径与下一磨抛点和当前磨抛点处的曲率半径进行比较，最后取最小值作为当前该段曲线的曲率半径并重新计算步长再更新下一磨抛点位置 $P(u_{i+1})$。

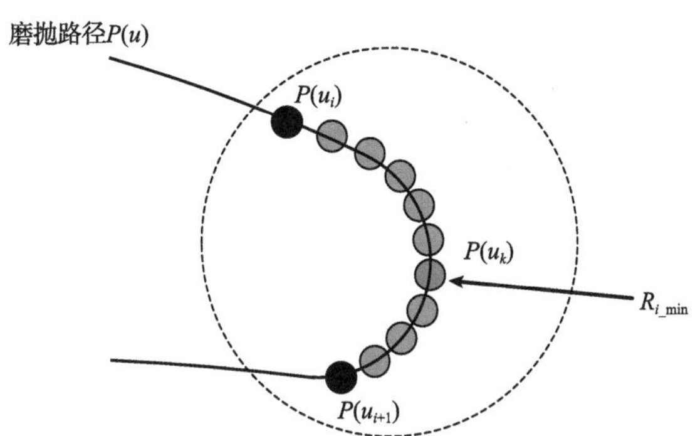

图 7-11 在出现弦高误差超差的曲线段比较出插补点的最小曲率半径

图 7-12 比较了改进前后所获得的磨抛点密度分布，其中九个插补点取值的计算公式为

$$P(u_k) = P(u_i + 0.1k\Delta u) = S(u_i + 0.1k\Delta u,\ v_0),\quad k = 1,2,\cdots,9 \tag{7-31}$$

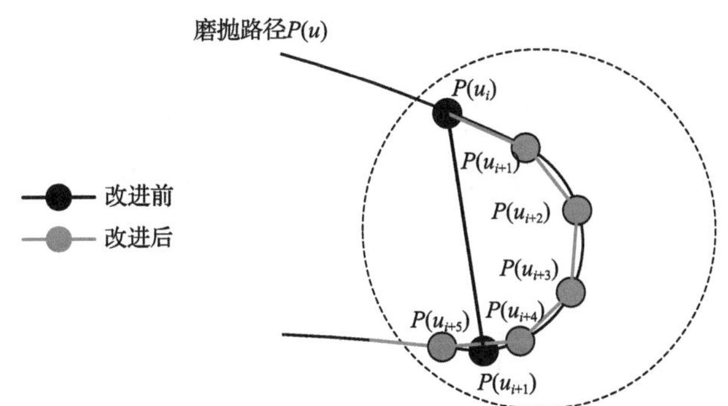

图 7-12 基于改进前后等弦高误差步长法的磨抛点密度的比较

此时，该段曲线曲率半径设为 $R_{i\min}$：

$$R_{i\min} = \min\left\{R_i, R_k, R_{i+1}\right\} \tag{7-32}$$

将计算得到的步长 L 和行距 w 转换为曲面参数域对应的参数值，确定当前磨抛点在 u、v 方向上的相邻点。以等参数线 $P(u_i)$ 为例，利用泰勒级数展开对 NURBS 曲线进行离散，将 u 看成时间 t 的函数，得到二阶泰勒级数展开式[14]：

$$u\left(t_{i+1}\right) = u(t) + \frac{\left(t_{i+1}-t_i\right)v\left(t_i\right)}{\left\|\dfrac{\mathrm{d}P\left(u_i\right)}{\mathrm{d}u}\right\|} + \frac{\left(t_{i+1}-t_i\right)^2}{2\left\|\dfrac{\mathrm{d}P\left(u_i\right)}{\mathrm{d}u}\right\|}\left(a\left(t_i\right) - \frac{v^2\left(t_i\right)}{\left\|\dfrac{\mathrm{d}P\left(u_i\right)}{\mathrm{d}u}\right\|^3}\frac{\mathrm{d}P\left(u_i\right)}{\mathrm{d}u}\frac{\mathrm{d}^2P\left(u_i\right)}{\mathrm{d}u^2}\right) \tag{7-33}$$

式中，$v(t_i)$、$a(t_i)$ 分别为 t_i 时刻的速度与加速度。

由于加工时速度低且变化不大，可以忽略加速度的影响，且相邻磨抛点间距离较小，因此可以将沿 NURBS 曲线的速度 $v(t_i)$ 近似看成沿两磨抛点间直线的速度，则有

$$L_i = v\left(t_i\right)\left(t_{i+1}-t_i\right) \tag{7-34}$$

整理式(7-33)和式(7-34)，并忽略加速度的影响，可得到关于参数 u 的递推公式，即通过步长 L 得到对应的参数 Δu：

$$u\left(t_{i+1}\right) = u(t) + \frac{L_i}{\left\|\dfrac{\mathrm{d}P\left(u_i\right)}{\mathrm{d}u}\right\|} - \frac{L_i^2}{2\left\|\dfrac{\mathrm{d}P\left(u_i\right)}{\mathrm{d}u}\right\|^4}\frac{\mathrm{d}P\left(u_i\right)}{\mathrm{d}u}\frac{\mathrm{d}^2P\left(u_i\right)}{\mathrm{d}u^2} \tag{7-35}$$

同理，可将行距 w 转换成对应参数域的 Δv，见式(7-36)，此时 NURBS 曲线为等 u 参数曲线 $S(u, v_i)$，即 $P(v)$；计算当前刀路各磨抛点对应的等残高行距 w_i 及对应参数域上的 Δv_i，为保证表面加工质量，取其最小值确定下一刀路曲线位置，见式(7-37)。

$$v\left(t_{i+1}\right) = v(t) + \frac{w_i}{\left\|\dfrac{\mathrm{d}P\left(v_i\right)}{\mathrm{d}v}\right\|} - \frac{w_i^2}{2\left\|\dfrac{\mathrm{d}P\left(v_i\right)}{\mathrm{d}v}\right\|^4}\frac{\mathrm{d}P\left(v_i\right)}{\mathrm{d}v}\frac{\mathrm{d}^2P\left(v_i\right)}{\mathrm{d}v^2} \tag{7-36}$$

$$v_{\text{next}} = v_{\text{current}} + \min\left\{\Delta v_i\right\} \tag{7-37}$$

7.4.3　磨抛加工轨迹生成步骤

图 7-13 为基于 MRP 模型的机器人砂带磨抛轨迹的生成过程，相应的流程图如图 7-14 所示，详细步骤如下：

(1) 输入参数。包括加工起点的位置、工件与接触轮的弹性模量 E_1 和 E_2、泊松比 v_1 和 v_2 等物理特性参数，接触轮速度 v_s、工件进给速度 v_w、法向接触力 F_n 等工艺参数，以及砂带接触轮的半径 R_{wheel} 和宽度 W_{wheel} 等几何参数。

(2) 根据等弦高误差算法计算 u 方向上的下一个磨抛点的位置，并根据等残留高度算法计算 v 方向上的偏置点。

(3) 确定下一个磨抛点是否在参数域中，若是，则继续下一步；否则，设置当前刀具路径的加工终点，然后跳至步骤(5)。

(4) 确定相邻两个磨抛点之间的弦高误差是否过大，若是，则重新计算步长和相应 Δu，并在更新下一个磨抛位置后返回步骤(2)；否则，直接返回步骤(2)。

(5) 计算并比较与磨抛位置相对应的偏置点的 Δv_i，并取最小值以确定下一条刀具路径曲线。

(6) 确定下一条刀具路径曲线是否在曲面参数域中，若是，则确定刀具路径的加工起点，然后返回到步骤(2)；否则，终止轨迹规划算法。

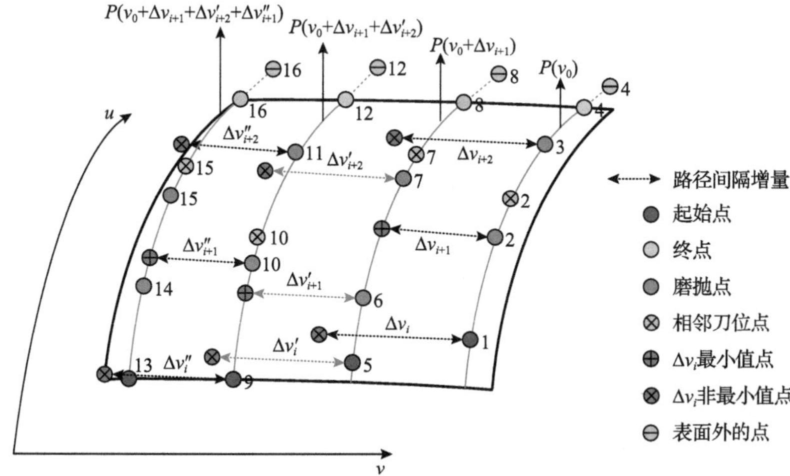

图 7-13　机器人砂带磨抛自适应轨迹规划原理图

7.4.4　视觉引导的二次磨抛轨迹生成步骤

由于叶片的曲率变化较大，尤其是在叶片前后缘处，曲率半径极小，而叶面部分区域的曲率半径较大，甚至趋于无穷大，只进行单次的加工轨迹规划难以

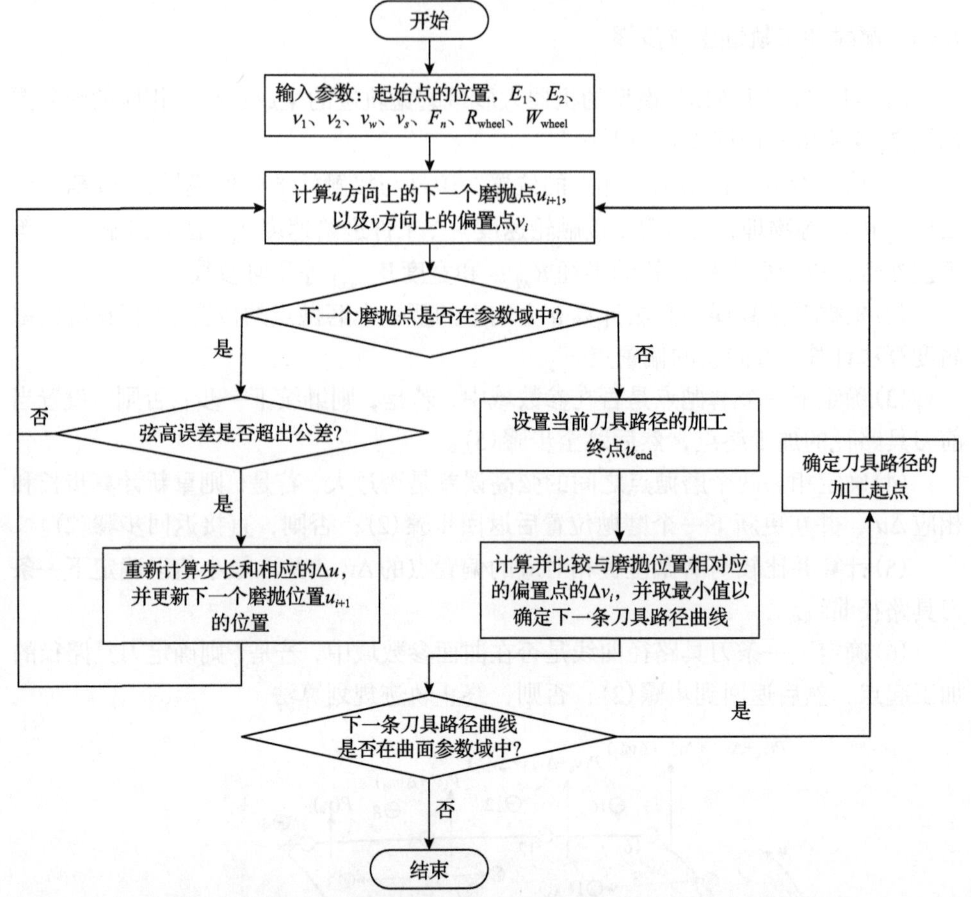

图 7-14　基于 MRP 模型的机器人砂带磨抛轨迹自适应规划流程图

保证叶片型面整体的轮廓精度满足加工精度需求。另外，由于砂带接触轮与叶片前后缘处的接触面积较小，加工时易产生较大的材料去除，并且大量热量聚集于前后缘处，容易造成“过切”和“烧伤”等加工损伤。因此，在加工叶片前后缘时应该适当地减小接触力并提高工件进给速度。同时，为保证叶片前后缘处的加工精度，需要增加针对叶面型面轮廓度的在线测量模块。

基于机器视觉，本书提出叶片机器人磨抛加工损伤在线检测方法，主要通过三维扫描仪获取当前叶片的扫描点云，经过点云拼接、滤波去噪等处理完成叶片点云重构，并基于点云匹配算法实现扫描点云与设计模型点云的精确配准，计算得到扫描点云相对于设计模型点云的误差分布，再通过点云聚类以及边界计算获取损伤区域信息，最后基于损伤区域信息进行二次轨迹规划，实现加工检测的闭环控制，直至叶片型面精度满足加工需求。

计算得到叶面点云的误差分布后，过滤出型面误差超出误差精度范围的点云，并通过欧氏距离点云聚类方法分割点云，获得叶面的若干待加工区域以及相应的余量分布信息，进而通过边界特征点的提取，确定每个待加工区域的范围信息。具体过程如图 7-15 所示。针对当前区域的边界特征点云 $P(x_i, y_i, z_i)$，将点云的三维坐标转换为对应曲面参数域的参数 $P(u_i, v_i)$，并将 $P(u_i, v_i)$ 点云基于相邻距离最小化的原则进行排序；取在加工行距方向上的最小值和最大值(如 $v_{\min}$ 和 $v_{\max}$)确定加工轨迹在行距方向(v 方向)上的范围；在进给方向上，当确定加工轨迹曲线后，如果 $P(u_i, v_i)$ 点云到轨迹曲线的最小距离小于给定的阈值，则返回满足距离要求的点的 u_i 值，通过比较取 $u_{\min}$ 和 $u_{\max}$ 确定当前轨迹的范围。确定待加工区域范围及余量信息分布后，基于 7.4.3 节轨迹规划方法进行加工区域的二次轨迹规划，实现加工检测的闭环控制，最终使叶片满足加工精度需求。

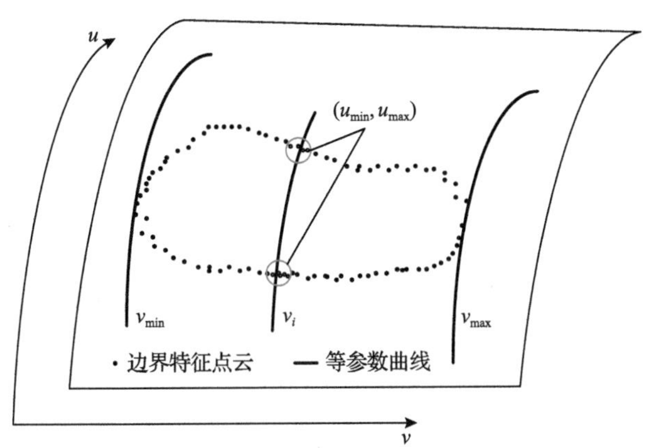

图 7-15　待加工区域范围示意图

7.5　机器人加工轨迹规划仿真和实验验证

本节通过计算仿真从理论上验证改进的机器人砂带磨抛轨迹规划算法的可行性，并通过实验从加工表面粗糙度和轮廓精度方面对提出的算法进行验证。

7.5.1　轨迹规划仿真

应用基于 Open CASCADE 自主开发的轨迹规划软件生成叶片磨抛加工轨迹，轨迹规划的参数如表 7-1 所示。如图 7-16 所示，与现有的轨迹规划算法相比，改进的轨迹规划算法自适应地增加了曲率变化较大的叶片边缘的磨抛点数量。在具有小曲率和平滑加工路径的叶片凹凸表面上，两种算法计算出的步长和磨抛点数基本相同。图 7-17 进一步比较了路径 1 上相邻两磨抛点间的弦高误差值。如图 7-17(a)所示，采用现有的规划算法在叶片前缘和后缘处的弦高误差超出 1.5mm，大大超出了轮廓精度所需的弦高误差的理论值，导致叶片前后缘处极易发生“过切”现象；图 7-17(b)表明，改进的规划算法可以很好地将叶片边缘的弦高误差控制在理论弦高误差范围内，以确保加工轮廓精度。

表 7-1　轨迹规划参数

参数名称	参数值
工件的弹性模量和泊松比 E_1 、ν_1	114GPa、0.33
接触轮的弹性模量和泊松比 E_2 、ν_2	7.84MPa、0.47
工件进给速度 v_w	20mm/s(CVX,CCV)、40mm/s(LE,TE)
接触轮线速度 v_s	12.56m/s
法向接触力 F_n	20N(CVX,CCV)、7N(LE,TE)
砂带接触轮半径和宽度 R_{wheel} 、W_{wheel}	40mm、20mm
标准弦高误差值 $\varepsilon_{\text{standard}}$	0.08mm
残留高度 h_s	0.01mm
最大加工步长 $L_{\max}$	15mm

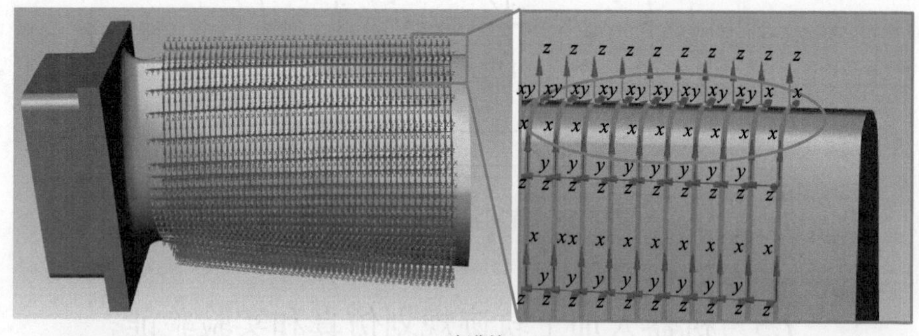

(a) 改进前

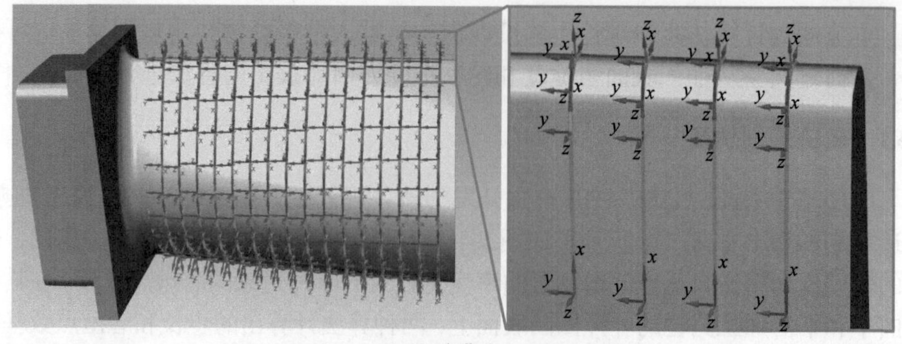

(b) 改进后

图 7-16　基于改进前后轨迹规划算法的规划结果对比

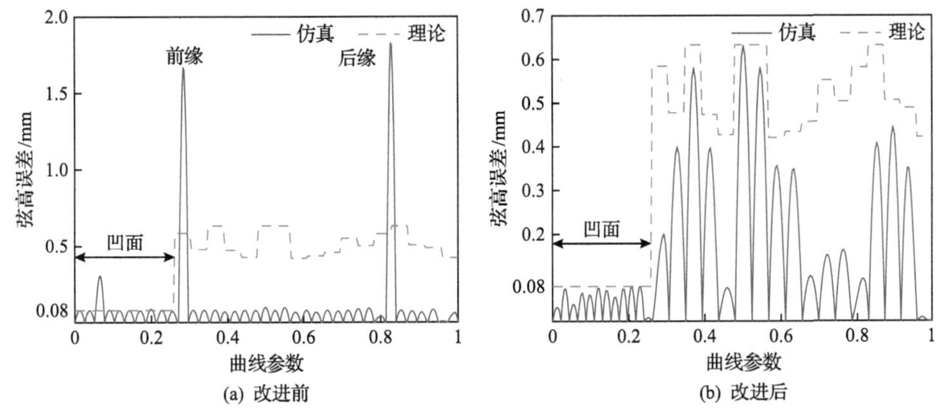

图 7-17　基于改进前后轨迹规划算法的叶片路径 1 处的弦高误差分布

另外，相比现有轨迹规划算法，改进算法的路径间隔变大且加工路径减少，体现了砂带磨抛宽行距加工的特点。如图 7-18 所示，将路径轨迹导入 RobotStudio 平台，并结合力控制模块做仿真实验。如表 7-2 所示，相比现有算法需要 50 条磨抛路径，改进算法仅需要 16 条磨抛路径，磨抛时间也从 44.4min 减少到 14.2min（减少了 68%），加工效率显著提高。仿真结果表明，基于 MRP 模型的自适应机器人砂带磨抛轨迹规划算法在保证加工精度的同时，显著提升了加工效率。

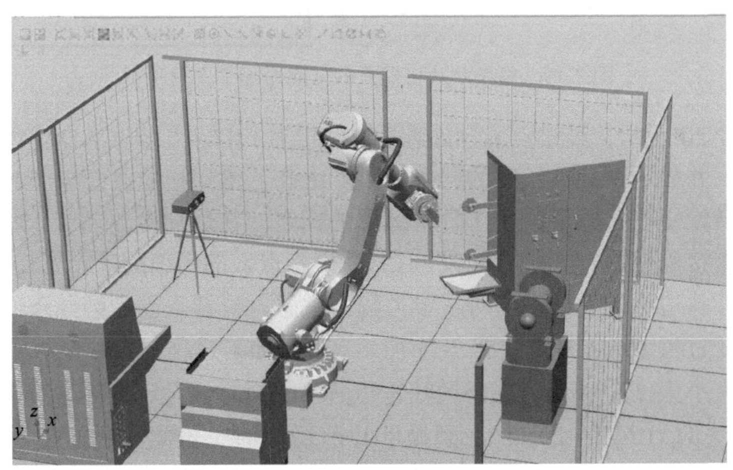

图 7-18　叶片机器人砂带磨抛加工仿真平台

表 7-2　磨抛轨迹信息对比

参数	改进前	改进后
磨抛路径数量	50	16
单条路径磨抛点数目	36～38	28～30
磨抛时间/min	44.4	14.2

7.5.2 机器人磨抛实验验证

复杂叶片机器人砂带磨抛加工实验平台如图 7-19 所示，主要包括：①六自由度工业机器人 ABB IRB 6700-200/2.6，末端负载为 200kg，最远工作距离为 2.6m，重复定位精度为 0.05mm；②六轴力/力矩传感器 ATI Omega 160，安装于机器人末端，用于测量加工过程中的磨抛力；③叶片装夹在力控传感器末端，尺寸为 200mm×120mm×75mm，材料为 TC4 钛合金；④砂带磨抛机的接触轮直径为 80mm、宽度为 20mm，接触轮包括铝合金基体材料和外层弹性橡胶，平均硬度 15～20HRC，砂带 3M 384F AA-240 磨粒材料为氧化铝陶瓷，磨粒粒度 P240，对应平均磨粒大小 61μm。实验测量用到惟景三维 PowerScan 拍照式扫描仪，测量精度为 0.025mm，哑光标准球直径 d=(38.1148±0.0025) mm。

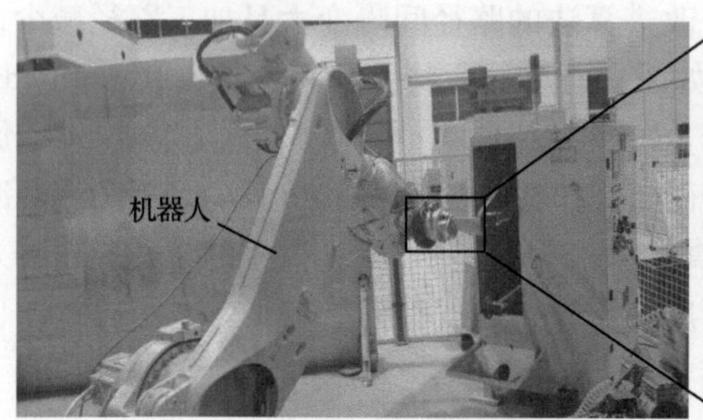

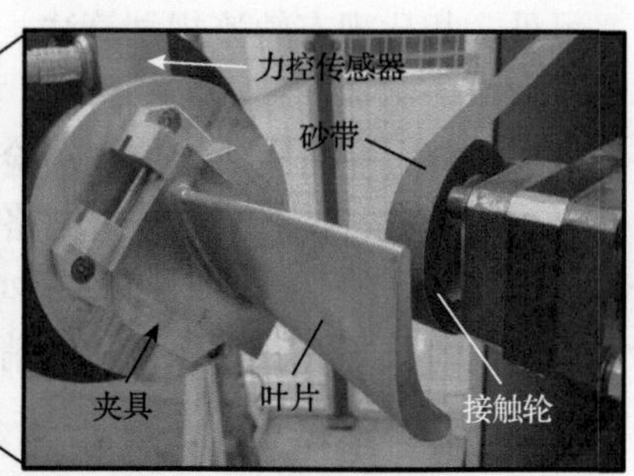

图 7-19　复杂叶片机器人砂带磨抛加工实验平台

如图 7-20 所示，经过点云预处理后，将叶片扫描点云与 CAD 模型点云进行精确配准，并显示两片点云间的误差分布。由此，得到扫描点云与 CAD 模型点云之间的转换矩阵，即完成了工件坐标系的标定。在后期检测环节，所获得的扫描点云可直接采用该转换矩阵完成与 CAD 模型点云的精确配准。

由于叶片边缘的轮廓精度对接触力较为敏感，机器人砂带磨抛条件下的实验验证采用变过程参数策略，如图 7-21 所示。整个加工过程中保持接触轮速度 v_s 为恒值，其大小为 12.56m/s；在磨抛叶片凸面和凹面时，设定工件进给速度 v_{feed} 为 20mm/s，法向力 F_n 为 20N；在磨抛叶片前后缘时，设定工件进给速度 v_{feed} 为 40mm/s，法向力 F_n 为 7N。图 7-22 为某一条加工路径上的机器人砂带磨抛力形图。砂带磨抛完成后，使用粗糙度仪 Mitutoyo SJ-210 对叶片表面上的每个点进行三次表面粗糙度测量，并通过三坐标测量机 Hexagon Global Classic SR 07.10.07 对叶片轮廓进行测量。

磨抛加工完成后，机器人夹持叶片到扫描仪附近进行叶片点云采集，并完成扫描点云的拼接以及预处理操作。通过工件坐标系转换矩阵完成点云配准，然后对超出误差的点云进行聚类分割，并提取待加工区域的位置信息，再将其反馈至轨迹规划模块，其步骤如图 7-23 所示。经过全局加工，叶片的叶盆和叶背处的轮廓度基本在精度范围之内，前后缘处的误差部分超出精度范围。

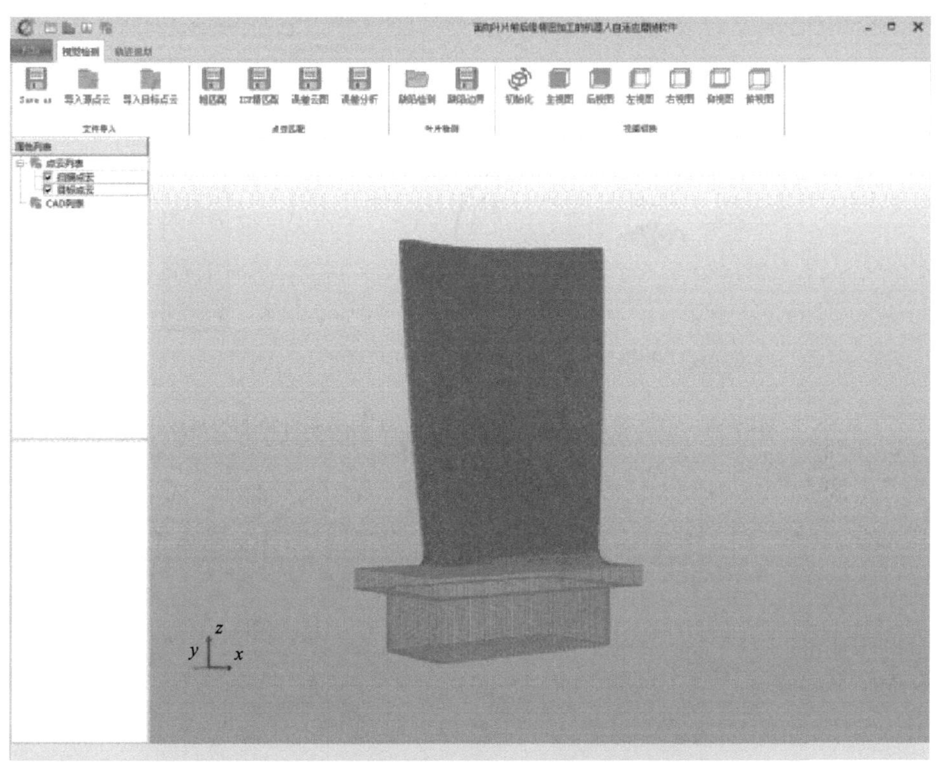

(a) 点云配准

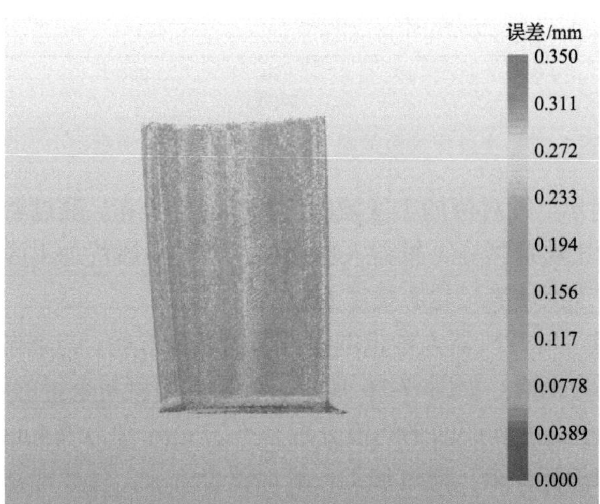

(b) 余量分布

图 7-20　叶片点云配准与余量分布计算

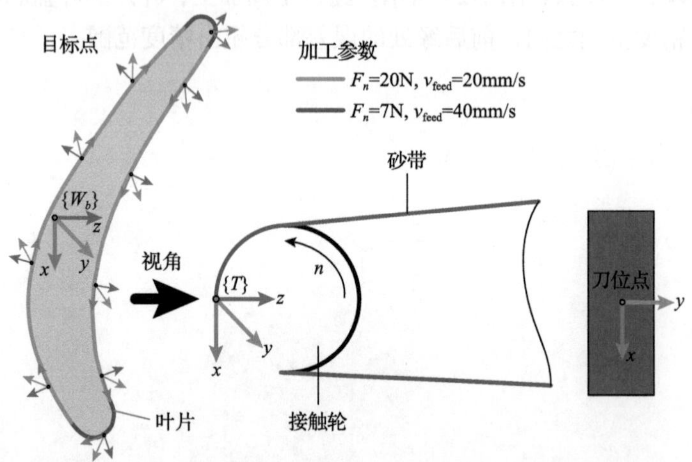

图 7-21　叶片机器人砂带磨抛加工所采用的变过程参数策略

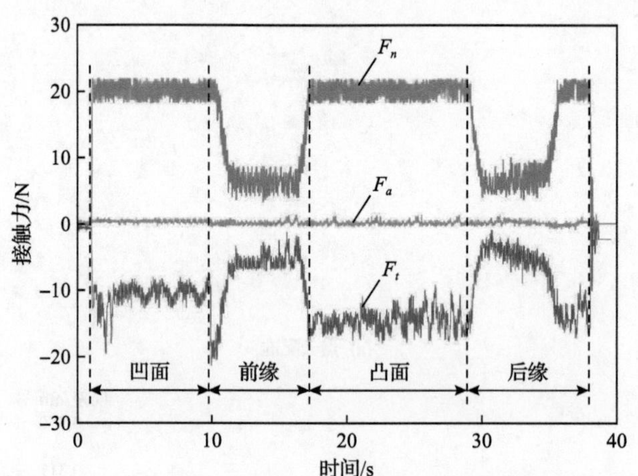

图 7-22　变过程参数策略下的叶片机器人砂带磨抛力形图

如图 7-24 所示，针对待加工区域的位置及余量分布，通过轨迹规划模块生成待加工区域的加工轨迹指令，机器人根据加工指令完成待加工区域的自适应磨抛加工，直至待加工区域满足轮廓精度要求。

图 7-25 比较了叶片机器人砂带磨抛前后的表面形貌，与磨抛前表面相比，叶片凸面和凹面更为光滑。如图 7-26 所示，叶片表面测量获得的表面粗糙度值 R_a 小于 0.3μm，其中凸面和凹面平均值分别为 0.277μm 和 0.264μm，满足叶片表面粗糙度 0.4μm 的加工要求。通过加工一致性评价方法，计算得到叶片凸凹面的表面粗糙度平均偏差分别为 0.0232μm、0.0216μm，加工表面一致性较好。

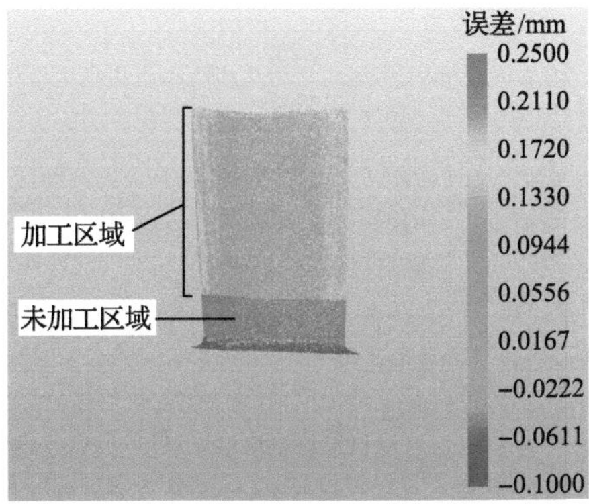

(a) 误差分布计算

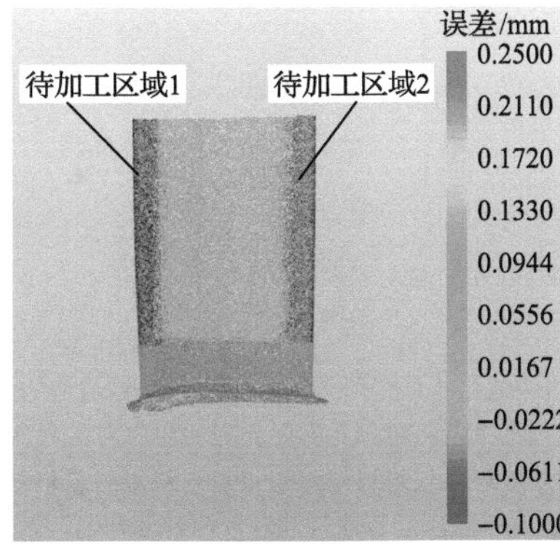

(b) 点云分割

(c) 边界提取

图 7-23　叶片型面余量检测

(a) 自适应轨迹规划

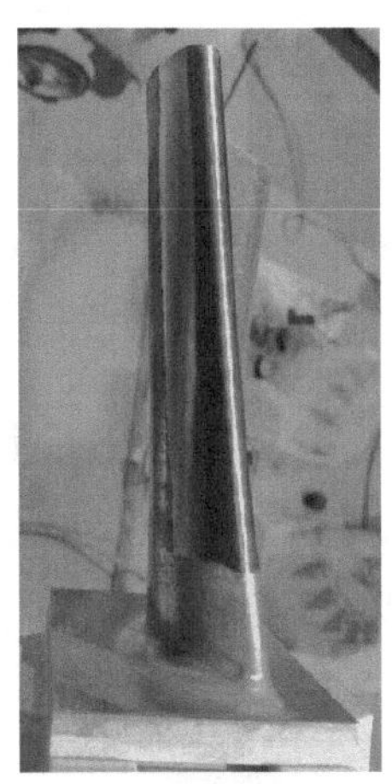

(b) 前缘磨抛

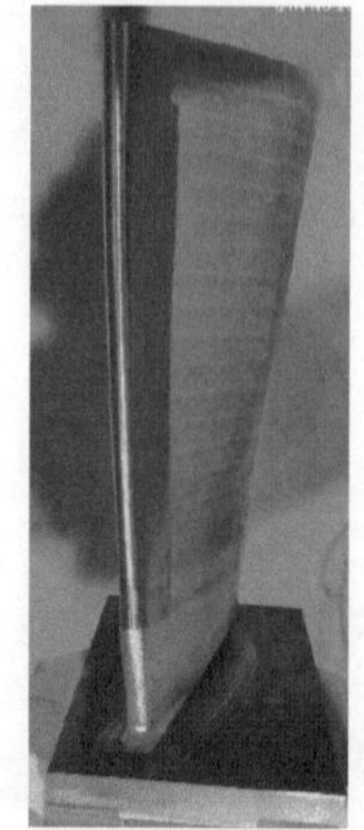
(c) 后缘磨抛

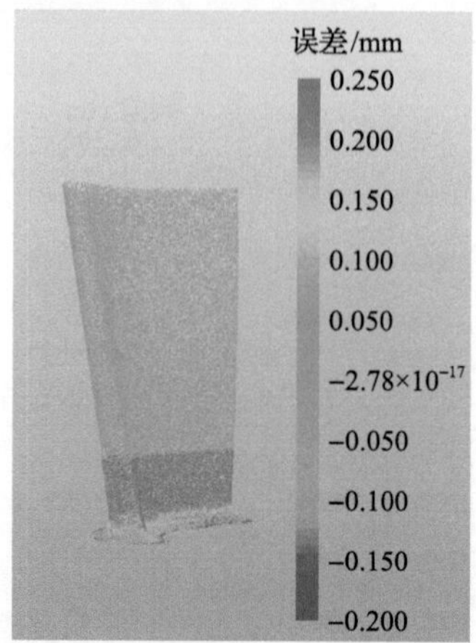

(d) 叶片型面误差分析

图 7-24　叶片自适应磨抛加工

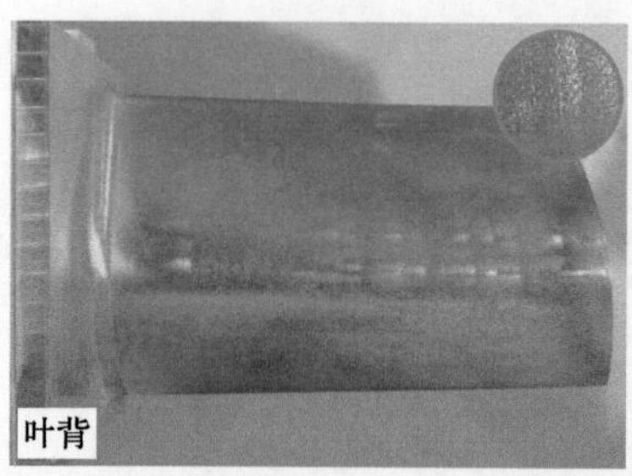

(a) 磨抛前

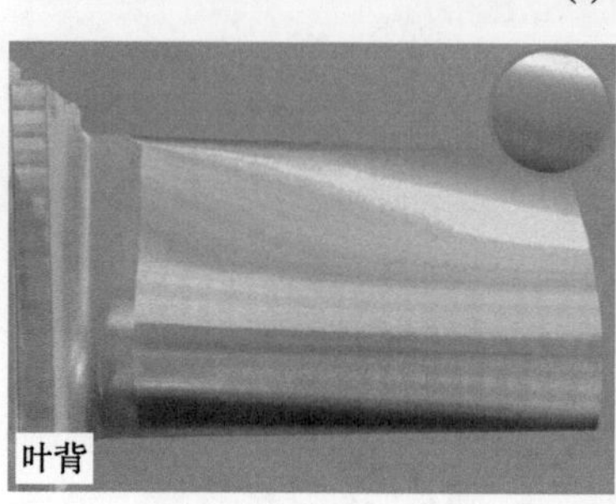

(b) 磨抛后

图 7-25　叶片机器人砂带磨抛前后的凸凹面表面形貌

图 7-27 进一步比较了使用现有轨迹规划算法和改进轨迹规划算法所得到的叶片边缘加工效果。如图 7-28 所示，叶片每一个截面的加工轮廓均在加工精度允差范围内，路径 1、2 和 3 的最大误差分别为 0.0684mm、0.0736mm 和 0.0697mm，均小于要求的弦高误差 0.08mm。注意到最小误差和平均误差仅为 0.0024mm 和 0.0195mm，这表明改进的轨迹规划算法能显著改善叶片边缘“过切”问题。与

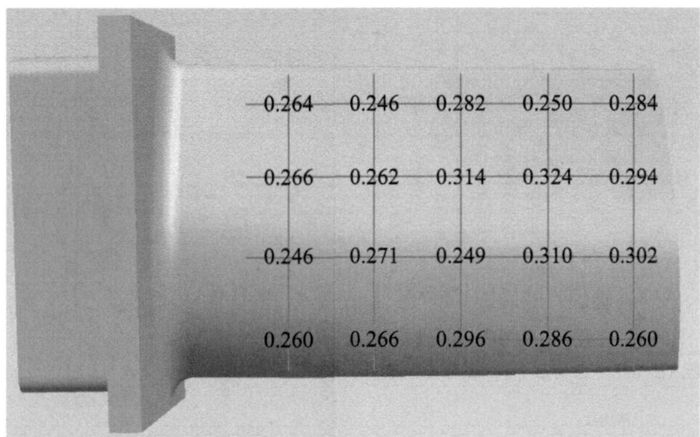

(a) 叶背

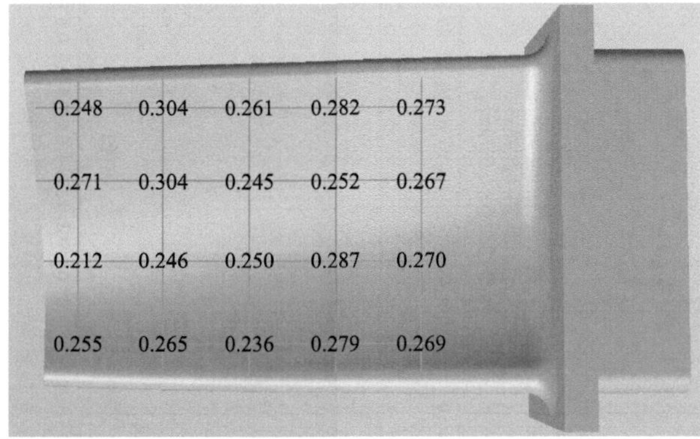

(b) 叶盆

图 7-26　机器人砂带磨抛后的叶片凸面和凹面平均表面粗糙度

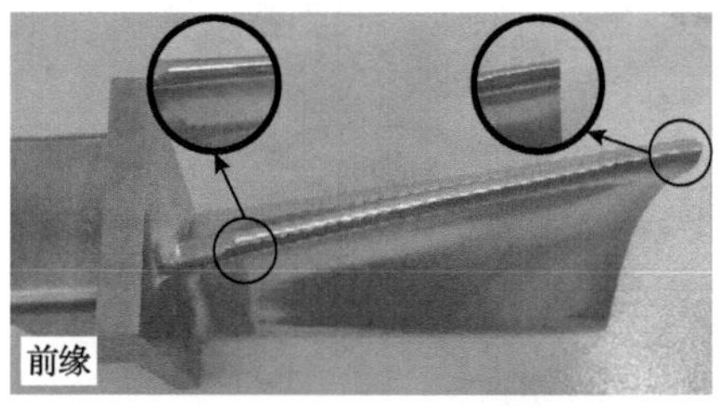

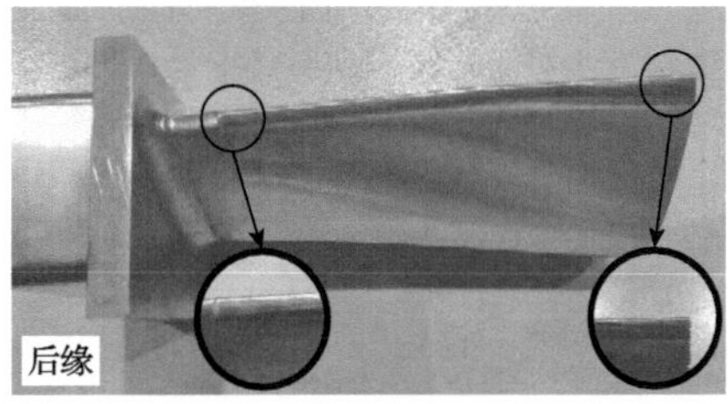

(a) 现有算法

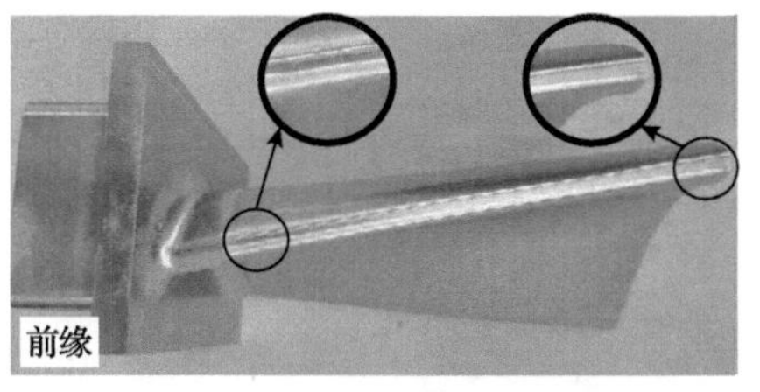

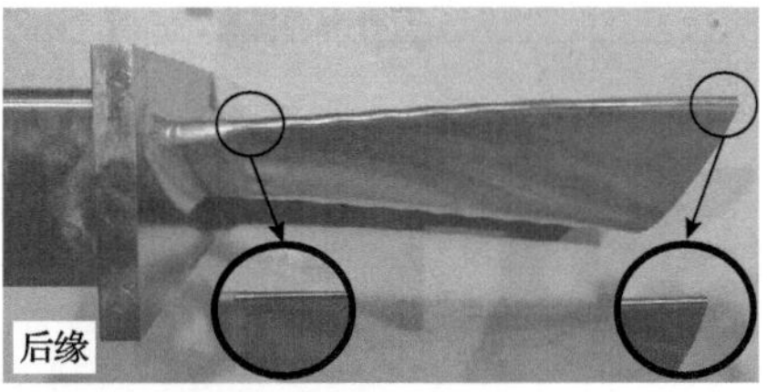

(b) 改进算法

图 7-27　通过现有和改进轨迹规划算法得到的叶片前后缘磨抛效果

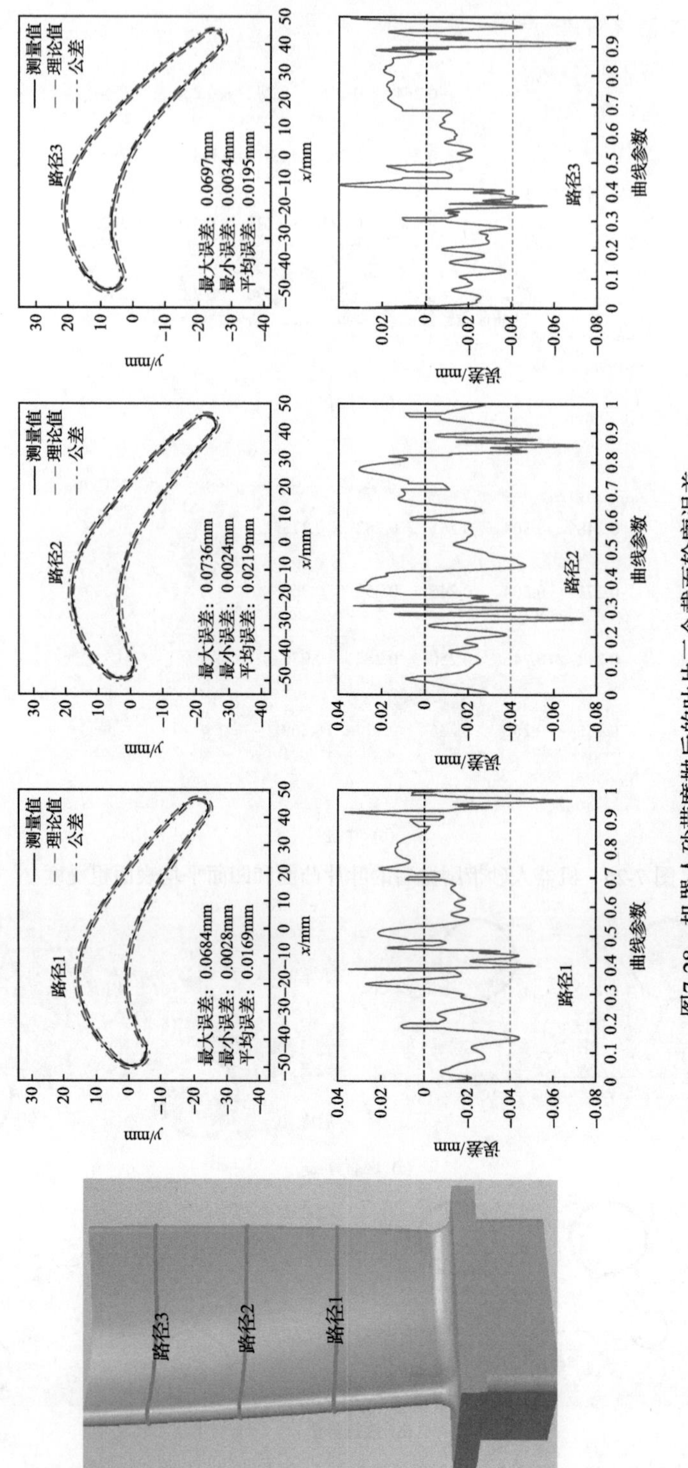

图7-28　机器人砂带磨抛后的叶片三个截面轮廓误差

Xu 等[15]获得的最大误差、平均误差和最小误差 0.2130mm、0.1273mm 和 0.0113mm 相比，改进轨迹规划算法在误差层面上分别降低 65.4%、84.8%和 74.3%。

图 7-29、图 7-30 和图 7-31 分别给出了路径 1、2 和 3 上的叶片前后缘加工轮廓误差分布。其平均轮廓误差为 0.033mm，与文献[16]使用当量自适应砂带磨抛方法的叶片边缘平均误差 0.058mm 相比，降低了 43.1%，表明改进轨迹规划算法

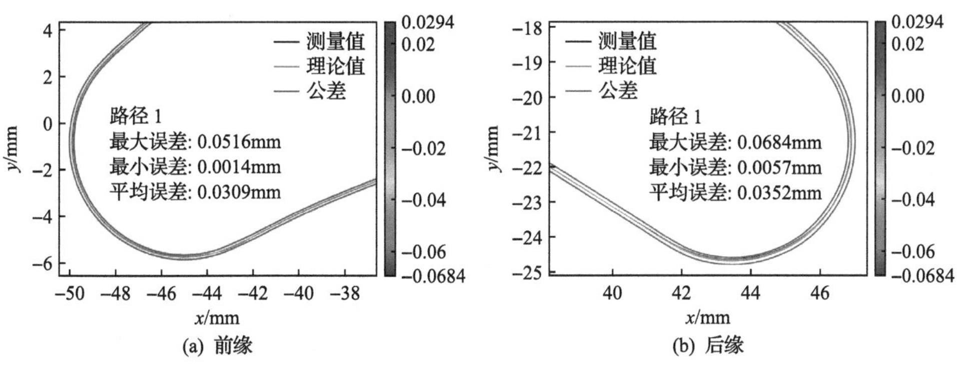

图 7-29　路径 1 的叶片前缘和后缘轮廓误差分布

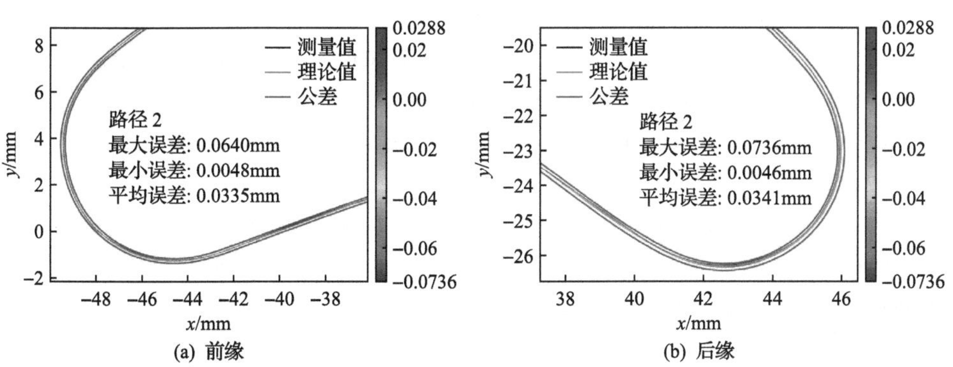

图 7-30　路径 2 的叶片前缘和后缘轮廓误差分布

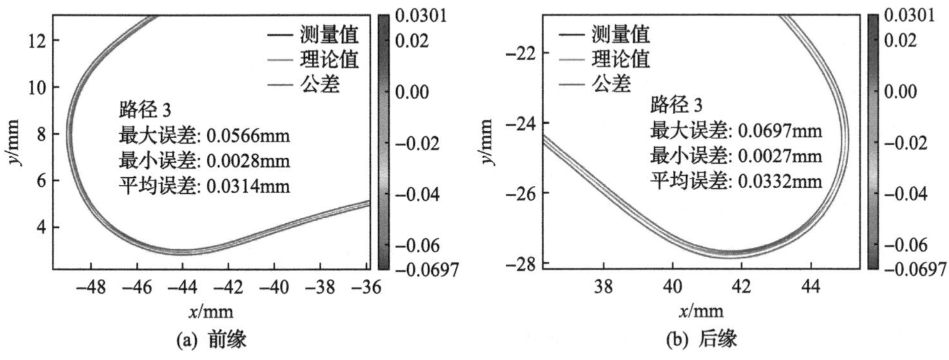

图 7-31　路径 3 的叶片前缘和后缘轮廓误差分布

更适用于叶片复杂曲面的机器人砂带磨抛加工，并能满足更高的轮廓精度要求。

参 考 文 献

[1] 朱大虎, 徐小虎, 蒋诚, 等. 复杂叶片机器人磨抛加工工艺技术研究进展. 航空学报, 2021, 42(10): 524265.

[2] Chen Y H, Dong F H. Robot machining: Recent development and future research issues. The International Journal of Advanced Manufacturing Technology, 2013, 66(9): 1489-1497.

[3] 赵世田. 自由曲面加工刀具路径轨迹规划算法研究. 南京: 南京航空航天大学博士学位论文, 2011.

[4] 张海洋. 叶片砂带磨削机器人轨迹规划与离线编程. 武汉: 华中科技大学硕士学位论文, 2014.

[5] Ma K W, Han L, Sun X X, et al. A path planning method of robotic belt grinding for workpieces with complex surfaces. IEEE/ASME Transactions on Mechatronics, 2020, 25(2): 728-738.

[6] Lv Y J, Peng Z, Qu C, et al. An adaptive trajectory planning algorithm for robotic belt grinding of blade leading and trailing edges based on material removal profile model. Robotics and Computer-Integrated Manufacturing, 2020, 66: 101987.

[7] Qu C, Lv Y J, Yang Z Y, et al. An improved chip-thickness model for surface roughness prediction in robotic belt grinding considering the elastic state at contact wheel-workpiece interface. The International Journal of Advanced Manufacturing Technology, 2019, 104(5): 3209-3217.

[8] Xu X H, Chu Y, Zhu D H, et al. Experimental investigation and modeling of material removal characteristics in robotic belt grinding considering the effects of cut-in and cut-off. The International Journal of Advanced Manufacturing Technology, 2020, 106(3): 1161-1177.

[9] Makiuchi Y, Hashimoto F, Beaucamp A. Model of material removal in vibratory finishing, based on Preston's law and discrete element method. CIRP Annals-Manufacturing Technology, 2019, 68(1): 365-368.

[10] Li X Y, Wang S L, Zhou J. Analysis of elliptical Hertz contact of steel wires of stranded-wire helical spring. Journal of Mechanical Science and Technology, 2014, 28(7): 2797-2806.

[11] Wang Y Q, Hou B, Wang F B, et al. A controllable material removal strategy considering force-geometry model of belt grinding processes. The International Journal of Advanced Manufacturing Technology, 2017, 93(1): 241-251.

[12] Greenwood J A. Analysis of elliptical Hertzian contacts. Tribology International, 1997, 30(3): 235-237.

[13] Qi J D, Zhang D H, Li S, et al. A micro-model of the material removal depth for the polishing process. The International Journal of Advanced Manufacturing Technology, 2016, 86(9):

2759-2770.

[14] Huang Z, Song R, Wan C B, et al. Trajectory planning of abrasive belt grinding for aero-engine blade profile. The International Journal of Advanced Manufacturing Technology, 2019, 102(1): 605-614.

[15] Xu X H, Zhu D H, Wang J S, et al. Calibration and accuracy analysis of robotic belt grinding system using the ruby probe and criteria sphere. Robotics and Computer-Integrated Manufacturing, 2018, 51: 189-201.

[16] Xiao G J, Huang Y. Equivalent self-adaptive belt grinding for the real-R edge of an aero-engine precision-forged blade. The International Journal of Advanced Manufacturing Technology, 2016, 83(9): 1697-1706.

第 8 章　机器人磨抛加工中的接触力控制

8.1　引　　言

在第 7 章介绍的机器人磨抛加工自适应轨迹规划中，考虑接触动力学影响的轨迹规划算法虽然能较好地适应复杂曲面的加工轨迹生成，但要获得理想的磨抛加工精度和表面质量，最终还是需要通过机器人接触力控制来实现。经实验研究发现，机器人磨抛自由曲面时，刀具与工件接触点的法向接触力大小对工件表面的加工质量以及材料去除率均具有较大影响。机器人磨抛中使用的刀具通常为具有柔性的砂布轮或砂带，存在变形且标定困难等问题，而且机器人磨抛难以借鉴多轴数控机床的对刀机制，其加工过程中可能出现刀具与工件脱离接触的情况。解决这一问题的有效手段是通过接触力控制保证刀具与工件之间的实时接触，从而获得期望的磨抛质量。在机器人末端添加弹簧机构或者柔性软垫的被动式接触力控制方法虽然可以起到一定的力控效果，但是接触力控制精度、工件表面磨抛质量还不够理想。采用接触力实时调节的主动式力控技术具有更高的力控精度，可以更好地保障自动化磨抛过程工件的表面质量。

本章围绕机器人磨抛加工中的接触力控制问题，从机器人力控系统组成、力控算法设计、力控刀路规划等方面，分别介绍机器人末端安装六维力传感器进行力控制、采用独立的力控装置进行力控制两类典型的机器人接触力控制方法，并以汽车变速器壳体、增材修复叶片、航空发动机叶盘为对象，对机器人接触力控制技术在机器人磨抛加工中的应用效果进行实验验证。

8.2　机器人接触力主动控制方法简介

常用的机器人接触力主动控制方法可以分为两类：一类是在机器人末端安装六维力传感器，结合重力补偿算法与力位耦合控制方法，以机器人本体作为执行器同时进行接触力控制与位置控制[1-12]；另一类是在机器人末端安装独立的主动式力控装置，由主动式力控装置进行力感知与力控制，机器人本体仅进行位置控制，从而实现力位独立控制[13,14]。

8.2.1　基于六维力传感器的机器人接触力控制

常见的一种机器人接触力控制方法是在机器人的末端安装六维力传感器，在六维力传感器的另一侧安装末端工具，如图 8-1 所示。通过六维力传感器感知机器人在作业过程中的力和力矩，再通过重力补偿以及必要的转换矩阵得到末端工具与工件之间的实际接触力。将该实际接触力作为反馈变量，采用 PID（比例-积分-微分）控制、阻抗控制、导纳控制等控制方法设计力控制器，以调节机器人末端的运动状态（位置、速度、加速度），对工具与工件之间的接触力进行实时控制，从而达到期望的接触力控制效果。ABB 公司在其机器人末端集成了 ATI 公司的六维力传感器，并进一步开发了 ABB 机器人的力控软件模块，该模块便是基于此接触力控制原理。

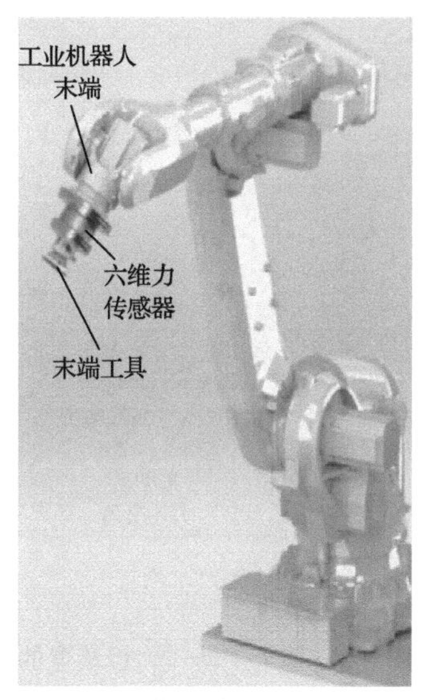

图 8-1　基于六维力传感器的机器人力控系统组成

对于在机器人末端安装六维力传感器进行接触力控制的方法，力传感器本身只起到力度测量的作用，并不会调节接触力的大小。机器人本体需要作为执行器同时控制末端工具的位置以及工具与工件之间的接触力度。由于安装于力传感器上的末端工具通常也不具备力控功能，此外工具与工件之间存在接触刚度，末端工具在力控制方向上的位置变化会导致工具与工件之间接触力度的改变，所以基于六维力传感器的机器人力控方法存在力位耦合的问题。为了解决这一问题，常见的方法是在工具与工件接触面的法向上采用力控制，在其余方向上采用位置控制，以在实现期望的力控效果的同时保障机器人加工位置的准确性。此类机器人接触力控制方法的优点在于：既可以在平行于力传感器轴向的方向上施加力控制，也可以切换到在平行于力传感器径向的方向上施加力控制。

然而，基于六维力传感器的机器人力控方法通常存在以下两个问题：

(1) 由于接触力控制是通过调节机器人在力控方向上的位置、速度或加速度实现，机器人的运动控制回路将作为力控制回路的内环存在。由于机器人较低的运动控制响应带宽，从力控制指令输入到机器人关节电机运动，再到实现期望的接触力大小，其间会存在较大的系统响应时延，在工件曲率变化较大位置处可能会出现过抛或者欠抛的现象，进而影响加工质量。

(2) 由于机器人本体作为接触力控制的执行器，机器人相对较低的运动控制精度会制约机器人接触力控制的最终精度。

8.2.2　通过力控装置实现机器人接触力控制

在工业场景中更常用的一种机器人力控方法是在机器人末端安装集成有作业工具的主动式力控装置，由主动式力控装置进行力感知与力控制，机器人仅进行位置轨迹控制。主动式力控装置内部通常集成有力传感器/气压传感器、位移传感器、姿态传感器以及可直线运动的执行器，可以独立地实现接触力的测量与控制。基于主动式力控装置的机器人力控系统组成如图 8-2 所示。相对于基于六维力传感器的机器人力控方法，主动式力控装置通常具有更高的力控精度与更快的响应速度。此外，主动式力控装置一般均具有一定行程的浮动范围，可以在保证接触力精准控制的前提下，自行进行伸缩以弥补机器人的位置误差或工件的形位误差，保障末端工具与工件在作业过程中实时贴合。这一功能可以在很大程度上降低复杂曲面零件机器人加工的编程难度。主动式力控装置具有补偿位置误差、型面跟踪、吸收振动能量等诸多优势，能够避免机器人本体运动误差对力控精度的干扰，在叶片类复杂零件机器人精密磨抛加工领域得到了广泛应用，可适用于风电叶片、高铁白车身、客车白车身等不同大型复杂曲面构件的加工。

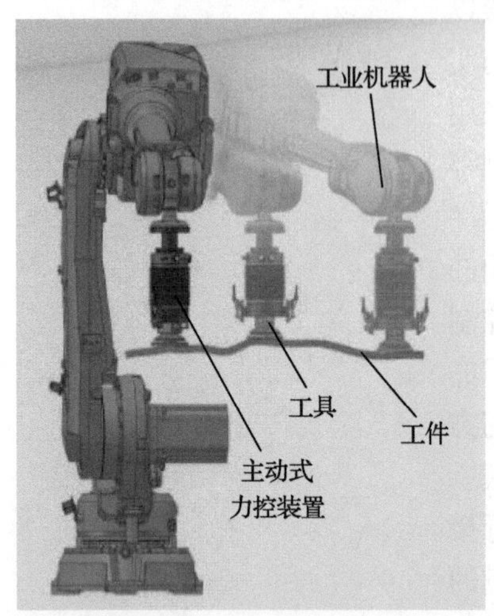

图 8-2　基于主动式力控装置的机器人力控系统组成

国内，江苏集萃华科智能装备科技有限公司(简称集萃华科)研制了最大输出力从 50N 至 500N 不等的系列化主动式力控装置，并开发了主动式力控装置与不同手动磨抛工具相结合的组合式力控打磨套件，如图 8-3 所示。国外，奥地利的 Ferrobotics 公司与美国的 PushCorp 公司也研制出了不同规格的主动式力控磨抛装置产品，如图 8-4 所示。

(a) 主动式力控砂磨机

(b) 主动式力控砂带磨抛机

(c) 主动式力控角磨机

图 8-3　集萃华科的不同种类主动式力控磨抛装置

(a) Ferrobotics公司主动式力控磨抛装置

(b) PushCorp公司主动式力控磨抛装置

图 8-4　国外公司的主动式力控磨抛装置

市场上现有的主动式力控装置产品均只具备单自由度接触力控制功能，为了得到理想的力控磨抛效果，在机器人磨抛过程中需要实时调整机器人末端的姿态以确保力控方向与磨抛接触面的法向尽可能保持平行或重合。华中科技大学陈凡等[13,14]针对整体叶盘的机器人抛光研制了一种二自由度的主动式力控装置，如图 8-5 所示。该力控装置具有沿磨抛主轴相互垂直的两个径向上的平动自由度。通过力控装置内集成的三自由度力传感器，利用接触力预测算法，可以实时检测出叶盘抛光过程中的法向接触力大小及其在力传感器坐标系下的方向。通过二自由度力控算法合理地调节主动式力控装置在两个自由度方向上的输出力，可以实现对法向接触力大小的实时控制，而无须实时调整机器人末端的姿态。

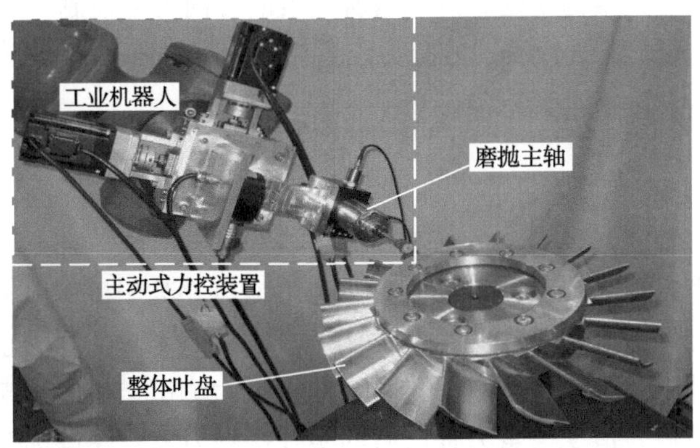

图 8-5　华中科技大学整体叶盘机器人力控抛光系统

主动式力控装置除了可以安装于机器人末端，还可以集成于砂带磨抛机中，为机器人磨抛过程提供有效的力控制功能。华中科技大学 Zhou 等[15]针对航发叶片研制了一套机器人力控磨抛系统，如图 8-6 所示。通过机器人夹持叶片在力控砂带磨抛机上进行叶片的打磨抛光。在该系统中，机器人主要实现磨抛过程中工件的位置控制，力控砂带磨抛机则用于进行磨抛接触力控制。

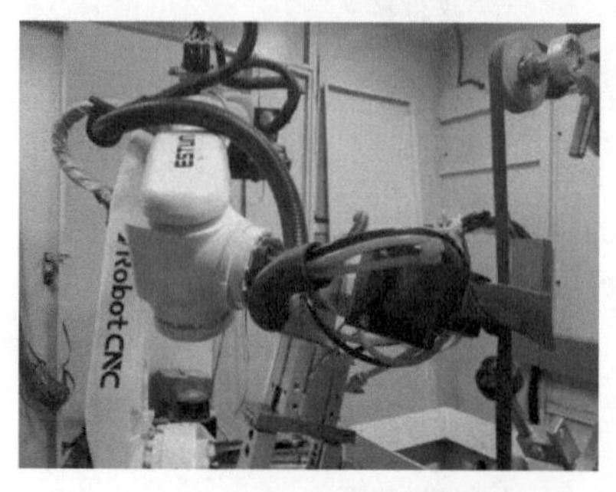

(a) 叶片机器人力控砂带磨抛系统

(b) 力控砂带磨抛机

图 8-6　华中科技大学小叶片机器人力控砂带磨抛系统

8.3　基于六维力传感器的机器人力位混合控制

8.3.1　控制系统组成

力位混合控制是通过选择矩阵在机器人不同自由度方向上分别进行位置控制或力控制，即通过引入选择矩阵 $\boldsymbol{S}$ 和 $\boldsymbol{S}'$ 确定每个自由度方向上的控制模式(位置控制或力控制)，实现对机器人各个关节的控制。矩阵 $\boldsymbol{S}$ 和 $\boldsymbol{S}'$ 为对角矩阵，其对角线上的元素为 0 或 1，从而具有开关特性，以便确定力控制和位置控制的选择。例如，当 $\boldsymbol{S}$ 的某一元素为 1 时，该元素所代表的方向为力控制；与之对应的 $\boldsymbol{S}'$ 的元素此时为 0，该元素所代表的方向为位置控制，即矩阵 $\boldsymbol{S}$ 和 $\boldsymbol{S}'$ 满足：

$$\boldsymbol{S}' = \boldsymbol{I} - \boldsymbol{S}' \tag{8-1}$$

式中，$\boldsymbol{I}$ 为六维单位矩阵。

力位混合控制原理如图 8-7 所示。当某一方向为力控制时，将选择矩阵 $\boldsymbol{S}$ 该方向上对应元素置 1。磨抛过程中的接触力将通过安装于机器人末端的六维力传感器进行感知。然而，由于安装于力传感器上的打磨工具的重力也作用在力传感器上，需要通过重力补偿算法就工具重力对接触力测试结果的影响进行补偿。笛卡儿空间内的接触力指令与重力补偿后的实际接触力之差经过选择矩阵 $\boldsymbol{S}$ 后作为力控制器的输入；笛卡儿空间内的位置指令与实际位置之差经过选择矩阵 $\boldsymbol{S}'$ 后将作为位置控制器的输入。位置控制器与力控制器进行不同自由度方向上选择性合并后的控制变量将通过机器人逆运动学坐标变换转换成在机器人关节坐标系下的关节角位移控制指令，进而控制机器人的位姿变换，实现机器人磨抛过程中期望的运动位置与接触力。

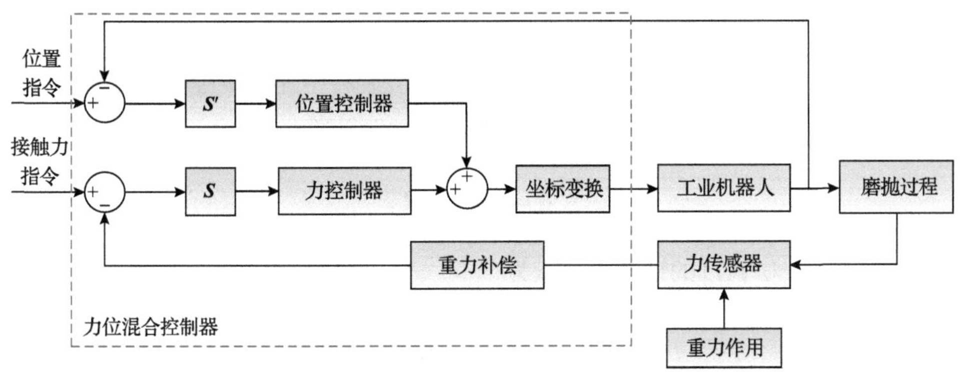

图 8-7　力位混合控制原理

8.3.2　力位混合控制算法

1. 重力补偿

机器人加工过程中，由于机器人末端负载(工具/工件)的重力及惯性力的影响，实际力并不等于测量力，所以需要对末端负载进行重力/重力矩补偿。力传感器安装在末端负载与机器人末端法兰之间，因此在机器人加工中力传感器测量值 $\boldsymbol{F}_S$ 主要由三部分组成：外界实际作用力 $\boldsymbol{F}_E$，末端负载重力 $\boldsymbol{G}_M$，惯性力 $\boldsymbol{F}_I$。重心在传感器坐标系{S}下为$\begin{bmatrix} {}^S p_x & {}^S p_y & {}^S p_z \end{bmatrix}$。机器人末端负载加速度和质量较小，若不考虑末端负载惯性力 $\boldsymbol{F}_I$，则有

$$\boldsymbol{F}_S = \boldsymbol{F}_E + \boldsymbol{G}_M \tag{8-2}$$

因为重力补偿需要在同一坐标系下进行，建立末端负载重心坐标系 $O_M\text{-}x_M y_M z_M$，记作{M}，其各轴方向与基座坐标系{B}相同；建立机器人末端与工具接触点坐标系 $O_E\text{-}x_E y_E z_E$，记作{E}，其各轴方向与基坐标系{S}相同。在坐标系{M}中，末端负载的重力和力矩可表示为

$$\begin{bmatrix} \boldsymbol{F}_{MG} & \boldsymbol{M}_{MG} \end{bmatrix}^{\mathrm{T}} = \begin{bmatrix} 0 & 0 & -|\boldsymbol{G}_M| & 0 & 0 & 0 \end{bmatrix}^{\mathrm{T}} \tag{8-3}$$

将坐标系{M}下的负载重力及重力矩映射到坐标系{S}，则有

$$\begin{bmatrix} \boldsymbol{F}_{SG} \\ \boldsymbol{M}_{SG} \end{bmatrix} = \begin{bmatrix} {}_M^S\boldsymbol{R} & 0 \\ \varsigma\left({}^S\boldsymbol{P}_M\right){}_M^S\boldsymbol{R} & {}_M^S\boldsymbol{R} \end{bmatrix} \begin{bmatrix} \boldsymbol{F}_{MG} \\ \boldsymbol{M}_{MG} \end{bmatrix} \tag{8-4}$$

式中，${}_M^S\boldsymbol{R}$ 为坐标系{M}相对于坐标系{S}的旋转变换；$\varsigma\left({}^S\boldsymbol{P}_M\right)$ 为用于计算 $\boldsymbol{M}_{SG}$

的算子矩阵。

因为坐标系$\{M\}$与基坐标系$\{B\}$姿态一致，故旋转矩阵${}_M^S\boldsymbol{R}$与末端姿态逆矩阵${}_S^O\boldsymbol{R}^{-1}$相等，末端姿态矩阵${}_S^O\boldsymbol{R}$可由运动学正解方程得到，即

$$ {}_M^S\boldsymbol{R} = {}_O^S\boldsymbol{R} = {}_S^O\boldsymbol{R}^{-1} \tag{8-5} $$

算子矩阵$\varsigma\left({}^S\boldsymbol{P}_M\right)$的计算可表示为

$$ \varsigma\left({}^S\boldsymbol{P}_M\right)=\begin{bmatrix} 0 & -{}^Sp_z & {}^Sp_y \\ {}^Sp_z & 0 & -{}^Sp_x \\ -{}^Sp_y & {}^Sp_x & 0 \end{bmatrix} \tag{8-6} $$

式(8-6)可转换为

$$ \begin{bmatrix} \boldsymbol{F}_{SG} \\ \boldsymbol{M}_{SG} \end{bmatrix}=\begin{bmatrix} {}_S^O\boldsymbol{R}^{-1} & 0 \\ \varsigma\left({}^S\boldsymbol{P}_M\right){}_S^O\boldsymbol{R}^{-1} & {}_S^O\boldsymbol{R}^{-1} \end{bmatrix}\begin{bmatrix} \boldsymbol{F}_{MG} \\ \boldsymbol{M}_{MG} \end{bmatrix} \tag{8-7} $$

因此，可以先通过机器人内置重心求解方法求出重心位置，计算出算子矩阵$\varsigma\left({}^S\boldsymbol{P}_M\right)$；再通过正运动学方程求解旋转矩阵${}_S^O\boldsymbol{R}$并做逆变换得到${}_S^O\boldsymbol{R}^{-1}$，从而计算出末端负载重力的补偿值$\left[\boldsymbol{F}_{SG}\quad \boldsymbol{M}_{SG}\right]^{\mathrm{T}}$。

综上，在坐标系$\{S\}$下经过重力补偿得到的最终实际接触力/力矩为

$$ \begin{bmatrix} \boldsymbol{F}_m \\ \boldsymbol{M}_m \end{bmatrix}=\begin{bmatrix} \boldsymbol{F}_S \\ \boldsymbol{M}_S \end{bmatrix}-\begin{bmatrix} \boldsymbol{F}_{SG} \\ \boldsymbol{M}_{SG} \end{bmatrix} \tag{8-8} $$

图 8-8 比较了有重力补偿和无重力补偿两种情况下的力信号。可以看出，机器人未进行重力补偿时，其末端负载自身重力在x、y、z三个方向的分力F_x、F_y、F_z均超过了 20N，而末端负载的重力矩在x、y两个方向的影响T_x、T_y接近 2N·m。进行末端负载重力补偿后，机器人末端力与力矩较为恒定，力的误差范围为±2N，

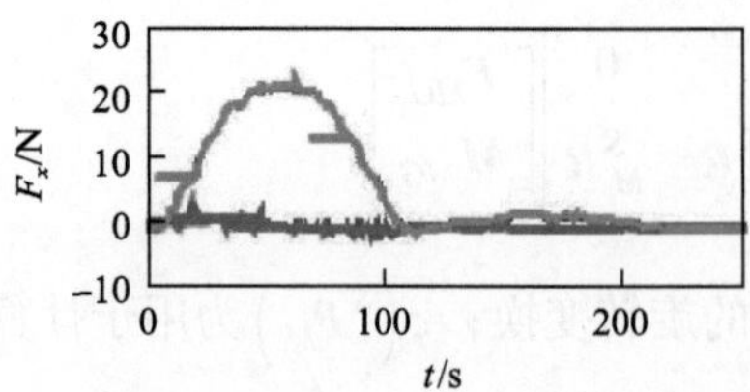

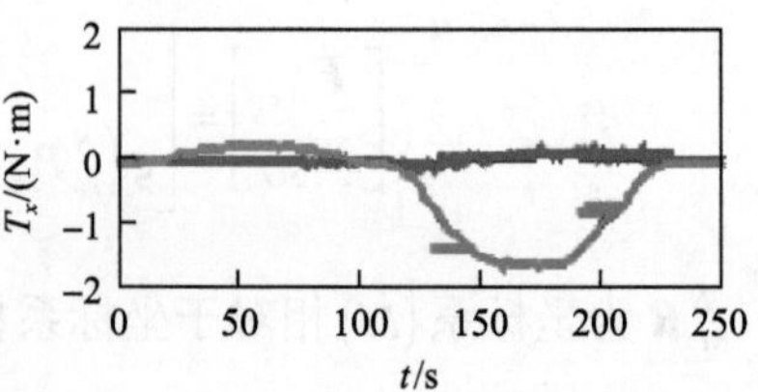

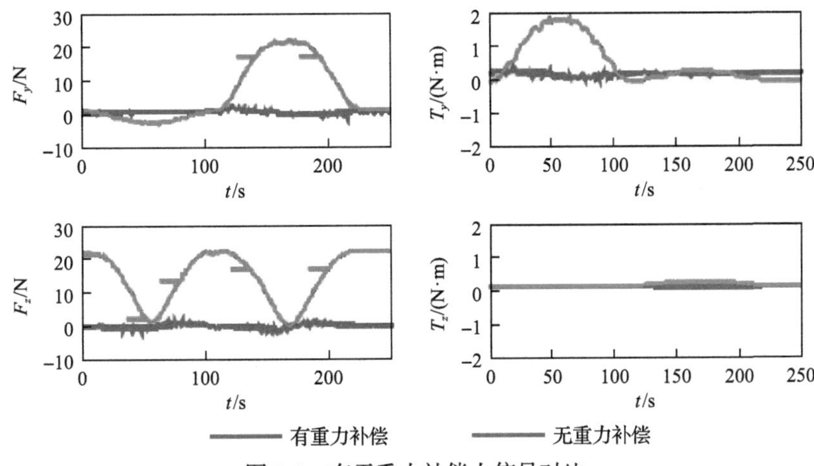

图 8-8　有无重力补偿力信号对比

力矩误差范围为±0.2N·m，基本消除了不同位姿下机器人末端负载自身重力对加工过程中力控制的影响，为恒力控制加工奠定了基础。

2. 基于 PI/PD 的力位混合控制

根据实际机器人加工所处的环境，选择基于 PI/PD(比例-积分/比例-微分)的力位混合控制算法来实现主动力控制，从而保证算法的可实现性、力控制过程的稳定性、加工系统的可靠性，以及加工质量的高效性。为了消除较大的力偏差，获得更大的期望输出力，采用 PI 控制算法进行力控制器设计；为了提高系统响应速度和稳定性，采用 PD 控制算法进行位置控制器设计。

机器人加工过程中，可采用一种并行控制方法实现对机器人位置与接触力的控制，其关键是使力控制环与位置控制环沿着任务空间方向平行工作。两个控制环之间的逻辑冲突是通过力控制动作对位置动作施加强制控制实现的，即根据实际的加工需求，力控制的优先级高于位置控制的优先级，在满足力控制的需求前提下进行位置控制，从而实现力和位置的并行控制。

基于 PI/PD 的力位混合控制策略过程如图 8-9 所示，$\boldsymbol{X}_d$ 与 $\boldsymbol{F}_d$ 分别是实际笛卡儿空间的期望位置与期望接触力；$\boldsymbol{F}_E$ 是机器人末端在打磨过程中的接触力；$\boldsymbol{S}$ 是由约束决定的选择矩阵；$\boldsymbol{F}_s$ 是六维力传感器测量力；$\boldsymbol{F}_m$ 是经过重力补偿后的反馈接触力；$\boldsymbol{F}_{SG}$ 是机器人末端负载重力在力传感器坐标系下的等效力。所有的控制变量最终都转化为关节位移形式，从而便于机器人系统进行识别与控制。首先，通过约束或对法向方向进行估计的方法，计算出选择矩阵 $\boldsymbol{S}$ 和 $\boldsymbol{S}'$，从而确定位置控制和力控制的选择方向。在力控制过程中，期望接触力 $\boldsymbol{F}_d$ 与重力补偿后的反馈力 $\boldsymbol{F}_m$ 之差通过 PI 控制器后，计算出力控制输出指令 $\boldsymbol{F}_c$。在位置控制过程中，期望位置 $\boldsymbol{X}_d$ 和实时反馈位置 $\boldsymbol{X}_e$ 之差经过 PD 控制器后，计算出位置控制输出指

令 $\boldsymbol{X}_c$。对力控制输出指令 $\boldsymbol{F}_c$ 与位置控制输出指令 $\boldsymbol{X}_c$ 进行叠加，通过机器人逆运动学模型将其转化为机器人可识别的关节角位移指令 $\boldsymbol{\theta}_c$，进而控制机器人的运动，使其按照规划的路径与接触力进行加工。

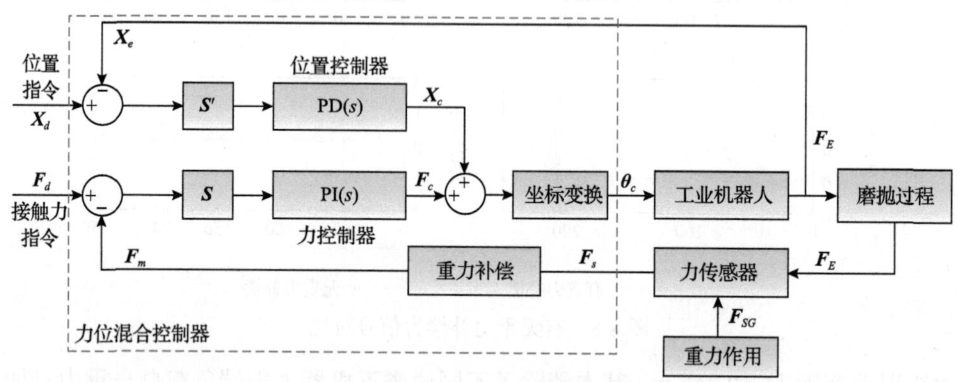

图 8-9　基于 PI/PD 的力位混合控制框图

PD 位置控制器与 PI 力控制器的传递函数可以表示为

$$
\begin{cases}
\boldsymbol{X}_c = \left(k_{\mathrm{pp}} + k_{\mathrm{pd}} s\right)\left(\boldsymbol{X}_d - \boldsymbol{X}_c\right) \\
\boldsymbol{F}_c = \left(k_{\mathrm{fp}} + k_{\mathrm{fi}} / s\right)\left(\boldsymbol{F}_d - \boldsymbol{F}_m\right)
\end{cases}
\tag{8-9}
$$

式中，k_{pp} 和 k_{pd} 是 PD 控制器参数；k_{fp} 和 k_{fi} 是 PI 控制器参数；$\boldsymbol{X}_c$ 和 $\boldsymbol{F}_c$ 都为六维向量。

8.3.3　加工路径规划

工业机器人的运动始终是点对点的运动，即机器人末端工件上的点与工具的坐标系原点重合。下面以压气机叶片为例进行路径规划方法的介绍(图 8-10)。机

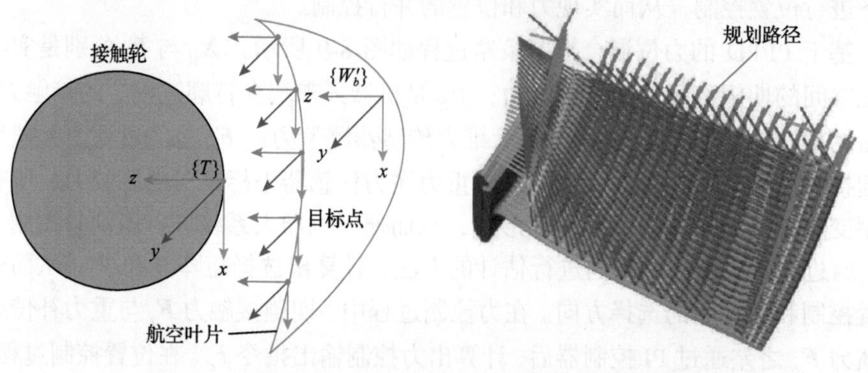

图 8-10　压气机叶片机器人加工过程的路径离散化过程

器人加工路径由离散点组成，叶片工件坐标系$\{W_b'\}$中离散点的方向与工具坐标系$\{T\}$的方向一致，机器人磨抛过程实际上就是叶片上的离散点接近工具坐标系$\{T\}$原点的过程。因此，在采用主动力控制策略时，机器人与外界环境之间的接触可看成点对点接触，需要根据监控的过程力来对磨抛点位置进行实时修正，以保持加工过程接触力恒定。

如图 8-11 所示，在工具坐标系$\{T\}$的 z 轴上施加力控制，即在单条路径上保持法向力 F_n 的值恒定，以保持磨抛过程的稳定性。主动力控制主要是通过机器人的位置变化来调整力的变化，因此需要在不同的路径点对过程力实时监控，从而在保证恒力的同时对位置点进行修正。为保证加工质量，理论加工路径都是由足够多的离散点组成的，然后通过力控制进行调整，即当实际过程力大于预设力时，沿着 z 轴负方向调整机器人的位置；当实际过程力小于预设力时，沿着 z 轴正方向调整机器人的位置。在 x 轴采用位置控制，使机器人 TCP 位置在每个磨削路径的 x 方向保持不变，即在加工过程中不会出现机器人上下抖动的情况，从而保证磨抛加工的稳定性和一致性。因此，在机器人位置控制过程中，实际的 TCP 位置路径应该与理论路径基本重合，以保证机器人在 x 轴上的磨抛稳定性。

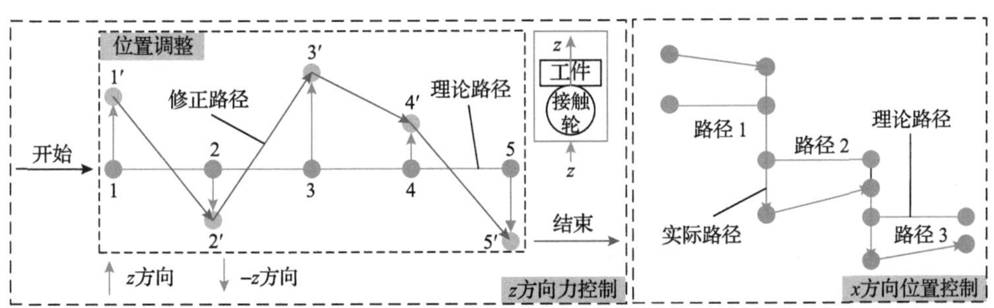

图 8-11　机器人加工过程中主动力控制路径修正

磨抛力直接对应的是机器人实际位置信息，因此通过实时修正磨抛力的大小使其调整到理论参考值，就是实时修正机器人的进给值使其调整到理论参考值，即

$$
\begin{cases}
F_n = f(F,z) \\
\Delta F_n = f(\Delta F,\Delta z) = \sum\limits_{i=0}^{n} k_i \Delta z^i
\end{cases}
\tag{8-10}
$$

式中，k_i 为关系系数；Δz 为进给值或 z 轴偏移量；F_n 为实际磨抛力值；ΔF_n 为实际磨抛力值与理论参考力值的差值。

如图 8-12 所示，通过实时调整机器人的位置，根据主动力控制策略自适应地将实际的磨抛力值调整到理论参考力值。其中，$f_1(F,z)$、$f_2(F,z)$和$f_3(F,z)$分别为欠磨、理想磨抛和过磨情况下，机器人磨抛力与 z 轴偏移量(即机器人进给量)的关系函数。当处于位置 z_1 或 z_3 时，对应的实际力 $f_1(F_1, z_1)$ 或 $f_3(F_3, z_3)$ 将会根据主动力控策略实时增加或减少到理论设置值 $f_2(F_2, z_2)$，从而通过调整机器人的进给量保证实际磨抛力为期望值，满足主动力控制的要求。

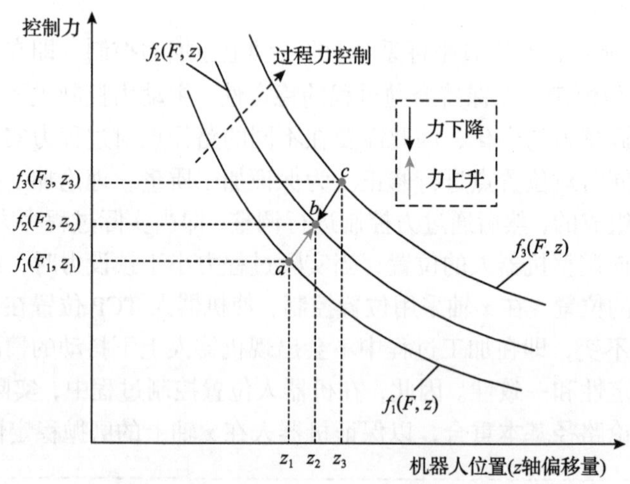

图 8-12　机器人加工中磨抛力调整过程

8.4　基于力控装置的机器人接触力控制

8.4.1　力控装置结构组成与工作原理

主动式力控装置从驱动原理上大致可以分为气动式力控装置与电动式力控装置。气动式力控装置一般以双作用气缸、气囊或者气动肌肉作为执行器；电动式力控装置一般以电机与丝杠组成的直线模组作为执行器。

图 8-13　气动式力控装置

1. 气动式力控装置

下面以集萃华科的气动式力控装置(图 8-13)为例对气动式力控装置的结构组成与工作原理进行介绍。气动式力控装置在结构组成上一般包括双作用气缸、位移传感器、气压传感器、姿态传感器、比例调压阀、电磁换向阀、滚珠花键以及结构连接件等，其工作原理框图如图 8-14 所示。气动式力控装置以双作用气缸作为执行器，通过比例调压阀调整气缸的输出气压，实现对输出力大小的控制；通过电磁换向阀控制双作用气缸的运动方向，实现对输出力方向的控制。力控装置内部集成的姿态传感器，可检测力控装置运动负载在力控方向上的加速度分量，用于重力补偿。力控装置内部的位移传感器用于检测气缸位移，从而可供控制系统判断力控装置的位置状态。气压传感器用于实时监测气缸的输出气压，为主动力控算法提供气压反馈。

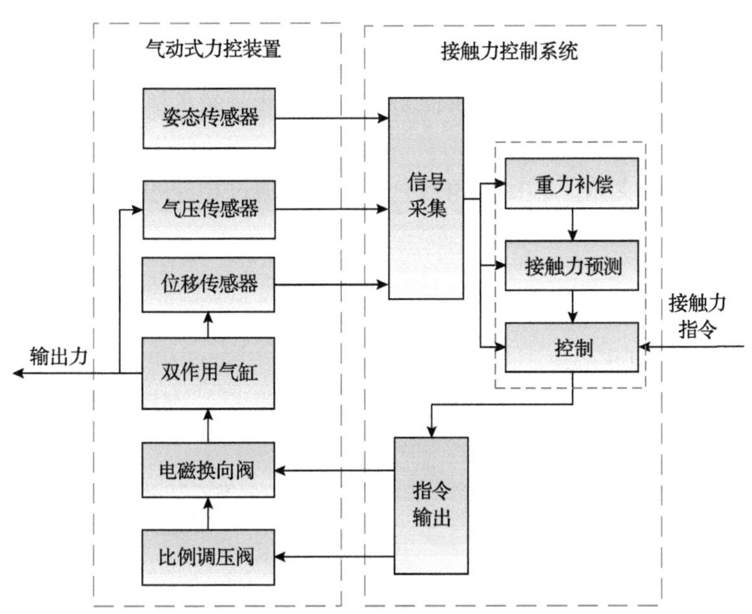

图 8-14　气动式力控装置工作原理框图

接触力控制系统主要包括信号采集模块、指令输出模块、重力补偿算法、接触力预测算法和控制算法。信号采集模块用于采集力控装置内部集成的各个传感器的输出信号。重力补偿算法根据姿态传感器检测到的力控装置运动负载在力控方向上的加速度分量，计算出力控方向上的重力补偿分量。接触力预测算法综合考虑重力补偿和刚度补偿，计算出力控作业过程中的实际接触力大小。控制算法根据接触力指令以及实际接触力大小确定控制指令，通过指令输出模块提供给比例调压阀和电磁换向阀，实现对力控装置输出力大小和方向的调节，使实际接触力匹配期望接触力。

2. 电动式力控装置

华中科技大学陈凡等[13,14]提出了一种采用交流伺服电机作为核心驱动器件的二自由度电动式力控装置，具体结构如图 8-15 所示。两个交流伺服电机与一个 xy 滚珠丝杆平台(简称 xy 平台)通过联轴器相连。伺服电机的末端集成有光电编码器，用于检测电机动子的转动角位置，进而可以获得电机转速信息。通过将电机转速(单位为 r/s)与滚珠丝杆平台的导程(单位为 mm/r)相乘，即可得出工作台在相应伺服进给轴上的线速度。对该线速度进行积分即可得到工作台当前的实时位置数据。有了工作台在 x 轴与 y 轴方向上的位置信息，便可通过控制两个伺服电机的转动实现对工作台位置的精准控制。xy 平台的工作台上安装有三轴力传感器，磨抛主轴通过夹具安装于力传感器的上表面。于是，磨抛加工过程中的接触力可经过磨头工具→磨抛主轴→主轴夹具的路径传递至力传感器。然而，由于磨抛主轴及主轴夹具重力的作用，当末端执行器位姿发生变化时，该重力在力传感器各个轴上的分力也会随之变化，进而对接触力的测量结果造成影响。为了补偿重力所造成的影响，工作台上还集成了三轴倾角传感器，用于实时测量力控装置与全局坐标系之间的夹角。利用夹角信息，便可以通过相应的重力补偿算法去除掉力传感器中重力作用导致的分量。

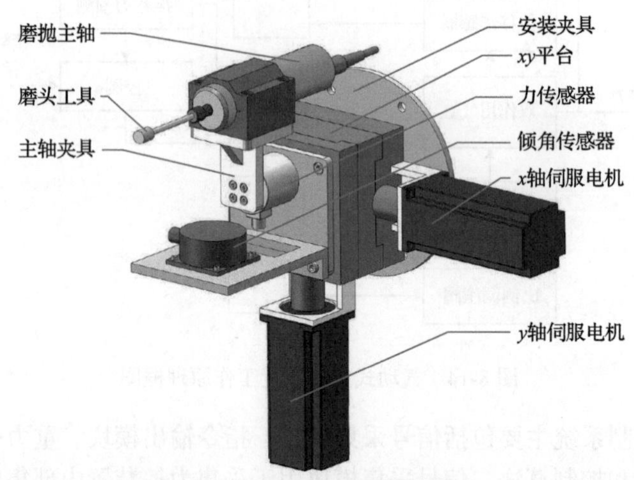

图 8-15　电动式力控装置结构组成

电动式力控装置的工作原理框图如图 8-16 所示。在功能结构组成上，二自由度电动式力控装置主要包括二自由度伺服电机模组平台及其驱动器、位移传感器、力传感器和倾角传感器。其中，二自由度伺服电机模组平台主要用于调整磨头的位置或速度以实现接触力控制；位移传感器（光电编码器）用于监测二自由度力控装置各个进给轴的位移以进行伺服反馈控制；力传感器用于感知并测量磨抛加工过程中接触力的大小；倾角传感器主要用于监测机器人末端的姿态角以对力传感器测量结果进行重力补偿。接触力控制系统主要包括信号采集模块、指令输出模块、重力补偿算法、接触力预测算法和控制算法。信号采集模块在接收到力控装置内部各个传感器的信号后，将其传递至不同的算法模块进行控制指令计算；控制算法根据重力补偿与接触力预测后得到的实际接触力大小和方向，计算出力控制指令信号，并将其转换为伺服电机模组平台两个运动方向上的指令信号，通过执行器驱动对工作台沿两个伺服进给轴方向的运动位移或速度进行同时调整，以控制磨头沿接触力方向的运动，从而实现对磨头与工件之间接触力的实时控制。

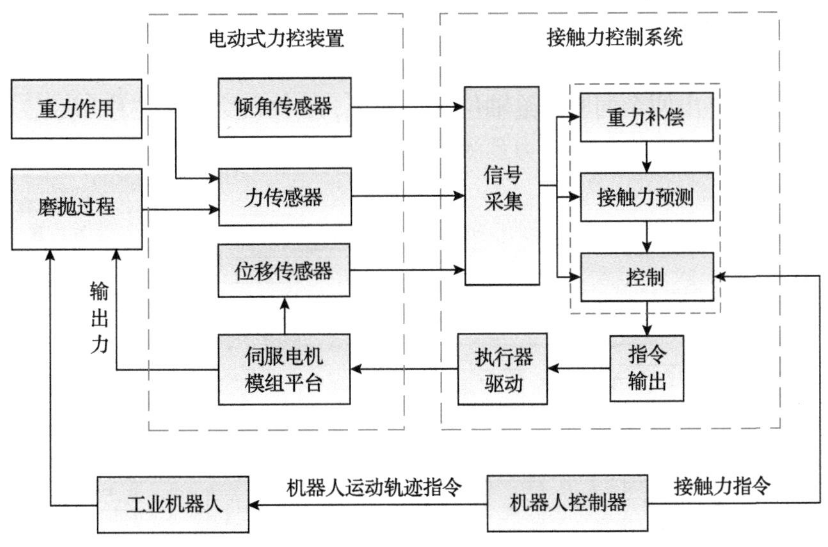

图 8-16　电动式力控装置工作原理框图

8.4.2　接触力控制系统组成与原理

本节以 8.4.1 节介绍的二自由度电动式力控装置为例，阐述接触力控制系统的组成与原理。

磨抛工具系统的受力分析示意图如图 8-17 所示。该工具系统由磨头工具、磨抛主轴和主轴夹具等组成。接触力 F_c 和切向磨抛力 F_t 作用在磨抛工具的磨头处；G 为工具系统的重力。F_x'、F_y' 和 F_z' 为主轴夹具处所感受到的力传感器和工具系统之间的作用力。而力传感器在其各个轴上检测到的力为 F_x、F_y 和 F_z。(F_x',F_y',F_z') 和 (F_x,F_y,F_z) 大小相同，方向相反。由于接触力 F_c 和切向磨抛力 F_t 与 (F_x,F_y) 所

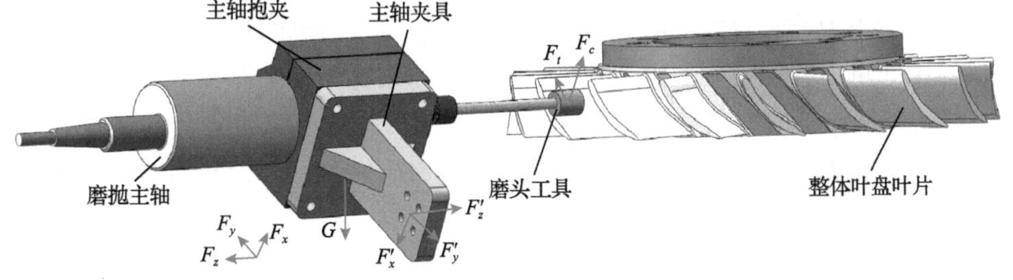

图 8-17　磨抛工具系统受力分析示意图

在力平面平行，F_z 方向的接触力不会影响 F_c 和 F_t 的大小，这里仅针对作用在力传感器 x 轴和 y 轴上的力（F_x 和 F_y）进行分析。

机器人磨抛的接触力控制系统如图 8-18 所示。机器人运动控制系统根据规划好的机器人运动轨迹指令控制刀具的主体位置路径；力控执行器位置控制系统根据力控制器计算出两个伺服进给轴位置指令(x_c, y_c)控制磨头的位移(d_x, d_y)。力控制器包括重力补偿模块、接触力预测模块、自适应阻抗控制器和转换矩阵。

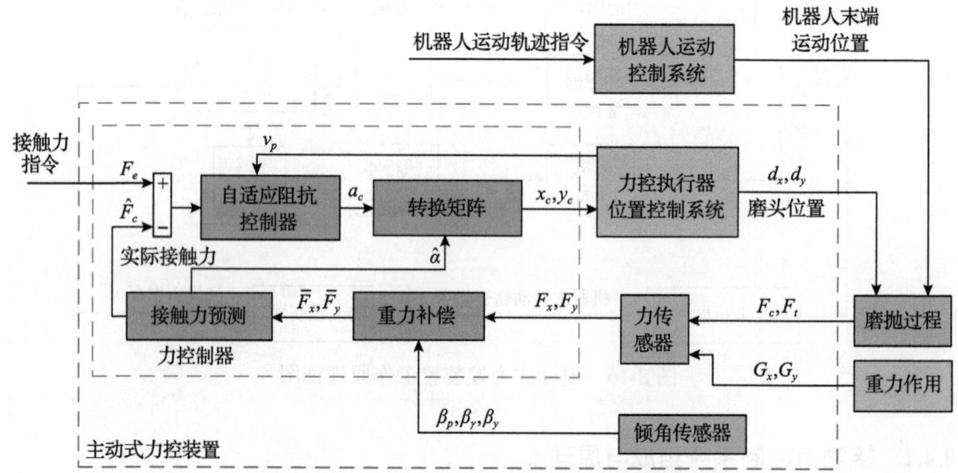

图 8-18　机器人磨抛的接触力控制系统框图

假定作用在力传感器 x 轴和 y 轴上的工具系统重力分量为 G_x 和 G_y，作用在力传感器 x 轴和 y 轴上的接触力分量为 F_{cx} 和 F_{cy}，作用在力传感器 x 轴和 y 轴上的切向磨抛力分量为 F_{tx} 和 F_{ty}，则力传感器 x 轴和 y 轴上的合力可由如下公式得到：

$$\begin{cases} F_x = F_{cx} + F_{tx} + G_x \\ F_y = F_{cy} + F_{ty} + G_y \end{cases} \tag{8-11}$$

力传感器各个轴相对于绝对坐标系的俯仰、滚转、偏航角度（β_p、β_γ、β_y）可通过集成于力控装置内部的倾角传感器测得。测量得到的角度信息将传递至力控制器中的重力补偿模块。重力补偿模块计算作用在力传感器各个轴上的重力分量，并将其从测得的力信号（F_x、F_y）中去除。重力补偿模块的输出信号（$\overline{F}_x$、$\overline{F}_y$）表示仅由接触力 F_c、切向磨削力 F_t 共同作用而产生的测量力，可由式(8-12)表示：

$$\begin{cases} \overline{F}_x = F_x - G_x \\ \overline{F}_y = F_y - G_y \end{cases} \tag{8-12}$$

之后，利用接触力预测算法，通过补偿后的力信号（$\bar{F}_x$、$\bar{F}_y$）计算出磨头与工件之间的接触力大小 $\hat{F}_c$ 和方向角 $\hat{\alpha}$ 。接触力指令（F_e）和预测得到的接触力大小（$\hat{F}_c$）的差值将作为输入传递给设计的自适应阻抗控制器，用于计算沿接触力方向的磨头位置控制指令（a_c）。通过将该位置指令信号乘以坐标变换矩阵，可以计算得到伺服电机模组平台(力控执行器)在两个进给轴方向上对应的位置控制指令（x_c、y_c）。通过对力控执行器中 xy 平台在两个伺服进给轴方向上的位置进行控制，可以实现对接触力指令（F_e）的跟踪控制。

8.4.3 力控执行器位置控制系统

二自由度力控装置中力控执行器位置控制系统框图如图 8-19 所示，C_x 和 C_y 分别是力控执行器在 x 轴和 y 轴的位置控制器，T_{vx} 和 T_{vy} 是从位置控制器输出指令（v_{xc}、v_{yc}）到力控执行器在其进给方向上运动速度（v_x、v_y）之间的传递函数。位置控制器输出指令（v_{xc}、v_{yc}）同时也是电机驱动器的速度指令输入。

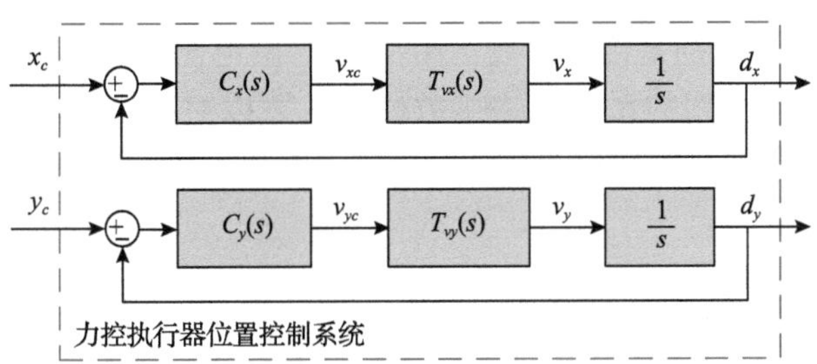

图 8-19 力控执行器位置控制系统框图

传递函数 T_{vx} 和 T_{vy} 的频率响应函数(frequency response function, FRF)曲线通过扫频实验测量获得，其结果如图 8-20 所示。通过将不同频率的正弦信号作为输

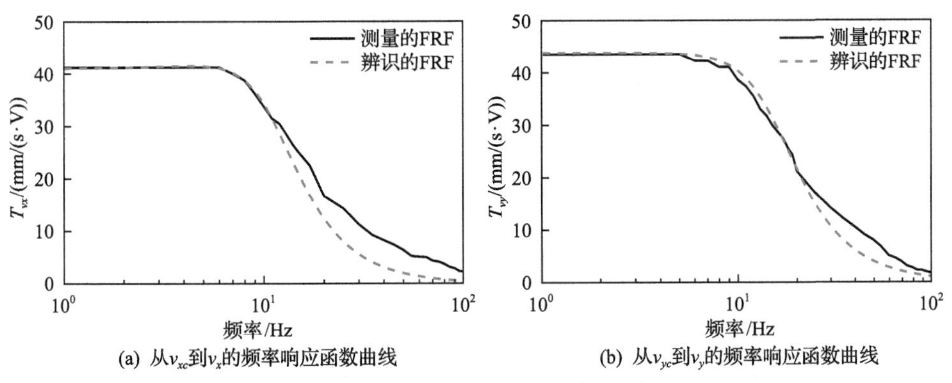

(a) 从v_{xc}到v_x的频率响应函数曲线　(b) 从v_{yc}到v_y的频率响应函数曲线

图 8-20 测量得到的二自由度力控执行器频率响应函数曲线

入传递给工作于速度控制模式的 x 轴与 y 轴电机驱动器，并记录 xy 平台在两个进给轴方向上的运动速度（v_x、v_y），从而可以得到从速度指令 v_{xc} 到进给速度 v_x，以及从速度指令 v_{yc} 到进给速度 v_y 的频率响应函数关系。从测量得到的频率响应函数曲线可以发现，传递函数 T_{vx} 和 T_{vy} 均可以近似为二阶系统，并且其模型参数可以通过系统参数辨识得到，如表 8-1 所示。

表 8-1　系统传递函数的模型参数

传递函数	ω_{ni} / (rad/s)	ζ_i /%	b_i / (mm · s/ (rad^2/V))
T_{vx}	69.11	65	1.96×10^5
T_{vy}	94.25	70	3.91×10^5

因此，T_{vx} 和 T_{vy} 的传递函数表达式可以表示为

$$T_{vi}(s)=\frac{b_i}{s^2+2\zeta_i\omega_{ni}s+\omega_{ni}^2},\quad i=x,y \tag{8-13}$$

式中，b_i、ζ_i 和 ω_{ni} 分别是传递函数 T_{vi} 的增益、阻尼比和模态频率。

根据测量辨识得到的系统传递函数模型，可以对两个进给轴的位置控制器 (C_x、C_y) 进行设计。采用 PI 控制器作为二自由度力控执行器的位置环控制器，具体形式如下：

$$\begin{cases} C_x(s)=K_{px}+K_{ix}\dfrac{1}{s} \\ C_y(s)=K_{py}+K_{iy}\dfrac{1}{s} \end{cases} \tag{8-14}$$

式中，K_{px}、K_{py} 是控制器的比例增益；K_{ix}、K_{iy} 是控制器的积分增益。控制器各个参数取值为 K_{px}=0.5、K_{ix}=0.34、K_{py}=0.48、K_{iy}=0.32。

由于磨抛主轴通过夹具与力传感器固连在 xy 平台的工作台上，可以认为磨头在两个伺服进给轴上的速度和位移与工作台在对应轴上的速度和位移相同。于是，在位置闭环控制下的磨头速度 (v_x、v_y) 和磨头位移 (d_x、d_y) 可表示为

$$\begin{cases} v_i(s)=\dfrac{sC_i(s)T_{vi}(s)}{s+C_i(s)T_{vi}(s)}i_c(s) \\ d_i=\dfrac{v_i(s)}{s} \end{cases},\quad i=x,y \tag{8-15}$$

记接触力方向与力控执行器 x 轴方向间的夹角为 α，则磨头在接触力方向上的速度 v_p 和位移 a_p 可由如下公式得到：

$$
\begin{cases} v_p = v_x \cos\alpha + v_y \sin\alpha \\ a_p = d_x \cos\alpha + d_y \sin\alpha \end{cases} \tag{8-16}
$$

8.4.4 接触力控制算法设计

接触力控制算法的设计包括四部分内容：磨抛过程中法向接触力与切向磨抛力建模、重力补偿算法设计、接触力在线测量算法设计、自适应阻抗控制器设计。

1. 磨抛过程中法向接触力与切向磨抛力建模

所使用的磨头工具通过将环形砂纸粘接于一个橡胶材质的圆柱体上，并将其整体固定于一个钢棒上而制成。由于橡胶的刚度远小于钢棒的刚度且接触力的幅值较小，在本节的建模中仅考虑橡胶部分的形变。当磨头与工件刚刚接触时，接触力为零，此时磨头为原始的圆柱状。当磨头与工件接触并达到期望接触力时，磨头中心向工件运动的位移为 a_e，磨头的变形如图 8-21 所示。

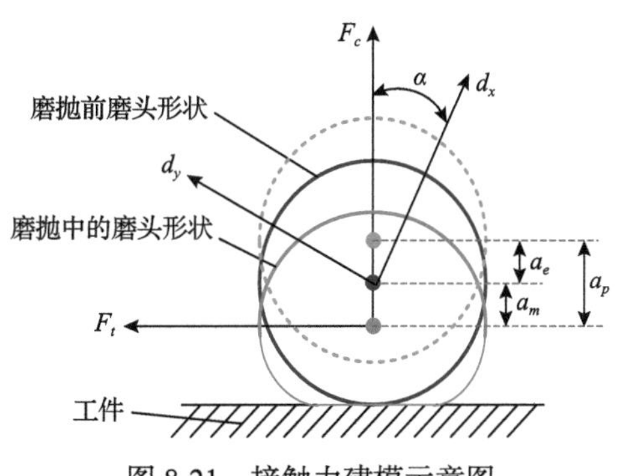

图 8-21　接触力建模示意图

磨头的主体部分为橡胶，在建模中可视为线性弹簧，因此接触力 F_c 可建模为

$$
F_c = k_e a_m \tag{8-17}
$$

式中，k_e 为磨头的弹性系数，经测量大约为 3N/mm；a_m 为磨头的位移。

假定 xy 平台需要朝 F_c 负方向运动 a_e 距离才能使磨头与工件刚接触上，则位移 a_m 为

$$
a_m = a_p - a_e \tag{8-18}
$$

式中，a_p 为磨头沿接触力方向的位移。

切向磨抛力 F_t 可以近似视为接触力 F_c 的线性函数，因此磨抛力 F_t 和接触力 F_c 之间的关系可以表示为

$$F_t = k_t F_c \tag{8-19}$$

式中，k_t 为磨抛力系数，其大小可通过力控磨抛实验与参数辨识确定。

具体方法如下：通过路径规划让 xy 平台的两个伺服进给方向分别与接触力和切向磨抛力方向平行；在重力补偿后，直接通过力传感器测量得到接触力和切向磨抛力的大小；利用二自由度力控执行器与接触力方向平行的伺服进给轴进行单自由度接触力控制磨抛实验，将磨抛过程中的实际接触力大小控制为设定的期望值；在磨抛实验中给定不同的期望接触力，并记录接触力和切向磨抛力的大小，便可通过曲线辨识得到磨抛力系数的大小。通过力控磨抛实验得到的接触力与磨抛力之间的关系曲线如图 8-22 所示。由实验数据可以发现，切向磨抛力和接触力之间的磨抛力系数 k_t 的大小近似为 0.3。

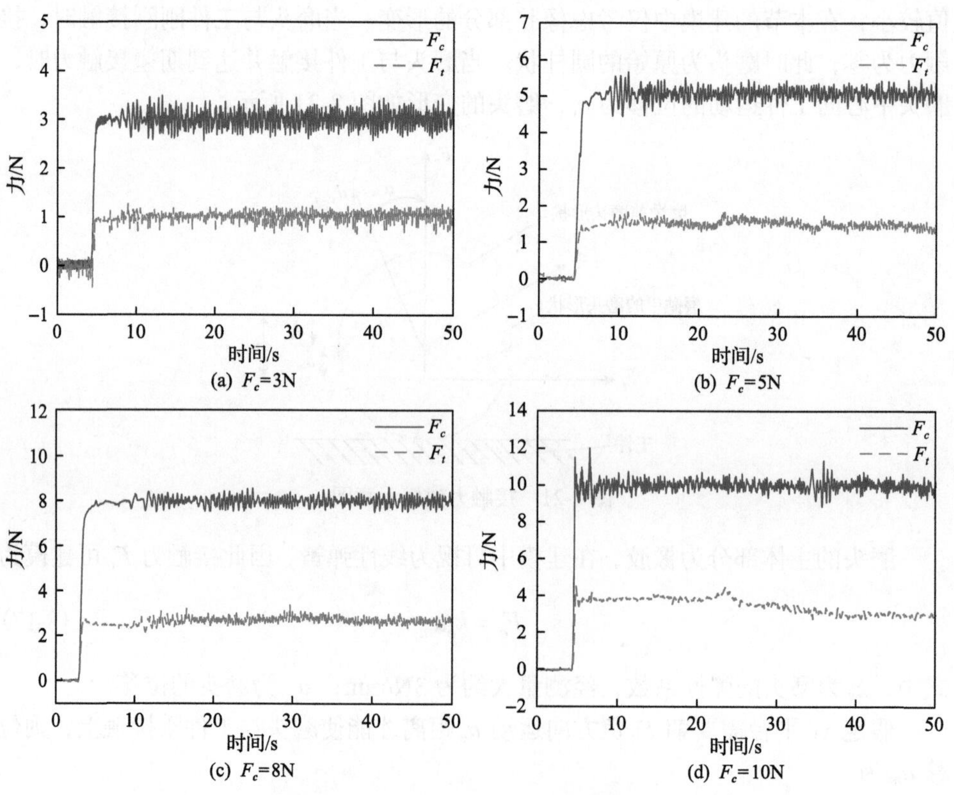

图 8-22　不同接触力大小下的接触力 F_c 与磨抛力 F_t 关系曲线

2. 重力补偿算法设计

为了准确地预测接触力，必须对测量得到的力传感器信号（F_x、F_y）进行重力补偿。为此，需计算出作用在力传感器各个轴上的重力分量（G_x、G_y），并将其从力传感器信号中移除。重力分量可通过坐标变换方法获得。图 8-23 显示了力控执行器的坐标关系。假设力传感器坐标系(*xyz*)的空间位置最初与绝对坐标系(*PYR*)一致。若记力传感器坐标系(*xyz*)在俯仰、滚转和偏航方向上的旋转角度分别为 β_p、β_γ 和 β_y，这三个旋转角度可通过集成在力控执行器中的倾斜传感器测得。重力(*G*)坐标从绝对坐标系(*PYR*)转换到力传感器坐标系(*xyz*)的变换过程可通过式(8-20)表示：

$$
\begin{bmatrix} G_x \\ G_y \\ G_z \end{bmatrix} = \underbrace{\begin{bmatrix} 1 & 0 & 0 \\ 0 & \cos\beta_p & \sin\beta_p \\ 0 & -\sin\beta_p & \cos\beta_p \end{bmatrix}}_{\boldsymbol{M}_P} \underbrace{\begin{bmatrix} \cos\beta_\gamma & \sin\beta_\gamma & 0 \\ -\sin\beta_\gamma & \cos\beta_\gamma & 0 \\ 0 & 0 & 1 \end{bmatrix}}_{\boldsymbol{M}_R} \underbrace{\begin{bmatrix} \cos\beta_y & 0 & -\sin\beta_y \\ 0 & 1 & 0 \\ \sin\beta_y & 0 & \cos\beta_y \end{bmatrix}}_{\boldsymbol{M}_Y} \begin{bmatrix} 0 \\ G \\ 0 \end{bmatrix}
$$
$$
= \begin{bmatrix} \sin\beta_\gamma \\ \cos\beta_p \cos\beta_\gamma \\ -\cos\beta_\gamma \sin\beta_p \end{bmatrix} G \tag{8-20}
$$

式中，$\begin{bmatrix} G_x & G_y & G_z \end{bmatrix}^{\mathrm{T}}$ 是力传感器坐标系中重力 *G* 的坐标向量；$\boldsymbol{M}_P$、$\boldsymbol{M}_R$ 和 $\boldsymbol{M}_Y$ 是俯仰、滚转和偏航运动的坐标变换矩阵。

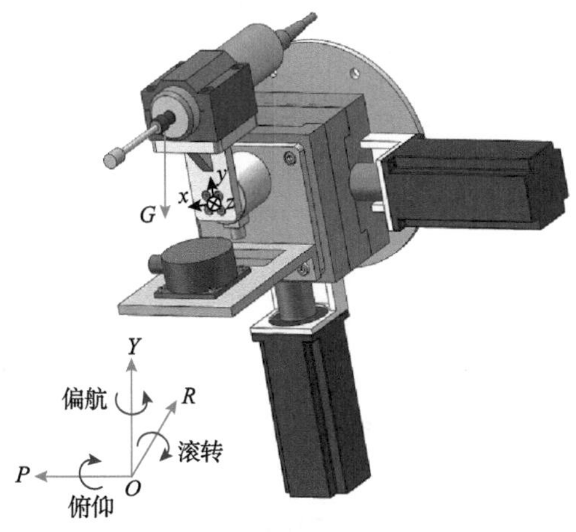

图 8-23　力控执行器的坐标关系

因此，补偿后的力信号可由式(8-21)计算得到：

$$
\begin{cases} \overline{F}_x = F_x - G_x = F_x - G\sin\beta_\gamma \\ \overline{F}_y = F_y - G_y = F_y - G\cos\beta_p \cos\beta_\gamma \end{cases} \tag{8-21}
$$

3. 接触力在线测量算法设计

机器人磨抛过程中的接触力 F_c 大小和方向可根据补偿后的力信号（$\overline{F}_x$、$\overline{F}_y$）以及不同作用力之间的几何关系计算得出。力（F_c、F_t）和（$\overline{F}_x$、$\overline{F}_y$）之间的几何关系如图 8-24 所示。$\overline{F}_x$ 和 $\overline{F}_y$ 是 F_c 和 F_t 在力传感器 x 轴和 y 轴方向上分力的总和，其相互间的关系如下：

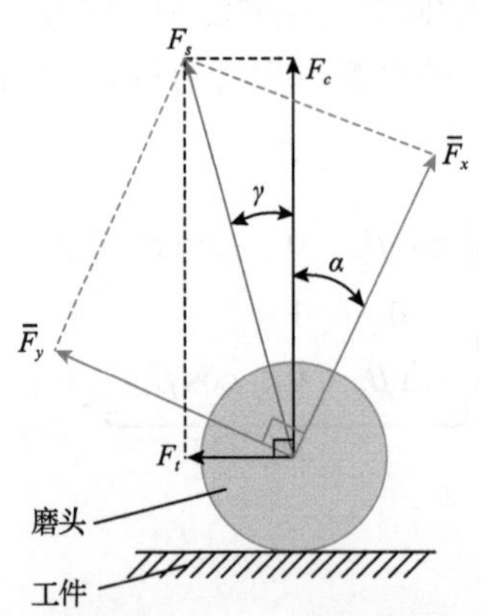

图 8-24　接触力 F_c、切向磨抛力 F_t 和重力补偿后的力传感器测量力（$\overline{F}_x$、$\overline{F}_y$）之间的关系

$$\begin{bmatrix} \overline{F}_x \\ \overline{F}_y \end{bmatrix} = \begin{bmatrix} \cos\alpha & -\sin\alpha \\ \sin\alpha & \cos\alpha \end{bmatrix} \begin{bmatrix} F_c \\ F_t \end{bmatrix} \tag{8-22}$$

由于 F_c 和 F_t 两者的合力与 $\overline{F}_x$ 和 $\overline{F}_y$ 两者的合力相同，可得

$$|F_s| = \sqrt{\overline{F}_x^{\,2} + \overline{F}_y^{\,2}} = \sqrt{F_c^2 + F_t^2} \tag{8-23}$$

式中，F_s 为 F_c 和 F_t 的合力。将公式 $F_t = k_t F_c$ 代入式(8-23)可得

$$\sqrt{\overline{F}_x^{\,2} + \overline{F}_y^{\,2}} = \sqrt{F_c^2 + (k_t F_c)^2} = F_c\sqrt{1 + k_t^2} \tag{8-24}$$

F_c 的预测值 $\hat{F}_c$ 可以根据 $\overline{F}_x$ 和 $\overline{F}_y$ 的大小得到：

$$\hat{F}_c = \frac{\sqrt{\overline{F}_x^{\,2} + \overline{F}_y^{2}}}{\sqrt{1 + k_t^2}} \tag{8-25}$$

F_c 和 F_s 之间的夹角 γ 可由式(8-26)得到：

$$\gamma = \operatorname{atan}\left(\frac{F_t}{F_c}\right) = \operatorname{atan}(k_t) \tag{8-26}$$

$\overline{F}_x$ 和 F_s 之间的夹角 $\alpha+\gamma$ 可通过式(8-27)得到：

$$\alpha + \gamma = \operatorname{atan}\left(\frac{\overline{F}_y}{\overline{F}_x}\right) \tag{8-27}$$

因此，接触力方向与力传感器 x 轴正方向之间夹角 α 的预测值 $\hat{\alpha}$ 可以根据式(8-28)计算得出：

$$\hat{\alpha} = \text{atan}\left(\frac{\bar{F}_y}{\bar{F}_x}\right) - \text{atan}\left(k_t\right) \tag{8-28}$$

4. 自适应阻抗控制器设计

为使接触力快速稳定地达到期望值，力控制器中采用了自适应阻抗控制器进行力闭环控制。自适应阻抗控制器由自适应控制器和基于位置的阻抗控制器两部分组成，如图 8-25 所示。阻抗控制器基于力跟踪误差 e_f 和参考位置轨迹 a_r 计算出磨头沿接触力方向的位置指令 a_c。自适应控制器根据力跟踪误差 e_f 和末端执行器在接触力方向上的速度 v_p 在线计算出参考位置轨迹 a_r。

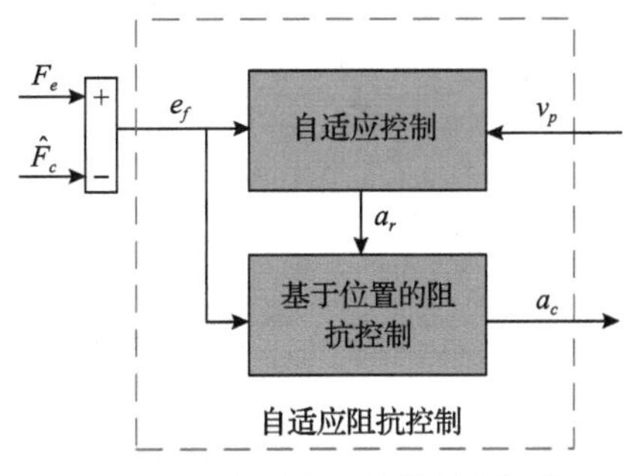

图 8-25　自适应阻抗控制器架构

可以将基于位置的阻抗控制器设计为一个线性二阶系统，该二阶系统传递函数表达式如下：

$$\frac{a_c(s) - a_r(s)}{e_f(s)} = \frac{1}{ms^2 + bs + k} \tag{8-29}$$

式中，m、b 和 k 分别是阻抗模型的质量、阻尼和刚度参数。于是，位置指令 a_c 可由式(8-30)得到：

$$a_c(s) = a_r(s) + \frac{e_f(s)}{ms^2 + bs + k} \tag{8-30}$$

机器人磨抛过程中的接触力 F_c 被建模为

$$F_c = k_e\left(a_p - a_e\right) \tag{8-31}$$

式中，k_e 为环境的刚度；a_e 为未变形环境的位置；a_p 为接触变形后的磨头实际位置。

假定力控执行器可以精确地控制磨头位置，并利用接触力预测算法准确地预测出接触力的大小，可以认为 a_p=a_c，$\hat{F}_c = F_c$。于是，力跟踪误差 e_f 可表示为

$$e_f = F_e - F_c = F_e - k_e\left(a_c - a_e\right) \tag{8-32}$$

将式(8-30)代入式(8-32)可得

$$\left(ms^2+bs+\left(k+k_e\right)\right)e_f=\left(ms^2+bs+k\right)\left(F_e+k_e\left(a_e-a_r\right)\right) \tag{8-33}$$

于是，稳态力跟踪误差为

$$e_f=\frac{k}{k+k_e}\left(F_e+k_e\left(a_e-a_r\right)\right) \tag{8-34}$$

为了利用基于位置的阻抗控制器精确地跟踪预期的接触力 F_e，需要根据式(8-35)精确地计算参考位置轨迹：

$$a_r=a_e+\frac{F_e}{k_e} \tag{8-35}$$

然而，在实际中 a_e 和 k_e 的精确值很难获得。因此，可以利用自适应控制律在线生成参考位置轨迹 a_r 以补偿环境导致的不确定性。参考位置轨迹 a_r 可以根据式(8-36)获得：

$$a_r(t)=g(t)+k_p(t)e_f(t)+k_v(t)\dot{e}_f(t) \tag{8-36}$$

式中，k_p 和 k_v 分别是作用于力跟踪误差 e_f 和误差率 $\dot{e}_f$ 的自适应增益；$g(t)$ 是由自适应控制律产生的辅助信号。

使用比例-积分自适应法可以得到 $g(t)$、$k_p(t)$、$k_v(t)$ 的自适应迭代方程：

$$\begin{cases} g(t)=g(0)+\alpha_1\int_0^t q(t)\mathrm{d}t+\alpha_2 q(t) \\ k_p(t)=k_p(0)+\beta_1\int_0^t q(t)e_f(t)\mathrm{d}t+\beta_2 q(t)e_f(t) \\ k_v(t)=k_v(0)+\gamma_1\int_0^t q(t)\dot{e}_f(t)\mathrm{d}t+\gamma_2 q(t)\dot{e}_f(t) \\ q(t)=\omega_p e_f(t)+\omega_v\dot{e}_f(t) \end{cases} \tag{8-37}$$

式中，ω_p 和 ω_v 分别是跟踪力误差 e_f 和误差率 $\dot{e}_f$ 的正加权因子；$(\alpha_1, \beta_1, \gamma_1)$ 是正自适应积分增益；$(\alpha_2, \beta_2, \gamma_2)$ 是非负自适应比例增益；$[g(0), k_p(0), k_v(0)]$ 是指定的正初始值，以便为控制系统提供适当的初始参考位置信号和初始自适应增益。

由式(8-32)可得

$$\dot{e}_f=\dot{F}_e-k_e\left(\dot{a}_c-\dot{a}_e\right)=-k_e\dot{a}_c=-k_e\dot{a}_p=-k_e v_p \tag{8-38}$$

即 $\dot{F}_e=0$，$\dot{a}_e=0$，$v_p=\dot{a}_p$。

由于测量得到的力传感器信号通常含有噪声，通过对 e_f 微分获得 $\dot{e}_f$ 是不可取的。于是，这里用 $-k_e v_p$ 来代替 $\dot{e}_f$ 以避免噪声问题。由于 k_e 是未知的正常数，该参数的影响可以包含在自适应增益和加权因子中。那么，参考位置 a_r 的表达式可更新为

$$a_r(t)=g(t)+k_p(t)e_f(t)-k_v(t)v_p(t) \tag{8-39}$$

$$\begin{cases} g(t)=g(0)+\alpha_1\int_0^t q(t)\mathrm{d}t+\alpha_2 q(t) \\ k_p(t)=k_p(0)+\beta_1\int_0^t q(t)e_f(t)\mathrm{d}t+\beta_2 q(t)e_f(t) \\ k_v(t)=k_v(0)-\gamma_1\int_0^t q(t)v_p(t)\mathrm{d}t-\gamma_2 q(t)v_p(t) \\ q(t)=\omega_p e_f(t)-\omega_v v_p(t) \end{cases} \tag{8-40}$$

于是，利用式(8-39)和式(8-40)可实时在线生成参考位置轨迹 a_r。由于所提出的自适应控制方案不需要知道 a_e 和 k_e 的值，并且可根据 e_f 和 $\dot{e}_f$ 的值对参考位置信号进行在线调整，所设计的控制器可快速适应环境因素导致的不确定性变化。

自适应阻抗控制器的输出 a_c 表示磨头在接触力方向的命令位置。为了获得末端执行器的两个进给轴方向上的位置控制命令 (x_c, y_c)，需要将 a_c 与坐标变换矩阵相乘。于是，所得到的位置控制指令 (x_c, y_c) 的大小为

$$\begin{bmatrix} x_c & y_c \end{bmatrix}=[\cos\alpha \quad \sin\alpha]a_c \tag{8-41}$$

8.4.5　刀路生成与轨迹优化

利用接触力预测算法可以在线预测出接触力方向和力控执行器进给轴之间的相对角度；同时，将所设计的力控制器的位置输出指令对应到力控执行器两个进给轴上对其位移进行控制，可以很好地控制接触力的大小。这样，控制力的方向可以自动与所需的接触力方向相吻合，力控执行器的进给轴就不需要一直与接触力方向共线。于是，对于采用图 8-15 所示二自由度电动力控装置的机器人磨抛系统，可以生成刀具中心点均匀分布的刀路，如图 8-26 所示。

由图 8-26 可见，刀路点均匀分布，但是这些点是刀具中心点。磨头和工件轮廓接触点仍然分布不均，如图 8-27 的左侧部分所示。磨头与工件表面接触点在进排气边附近仍然密集，在叶盆、叶背部分较为均匀。为使进排气边周围的密集接触点分布更均匀，首先从工具中心路径计算接触点的轨迹，然后计算沿轨迹的每两个相邻接触点之间的距离。对于进排气边附近的接触点，若两个相邻接触点之间的间距远小于正常的间距，则将其手动删除，从而使接触点均匀分布，如图 8-27

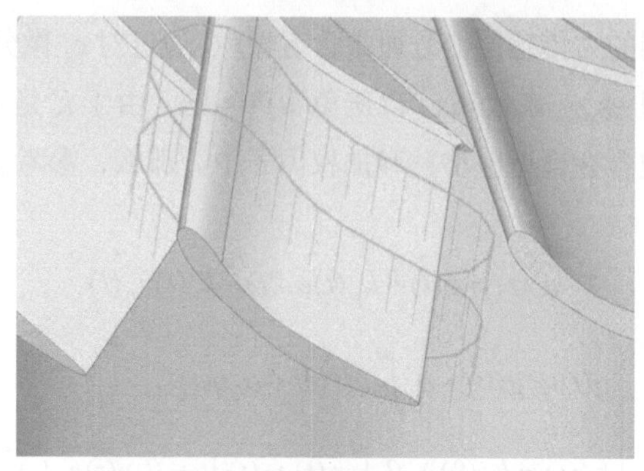

图 8-26　二自由度力控机器人磨抛刀路

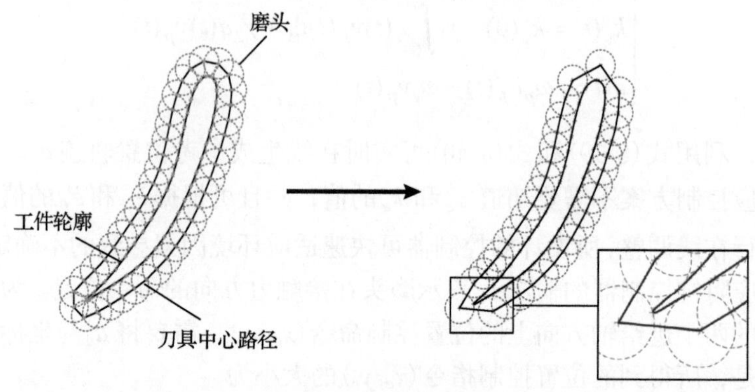

图 8-27　刀路优化

的右侧部分所示。处理后的接触点所对应的刀具中心点轨迹将作为机器人磨抛的刀路。这样，工件轮廓上的接触点分布更均匀，可以进一步提高整体叶盘机器人磨抛的效果。

在使用单自由度力控装置进行机器人磨抛时，为了测量并控制接触力的大小，需要使力传感器的轴线方向 (F_x) 始终与接触力方向 (F_c) 平行。在规划的刀路点处，可以通过控制机器人的姿态以满足该要求。然而，当磨头中心点在两个相邻的规划刀路点之间的位置时，该要求将得不到满足，因为力传感器轴线方向 (F_x) 与接触力方向 (F_c) 并不平行，如图 8-28 所示。这种情况会导致在测量和控制接触力时产生较大误差，特别是在零件曲率变化较大的位置附近。为了最小化接触力测量和控制过程中的误差，在工件曲率较大的位置附近区域需要规划较为密集的刀路点，以通过对机器人位姿的控制保证力传感器轴线方向与接触力方向一致。然而，机器人在每两个相邻的规划刀路点之间移动的时间是相同的。因此，在刀路点密集的进排气边处，磨头移动非常缓慢，这将会导致工件过抛，并且极大地限制了机器人磨抛的加工效率。

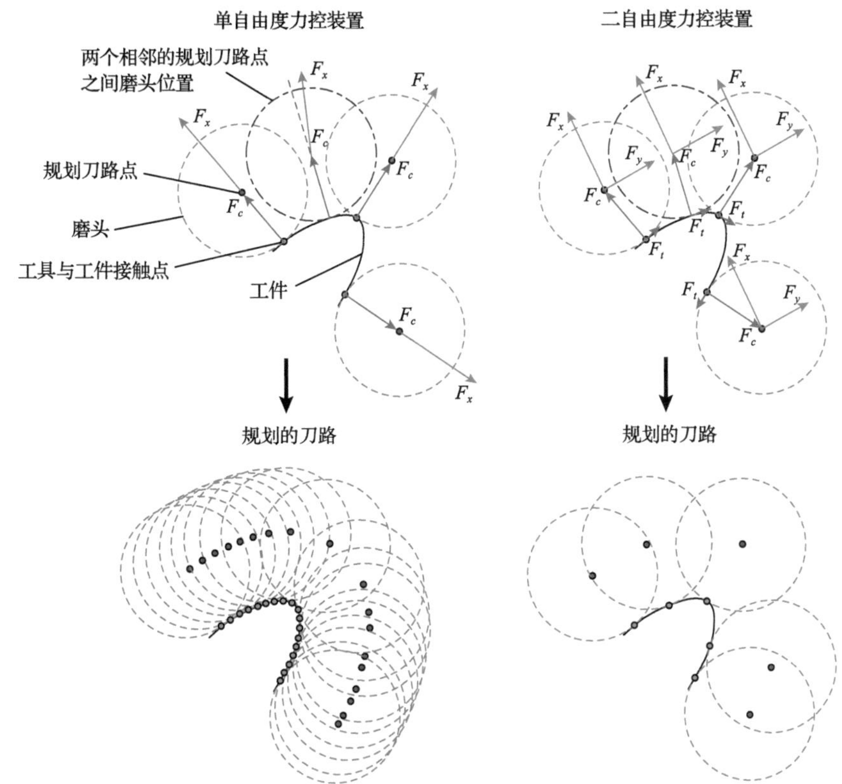

图 8-28　基于单自由度力控装置与二自由度力控装置的机器人磨抛刀路

在利用图 8-15 所示的二自由度力控装置进行复杂曲面零件机器人磨抛时，可以控制磨头自主地适应工件的曲率变化。无论刀具中心位置在何处，都可以用接触力预测算法测量出接触力 F_c 的方向角 α 和幅值，并且可以通过所提出的力控算法同时控制力控执行器在两个进给方向上的位移，以实现接触力的准确控制。在这种情况下，力传感器的两个轴线方向 (F_x、F_y) 都不需要与接触力方向 (F_c) 相平行 (图 8-28)。在复杂曲面零件曲率变化较大位置附近规划的刀路点数量相对使用单自由度力控装置的情况可以少很多，可以大大提高进给速度和磨抛效率，显著减少工件曲率较大位置处过抛的可能性。

8.5　机器人力控磨抛实验验证

8.5.1　通过六维力传感器进行机器人力控磨抛实验

1. 变速器壳体力控磨抛

汽车变速器壳体在铸造完成后，其毛刺飞边主要分布在分型面及其沟槽处，如图 8-29 所示。毛刺飞边的分布极不均匀，增大了毛坯的外形尺寸误差，也对力控制策略提出了更高的要求。本节利用基于法向恒力的速度调控策略：在磨抛过程中，当刀具遇到较大的突起时，磨抛力会随之增大，机器人将自动减速运行以维持稳定的磨抛力；当遇到较小的飞边时，磨抛力也随之减小，机器人将自动加速运行，直至法向力 F_n 重新位于参考范围内，从而实现末端执行器的闭环反馈控制，能够进行自适应、高精度的机器人去毛刺作业。

图 8-29　变速器壳体毛刺飞边主要分布区域

本节采用 ABB 公司 IRB-6700-200/2.60 型工业机器人对汽车变速器壳体进行磨抛加工去除飞边毛刺。所选用的力传感器为美国 ATI 公司研发的 Omega160 SI-1500-240 六维力/力矩传感器。图 8-30 为工艺参数 v_s =12.3m/s、v_w =30mm/s、F_n = 80N 条件下，变速器壳体力控机器人磨抛过程中所实时采集的力信息，可将整个磨抛过程的受力分为四个阶段。

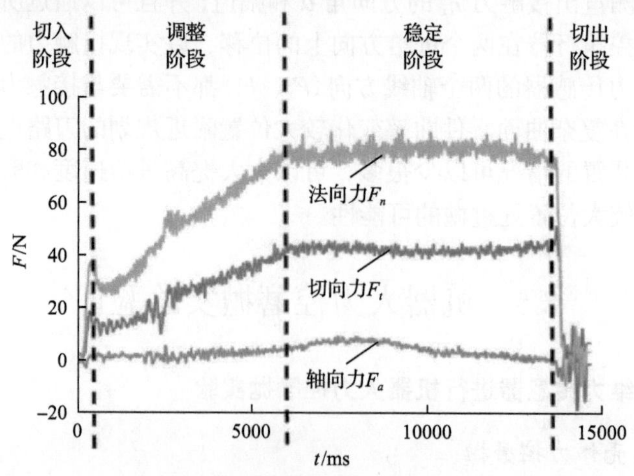

图 8-30　变速器壳体机器人磨抛力信息

(1) 切入阶段。该阶段机器人夹持工件调整姿态使工件与刀具接触，各方向力的波动表明仍然存在“过磨”的问题，且轴向力起伏较为明显，表明过磨具有轴向性，不利于磨抛。

(2) 调整阶段。该阶段法向力和切向力变化较大，这是因为工件初接触刀具，且在机器人调整位姿过程中工件旋转速度有一定的变化，导致工件表面受力不稳定，且此时加工表面的面积由于工件的形状不规则也有一定的变化，法向力向 80N 预设力接近。

(3) 稳定阶段。该阶段各分力均较为稳定，法向力维持在 80N 预设力，波动范围为±5N，在加工允许范围内。但轴向力并不为零，这是因为采用的投影法使得工件在进行旋转时相对刀具存在轴向运动。这证明了所采用的力控制策略是可行的，实现了对法向恒力的控制。

(4) 切出阶段。该阶段工件远离刀具，完成该条路径的磨抛过程。该过程由于工件停止了相对刀具的轴向运动，轴向力减小到零。同样，切向力也随着发生一定的变化。到实际离开时，法向力才开始迅速减小，这与所设置的力控制系统的刚度、阻尼有关。

上述方法能够实现对变速器壳体分型面毛刺飞边的精准去除，且加工后的表面平整度高、磨抛痕迹一致；磨抛过程各分力符合加工规律，力的波动较小。

2. 增材修复叶片力控磨抛

叶片修复技术旨在通过增材和减材相结合的技术手段，实现损伤叶片的修复再制造，且修复后的叶片机械物理性能保持良好，有效延长了叶片服役周期，被认为是顺应国家绿色制造、智能制造理念的高端制造技术。按照叶片修复流程，在完成增材修复后，需要对填充区域进行磨抛加工，提升叶片轮廓精度和表面质量。在采用激光熔覆技术对损伤叶片进行增材修复时，为了保证叶片破损区域被完全填充，一般采用过余量增材方式，余量最大可达 3mm，且填充区域表面呈现不均匀分布规律(图 8-31)，这会影响后续磨抛效率和质量一致性。

非均匀余量加工的核心是如何根据不同的余量来控制工艺参数的变化使得材料去除量达到预计的要求。常见的非均匀余量的加工方式有：①在进给速度、线速度恒定的情况下根据余量改变法向接触力的形式；②维持砂带速度、法向接触力恒定的情况下根据余量改变进给速度。借鉴数学问题中的“以直代曲”的典型思想将该问题进行简化，即采用“非均匀余量—磨抛—均匀余量—磨抛”的加工形式。因此，上述加工形式分为两步：对应粗磨削过程的“非均匀余量—磨抛”步骤，以及对应精磨抛过程的“均匀余量—磨抛”步骤。前者采用位置控制模式，后者采用力控制模式。图 8-32 为 ATI Omega160 SI-1500-240 六维力/力矩传感器在力控模式下的增材修复叶片力控机器人精磨抛加工，相关工艺参数为进给速度

20mm/s，砂带速度 9.24m/s，法向接触力 40N。

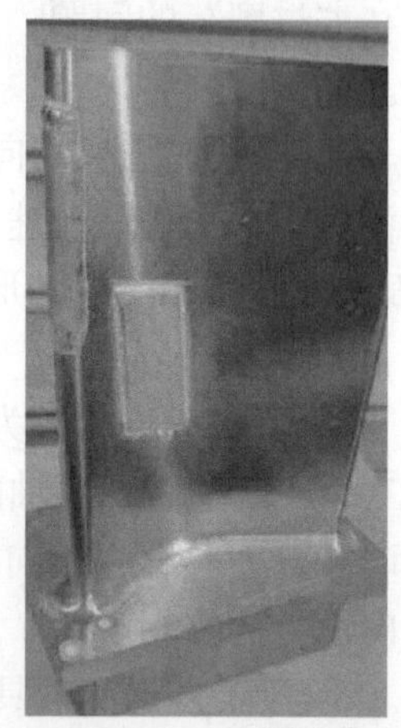

图 8-31　某型损伤叶片完成激光熔覆修复后

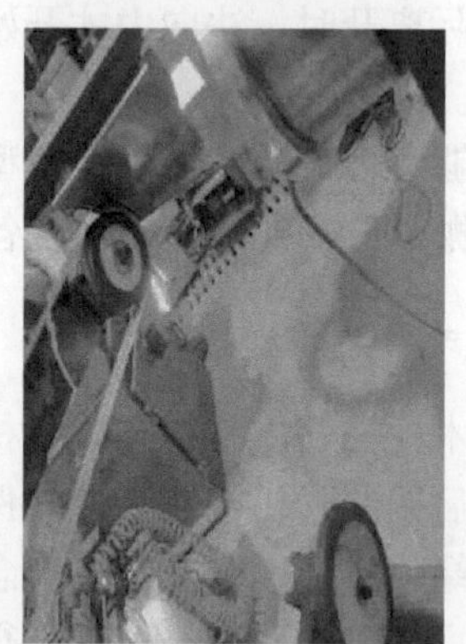

图 8-32　修复叶片力控机器人精磨抛加工

为了展示叶片力控磨抛后的精度指标，采用接触式三坐标测量仪对叶片轮廓精度进行检测。图 8-33 为叶片测量位置，其中 P0 为参考平面，P1 和 P2 为 P0 向

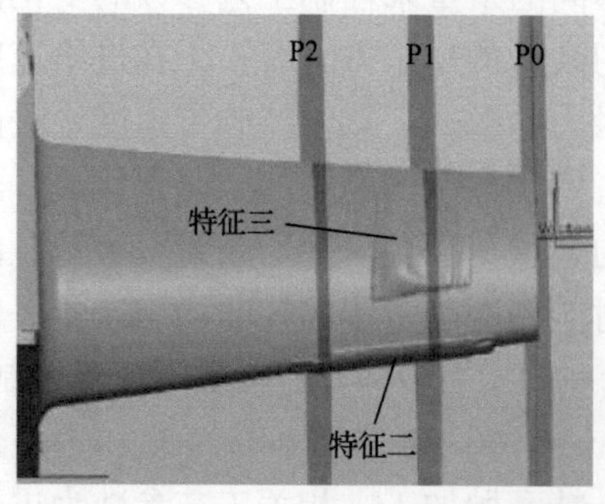

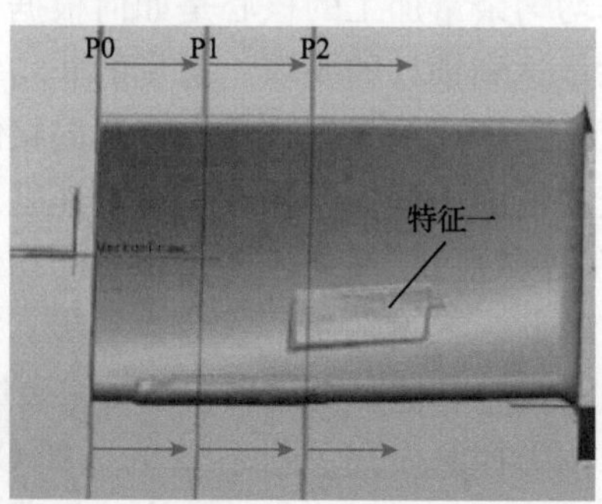

图 8-33　叶片轮廓精度待检测的截面

内以 35mm 为等间隔的截平面，P1 截面经过特征二和特征三，P2 截面经过特征一和特征二，因此选取这两条截平面处的轮廓精度表征整体磨抛效果。实验数据显示所测的截面误差均不超过规定的 0.1mm，其中平均误差为 0.036mm，最大为 0.095mm，99.5%的误差低于 0.08mm，因而加工精度满足要求。

进一步，对磨抛后叶片表面的特征一、特征二和特征三处进行表面粗糙度测量，分别在每个特征处随机选取 4 个点进行检测。测量数据显示，叶片磨抛后特征一处平均粗糙度为 0.610μm，特征二处平均粗糙度为 0.626μm，特征三处平均粗糙度为 0.643μm。可见所有的粗糙度均为 0.5～0.8μm，满足生产所要求的小于 0.8μm 的技术要求。

8.5.2　通过力控装置进行机器人力控磨抛实验

航空发动机整体叶盘的机器人磨抛实验系统如图 8-5 所示。其中，8.4.1 节介绍的二自由度电动式主动力控磨抛装置安装于一台 Comau 220 机器人的末端，整体叶盘通过夹具安装于机器人的变位台上。在该二自由度力控磨抛装置中，磨抛主轴的轴向与力传感器的轴向(z 轴)相平行，于是，磨抛过程中作用于主轴上的径向力将映射到力传感径向的两个轴上，以便于测量。同时，xy 平台的两个进给方向分别与力传感器径向的两个轴(x 轴、y 轴)相平行，以便于对接触力进行控制。

在整体叶盘的机器人磨抛加工过程中，机器人将根据提前规划好的刀路轨迹控制磨头的主体运动路径。二自由度力控磨抛装置则根据实时测量出的接触力大小与方向，控制 xy 平台在两个进给轴方向上的运动，进而对磨头的位置进行细微调整，以实现期望的接触力控制。

在整体叶盘叶片的机器人力控磨抛加工实验研究中，采用三种不同的方案进行机器人磨抛加工。

方案 1：使用二自由度力控磨抛装置进行整体叶盘叶片的机器人磨抛加工。首先，利用接触力预测算法识别磨抛加工过程中的接触力方向和大小。之后，利用自适应阻抗控制器来控制 xy 平台的两个伺服进给轴的运动，以得到期望的接触力。该方案中，磨头可以自主地适应叶片表面的曲率变化，因而力控装置的进给方向不需要与接触力方向时刻保持一致。

方案 2：实验装置与方案 1 中相同，但是仅使用二自由度力控磨抛装置中的 y 轴进行接触力控制，以模拟单自由度力控装置的工作效果。在控制器方面，使用与方案 1 中相同的自适应阻抗控制器(图 8-18)，但在其中省略了二自由度力控制所需要的接触力预测模块和转换矩阵模块。方案 2 用到的单自由度力控制器结构

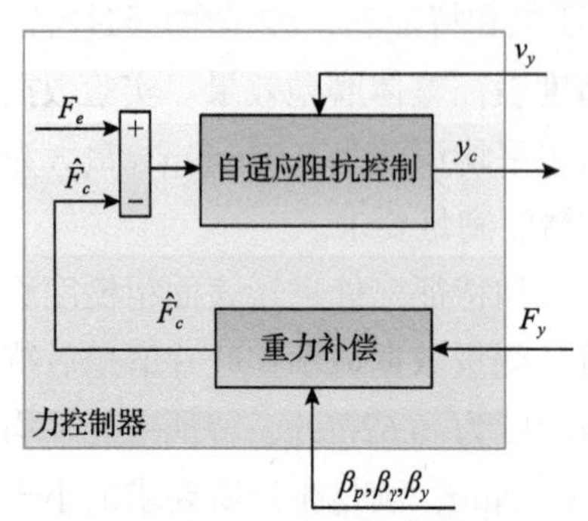

图 8-34　单自由度力控制器框图

框图如图 8-34 所示。通过自适应阻抗控制器调节 xy 平台中工作台在 y 轴方向上的运动以得到期望的接触力。该方案中，机器人在磨抛过程中需要实时调整末端姿态来确保力控装置的 y 轴方向(进给方向)与规划的磨抛加工刀路点处的法向接触力方向相一致，以取得理想的力控效果。

方案 3：将力控装置的两个伺服进给轴锁死，不施加力控制，机器人仅根据规划的刀路轨迹进行整体叶盘叶片的磨抛加工。

在机器人磨抛加工实验中，方案 1 与方案 2 中的自适应阻抗控制器参数相同。实验中将期望接触力大小设定为 3N，实验结果如图 8-35～图 8-38 所示。在方案 1 中，接触力方向角 α 的实时测量轨迹如图 8-35 所示。在测量中将 α 的范围设定为 0°～360°，因此每次当 α 的值上升至 360°时，就会重新回到 0°并继续增长。从实验结果可以发现，接触力方向角 α 在进排气边附近增长速度较快，在沿叶盆和叶背区域变化较为平缓。方案 1 与方案 2 所对应的叶片表面质量与粗糙度和接触力控制效果如图 8-36 和图 8-37 所示。可以发现两种方案中接触力 F_c 均可以被较好地控制在期望值附近，并且接触力的波动大小均小于 1N。磨抛后的叶片表面光滑且有光泽，铣削痕迹得以很好地去除。方案 1 中，叶片表面的粗糙度 R_a 为 0.175μm；方案 2 中，叶片表面的粗糙度为 0.195μm。然而，在无力控磨抛的方案 3 中(图 8-38)，接触力的波动较大，而且叶片表面的刀纹依稀可见，表面粗糙度达到 0.919μm。

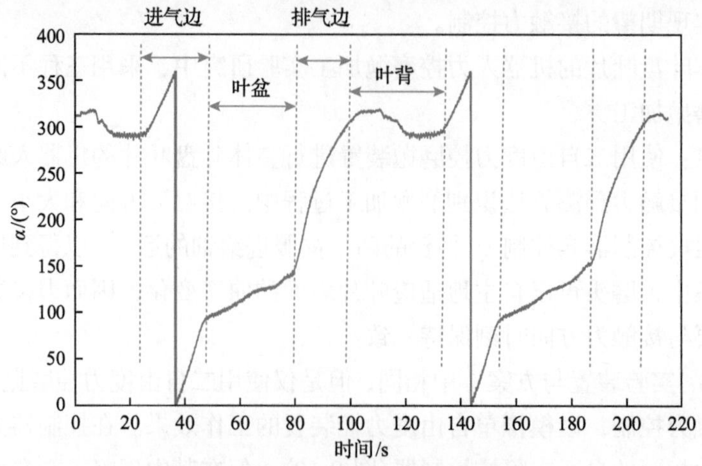

图 8-35　接触力方向角 α 的测量数据

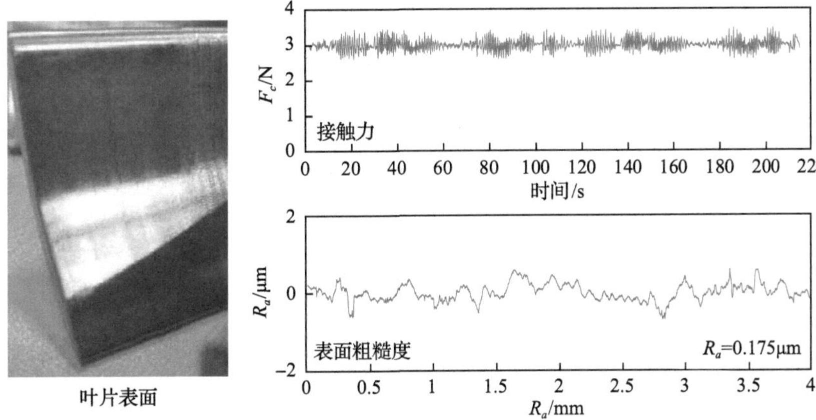

图 8-36　方案 1：基于二自由度力控磨抛结果

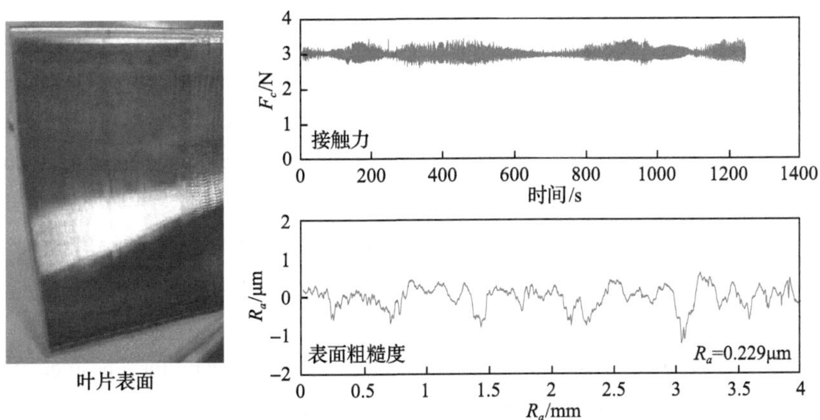

图 8-37　方案 2：基于单自由度力控磨抛结果

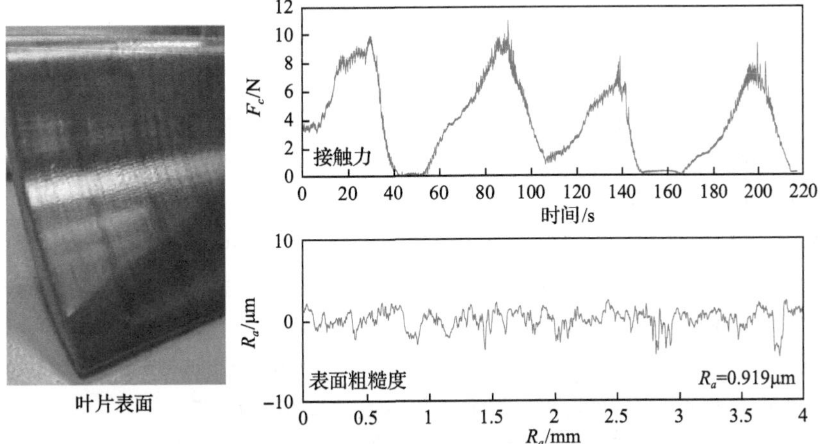

图 8-38　方案 3：无力控磨抛结果

对于实施接触力控制的两种方案，从实验结果中还可以发现，相对于方案 2，当采用方案 1 进行机器人磨抛加工时，磨抛效率提高了 5 倍左右。方案 1 中的加工时间仅为约 215s，但在方案 2 中加工时间约为 1277s。这是由于方案 2 采用单自由度接触力控制进行机器人磨抛加工，需要在进排气边等曲率变化较大的区域规划较为密集的刀路点以确保接触力测量和控制的准确性，这显著降低了机器人的移动速度和磨抛加工的效率。

参 考 文 献

[1] 杨龙. 机器人砂带磨抛力建模及其在钛合金叶片加工中的应用. 武汉：华中科技大学硕士学位论文, 2015.

[2] Zhu D H, Luo S Y, Yang L, et al. On energetic assessment of cutting mechanisms in robot-assisted belt grinding of titanium alloys. Tribology International, 2015, 90: 55-59.

[3] Zhu D H, Xu X H, Yang Z Y, et al. Analysis and assessment of robotic belt grinding mechanisms by force modeling and force control experiments. Tribology International, 2018, 120: 93-98.

[4] Zhu D H, Feng X Z, Xu X H, et al. Robotic grinding of complex components: A step towards efficient and intelligent machining-challenges, solutions, and applications. Robotics and Computer-Integrated Manufacturing, 2020, 65: 101908.

[5] Xu X H, Zhu D H, Zhang H Y, et al. Application of novel force control strategies to enhance robotic abrasive belt grinding quality of aero-engine blades. Chinese Journal of Aeronautics, 2019, 32(10): 2368-2382.

[6] Zhang H Y, Li L, Zhao J B, et al. Design and implementation of hybrid force/position control for robot automation grinding aviation blade based on fuzzy PID. The International Journal of Advanced Manufacturing Technology, 2020, 107(3): 1741-1754.

[7] Zhao X W, Tao B, Qian L, et al. Asymmetrical nonlinear impedance control for dual robotic machining of thin-walled workpieces. Robotics and Computer-Integrated Manufacturing, 2020, 63: 101889.

[8] Zhang J F, Liu G F, Zang X Z, et al. A hybrid passive/active force control scheme for robotic belt grinding system. Proceedings of the 13th IEEE International Conference on Mechatronics and Automation, Harbin, 2016: 1-6.

[9] Zhou P K, Zhou Y M, Xie Q L, et al. Adaptive force control for robotic grinding of complex blades. IOP Conference Series: Materials Science and Engineering, 2019, 692(1): 012008.

[10] Xu X H, Chen W, Zhu D H, et al. Hybrid active/passive force control strategy for grinding marks suppression and profile accuracy enhancement in robotic belt grinding of turbine blade. Robotics and Computer-Integrated Manufacturing, 2021, 67: 102047.

[11] 徐小虎. 压气机叶片机器人砂带磨抛加工关键技术研究. 武汉：华中科技大学博士学位论

文, 2019.
[12] 朱大虎, 徐小虎, 蒋诚, 等. 复杂叶片机器人磨抛加工工艺技术研究进展. 航空学报, 2021, 42(10): 524265.
[13] Chen F, Zhao H, Li D W, et al. Contact force control and vibration suppression in robotic polishing with a smart end effector. Robotics and Computer-Integrated Manufacturing, 2019, 57: 391-403.
[14] Chen F, Zhao H, Li D W, et al. Robotic grinding of a blisk with two degrees of freedom contact force control. The International Journal of Advanced Manufacturing Technology, 2019, 101(1-4): 461-474.
[15] Zhou H, Zhao H, Li X F, et al. Accurate modeling of material removal depth in convolutional process grinding for complex surface. International Journal of Mechanical Sciences, 2024, 267: 109005.

第 9 章　大型复杂构件机器人加工应用案例

9.1　引　　言

在前述章节的基础上，本章介绍自主开发的机器人加工几何参数辨识软件模块，该模块集成了点云处理与参数辨识功能；以标准圆柱加工为例进行对比实验分析，验证所提误差控制方法的有效性，并将所提方法应用于两款核电叶片的磨削与四款航空蒙皮样件的切边，加工后主要技术参数达到设计要求。

9.2　参数辨识与位姿优化

在前述位姿参数辨识方法研究的基础上，本节基于微软基础类库(Microsoft foundation classes, MFC)框架开发机器人加工系统参数辨识软件模块，包括点云处理基本模块与参数辨识专用模块，如图 9-1 所示。点云处理基本模块为参数辨识专用模块提供数据预处理与结果分析功能，包括文件操作、三维交互、点云编辑、特征创建、色谱显示等，参数辨识专用模块包括手眼/运动学参数辨识、工

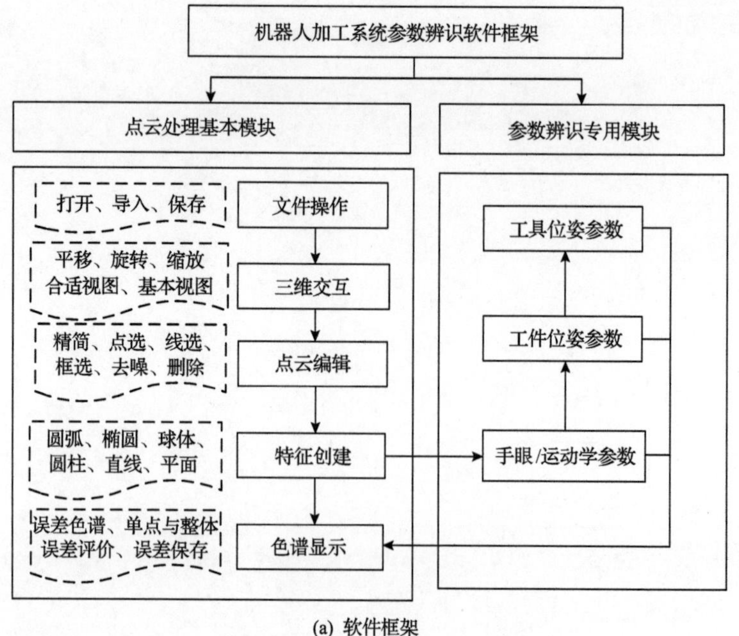

(a) 软件框架

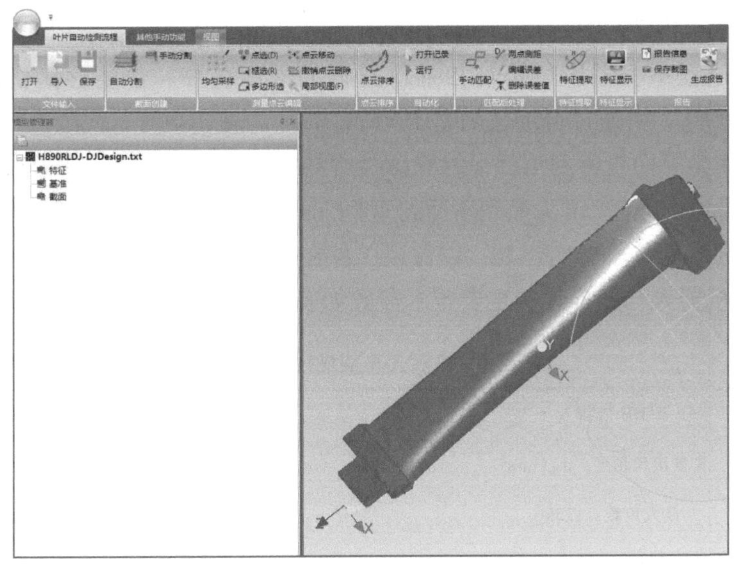

(b) 软件界面

图 9-1　机器人加工系统参数辨识软件模块

件位姿参数辨识、工具位姿参数辨识等功能。

9.2.1　手眼位姿参数辨识

手眼位姿参数辨识的输入数据包括扫描仪测量点云与机器人位姿，数据获取的控制流程如图 9-2 所示。设置扫描仪曝光率和扫描频率，触发 ABB 机器人控制

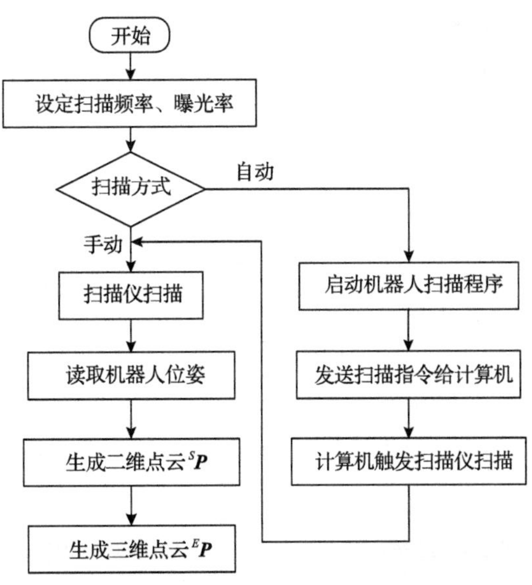

图 9-2　工件线激光扫描流程

器中的 Rapid 自动扫描程序，扫描程序包括运动指令与通信指令，通信指令用来保证扫描过程中机器人位姿与扫描仪数据的同步获取。位姿存储格式定义为 $(a,b,c,\alpha,\beta,\gamma)$，可通过自定义函数 RPY2R 转换为旋转矩阵。线激光扫描仪获取的数据为激光平面投影到工件上的轮廓线所对应的二维测点，格式为 $(x,0,z)$，其中 x 为视野宽度方向，y 为激光平面的垂直方向，z 为景深方向。测量工件时机器人需沿着近似于 y 轴方向运动，以保证工件在合适的视野内并获取较多的测量数据。ABB 机器人与扫描仪的主要技术参数如表 9-1 所示。

表 9-1　机器人与扫描仪技术参数

ABB 机器人	线激光扫描仪
重复定位精度：0.11mm	x 轴分辨率：0.07～0.15mm
最大负载：125kg	z 轴分辨率：0.007～0.040mm
测量范围：0.35～3.5m	z 轴景深：120～175mm

图 9-3 为手眼位姿参数与关节运动学参数辨识的操作界面，图 9-4 为测量数据获取现场，其中 1 表示激光扫描仪，2 表示哑光标准球，3 表示磁座，4 表示激光线得到的截面测点，5 表示拟合球，6 表示拟合的球心。

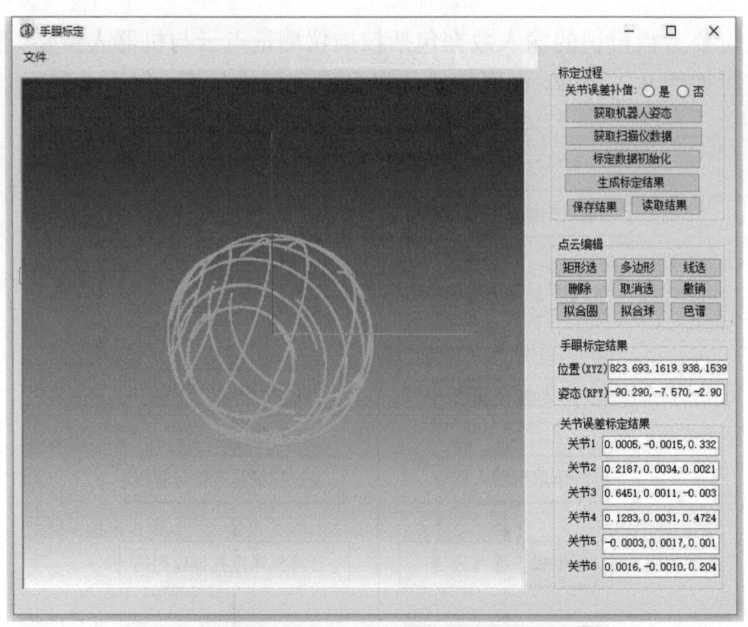

图 9-3　关节运动学参数与手眼位姿参数辨识界面

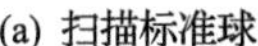
(a) 扫描标准球

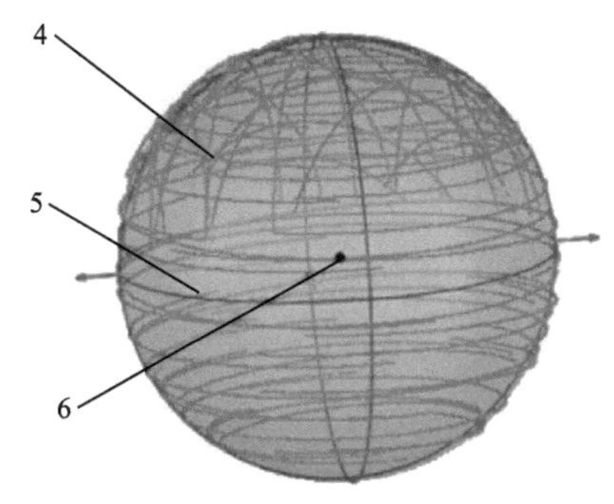

(b) 根据补偿的参数误差还原的标准球点云

图 9-4　标准球测量数据获取实验

导入数据并打开运动学误差补偿功能，得到 3 次手眼位姿参数辨识结果如表 9-2 所示，从标准差可以看出辨识的手眼位姿参数较为稳定。如图 9-5 所示，在软件中根据手眼位姿参数 ${}_{S}^{B}\boldsymbol{T}$ 将二维圆弧测点重建成三维点云，然后通过点云编辑模块去除噪点，并利用“创建特征—球拟合—最佳拟合”功能对测点进行球体拟合，通过球体与测点的三维对比生成如图 9-5(b)所示的轮廓误差色谱图，色谱评估结果如表 9-3 所示。可见，文献[1]中辨识方法和本书辨识方法重建的半径分别为 29.952mm、29.985mm，测点到球面距离的平均距离 Ave 误差分别为 0.071mm、0.049mm，这说明本书手眼辨识方法相比文献[1]更准确，主要原因：通过关节运动学误差的迭代补偿解决了手眼位姿参数辨识精度受限于运动学误差的问题；通过所提微分迭代法求解最佳正交矩阵，避免了 Schmidt 方法的不确定性误差。

表 9-2　手眼位姿参数多次辨识结果对比

辨识次数	位置/mm			姿态/(°)		
	x	y	z	α	β	γ
1	823.692	1619.938	1539.847	−2.906	−7.570	−90.290
2	823.721	1619.930	1539.780	−2.893	−7.588	−90.278
3	823.753	1619.956	1539.833	−2.920	−7.611	−90.283
标准差	0.031	0.013	0.036	0.014	0.020	0.006
手眼位姿矢量	$[823.722\text{mm} \quad 1619.941\text{mm} \quad 1539.820\text{mm} \quad -90.284° \quad -7.590° \quad -2.906°]^{\mathrm{T}}$					
手眼矩阵	${}_{S}^{B}\boldsymbol{T} = \begin{bmatrix} 0.98996 & 0.13166 & 0.05135 & 823.722 \\ -0.05025 & -0.01164 & 0.99867 & 1619.941 \\ 0.13208 & -0.99122 & -0.00491 & 1539.820 \\ 0 & 0 & 0 & 1 \end{bmatrix}$					

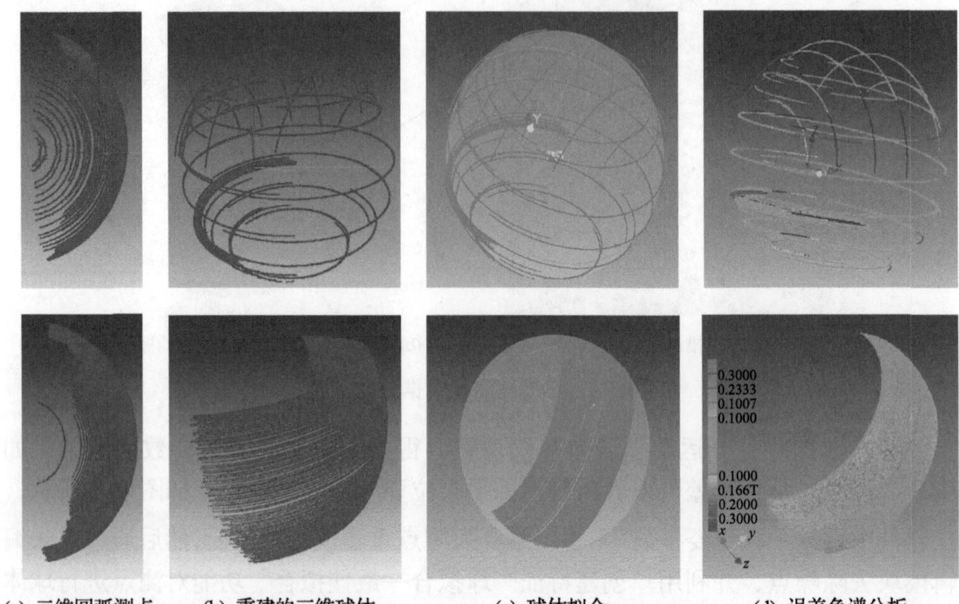

(a) 二维圆弧测点　(b) 重建的三维球体　(c) 球体拟合　(d) 误差色谱分析

图 9-5　球体重建与误差分析

表 9-3　不同手眼位姿参数辨识方法的球体重建效果对比

手眼位姿参数辨识方法	半径	半径偏差	测点 Ave 误差	测点 RMSE
理想值	29.998	—	—	—
文献[1]方法	29.952	–0.046	0.071	0.056
本书方法	29.985	–0.013	0.049	0.046

9.2.2　工件位姿参数辨识

图 9-6 为工件位姿参数辨识操作界面。匹配前的粗大噪点可通过孤立点自动选择功能或手选功能删除，手选方式包括点选、线选、多边形选。匹配时可以选择 Go-ICP、TDM、ADF、VMM 四种算法，一般选择迭代次数作为匹配终止条件，当初始位姿偏离较远时，ADF、TDM、VMM 算法的迭代次数通常设置在 30 次以内，均小于 Go-ICP 算法。可通过设置不同余量值实现叶盆/叶背的均匀匹配，匹配完后自动输出工件位姿参数、匹配时间与匹配误差等信息。

某公司生产的 X-01 型(图 9-7)和 X-02 型核电叶片参数见表 9-4，叶身位于 z 轴方向。设计模型的点云规模控制在 25 万以内，扫描时间控制在 2min 以内，通常只测量叶盆和叶背等关键区域，因此测点形状不封闭，如图 9-8(a)所示。测量点

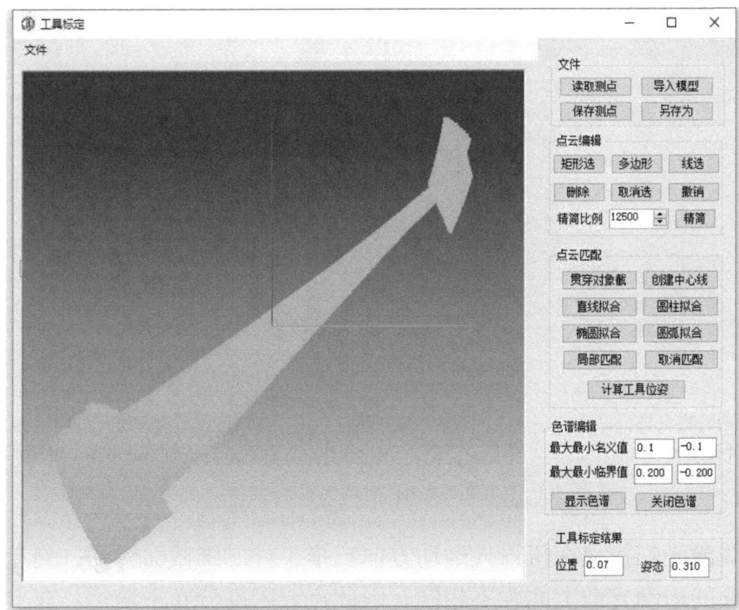

图 9-6　工件位姿参数辨识操作界面

图 9-7　X-01 型叶片测量现场

表 9-4　X-01 和 X-02 型叶片参数

叶片型号	尺寸	测点规模	设计模型规模
X-01	178mm×319mm×1120mm	231779	240399
X-02	199mm×261mm×845mm	128569	257297

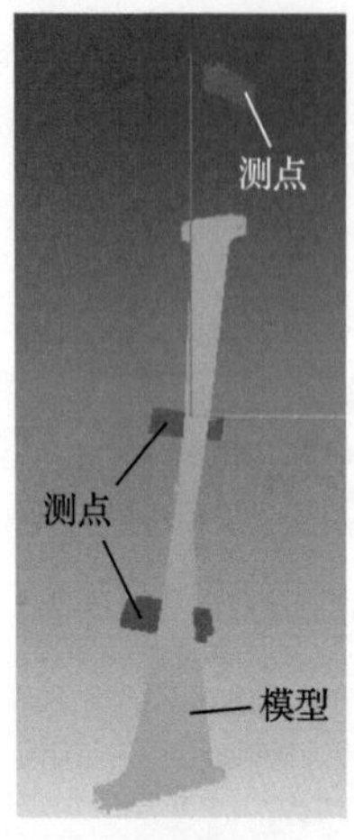

(a) 匹配前的测点与设计模型

(b) 匹配后的位置

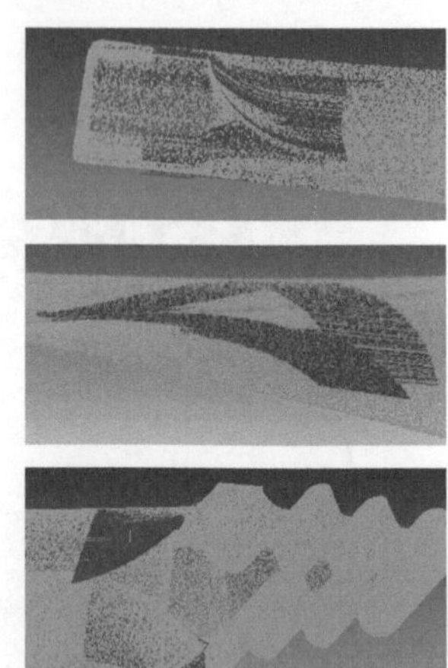
(c) 匹配后局部放大图(自上而下依次为榫头、叶身、叶冠)

图 9-8　X-01 型核电叶片匹配

云数据由线激光扫描仪在机器人运动方向扫描工件二维截面得到，测点在截面内与垂直截面的运动方向上间距不相同，因此点云密度分布不均匀。在上述两种固有缺陷下采用 VMM 算法辨识工件位姿，得到 X-01 型叶片的工件位姿矢量为 $[0.2730\text{mm}\quad -0.0053\text{mm}\quad 292.4443\text{mm}\quad 0.2659°\quad -0.0227°\quad -72.7801°]^{\text{T}}$，从图 9-8(c)可以看出匹配后测量点云的榫头、叶身和叶冠三个区域均与设计模型紧密贴合，没有出现明显的倾斜现象。

X-02 型叶片的匹配结果如图 9-9 所示。从测量点云随机抽取 2200 个测点观察其余量(距离)分布，结果如图 9-10 所示。由图可见，VMM 算法的余量分布相

(a) 匹配前

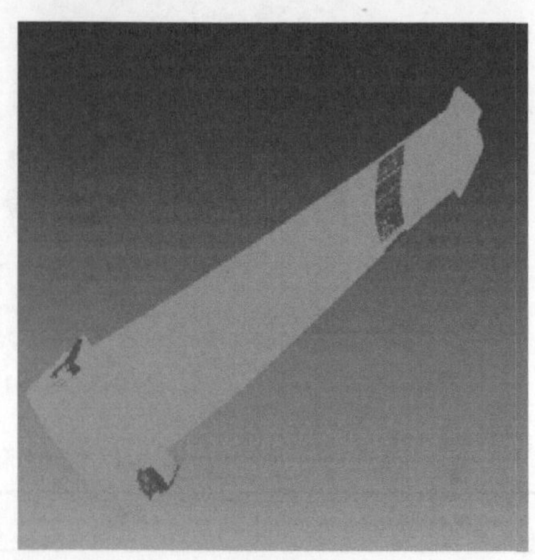
(b) 匹配后

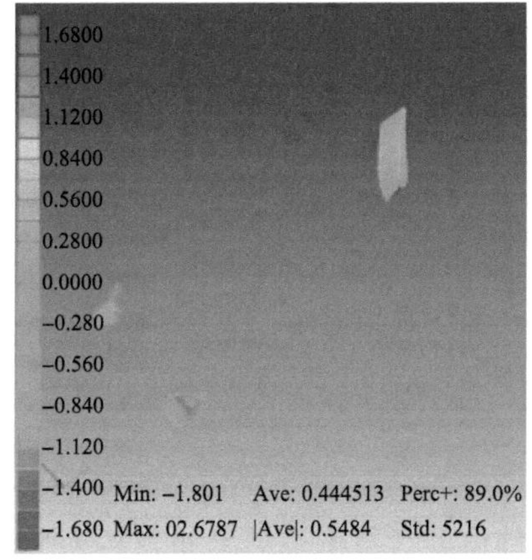

(c) 色谱

图 9-9　X-02 型核电叶片匹配效果

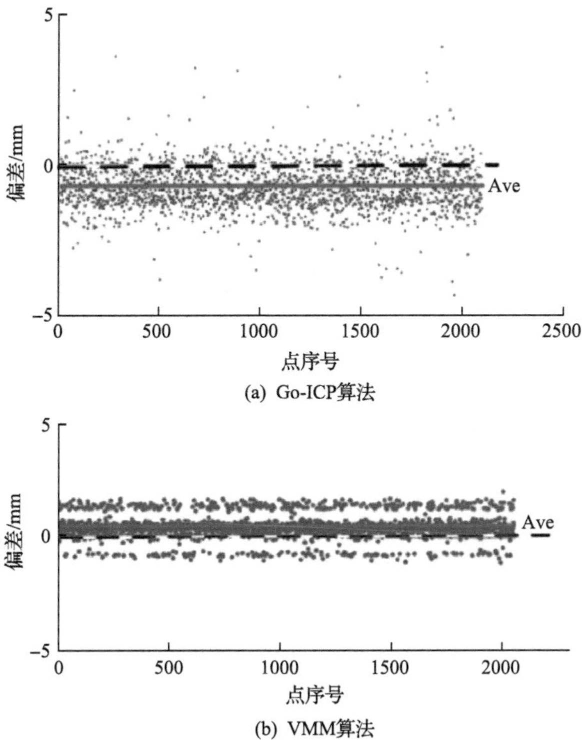

图 9-10　X-02 型叶片匹配后的测点误差分布

比 Go-ICP 算法[2]更为集中，这说明 VMM 算法能更好地保证各测点余量分布的均匀性；VMM 算法分配的正向余量占整体点云的 89.0%(表 9-5)，高于 Go-ICP 算法的 53.2%，原因是测量点云分布不均匀时 Go-ICP 算法的目标函数使测量点云非空区域靠近设计模型，从而使该区域分配的余量降低(甚至为负)，该区域在加工时易出现材料去除量过少的情况。

表 9-5　X-02 型核电叶片工件位姿参数辨识结果

匹配方法	位置/mm			姿态/(°)			正向余量比例/%	耗时/s
	x	y	z	γ	β	α		
Go-ICP	1.344	–0.401	291.0880	0.9916	0.2944	–72.57687	53.2	127.6
VMM	–0.834	–0.680	292.9200	0.9706	0.2742	–72.49567	89.0	13.5
对比偏差	–2.178	–0.279	1.8320	–0.0210	–0.0202	0.0812	35.8	114.1

X-02 型核电叶片工件位姿参数辨识结果如表 9-5 所示。Go-ICP 和 VMM 算法的匹配时间分别为 127.6s 和 13.5s，说明 VMM 算法的收敛速度显著高于 Go-ICP 算法，这验证了 4.3 节方差最小化匹配的二阶收敛速度。

9.2.3　工件/工具位姿参数辨识与校正

如图 9-11 所示，圆柱沿轴线 $\boldsymbol{n}_0=[0,0,1]^{\mathrm{T}}$ 分四段，前段(0#)为夹持部分，后三段(1#、2#、3#)为待磨削部分，柱面半径设计为 59.75mm。首先采用构造法[3]标定工具初始位姿，然后磨削工件，磨削路径为绕轴线的圆弧，相邻路径的轴向距离为 10mm。磨削后获得测量点云 $P=\{\boldsymbol{P}_0,\boldsymbol{P}_1,\boldsymbol{P}_2,\boldsymbol{P}_3\}$，对夹持部分的测点 $\boldsymbol{P}_0$ 与设计模型进行匹配，得到旋转矩阵 ${}^{W}\boldsymbol{R}$ 与平移向量 ${}^{W}\boldsymbol{t}$，${}^{W}\boldsymbol{R}$ 对应的欧拉角为[–146.2903° 13.338° 19.0755°]^{T}，${}^{W}\boldsymbol{t}$ 为[–37.737mm 129.772mm –470.636mm]^{T}，根据公式 ${}^{W}\boldsymbol{P}={}^{W}\boldsymbol{R}\boldsymbol{P}+{}^{W}\boldsymbol{t}$ 将点云 P 统一到设计模型坐标系；分别圆柱拟合三段点云(${}^{W}\boldsymbol{P}_1$、${}^{W}\boldsymbol{P}_2$、${}^{W}\boldsymbol{P}_3$)并得到轴线 $\boldsymbol{n}_1$、$\boldsymbol{n}_2$、$\boldsymbol{n}_3$，平均值为 $\boldsymbol{n}$，各轴线与 z 轴($\boldsymbol{n}_0$)的夹角分别为 0.181°、0.505°、0.486°。将上述轴线代入式(5-64)，可以辨识工件位姿误差 ${}^{W}\boldsymbol{d}=[-0.193\text{mm}\quad 0.431\text{mm}\quad 0\text{mm}]^{\mathrm{T}}$ 和 ${}^{W}\boldsymbol{\delta}=[-0.321°\quad -0.198°\quad 0°]^{\mathrm{T}}$。

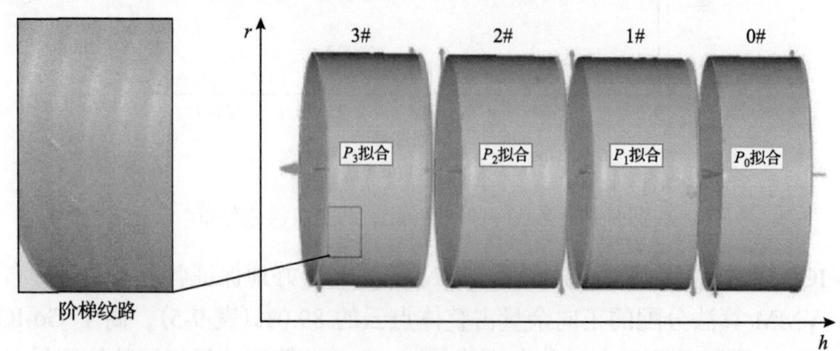

图 9-11　柱面测量点云

辨识工件位姿误差后沿着轴线方向 $\boldsymbol{n}$ 将点云 ${}^{W}\boldsymbol{P}_1$ 分割成 100 段截面(图 9-12(b)),对截面测点进行圆弧拟合，圆弧半径 r 与轴距 h 的关系如图 9-13 所示。半径 r 随着轴距 h 呈周期性变化，每一个周期对应一条加工路径。由式(5-57)可得工具姿态误差 ${}^{T}\delta_y$ 等于周期内拟合直线的斜率，得到三段圆柱的姿态误差为 ${}^{T}\delta_{y1}=-1.258°$、${}^{T}\delta_{y2}=-1.175°$ 和 ${}^{T}\delta_{y3}=-1.402°$，平均值为 ${}^{T}\delta_y=-1.278°$。由式(5-50)得工具坐标系误差 ${}^{T}d_z$ 等于设计半径与实际半径之差，三段圆柱半径分别为 r_1=59.647mm、r_2=59.635mm 和 r_3=59.613mm，平均值为 r=59.632mm，则工具位置误差为 ${}^{T}d_z=r-r_0=-0.118$mm。上述过程不直接采用圆锥拟合的原因是：①砂带宽度为 20mm，由于

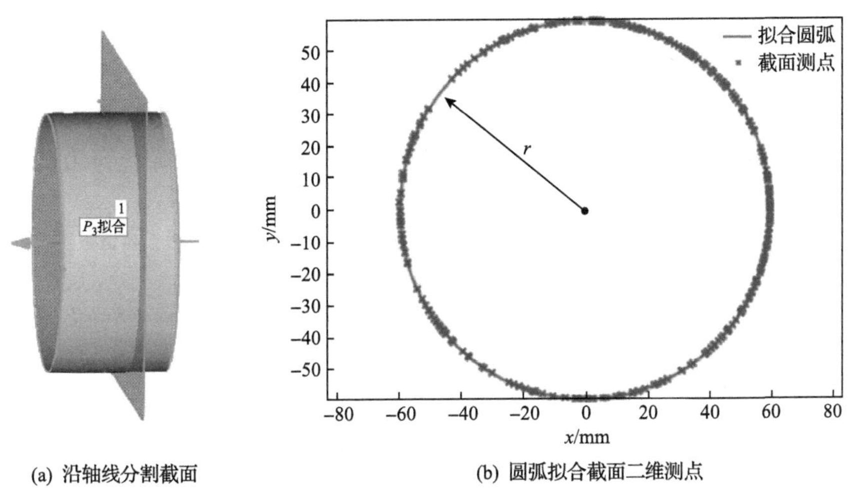

(a) 沿轴线分割截面　　(b) 圆弧拟合截面二维测点

图 9-12　截面分割流程

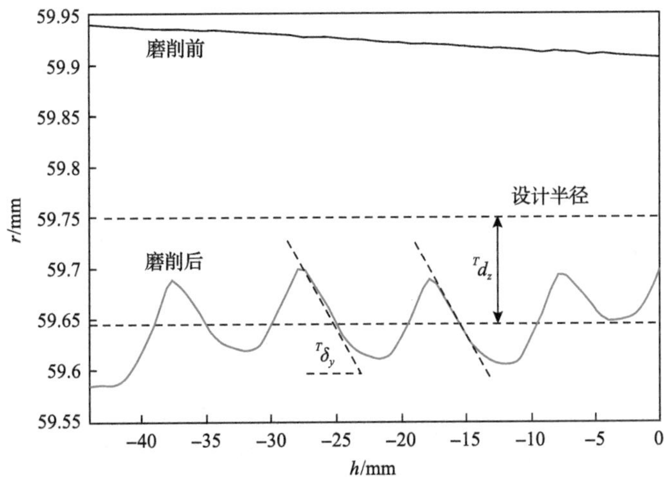

图 9-13　半径 r 与轴距 h 的关系

相邻路径部分重合，对应圆锥轴向长度只有10mm，过短的轴向长度难以保证圆锥拟合精度；②需约束圆锥轴线方向平行于轴线$\boldsymbol{n}$，其算法实现较为复杂，而沿轴向圆弧拟合操作简单，可保证轴向约束，并且通过半径与轴距关系曲线可以直观地判断拟合效果。

在机器人加工几何参数辨识软件中对磨削工件的测量点云与设计模型进行三维匹配并生成误差色谱，位姿未校正时(构造法[3])的色谱如图 9-14(a)所示，其中红色表示该区域欠切(正向误差过大)，蓝色则表示区域过切。1#柱面的测点误差呈现两极分化，这是由于工件位置偏差${}^{W}\boldsymbol{d}$引起圆柱面整体偏移，从而导致一侧欠切而另一侧过切。1#、2#和 3#柱面的轮廓误差分布不同，主要是由于工件姿态偏差${}^{W}\boldsymbol{\delta}$通过式(2-23)使测点误差$\boldsymbol{n}\cdot\left({}^{W}\boldsymbol{t}_{po}\times{}^{W}\boldsymbol{\delta}\right)$沿轴线方向渐变。将辨识的工件/工具位姿误差反馈到机器人加工系统，然后磨削新的圆柱，计算误差色谱如图 9-14(b)所示，所得结果的 RMSE 从构造法的 0.2458mm 降低到 0.1155mm，说明加工余量的不均匀程度有所降低，平均误差也从 0.0699mm 降低到–0.0271mm。

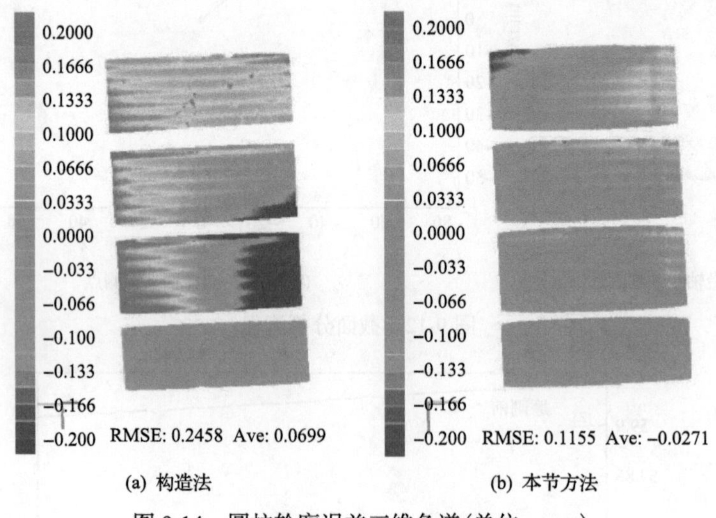

图 9-14　圆柱轮廓误差三维色谱(单位：mm)

9.2.4　系统位姿优化

图 9-15 为机器人叶片磨削系统。工件装夹在机器人末端，受装夹影响，工件位姿仅方便绕机器人末端的 z 轴旋转和沿 z 轴平移，对应位姿为

$$
{}_{W}^{E}\boldsymbol{T}\left(\alpha_W,h_W\right)=\begin{bmatrix}\cos\alpha_W & -\sin\alpha_W & 0 & -65\\ \sin\alpha_W & \cos\alpha_W & 0 & -40\\ 0 & 0 & 1 & 20+h_W\\ 0 & 0 & 0 & 1\end{bmatrix}
$$

式中，参数 $h_W \in [0\,\text{mm}, 300\,\text{mm}]$ ； $\alpha_W \in [0°, 360°]$ 。

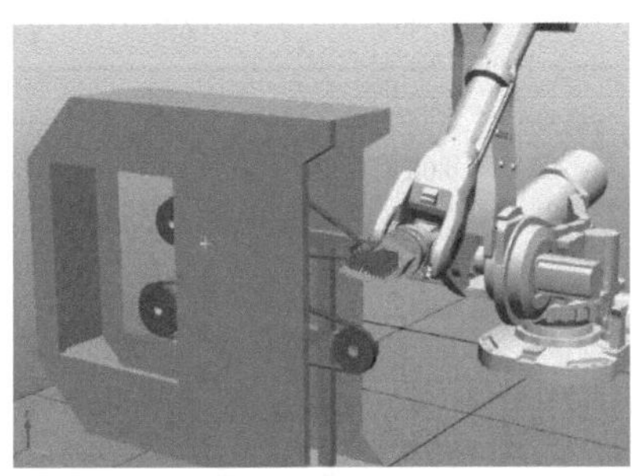

(a) 机器人磨削系统布局

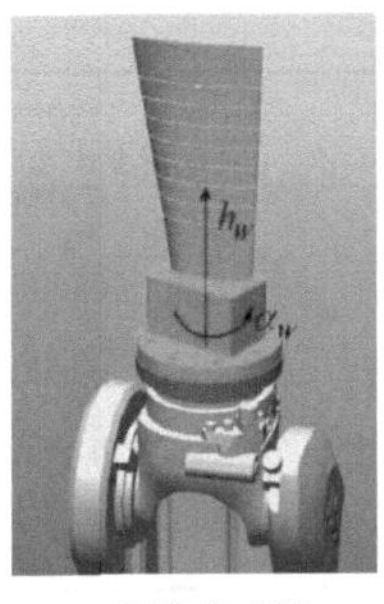

(b) 可优化参数

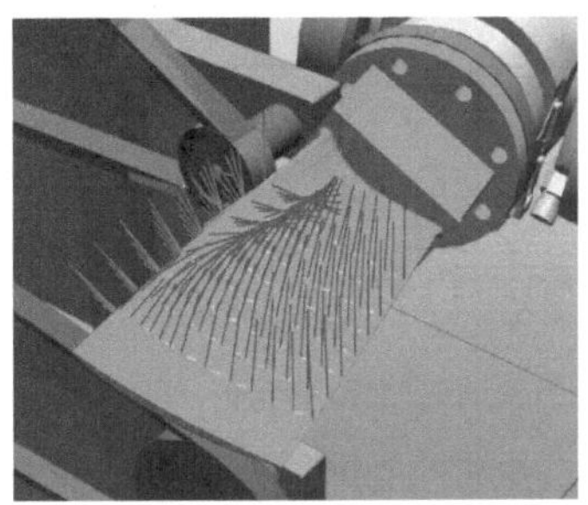

(c) 工件轨迹规划

图 9-15　机器人叶片磨削系统

工具坐标系 $\{T\}$ 距地面高度为 1000mm，由于坐标轴 x_B - y_B 和 y_T - z_T 位于水平方向，工具位姿可表示为

$$ {}_T^B\boldsymbol{T}(r,\alpha) = \text{Trans}\left(r\cos\gamma_0, r\sin\gamma_0, z_{To}\right)\text{Rot}\left(z_B,\alpha\right)\text{Rot}\left(y_B,-90°\right)\text{Rot}\left(x_B,-90°\right) $$

式中，r 表示工具在水平面上的位置；α 表示工具在水平面方向。上述参数值的选择范围为 $r_T \in [0\,\text{mm}, 3000\,\text{mm}]$ ， $\alpha_T \in [0°, 360°]$ 。

工具位姿 ${}_T^B\boldsymbol{T}(r,\alpha)$ 可表示为位置 r 和角度 α 的函数，如图 9-15(c)所示，通过轨迹规划共生成 n 个目标点 $\{\boldsymbol{p}_1, \boldsymbol{p}_2, \cdots, \boldsymbol{p}_n\}$ ，当选取目标点 $\boldsymbol{p}_0$ 作为补偿点时，可从 $\boldsymbol{p}_0 \in \{\boldsymbol{p}_1, \boldsymbol{p}_2, \cdots, \boldsymbol{p}_{192}\}$ 中进行选取。综上有 5 个参数需要优化，分别是工件位姿参数(h_W 、 α_W)、工具位姿参数(r_T 、 α_T)与补偿点 $\boldsymbol{p}_0$ 。为优化上述参数，建立目标函数为法向深度误差的平方和目标函数 $F = \sum_{i=1}^{n} {}^{P_i}d_{qk\theta}^2\left(\boldsymbol{p}_i, h_W, \alpha_W, r_T, \alpha_T, \boldsymbol{p}_0\right)$ ，该目标函数包括由机器人运动学误差和关节弱刚度引起的加工误差。所用 ABB 6660 机器人的运动学名义参数如表 9-6 所示，由第 3 章参数辨识方法得到的运动学误差如表 9-7 所示。

表 9-6　ABB 6660 机器人运动学名义参数

i	α_{i-1} /(°)	a_{i-1} /mm	θ_i /(°)	d_i /mm	β_i /(°)	θ_i 范围/(°)
1	0	0	0	814.5	0	−180～180
2	−90	300	−90	0	0	−42～85
3	0	700	0	0	0	−20～120
4	−90	280	180	893	0	−180～180
5	90	0	0	0	0	−120～120
6	−90	0	180	200	0	−180～180

表 9-7　机器人运动学误差 $\Delta \boldsymbol{q}$

i	$\Delta\alpha_{i-1}$ /(°)	Δa_{i-1} /mm	$\Delta\theta_i$ /(°)	Δd_i /mm	$\Delta\beta_i$ /(°)
1	0.01432	0.051	0	0.022	0
2	0.00572	0.010	0.0189	0.033	0
3	0.00451	0.300	0.0483	0.012	0
4	0.01088	0.120	0.0601	0.017	0
5	0.01776	0.0340	0.0744	0.170	0
6	0.01317	0.200	0.0577	0.030	0

通过遗传算法求解上述目标函数的最小值与对应的 5 个变量。在遗传算法中，种群个体数目为 100，最大遗传代数为 50，交叉概率为 0.7，变异概率为 0.7，代沟为 0.9，变量数目为 5，各变量的二进制位数为 10，以工件位置 $h_W \in [0\text{mm}, 300\text{mm}]$ 为例，二进制位数为 10 时对应的求解精度为 $300/2^{10} = 0.3\text{mm}$。遗传代数与目标函数值的变化规律如图 9-16 所示，目标函数最小值从第 1 代的 0.923mm^2 下降到第 50 代的 0.431mm^2，对应平均加工误差为 0.047mm。50 代目标函数最小值对应的 5 个优化变量如表 9-8 所示，可得第 50 次遗传得到的最优变量：工件位置 $h_W =$ 187.68mm、工件姿态 $\alpha_W = 24.63°$、工具位置 $r_T = 1557.18\text{mm}$、工具姿态为 $\alpha_T =$ 7.57°、补偿点位置为 $\boldsymbol{p}_0 = \boldsymbol{p}_{119}$，位姿优化前后的加工误差色谱图对比如图 9-17 所示，其中加工误差正向、负向极大值分别为 0.140mm、−0.089mm。计算可得工具坐标系的调整量为

$$
\begin{aligned}
{}^{T}\boldsymbol{D} &= -{}^{P_0}\boldsymbol{D}_{qk}\left(\boldsymbol{\theta}_0\right) = -{}^{P_{199}}\boldsymbol{D}_{qk}\left(\boldsymbol{\theta}_0\right) \\
&= [0.053\text{mm} \;\; 0.029\text{mm} \;\; 0.036\text{mm} \;\; 0.022° \;\; -0.128° \;\; 0.016°]^{\mathrm{T}}
\end{aligned}
$$

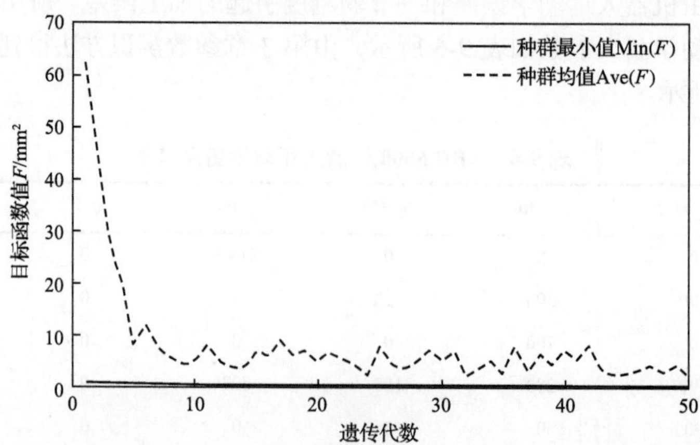

图 9-16　遗传算法迭代过程中目标函数的种群均值与最小值的变化过程

表 9-8　遗传算法迭代计算结果

遗传代数	工件位置 h_W /mm	工件姿态 α_W /(°)	工具位置 r_T /mm	工具姿态 α_T /(°)	补偿点序号	目标函数值 F/mm^2
1	102.35	41.52	1897.36	2.64	117	0.922605
5	102.35	41.52	1501.47	2.64	117	0.85663
10	100.88	25.69	1888.56	8.62	114	0.612135
15	102.93	25.34	1592.38	8.62	114	0.515571
20	196.77	25.69	1583.58	8.62	114	0.446319
25	195.89	25.34	1571.85	8.27	114	0.443174
30	196.77	25.69	1589.44	8.27	119	0.440583
35	192.38	25.34	1568.91	7.92	119	0.436035
45	185.34	25.34	1563.05	7.57	119	0.432511
50	187.68	24.63	1557.18	7.57	119	0.431379

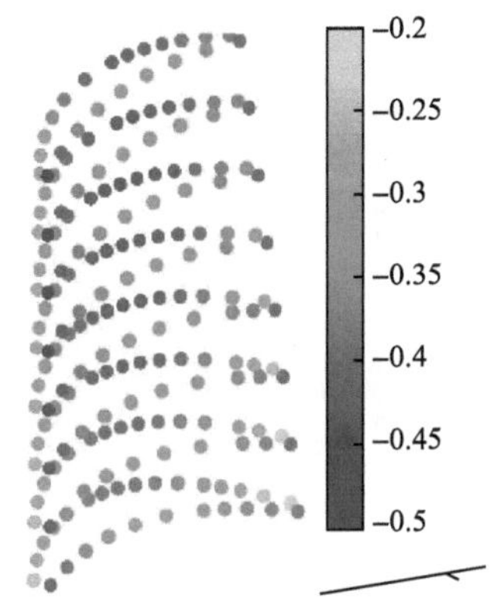

(a) 优化前的误差色谱，加工误差极值(−0.220mm, −0.448mm)，平均值−0.361mm

(b) 最佳位姿下加工误差色谱图，其中十字点(虚圆圈中)表示遗传算法计算的最佳补偿点，加工误差极值(−0.089mm, 0.140mm)，平均值0.047mm

图 9-17　位姿优化前后的加工误差色谱图对比(单位：mm)

为对比补偿前后加工误差，生成补偿前后的加工误差色谱图，如图 9-17 所示，其中加工误差极值为(−0.220mm, −0.448mm)，平均值−0.361mm，补偿点 $\boldsymbol{p}_{119}$ 的误差为−0.360mm，加工误差极值(−0.089mm, 0.140mm)，平均值 0.047mm。

9.3　大型构件机器人加工实验

9.3.1　柱面轮廓磨削

柱面磨削如图 9-18 所示，柱面通过三爪卡盘固定在机器人末端，设计余量为 0.4mm，通过三个阶段磨削，各阶段余量分别为 0.2mm、0.1mm、0.1mm，余量调整通过改变工具坐标系原点位置的 z 轴分量实现。

柱面扫描如图 9-19 所示。通过扫描仪获得磨削后的柱面测量点云，磨削结果对比如图 9-20 所示。1#和 2#工件的补偿位置 $\boldsymbol{p}_0$ 分别位于顶部和中间，1#工件未补偿的磨削结果如图 9-20(b)所示，底部出现明显欠切。误差补偿后的磨削结果如图 9-20(c)和表 9-9 所示，可以看到没有发生明显的欠切现象，由于 1#圆柱的补偿点 $\boldsymbol{p}_0$ 选在顶部，所以顶部的磨削误差在三个区域中是最小的(–0.016mm vs. –0.092mm，–0.116mm)，该结论与 6.5 节的仿真结果一致。2#圆柱的补偿点 $\boldsymbol{p}_0$ 选在中间区域，相比 1#圆柱，2#圆柱的加工误差明显降低，主要原因如 6.4 节所述，误差补偿方法是基于点 $\boldsymbol{p}_0$ 的位置调整实现的，靠近点 $\boldsymbol{p}_0$ 邻域的磨削精度更高，如 1#工件的顶部区域(–0.016mm)和 2#工件的中间区域(–0.028mm)。如果将 $\boldsymbol{p}_0$ 选取在中间，底部和顶部的加工误差能够得到较好的均衡，从而降低整体加工误差。

图 9-18　柱面磨削

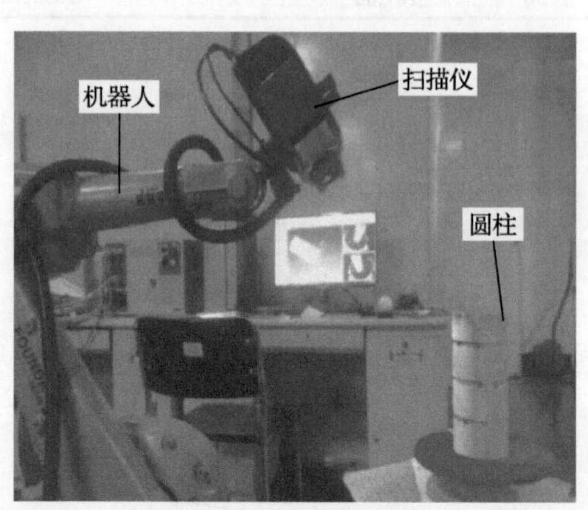

图 9-19　柱面扫描

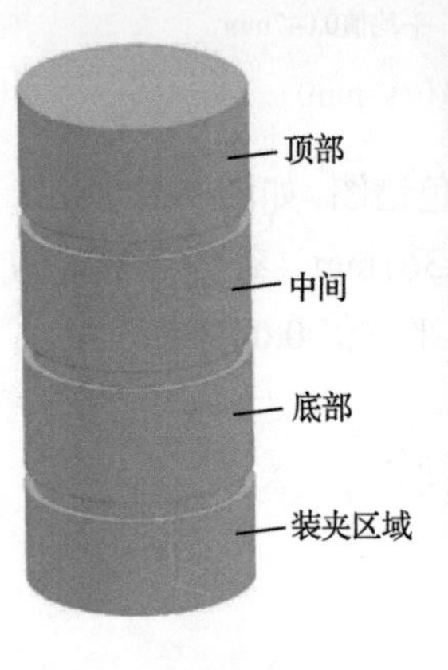

(a) 设计模型

(b) 1#圆柱未补偿结果

(c) 1#和2#圆柱补偿结果

图 9-20　机器人磨削结果对比

表 9-9　磨削结果

圆柱序号	1			2		
p_0 /mm	顶部			中间		
	$[0\quad 0\quad 509.13]^T$			$[0\quad 0\quad 419.13]^T$		
p_0^* /mm	$[0.150\quad -0.130\quad 509.13]^T$			$[0.120\quad -0.150\quad 419.13]^T$		
指标	半径/mm	平均距离误差/mm	标准差/mm	半径/mm	平均距离误差/mm	标准差/mm
顶部区域	59.584	–0.016	0.048	59.528	–0.072	0.057
中间区域	59.508	–0.092	0.082	59.572	–0.028	0.058
底部区域	59.484	–0.116	0.101	59.569	–0.031	0.069
平均值	59.525	–0.075	0. 077	59.556	–0.044	0.061

9.3.2　X-01 型核电叶片磨削

如图 9-21(a)所示，X-01 型核电叶片通过专用夹具固定在机器人末端法兰，通过线激光扫描仪获取叶片截面测点，根据手眼位姿参数辨识结果将测点还原到末端坐标系$\{E\}$，生成三维测量点云。将测量点云与工件坐标系下设计模型匹配并获取工件位姿，然后将理论磨削轨迹转移为目前装夹状态下的实际轨迹，磨削结果如图 9-21(b)所示，人工磨削结果如图 9-21(c)所示。如图 9-22 所示，均匀选择工件表面的 16 个观测点测量粗糙度，结果如表 9-10 和表 9-11 所示，机器人磨削的粗糙度平均值为 0.262μm，小于人工磨削的 0.623μm，标准差平均值为 0.034μm，小于人工磨削的 0.107μm。

(a) 机器人磨削现场

(b) 机器人磨削

(c) 人工磨削

图 9-21　X-01 型核电叶片磨削

9.3.3　X-02 型核电叶片磨削

图 9-23 为机器人磨削 X-02 型核电叶片现场实物图。叶片型面磨削完后，根据终检要求用三坐标测量机测量图 9-24 中的三个叶身截面。需检测的截面参数如

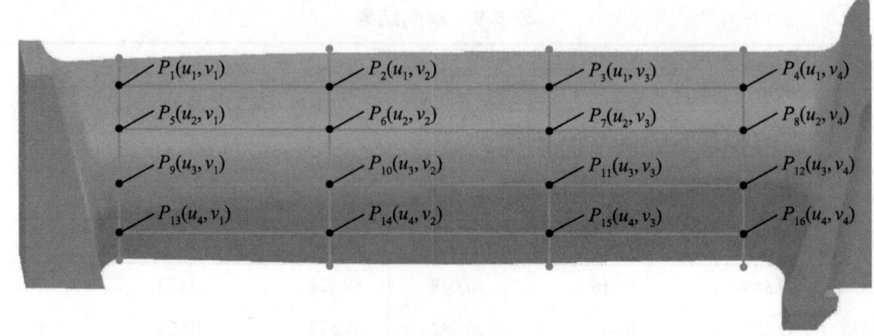

图 9-22　测量粗糙度的点位置分布

表 9-10　机器人磨削工件的粗糙度测量结果　（单位：μm）

参数	v_1	v_2	v_3	v_4	平均值	标准差
u_1	0.249	0.302	0.265	0.263	0.270	0.023
u_2	0.231	0.236	0.314	0.242	0.256	0.039
u_3	0.262	0.286	0.238	0.332	0.280	0.040
u_4	0.274	0.218	0.212	0.270	0.244	0.033
平均值	0.254	0.261	0.257	0.277	**0.262**	
标准差	0.018	0.040	0.044	0.039		**0.034**

注：重点关注数据加粗表示，下同。

表 9-11　人工磨削工件的粗糙度测量结果　（单位：μm）

参数	v_1	v_2	v_3	v_4	平均值	标准差
u_1	0.783	0.679	0.420	0.483	0.591	0.169
u_2	0.552	0.491	0.629	0.840	0.628	0.152
u_3	0.658	0.650	0.640	0.567	0.629	0.042
u_4	0.696	0.632	0.607	0.642	0.644	0.038
平均值	0.672	0.613	0.574	0.633	**0.623**	
标准差	0.096	0.084	0.104	0.154		**0.107**

图 9-23　叶片磨削

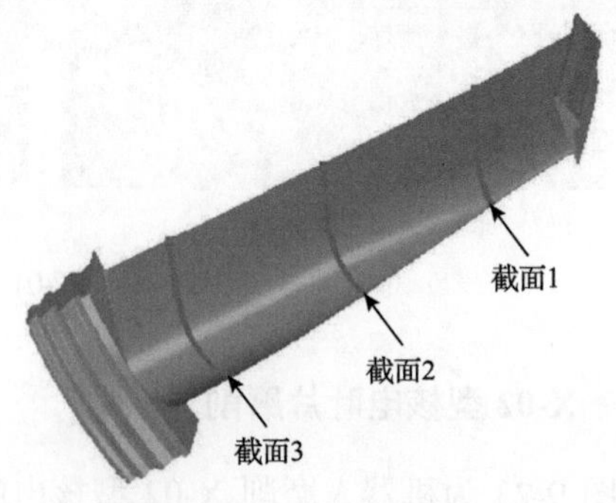

图 9-24　叶片截面划分

图 9-25 所示，检测结果如表 9-12 所示。实验中叶片最大厚度、前后缘与叶盆叶背轮廓误差均在要求范围内，磨削后粗糙度仅为 0.287μm(表 9-13)。

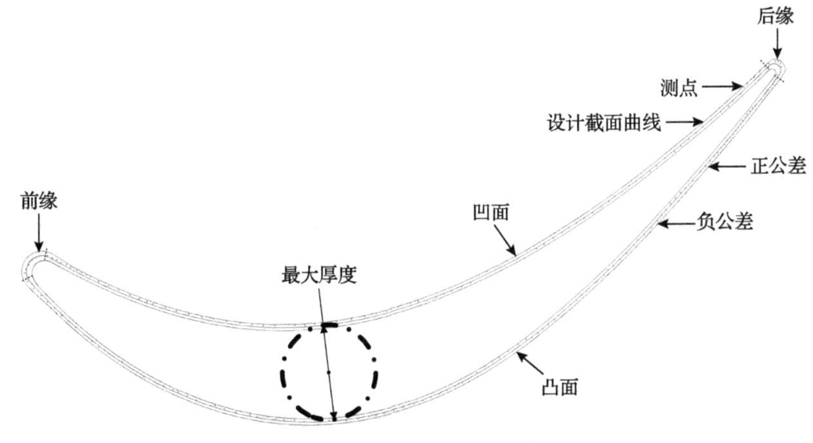

图 9-25　叶片截面参数示意图

表 9-12　叶片截面参数检测结果　(单位：mm)

截面序号	参数	实际值	名义值	偏差	正公差	负公差	偏差等级
截面 1	最大厚度	21.221	21.460	–0.239	0.500	–0.450	--*------
	前缘最大误差	0.117	0.000	0.117	0.760	–0.760	-----*---
	前缘最小误差	–0.083	0.000	–0.083	0.760	–0.760	----*----
	后缘最大误差	0.211	0.000	0.211	0.760	–0.760	-----*---
	后缘最小误差	–0.065	0.000	–0.065	0.760	–0.760	----*----
	凹面最大误差	0.162	0.000	0.162	0.250	–0.250	-------*-
	凹面最小误差	–0.155	0.000	–0.155	0.250	–0.250	-*-------
	凸面最大误差	0.125	0.000	0.125	0.250	–0.250	------*--
	凸面最小误差	–0.138	0.000	–0.138	0.250	–0.250	--*------
截面 2	最大厚度	23.347	23.260	0.087	0.500	–0.450	-----*---
	前缘最大误差	0.094	0.000	0.094	0.760	–0.760	-----*---
	前缘最小误差	–0.037	0.000	–0.037	0.760	–0.760	----*----
	后缘最大误差	0.172	0.000	0.172	0.760	–0.760	-----*---
	后缘最小误差	–0.078	0.000	–0.078	0.760	–0.760	----*----
	凹面最大误差	0.083	0.000	0.133	0.250	–0.250	------*--
	凹面最小误差	–0.002	0.000	–0.002	0.250	–0.250	----*----
	凸面最大误差	0.142	0.000	0.142	0.250	–0.250	-------*-
	凸面最小误差	–0.018	0.000	–0.018	0.250	–0.250	----*----

续表

截面序号	参数	实际值	名义值	偏差	正公差	负公差	偏差等级
截面 3	最大厚度	23.748	23.390	0.358	0.500	–0.450	-------*-
	前缘最大误差	0.234	0.000	0.234	0.760	–0.760	-----*---
	前缘最小误差	–0.101	0.000	–0.101	0.760	–0.760	---*-----
	后缘最大误差	0.189	0.000	0.189	0.760	–0.760	-----*---
	后缘最小误差	–0.120	0.000	–0.120	0.760	–0.760	---*-----
	凹面最大误差	0.185	0.000	0.185	0.250	–0.250	------*--
	凹面最小误差	0.124	0.000	0.124	0.250	–0.250	------*--
	凸面最大误差	0.201	0.000	0.201	0.250	–0.250	-------*-
	凸面最小误差	0.126	0.000	0.126	0.250	–0.250	------*--

表 9-13　叶片表面粗糙度检测结果　（单位：μm）

参数	v_1	v_2	v_3	v_4	平均值	标准差
u_1	0.324	0.337	0.295	0.269	0.306	0.030
u_2	0.280	0.292	0.280	0.287	0.285	0.006
u_3	0.282	0.273	0.277	0.236	0.267	0.021
u_4	0.309	0.265	0.311	0.277	0.291	0.023
平均值	0.299	0.292	0.291	0.267	**0.287**	
标准差	0.021	0.032	0.016	0.022		**0.024**

9.3.4　航空蒙皮样件切边

前面以磨削为例介绍了工件型机器人加工实验结果，下面以航空蒙皮铣削切边为例介绍工具型机器人加工实验结果。机器人切边系统如图 9-26 所示。切边系

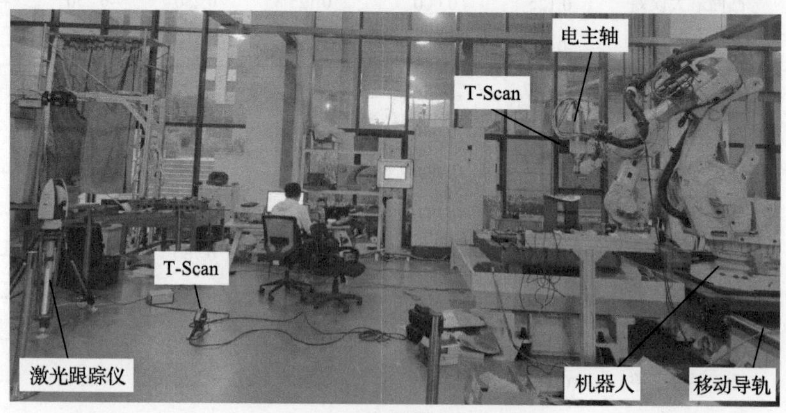

图 9-26　机器人切边系统

统由 ABB IRB 机器人、移动导轨、激光跟踪仪(T-Scan、T-Mac)、电主轴组成，机器人固定在移动导轨上可以扩大加工范围，蒙皮及其样件固定在地上，电主轴和 T-Mac 固定在机器人末端，T-Scan 用于获取蒙皮测量点云并定位。参考德国 VDI/VDE 标准，采用 T-Scan 线扫描测量对系统精度进行了标定，标定结果如表 9-14 所示，通过 T-Mac 跟踪测得机器人在 1000mm×300mm×200mm 范围的绝对定位精度为±0.3mm，航空蒙皮样件加工后的对缝间隙要求控制在 0.8mm 内。

表 9-14　T-Scan 精度标定实验　(单位：mm)

参数	测量值	标准值	误差
球 1 直径	50.886	50.824	0.062
球 2 直径	50.887	50.812	0.075
双球球心距	180.031	180.039	–0.008

试切时实际加工轨迹在基坐标系的 x 方向上存在较大的整体偏移，考虑工件与基坐标系固定，可通过调整工件坐标系进行整体补偿；由于转轴为对称结构，且通过固定夹具固定在机器人末端，不方便优化转轴位姿，主要通过优化蒙皮位姿和机器人在导轨上的位置来获得全局定位精度和末端刚度较优的加工区域，位姿优化后的系统加工精度优于±0.2mm。如图 9-27 所示，以规则零件切边作为对比实验，完成圆弧(半径为 300mm、厚度为 2mm)切边与方块(400mm×200mm×2mm)切边，截面轮廓加工精度分别为 0.18mm 与 0.12mm。如图 9-28 所示，完成四种蒙皮样件加工，加工精度符合工艺要求。

(a) 圆弧切边

(b) 方块切边

图 9-27　规则零件切边对比实验

(a) 加工的X01型蒙皮

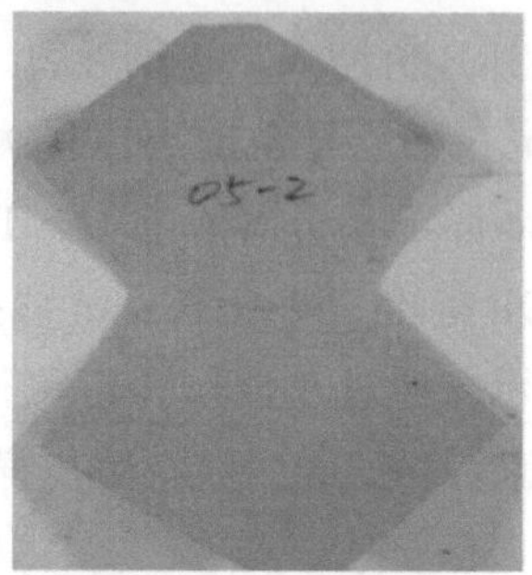

(b) 加工的X02型蒙皮

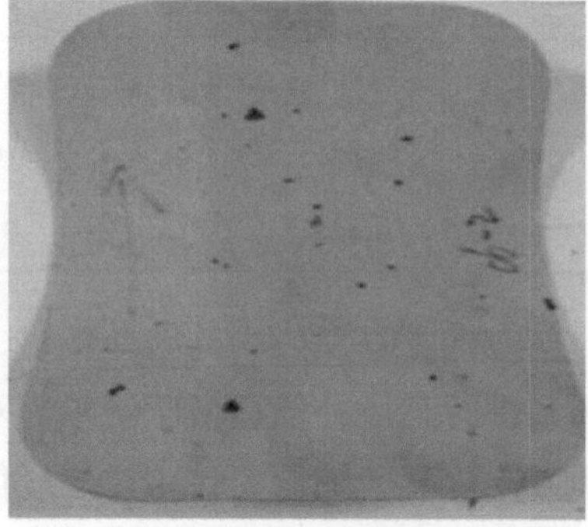

(c) 加工的X03型蒙皮

(d) 加工的X04型蒙皮

图 9-28　蒙皮样件机器人铣削切边实验结果

参 考 文 献

[1] Li J F, Zhu J H, Guo Y K, et al. Calibration of a portable laser 3-D scanner used by a robot and its use in measurement. Optical Engineering, 2008, 47(1): 017202.

[2] Yang J L, Li H D, Jia Y D. Go-ICP: Solving 3D registration efficiently and globally optimally. Proceedings of the IEEE International Conference on Computer Vision, Sydney, 2013: 1457-1464.

[3] Wang W, Yun C, Sun K. An experimental method to calibrate the robotic grinding tool. Proceedings of the IEEE International Conference on Automation and Logistics, Qingdao, 2008: 2460-2465.